人工智能概论

Introduction to Artificial Intelligence

冀付军 丁承君 郎为民 主 编
米子川 陈 艳 冯玉伯 副主编

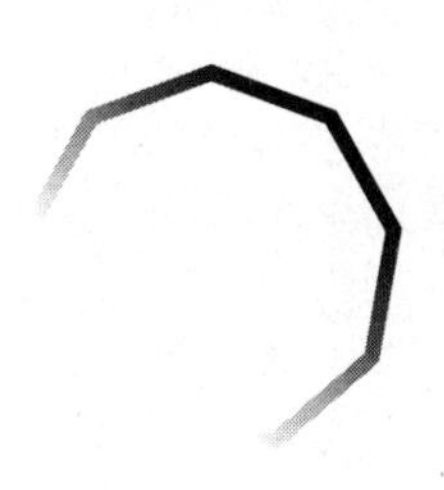

~联合出版~

·北 京·

图书在版编目(CIP)数据

人工智能概论/冀付军,丁承君,郎为民主编. --北京:首都经济贸易大学出版社, 2020.9

ISBN 978 -7 -5638 -3127 -2

Ⅰ.①人…　Ⅱ.①冀…　②丁…　③郎…　Ⅲ.①人工智能—概论　Ⅳ.①TP18

中国版本图书馆 CIP 数据核字(2020)第 159809 号

人工智能概论

冀付军　丁承君　郎为民　主　编

米子川　陈　艳　冯玉伯　副主编

Rengong Zhineng Gailun

责任编辑　成　奕

封面设计　风得信·阿东 FondesyDesign

出版发行　首都经济贸易大学出版社

地　　址　北京市朝阳区红庙(邮编 100026)

电　　话　(010)65976483　65065761　65071505(传真)

网　　址　http://www.sjmcb.com

E - mail　publish@cueb.edu.cn

经　　销　全国新华书店

照　　排　北京砚祥志远激光照排技术有限公司

印　　刷　北京玺诚印务有限公司

开　　本　710 毫米×1000 毫米　1/16

字　　数　360 千字

印　　张　20.75

版　　次　2020 年 9 月第 1 版　2020 年 9 月第 1 次印刷

书　　号　ISBN 978 -7 -5638 -3127 -2

定　　价　48.00 元

总序

当前，以人工智能和大数据技术为代表的新一轮科技革命正在重塑全球的社会经济结构，“数据”是这个过程中最重要、最有活力的生产要素。如何高效发挥大数据的作用并实现其价值，成为社会各界必须面临和思考的重要问题。除实验、理论和仿真之外，新的科学研究范式——“数据科学”因此应运而生。数据科学与大数据技术同人工智能一道，将成为改变人类社会活动和改变世界的新引擎。

世界主要发达国家已把发展数据科学与大数据技术作为提升国家竞争力、维护国家安全的重大战略，加紧出台了规划和政策，围绕核心技术、顶尖人才、标准规范等强化部署，力图在新一轮国际科技竞争中掌握主导权。2015 年 8 月，我国国务院印发的《关于促进大数据发展行动纲要》明确了发展大数据的指导思想、发展目标和发展任务，标志着大数据正式上升为国家核心战略。同年 10 月，《中共中央关于制定国民经济和社会发展第十三个五年规划的建议》提出要“实施国家大数据战略，推进数据资源开放共享”，标志着大数据正式成为“十三五”规划的核心内容。2016 年的政府工作报告中也专门提出“促进大数据、云计算、物联网广泛应用”，这就意味着自 2014 年首次进入政府工作报告以来，大数据连续三年受到我国政府的高度关注。在党的十九大报告中，习总书记强调要推动互联网、大数据、人工智能和实体经济深度融合，在中高端消费、创新引领、绿色低碳、共享经济、现代供应链、人力资本服务等领域培育新增长点，形成新动能。2017 年，国务院印发的《新一代人工智能发展规划》中指出，要抢抓人工智能发展的重大战略机遇，构筑我国人工智能发展的先发优势，加快建设创新型国家和世界科技强国，并提出了我国人工智能发展的重点任务之一就是加快培养人工智能高端人才。然而在我国数据科学与大数据技术、人工智能领域发展过程中仍旧面临着众多制约因素。

在国务院印发的《新一代人工智能发展规划》的重点任务中，明确提出要研究统计学习基础理论、不确定性推理与决策、分布式学习与交互、隐私保护学习、小样本学习、深度强化学习、无监督学习、半监督学习、主动学习等学习理论和高效模型，并统筹布局概率统计、深度学习等人工智能范式的统一计算框架平台和人工智能创新平台。

数据科学与大数据技术是一个需要具备多方面学科知识背景并涉及多个应用领域的交叉专业。当前我国共有280多所高校在工学和理学学科门类中开设数据科学与大数据技术本科专业,培养掌握统计学、计算机科学、数学等主要知识、符合国家发展战略的重大需求的高级人才。相对于其他成熟的本科专业,数据科学与大数据技术人才的稀缺成为制约大数据领域发展的重要因素,是当前亟须解决的重大问题。

数据科学与大数据技术本科专业的建设实际上是一场教育革命,是受业界需求驱动形成的,其理论基础、课程体系和知识结构框架均处于探索阶段。但有一点非常明确,"实践"是学习该专业最重要、最高效的方式,这也成为本套教材——"普通高等教育数据科学与大数据技术专业'十三五'规划教材"的编写导向。这不仅需要学生夯实统计学、应用数学以及计算机科学等学科的基础,也需要学生具备大数据所服务行业的相关知识积累和实践经验。只有掌握多学科融会贯通的能力,才能真正成为一个有思想的数据科学家。

为了探索学科人才培养模式,北京大学、中国人民大学、中国科学院大学、中央财经大学和首都经济贸易大学在2014年共同搭建了"大数据分析硕士"培养协同创新平台。在不断的摸索中,一套科学完整的课程体系逐渐建立起来。随后,相关课程也在全国多所院校中实施,成为我国大数据技术高端人才培养体系的蓝本。

为紧跟科学技术的发展潮流,引领中国大数据理论、技术、方法与应用,在北京大数据协会及相关机构的组织下,开展了教材编写的大量前期国内外调研工作,并于2017年6月在云南举办了"第一届全国数据科学与大数据技术本科专业建设研讨会",展示了调研成果,为中国数据科学与大数据技术人才培养奠定了基础。为进一步厘清该专业的培养方案和课程内容建设的目标和路径,从培养方案、课程体系、培养过程、教材建设等方面深入交流探讨,于2019年5月在北京召开了"第二届全国数据科学与大数据技术本科专业建设研讨会",会上正式发布了本套系列教材。

本套教材凝聚了全国相关院校数据科学与大数据技术领域著名专家和学者的智慧和力量。在教材编写过程中更加关注的是数据分析思想的引导,体现数据分析的艺术,侧重于从数据和案例出发,厘清数据分析的基本思路,这样能够让读者更好地理解各种假设、公式、定理和模型背后的逻辑。为了结合现实需求,每本教材均配套相关的Python编程代码,让读者在练中学、学中练的过程中夯实基础,积累经验,提升竞争力。尽管编写人员投入了大量的心血,但教材内容还需不断突破和完善,希望能够得到各位专家和同行的批评指正,共同实现此套教材满足教学需求的编写宗旨。

本套系列教材是集体创作的成果。感谢编委会成员和其他编写人员的辛勤付出,以及北京大学出版社和首都经济贸易大学出版社的大力支持。希望此套教材能对广大教师和学生及各数据科学领域的从业人员具有重要的参考价值。

北京大数据协会会长

纪宏

2019 年 9 月

作者简介

冀付军

冀付军,男,1975 年生。中国计算机学会高级会员、国际信息学与系统学研究会员。清华大学计算机博士后,美国华盛顿大学访问学者,北京师范大学学士、硕士和博士。2008 年获得北京师范大学教育技术学博士学位,并获评北京师范大学优秀毕业生。自 2009 年至 2011 年,在清华大学计算机流动站做博士后工作,是清华大学软件学院软件理论与系统所研究助理。2015 年以国家公派访问学者身份,赴美国西雅图的华盛顿大学留学一年。现为首都经济贸易大学管理工程学院教师兼院长助理、计算机科学与技术系教师党支部书记,兼统计学院大数据编程的任课教师。曾为首都经贸大学教学基本功大赛一等奖获得者、首都经济贸易大学优秀班主任,系首都经贸大学后备学科带头人之一。曾为国家社科青年基金项目、中国博士后科学基金特别资助项目和面上项目等课题主持人,曾骨干参与国家核高基重大项目、国家自然科学基金后续研究项目、全国教育科学十五重点项目、国家发改委教育科研基础设施 IPv6 技术升级和应用示范项目等多项国家级课题。出版专著 3 部,参与高等教育出版社教材 4 部。拥有国家发明专利 2 项(均已授权),在国内外发表论文三十多篇。研究兴趣包括人工智能 NLP、教育软件研发和真实情境的计算机技能测评等。

丁承君

丁承君,男,1973 年生,河北工业大学教授、博士生导师。中国人工智能学会理事、中国人工智能学会智能产品与产业委员会副主任。2005 年于河北工业大学机械工程专业博士研究生毕业,2007 年破格提拔为河北工业大学机械工程学院教授,专业领域为智能机器人、物联网、人工智能等,对智能制造、智能控制、嵌入式控制等有着深刻理解,已发表几十篇论文,取得 30 余项自主知识产权,主持参与的项目有:广域危险环境下泄露检测预警与突发事故辅助救援系统(10ZCHFS01400)、基于 GPS 和 3G 的模块化多功能智能交通车载终端(12F26211200481)、基于嵌入式和智能体的快速自重构排险机器人系统研究(13RCHZGX01116)、面向突发事故的全嵌入式模块化临场自重构移动机器人系统(13ZCZDGX01200)、基于云服务的远程诊断与在线监测系统(15XHLGX00210)、基于物联网与云计算的异构大规模装备集群智能监测系统(KJCX - CXY - 2018 - 03)等。

郎为民

郎为民,1976 年生,河北省馆陶县人,国防科技大学信息通信学院教授,硕士生导师。毕业于华中科技大学,获通信与信息系统专业工学博士学位。2011 年 6 月至 2012 年 6 月,作为国家公派访问学者,在美国田纳西大学留学一年。系国家自然科学基金委项目评议专家、中国通信学会会员、《信息通信网络》杂志编委。主持国家自然科学基金项目等 17 项,荣获军队科技进步三等奖 3 项。在各类期刊与会议上发表论文 396 篇(其中三大检索 35 篇),出版《大话物联网》等专(译)著 48 部,其中《大话云计算》获“2011 年全国十大科普图书”。研究方向为人工智能、物联网、云计算和网络安全。

米子川

米子川,统计学博士,教授,博士生导师,现任山西财经大学研究生院院长。担任 2018 – 2022 教育部高等学校统计学类专业教学指导委员会委员,山西省大数据与统计学类专业教学指导委员会副主任委员,入选山西省三晋英才支持计划,山西省“1331”工程重点科研创新团队负责人,山西省教学名师。主要研究方向是应用统计学,研究兴趣集中在经济统计、抽样调查、社会网络与大数据分析等方面。2017 年 – 2018 年访问意大利佛罗伦萨大学统计系。

陈艳

陈艳,日本早稻田大学工学博士,湖南大学工商管理学院教授,博士生导师。湖南大学“岳麓学者”,上海市“浦江人才计划”入选者、“晨光学者计划”入选者,现任“中国优选法统筹法与经济数学研究会”理事、“管理科学与工程学会”理事。长期从事管理科学与信息科学领域的研究工作,研究方向包括机器学习、复杂网络、区块链、智能优化、风险管理等。先后担任日本学术振兴会(JSPS)特别研究员以及早稻田大学研究员。已在管理科学领域的国内外一流期刊发表论文 30 余篇,其主讲课程被评为上海市重点课程、精品在线课程,荣获上海市教学成果一等奖。作为负责人主持并完成国家自然科学基金面上项目 1 项、国家自然科学基金重点项目子项目 1 项、国家自然科学基金重大研究计划重点项目子项目 1 项、国家自然科学基金青年项目 1 项、省部级项目 3 项。

冯玉伯

冯玉伯,男,1974 年生,天津人,2019 年于河北工业大学机械制造工程专业博士研究生毕业。现为天津通信广播集团有限公司智能机器人事业部技术总监。专业研究领域包括人工智能,重载移动机器人,物联网,智能装备故障检测等。主持参与的项目包括:“基于云服务的智能装备故障诊断”,“基于物联网的重载型移动机器人”,“电机减速机智能检测平台“等。

前　　言

2018年11月的一天，首都经济贸易大学管理工程学院（原信息学院）张军院长问我能否编写一部关于人工智能的教材。因为给研究生教授过这门课，加上一直对人工智能非常感兴趣，我便欣然应允。非常感谢张军院长和统计学院纪宏院长的信任和支持，为了编好这部教材，纪宏院长邀请了上海财经大学的陈艳副教授和山西财经大学的米子川教授参与编写，还邀请了康桥博士作为技术编辑，共同对教材的编写质量严格把关。我不敢怠慢，唯恐水平不足、时间不够，于是抓紧时间联系了另外三位在人工智能方面颇有建树的主要编写者，分别是中国人工智能学会理事、中国人工智能学会智能产品与产业委员会副主任、河北工业大学丁承君教授（博导），国防科技大学信息通信学院郎为民教授，以及天津通信广播集团冯玉伯高工，其中，丁承君教授负责编写第2章和第8章，郎为民教授负责编写第1章，冯玉伯高工负责编写第6章。第3章和第4章由米子川教授负责编写，第5章由陈艳教授负责编写，第7章和第9章由冀付军副教授负责编写。纪宏院长特意要求，不能照搬国外教材的案例和数据，于是我们邀请北京大学王汉生教授的学生——中央财经大学的潘蕊教授协助提供案例数据。本教材的编写同时得到了国防科技大学科研计划项目“支持所有权动态管理和隐私保护的边缘计算数据去重机制研究”（编号：ZK18－03－23）的支持，在此一并致谢。

本书编写成功，与以上各位同仁的辛苦和努力是分不开的，在此深表感谢！本书引用了诸多文献，在此向文献作者表示感谢！感谢康跃老师的团队提供的帮助，感谢刘雅楠老师的宣传推广！最后，感谢学院领导和北京市大数据协会提供的机会，感谢程玉斌和杨亚豪参与了本书部分文字的编写工作。由于本书编写时间紧张、作者水平有限，不足之处在所难免，望各位同仁多提宝贵建议（请发送邮件至 jifujun@ tsinghua. edu. cn），我们将在下一版对提供宝贵建议者予以感谢，同时我们将认真参考专家建议进行修改。再次感谢各位！

人工智能，顾名思义，人工造出来的类人智能。作为计算机科学的一个分支，它企图了解智能的实质，并生产出一种新的能以人类智能相似的方式做出反应的智能机器。因此，为了便于读者理解，本书的架构也正是从人类智能角度出发，从内心到外在，从感知到行动，来研究、开发用于模拟、延伸和扩展人的智能的理论、方法、技术及应用系统。这是编排本书的一个主要思路，因此本书的结构顺序主要分成四个部分。首先为概述,其次为内心,再次为外在,最后为应用。概述为第1章、第2章至第6章讲解机器内心计算部分,依次为Agent、搜索、推理、学习、进化。第7章和第8章介绍机器外在计算部分——从感知到行动。第9章讲解应用。需要说明的是,为了方便读者理解,我们将内容按照人类熟知智能进行编排,但是实际上,无论内心计算还是外在计算,都是互相关联的,浑然天成,不能截然分开,只不过内心计算没有外在类人呈现而已。而外在表现,无论感知还是行动,都有明显的外在可视特征,如麦克风类似人耳,摄像头类似人眼,机器臂类似人的胳膊,等等。

本书在概述中会具体介绍什么是人工智能,人工智能是什么时候开始的,怎么发展起来的,人工智能研究领域中的代表人物有哪些,贡献如何……编者会从历史发展的角度让读者认识人工智能的发展经历了哪几个阶段,目前发展到什么地步,趋势如何……等读者从时间角度对人工智能有整体认识后,再从人工智能的核心心智由内而外开始详细介绍。首先介绍的是Agent,它相当于人工智能的总控中心。接下来介绍机器心智计算的搜索是如何找到问题解决路径的,然后人工智能又是如何推理的;推理后可以得到结果,那么能否从中学习,以便更快获得结果。学习是针对一代或单体机器算法而言的,那么机器算法的跨代进化是如何形成的?又是如何遗传和变异的呢?这还需要讲一下进化。前面这些章都是讲内在的,基本没有讲外显特征。对人工智能而言,其类人智慧决定着它还有外在可视的感知和行动。那么,人工智能如何感知世界呢?所以接下来讲感知。感知后,经过心智运算中控,接下来就该对行动做进一步的阐述了。至此,由内而外,从心到动,人工智能原理讲解完毕。那人工智能可以应用在哪些领域呢?本书最后介绍了一些应用。事实上,正如人类一样,各种智能并不能截然分开,而是相互融合的,因此,这些内容之间也会有相互融合的地方。为了讲述方便,本书只是进行了大致的划分,特此跟读者说明。不妥之处,也希望读者朋友不吝赐教。

正值本书付梓之际,国家标准化管理委员会等五部门印发了《国家新一代人工智能标准体系建设指南》,为方便读者查阅,扫描所附二维码,即可查看指南全文。

本书除了可以作为高等院校自动化、计算机等专业研究生和高年级学生的人工智能课程教材外,也可供计算机信息处理、自动控制、地球物理、生物信息等领域中从事人工智能工作的广大科技人员和相关专业、高校师生参考。

冀付军

目　录

1　人工智能的发展历史和趋势

本章学习目的与要点

人工智能的迅速发展将深刻改变人类社会生活，改变世界。当前，新一轮科技革命和产业变革正在萌发，大数据的形成、理论算法的革新、计算能力的提升及网络设施的演进驱动人工智能发展进入新阶段，智能化成为技术和产业发展的重要方向。人工智能具有显著的溢出效应，将进一步带动其他技术的进步，推动战略性新兴产业总体突破，正在成为推进供给侧结构性改革的新动能、振兴实体经济的新机遇、建设制造强国和网络强国的新引擎。

本章旨在对人工智能的发展历史和趋势进行详细介绍，内容包括人工智能的定义和发展基础、人工智能的发展历史，以及人工智能最新进展及趋势。通过本章的阐述，希望读者了解人工智能的发展历史、定义和发展基础，并能思考人工智能的发展趋势。

1.1　人工智能的定义、体系架构和发展基础

1.1.1　人工智能的定义

人工智能（Artificial Intelligence，AI）是引领未来的战略性技术，世界主要发达国家把发展人工智能作为提升国家竞争力、维护国家安全的重大战略，加紧出台规划和政策，围绕核心技术、顶尖人才、标准规范等强化部署，力图在新一轮国际科技竞争中掌握主导权。

正如宋丹丹在小品《小崔说事》中所言，“没有新闻的领导不叫领导，没有绯闻的名人那算不得名人”。如今没有哪个“明星”能像人工智能一样如此备受关注，并且引出如此多的话题。人工智能在近几年迅速席卷世界，从学术大家到市井平民，几乎无人不晓。然而，人工智能就像诸多新生事物一样，并不能迅速被大家看清，于是时常就会出现这样的疑问：人工智能，到底是

什么？

在计算机出现之前，人们就幻想着有一种机器可以实现人类的思维，可以帮助人们解决问题，甚至比人类有更高的智力。随着20世纪40年代计算机的发明，计算速度不断提高，计算机应用到了越来越多的领域，如多媒体、计算机辅助设计、数据库、数据通信和自动控制等，形成了计算机科学。人工智能是计算机科学的一个研究分支，是多年来计算机科学研究发展的结晶。

严格来说，历史上有很多关于人工智能的定义，这些定义对于人们理解人工智能都起过作用，甚至是关键作用。例如，达特茅斯会议的发起建议书中对于人工智能的预期目标设想是“制造一台机器，该机器可以模拟学习或者智能的所有方面，只要这些方面可以精确描述”。该预期目标曾被当作人工智能的定义使用，对人工智能的发展起到了举足轻重的作用。

究竟什么是人工智能，没人说得清。一个人一个说法，一家一种解释，且“公说公有理，婆说婆有理”，如同“一千个读者心中有一千个哈姆雷特”。既像道家的“道”，又像儒家的“仁”，人人都能说上几句，但又没有公认的精确定义。本书给出学术界一致认同的几种人工智能定义。

人工智能之父约翰·麦卡锡（John McCarthy）认为，人工智能就是制造智能的机器，更特指制造人工智能的程序。人工智能模仿人类的思考方式使计算机能智能地思考问题，人工智能研究人类大脑的思考、学习和工作方式，然后将研究结果作为开发智能软件和系统的基础。

图灵奖获得者马文·明斯基（Marvin Minsky）认为，人工智能是一门科学，是使机器做那些人需要通过智能来做的事情。

计算机科学界泰斗、加利福尼亚大学伯克利分校教授斯图尔特·罗素（Stuart J. Russell）认为，人工智能是对从环境中感知信息并执行行动的Agent的研究。

国际标准ISO/IEC 2382：2015《信息技术　词汇》（如图1-1所示）提出，人工智能就是表现出与人类智能（如推理和学习）相关的各种功能的功能单元的能力。

国家标准GB/T 5271.28—2001《信息技术　词汇　第28部分：人工智能　基本概念与专家系统》（如图1-2所示）提出，人工智能就是一门交叉学科，通常视为计算机科学的分支，研究表现出与人类智能（如推理和学习）相关的各种功能的模型和系统。

人工智能的定义对人工智能学科的基本思想和内容做出了解释，即围绕智能活动而构造的人工系统。人工智能是知识的工程，是机器模仿人类利用知识完成一定行为的过程。

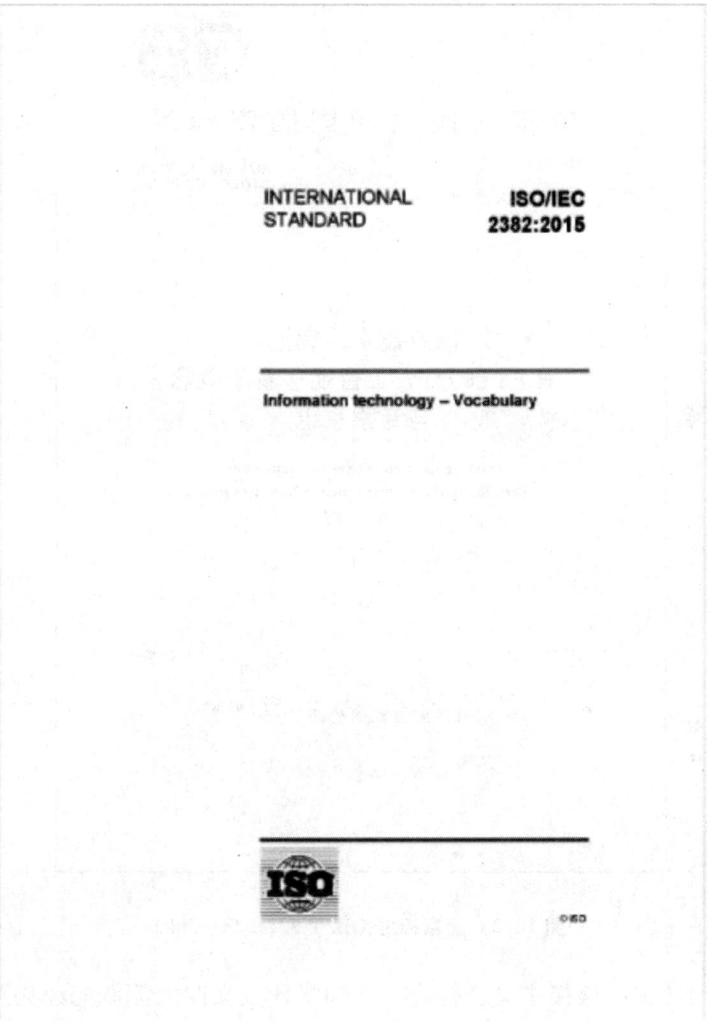

INTERNATIONAL STANDARD

ISO/IEC 2382:2015

Information technology – Vocabulary

©ISO

图 1－1　国际标准 ISO/IEC 2382：2015《信息技术　词汇》

从整体发展阶段看，人工智能可划分为弱人工智能、强人工智能和超人工智能三个阶段。弱人工智能擅长在特定领域、有限规则内模拟和延伸人的智能；强人工智能具有意识、自我和创新思维，能够进行思考、计划、解决问题、抽象思维、理解复杂理念、快速学习和从经验中学习等人类级别智能的工作；超人工智能是在所有领域都大幅超越人类智能的机器智能。虽然人工智能经历了多轮发展，但仍处于弱人工智能阶段，只是处理特定领域问题的专用智能。对于何时能达到甚至能否达到强人工智能，业界尚未达成共识。

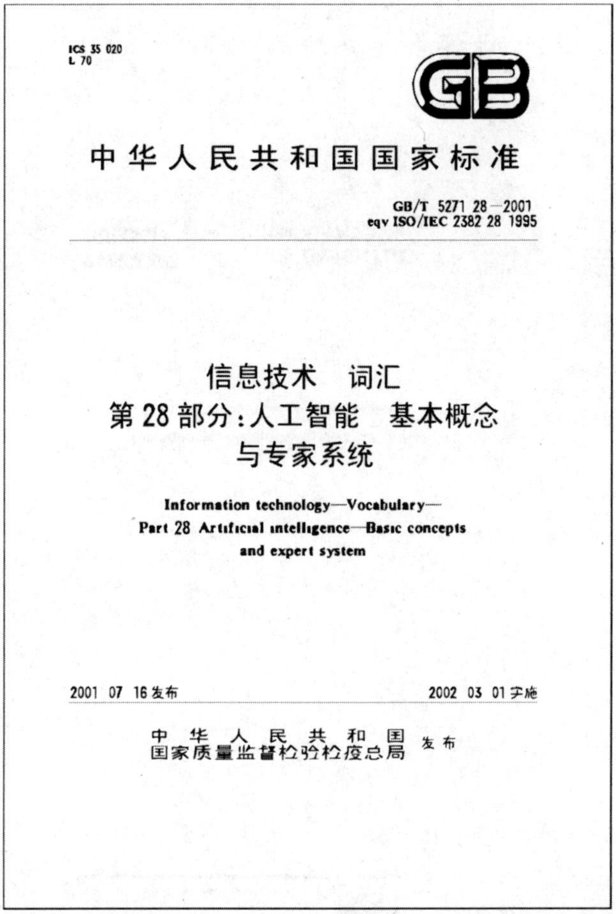

ICS 35 020
L 70

中华人民共和国国家标准

GB/T 5271 28—2001
eqv ISO/IEC 2382 28 1995

信息技术　词汇
第28部分：人工智能　基本概念
与专家系统

Information technology—Vocabulary—
Part 28 Artificial intelligence—Basic concepts
and expert system

2001 07 16发布　　　　2002 03 01实施

中华人民共和国
国家质量监督检验检疫总局　发布

图1－2　国家标准GB/T 5271.28—2001

靠符号主义、连接主义、行为主义和统计主义四大流派的经典路线就能设计制造出强人工智能吗？其中一个主流看法是：即使有更高性能的计算平台和更大规模的大数据助力，也还只是量变，不是质变，人类对自身智能的认识还处在初级阶段，在人类真正理解智能机理之前，不可能制造出强人工智能。理解大脑产生智能的机理是脑科学的终极性问题，绝大多数脑科学专家都认为这是一个数百年乃至数千年甚至永远都解决不了的问题。

通向强人工智能的路线还有一条——仿真主义。这条新路线通过制造先进的大脑探测工具从结构上解析大脑，再利用工程技术手段构造出模仿大脑神经网络基元及结构的仿脑装置，最后通过环境刺激和交互训练仿真大脑实现类人智能，简言之，“先结构，后功能”。虽然完成这项工程也十分困难，但其中的工程技术问题都是有可能在数十年内解决的，而不像“理解大脑”

这个科学问题那样遥不可及。

可以说，仿真主义是继符号主义、连接主义、行为主义和统计主义之后的第五个流派，和前四大流派有着千丝万缕的联系，也是前四个流派通向强人工智能的关键一环。经典计算机是数理逻辑的开关电路实现，采用冯·诺依曼体系结构，可以作为逻辑推理等专用智能的实现载体。但要靠经典计算机不可能实现强人工智能。要按仿真主义的路线“仿脑”，就必须设计制造全新的软硬件系统，这就是“类脑计算机”，或者更准确地称为“仿脑机”。“仿脑机”是“仿真工程”的标志性成果，也是“仿脑工程”通向强人工智能之路的重要里程碑。

1.1.2 人工智能的体系架构

目前，人工智能领域尚未形成完善的参考框架，国家标准《信息技术 人工智能 参考架构》仍在拟制之中。本书基于人工智能的发展状况和应用特征，从人工智能信息流动的角度出发，提出一种人工智能参考框架（如图1-3所示），力图搭建较为完整的人工智能主体框架，描述人工智能系统总体工作流程。该体系架构不受具体应用所限，适用于通用人工智能领域需求。

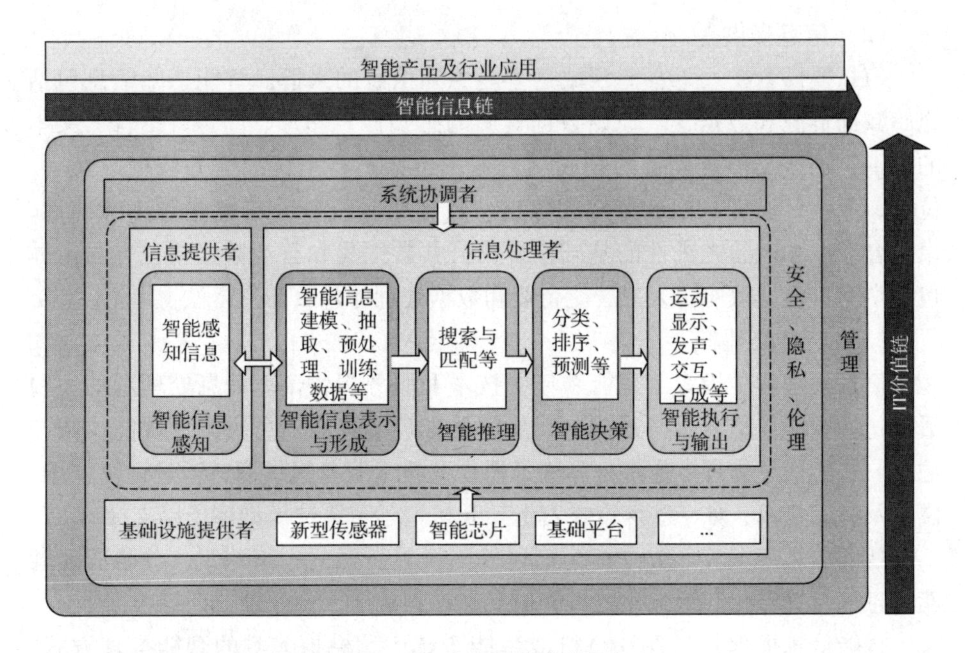

图1-3 人工智能参考框架

人工智能参考框架提供了基于“角色—活动—功能”的层级分类体系，

从“智能信息链”（水平轴）和“IT 价值链”（垂直轴）两个维度阐述了人工智能系统框架。“智能信息链”反映从智能信息感知、智能信息表示与形成、智能推理、智能决策、智能执行与输出的一般过程。在这个过程中，智能信息是流动的载体，经历了“数据—信息—知识—智慧”的凝练过程。“IT 价值链”是指从人工智能的底层基础设施、信息（提供和处理技术实现）到系统的产业生态过程，反映人工智能为信息技术产业带来的价值。此外，人工智能系统还有其他非常重要的框架构件：安全、隐私、伦理和管理。人工智能系统主要由基础设施提供者、信息提供者、信息处理者和系统协调者四种角色组成。

1.1.2.1　四种主要角色

（1）基础设施提供者

基础设施提供者为人工智能系统提供计算能力支持，实现与外部世界的沟通，并通过基础平台实现支撑。计算能力由智能芯片（CPU、GPU、ASIC、FPGA 等硬件加速芯片以及其他智能芯片）等硬件系统开发商提供；与外部世界的沟通通过新型传感器制造商提供；基础平台的支撑包括分布式计算框架提供商及网络提供商提供的平台保障和支持，即包括云存储和计算、互联互通网络等。

（2）信息提供者

信息提供者在人工智能领域是智能感知信息的来源。智能感知信息包括原始数据资源和数据集。原始数据资源的感知涉及图形、图像、语音、文本的识别，还涉及传统设备的物联网数据，包括已有系统的业务数据以及力、位移、液位、温度、湿度等感知数据。数据集是提升人工智能算法准确性、模型合理性和产品先进性的基础，涉及公共数据集和行业数据集，参与主体包括学术机构、政府、人工智能企业和数据处理外包服务公司。

（3）信息处理者

信息处理者是指人工智能领域中技术和服务提供商。信息处理者的主要活动包括智能信息表示与形成、智能信息推理、智能信息决策及智能执行与输出。智能信息处理者通常是算法工程师及技术服务提供商，通过计算框架、模型及通用技术，如一些深度学习框架和机器学习算法模型等予以支撑。

智能信息表示与形成是指为描述外围世界所做的一组约定，分阶段对智能信息进行符号化和形式化的智能信息建模、抽取、预处理、训练数据等。

智能信息推理是指在计算机或智能系统中，模拟人类的智能推理方式，依据推理控制策略，利用形式化的信息进行机器思维和求解问题的过程。其典型的功能是搜索与匹配。

智能信息决策是指智能信息经过推理后进行决策的过程，通常提供分类、排序、预测等功能。

智能执行与输出作为智能信息输出的环节，是对输入做出的响应，输出整个智能信息流动过程的结果，包括运动、显示、发声、交互、合成等功能。

（4）系统协调者

系统协调者提供人工智能系统必须满足的整体要求，包括政策、法律、资源和业务需求，以及为确保系统符合这些需求而进行的监控和审计活动。由于人工智能是多学科交叉领域，需要系统协调者定义和整合所需的应用活动，使其在人工智能领域的垂直系统中运行。系统协调者的功能之一是配置和管理人工智能参考框架中的其他角色来执行一个或多个功能，并维持人工智能系统的运行。

1.1.2.2 安全、隐私、伦理

安全、隐私、伦理覆盖了人工智能领域的四种主要角色，对每种角色都有重要的影响作用。同时，安全、隐私、伦理处于管理角色的覆盖范围之内，与全部角色和活动都建立了相关联系。在安全、隐私、伦理模块，需要通过不同的技术手段和安全措施，构筑全方位、立体的安全防护体系，保护人工智能领域参与者的安全和隐私。

1.1.2.3 管理

管理角色承担系统管理活动，包括软件调配、资源管理等内容，管理的功能是监视各种资源的运行状况，应对出现的性能或故障事件，使得各系统组件透明且可观。

1.1.2.4 智能产品及行业应用

智能产品及行业应用是指人工智能系统的产品及其应用，是对人工智能整体解决方案的封装，将智能信息决策产品化，实现落地应用，应用领域主要包括智能制造、智能交通、智能家居、智能医疗、智能安防等。

1.1.3 人工智能的发展基础

人工智能的三大发展基础分别是数据、算法和算力。其中，数据是基础，人工智能的智能都蕴含在数据中；算法是人工智能的引擎，为人工智能实现提供根本途径，为数据智能挖掘提供有效方法；算力是平台，为人工智能提供了基本计算能力的支撑。

1.1.3.1 数据

2016 年以来，全球迎来人工智能发展新一轮浪潮，人工智能成为各方关注的焦点。从软件时代到互联网时代，再到如今的数据时代，数据的量和复

杂性都经历了从量变到质变的改变，数据引领人工智能发展进入重要战略窗口。互联网和移动互联网的发展提供了种类丰富的数据资源，它能够提升算法有效性。

从发展意义来看，人工智能的核心在于数据支持。首先，数据技术的发展打造了坚实的素材基础。数据具有体量大、多样性、价值密度低、速度快等特点。数据技术能够通过数据采集、预处理、存储及管理、分析及挖掘等方式，从各种各样类型的海量数据中快速获得有价值信息，为深度学习等人工智能算法提供坚实的素材基础。人工智能的发展也需要学习大量的知识和经验，而这些知识和经验就是数据，人工智能需要有数据支撑，反过来，人工智能技术也同样促进了数据技术的进步。二者相辅相成，任何一方技术的突破都会促进另一方的发展。其次，人工智能创新应用的发展离不开公共数据的开放和共享。从国际上看，开发、开放和共享政府数据已经成为普遍潮流，英美等发达国家已经在公共数据驱动人工智能方面取得一定成效。我国当前仍缺乏国家层面的整体战略设计与部署，政府数据开放仍处于起步阶段。在开放政府数据成为全球政府共识的背景下，我国应顺应历史发展潮流，抓住数据背景下发展人工智能这一珍贵历史机遇，加快数据开发、开放和共享步伐，提升国家经济与社会竞争力。数据是人工智能发展的基石，人工智能的核心在于数据支持。再次，数据是人工智能发展的助推剂。这是因为有些人工智能技术使用统计模型来进行数据的概率推算，如图像、文本或者语音，将这些模型置于在数据的海洋中，可使其得到不断优化，或者称其为“训练”。有了大数据的支持，深度学习算法输出结果会随着数据处理量的增大而更加准确。

从发展现状来看，人工智能技术取得突飞猛进的发展得益于良好的数据基础。首先，海量数据为训练人工智能提供了原材料。根据 We Are Social 公司 2018 年第三季度全球数字统计报告，全球独立移动设备用户渗透率超过了总人口的 67%，活跃互联网用户突破了 41 亿人。根据国际数据公司（International Data Corporation，IDC）预测，2020 年，全球将总共拥有 35ZB 的数据量。如此海量的数据给机器学习带来了充足的训练素材，打造了坚实的数据基础。移动互联网和物联网的爆发式发展为人工智能的发展提供了大量学习样本和数据支撑。其次，互联网企业依托数据成为人工智能的排头兵。Facebook 近五年里积累了超过 12 亿全球用户；国际商用机器公司（International Business Machine，IBM）服务的很多客户拥有 PB 级的数据；谷歌（Google）的 20 亿行代码都存放在代码资源库中，提供给全部 2.5 万名谷歌工程师调用；亚马逊 AWS 为全球 190 个国家/地区超过百万家企业、政府以及创业公司和组织提供支持。在中国，百度、阿里巴巴、腾讯分别通过搜索、产业链、用户掌握着数据流量入口，体系和工具日趋成熟。再次，公共服务数据成为各国政府关注的焦点。美国联邦政府已在 Data. gov 数据平台开放多个领域 13 万个数据集的数据，这些领域包括农业、商业、气候、教育、能源、金融、卫生、科研等。英国、加拿大、新西兰等国都建立了政府数据开放平台。2011 年，中国香港特区政府上线 data. gov. hk，上海率先在内地推出首个数据开放开放平台。之后，北京、武汉、无锡、佛山、南京等城市也都陆续上线数据平台。此外，基于产业数据协同的人工智能应用层出不穷。海尔借助拥有上亿用户数据的 SCRM 数据平台，建立了需求预测和用户活跃度等数据模型，年转化的销售额达到60 亿元；益海鑫星、有理数科技和阿里云数家平台合作，以中国海洋局的遥感卫星数据和全球船舶定位画像数据为基础，打造围绕海洋的数据服务平台，服务于渔业、远洋贸易、交通运输、金融保险、石油天然气、滨海旅游、环境保护等众多行业，从智能指导远洋捕捞到智能预测船舶在港时间，应用场景丰富。

从建设成果来看，数据集已为行业和产业发展奠定坚实基础。首先，公共数据集不断丰富，推动初创企业成长，如表 1 - 1 所示。这些数据集主要由学术及研究机构承担建设。公共数据集一般用作算法测试及能力竞赛，质量较高，为创新创业和行业竞赛提供优质数据，给初创企业带来必不可少的资源。其次，行业数据集日益成为企业的核心竞争力，如图 1 - 4 所示。行业数据集与产业结合紧密，各个企业的自建数据集属于企业的“撒手锏”。数据服务产业快速发展，主要包括数据集建设、数据清洗、数据标注等。

表 1 - 1　全球部分人工智能公共数据集

类　型	数据集名称	特　点
自然语言处理	WikiText	维基百科语料库
	SQuAD	斯坦福大学问答数据集
	Common Crawl	PB 级网络爬虫数据
	Billion Words	常用语言建模数据库
语音识别	VoxForge	带口音的语料库
	TIMIT	声学—音素连续语音语料库
	CHIME	包含环境噪声的语音识别数据集
机器视觉	SVHN	谷歌街景中的图像数据集
	ImageNet	基于 wordnet 构成，常用图像数据集
	Labeled Faces in the Wild	面部区域图像数据集，用于人脸识别训练

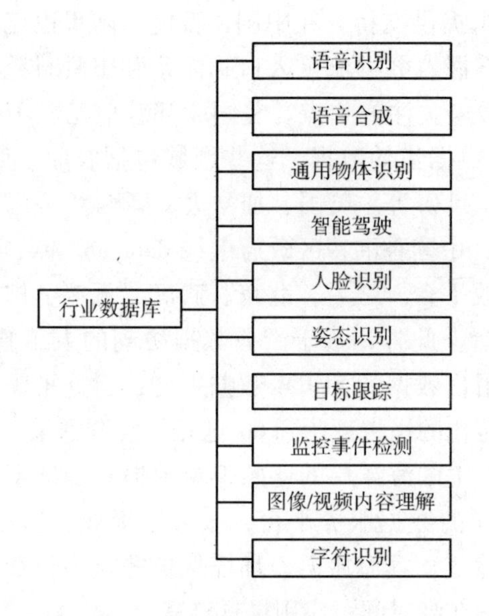

图 1－4　行业数据库分类

综上所述，数据为人工智能的发展提供了必要条件。现阶段，从数据角度来看，制约我国人工智能发展的关键在于缺乏高质量数据应用基础设施，公共数据开放共享程度不够，社会参与数据增值开发进展缓慢，标准缺乏时效性，等等。

1.1.3.2　算法

基础算法的创新减少了传统算法和人类手工总结特征的不完备性。人工智能算法发展至今不断创新，学习层级不断增加。学术界早期研究重点集中在符号计算，人工神经网络在人工智能发展早期被完全否定，而后逐渐被认可，并成为今天引领人工智能发展潮流的一大类算法，显现出强大的生命力。目前流行的机器学习以及深度学习算法（如表 1－2 所示）实际上是符号学派、控制学派以及连接学派理论的进一步拓展。

表 1－2　深度学习框架

框架	单位	支持语言	简　介
TensorFlow	谷歌	Python/C++/Go/……	神经网络开源库
Caffe	加州大学伯克利分校	Python/C++	卷积神经网络开源框架
PaddlePaddle	百度	Python/C++	深度学习开源平台
CNTK	微软	C++	深度学习计算网络工具包

续表

框架	单位	支持语言	简　介
Torch	Facebook	Lua	机器学习算法开源框架，Facebook 的 pytorch 支持在 Python 语言下的深度学习
Keras	谷歌	Python	模块化神经网络库 API
Theano	蒙特利尔大学	Python	深度学习库
DL4J	Skymind	Java/Scala	分布式深度学习库
MXNet	DMLC 社区	Python/C ++ /R/……	深度学习开源库

机器学习算法和深度学习算法是人工智能中的两大热点，开源框架成为科技巨头全面布局的重点。开源深度学习平台是推进人工智能技术发展的重要动力，允许公众使用、复制和修改源代码，具有更新速度快、拓展性强等特点，可以大幅降低企业开发成本和客户的购买成本。这些平台被企业广泛地应用于快速搭建深度学习技术开发环境，并促使自身技术的加速迭代与成熟，最终实现产品的应用落地。

人工智能仍在迅速发展，而且改变着人们的生活，还有更多人工智能算法正等待着计算机科学家去挖掘。由于技术投资周期较长，中国大多数人工智能企业还缺少原创算法，仍需要未雨绸缪，重视 AI 算法层面的人才储备；将学术研究和产业应用场景相结合，鼓励创新，积极挖掘 AI 算法方面的人才，让具备强大潜力的人工智能研究者能够真正投入业界。

1.1.3.3 算力

人工智能算法的实现需要强大的计算能力支撑，特别是深度学习算法的大规模使用，对计算能力提出了更高的要求。人工智能迎来真正的大爆发，在很大程度上与图形处理器（Graphics Processing Unit，GPU）的广泛应用有关。在此之前，硬件算力并不能满足人工智能计算能力的需求，当 GPU 与人工智能结合后，人工智能才迎来了真正的高速发展，因而硬件算力的提升是 AI 快速发展的重要因素之一，如图 1 -5 所示。

近年来，新型高性能计算架构成为人工智能技术演进的催化剂，随着人工智能领域中深度学习热潮的涌现，计算芯片的架构逐渐向深度学习应用优化的趋势发展，从传统的中央处理器（Central Processing Unit，CPU）为主 GPU 为辅的英特尔处理器转变为 GPU 为主 CPU 为辅的结构。2017 年，NVIDIA 推出的新一代图形处理芯片 TeslaV100，主要用于研究基于深度学习的人工智能。针对谷歌开源深度学习框架 TensorFlow，谷歌推出为机器学习定

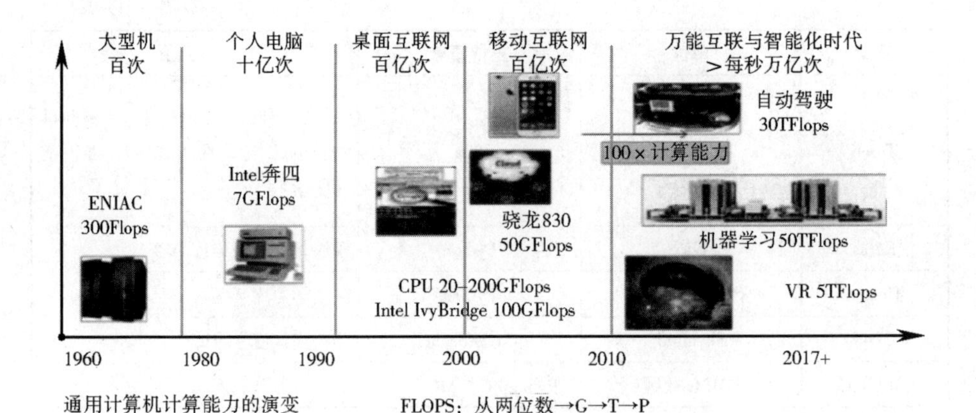

图1-5 人工智能算力演进

制的张量处理器（Tensor Processing Unit，TPU）。

人工智能发展急需核心硬件升级，人工智能芯片创新加速，计算创新成为布局重点，如图1-6所示。现有芯片产品在基础能力上无法满足密集线性代数和海量数据高吞吐需求，亟须解决云端的高性能和通用性，终端的高能效和低延时等问题。

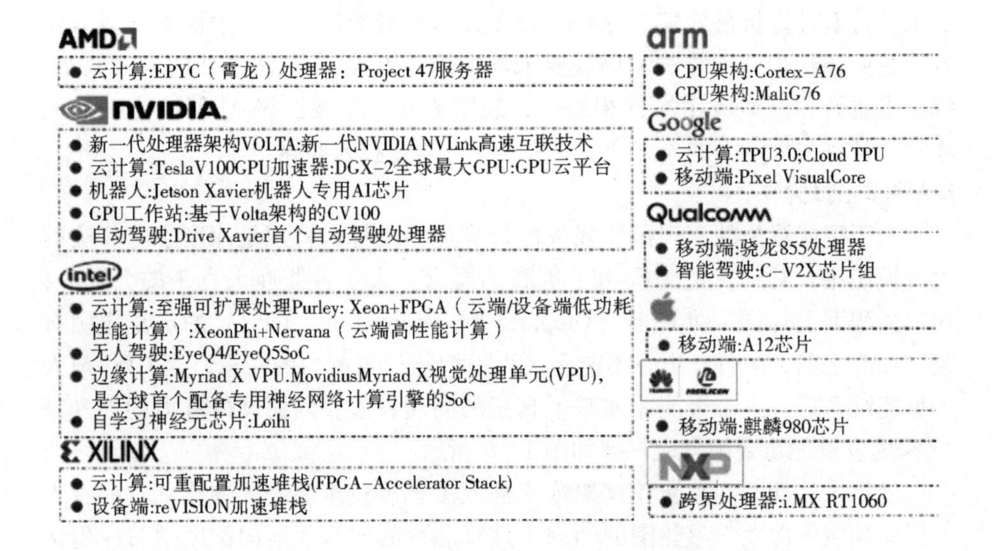

图1-6 人工智能芯片之争呈白热化态势

从人工智能芯片所处发展阶段看，CPU、GPU 和 FPGA（Field Programmable Gate Array，现场可编程门阵列）等通用芯片是当前人工智能领域的主要芯片，而针对将神经网络算法的专用芯片 ASIC（Application Specific Integrated Circuits，专用集成电路）也正在被 Intel、Google、NVIDIA 和众多初创公司陆续推出，并有望在今后数年内取代当前的通用芯片成为人工智能芯片的主力，如图 1－7 所示。

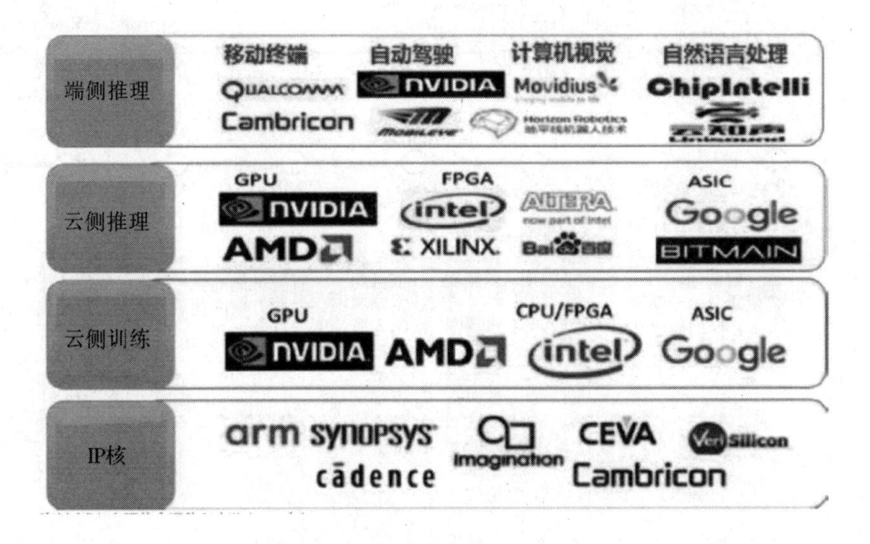

图 1－7　人工智能芯片产业图谱

1.2　人工智能的发展历史

历史上，研究人工智能就像坐过山车，忽上忽下。梦想的肥皂泡一次次被冰冷的科学事实戳破，科学家们不得不一次次重新回到梦的起点。作为一门独立的学科，人工智能的发展非常奇葩。它不像其他学科那样从分散走向统一，而是从 1956 年创立以来就不断地分裂，形成了一系列大大小小的子领域。也许人工智能注定就是“大杂烩”，也许统一的时刻还未到来。然而，人们对人工智能的梦想是永远不会磨灭的。

由于受到智能算法、计算速度、存储水平等多方面因素的影响，人工智能技术和应用发展经历了多次高潮和低谷，如图 1－8 所示。2006 年以来，以深度学习为代表的机器学习算法在机器视觉和语音识别等领域取得了极大的成功，识别准确性大幅提升，使人工智能再次受到学术界和产业界的广泛关注。总体来看，人工智能诞生后，其发展经历了三次浪潮。

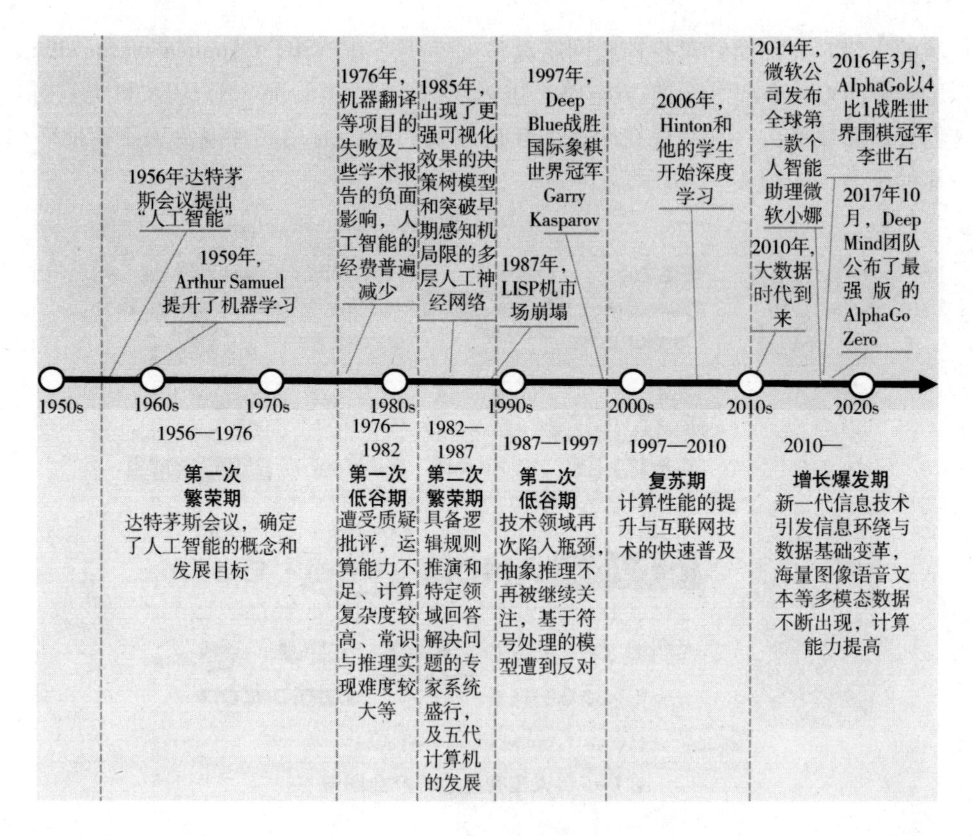

图1-8　人工智能发展历史

1.2.1　人工智能诞生

长期以来，制造具有智能的机器一直是人类的重大梦想。制造出能够像人类一样思考的机器是科学家们最伟大的梦想之一。用智慧的大脑解读智慧必将成为科学发展的终极。而验证这种解读的最有效手段，莫过于再造一个智慧大脑——人工智能。

早在20世纪四五十年代，数学家和计算机工程师就已经开始探讨机器模拟智能的可能。1946年2月14日，全球第一台通用计算机——电子数字积分计算机（Electronic Numerical Integrator And Computer，ENIAC）在美国宾夕法尼亚大学诞生。它最初是为美军作战研制的，每秒能完成5 000次加法、400次乘法等运算，是使用继电器运转的机电式计算机的1 000倍、手工计算的20万倍。ENIAC为人工智能的研究提供了物质基础。

1950年10月，艾伦·图灵（Alan Turing）在哲学杂志《心灵》（*Mind*）上发表了题为《计算机器与智能》的学术论文，如图1-9所示。图灵在论文中提出了著名的图灵测试，提出了这样一个标准：如果一台机器通过了“图灵测试”，则我们必须接受这台机器具有智能。

Vol. LIX. No. 236.] [October, 1950

MIND

A QUARTERLY REVIEW

OF

PSYCHOLOGY AND PHILOSOPHY

I.—COMPUTING MACHINERY AND INTELLIGENCE

By A. M. Turing

1. *The Imitation Game.*

I propose to consider the question, 'Can machines think?' This should begin with definitions of the meaning of the terms 'machine' and 'think'. The definitions might be framed so as to reflect so far as possible the normal use of the words, but this attitude is dangerous. If the meaning of the words 'machine' and 'think' are to be found by examining how they are commonly used it is difficult to escape the conclusion that the meaning and the answer to the question, 'Can machines think?' is to be sought in a statistical survey such as a Gallup poll. But this is absurd. Instead of attempting such a definition I shall replace the question by another, which is closely related to it and is expressed in relatively unambiguous words.

The new form of the problem can be described in terms of a game which we call the 'imitation game'. It is played with three people, a man (A), a woman (B), and an interrogator (C) who may be of either sex. The interrogator stays in a room apart from the other two. The object of the game for the interrogator is to determine which of the other two is the man and which is the woman. He knows them by labels X and Y, and at the end of the game he says either 'X is A and Y is B' or 'X is B and Y is A'. The interrogator is allowed to put questions to A and B thus:

C: Will X please tell me the length of his or her hair?

Now suppose X is actually A, then A must answer. It is A's

28 433

图1－9 《计算机器与智能》

那么，图灵测试究竟是怎样一种测试呢？如图 1 – 10 所示，假设有两间密闭的屋子，其中一间屋子里面关了一个人，另一间屋子里面放了一台计算机——进行图灵测试的人工智能程序。然后，屋子外面有一个人作为测试者，测试者只能通过一根导线与屋子里面的人或计算机交流——与它们进行联网聊天。假如测试者在有限的时间内无法判断出这两间屋子里面哪一间关的是人，哪一间放的是计算机，那么我们就称屋子里面的人工智能程序通过了图灵测试，并具备了智能。事实上，图灵当年在论文中设立的标准相当宽泛：只要有 30% 的人类测试者在 5 分钟内无法分辨出被测试对象，就可以认为程序通过了图灵测试。虽然图灵测试的科学性受到过质疑，但是它在过去数十年一直被广泛认为是测试机器智能的重要标准，对人工智能的发展产生了极为深远的影响。

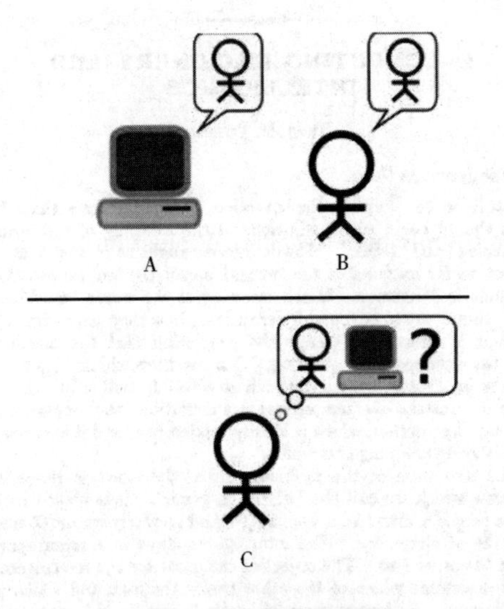

图 1 – 10　图灵测试

1951 年夏天，正在普林斯顿大学数学系攻读博士学位的马文 · 明斯基和迪恩 · 爱德蒙（Dean Edmunds）建立了随机神经网络模拟加固计算器（Stochastic Neural Analog Reinforcement Calculator，SNARC），这是人类打造的最一个人工神经网络，用了 3 000 个真空管来模拟 40 个神经元规模的网络。这项开创性工作为人工智能奠定了坚实的基础。

1952 年，亚瑟 · 塞缪尔（Arthur Samuel）编写了第一个版本的跳棋程序和第一个具有学习能力的计算机程序。这项工作的重要意义在于，人们将这一程序视为合理人工智能技术的研究和应用的早期模型。塞缪尔的工作代表了在机器学习领域最早的研究。塞缪尔曾思考使用神经网络方法学习博弈的可能性，但是最后决定采用更有组织、更结构化的网络方式进行学习。

1955 年 12 月，赫伯特·西蒙（Herbert Simon）和艾伦·纽厄尔（Allen Newell）开发出“逻辑理论家”，这是世界上第一个人工智能程序，有能力证明罗素和怀特海在《数学原理》一书第二章列出的 52 个定理中的 38 个定理，甚至还找到了比教科书中更优美的证明。这项工作开创了一种日后被广泛应用的方法：搜索推理。

在数学大师们铺平了理论道路，工程师们踏平了技术坎坷，计算机已呱呱落地的时候，人工智能终于横空出世了。而这一历史时刻的到来却是从一次不起眼的会议开始的。

1955 年夏天，约翰·麦卡锡到 IBM 进行学术访问时遇见 IBM 第一代通用机 701 的主设计师纳撒尼尔·罗切斯特（Nathaniel Rochester）。罗切斯特对神经网络素有兴趣，于是二人决定第二年夏天在达特茅斯学院举办一次活动。他们俩说服了克劳德·香农（Claude Shannon）和当时在哈佛大学做初级研究员的马文·明斯基，于 1955 年 8 月 31 日给洛克菲勒基金会写了一份项目建议书，希望得到资助。麦卡锡给这个活动起了一个当时看来别出心裁的名字：“人工智能夏季研讨会（Summer Research Project on Artificial Intelligence）”，如图 1 – 11 所示。

麦卡锡和明斯基向洛克菲勒基金会提交的建议书里罗列了他们计划研究的七大领域：自动（可编程）计算机；编程语言；神经网络；计算规模的理论（即计算复杂性）；自我改进（即机器学习）；抽象；随机性和创见性。麦卡锡的原始预算是 13 500 美元，但洛克菲勒基金会只批准了 7 500美元。

1956 年 6 月 18 日到 8 月 17 日，达特茅斯会议（如图 1 – 12 所示）召开，这是人工智能史上最重要的里程碑。与会者有约翰·麦卡锡、马文·明斯基、克劳德·香农、艾伦·纽厄尔、赫伯特·西蒙，还有来自 IBM 的亚瑟·塞缪尔和亚历克斯·伯恩斯坦（Alex Bernstein），达特茅斯的教授特伦查德·摩尔（Trenchard More），以及一位被后人忽视的“先知”——雷·所罗门诺夫（Ray Solomonoff）。他们讨论着一个完全不食人间烟火的主题：用机器来模仿人类学习以及其他方面的智能。在会议中，给所有人留下最深印象的是纽厄尔和西蒙的报告，他们公布了“逻辑理论家”是当时唯一可以工作的人工智能软件，引起了与会代表的极大兴趣与关注。

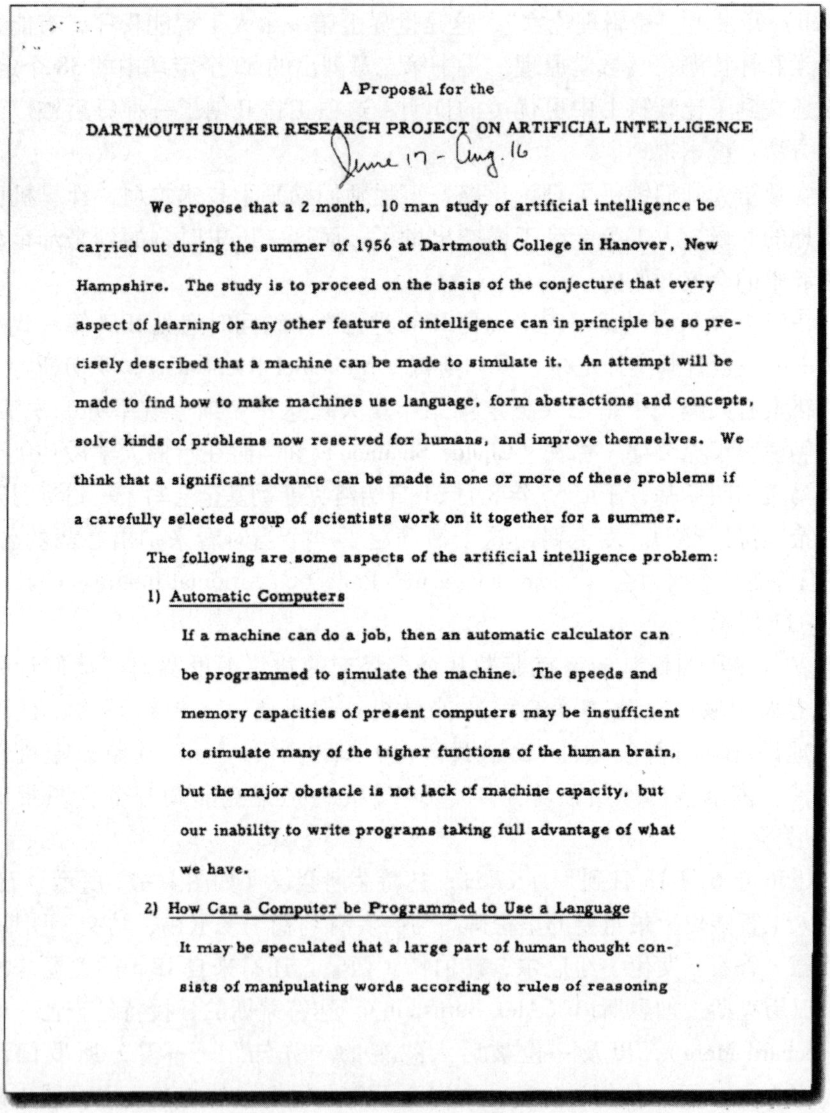

A Proposal for the

DARTMOUTH SUMMER RESEARCH PROJECT ON ARTIFICIAL INTELLIGENCE

June 17 - Aug. 16

We propose that a 2 month, 10 man study of artificial intelligence be carried out during the summer of 1956 at Dartmouth College in Hanover, New Hampshire. The study is to proceed on the basis of the conjecture that every aspect of learning or any other feature of intelligence can in principle be so precisely described that a machine can be made to simulate it. An attempt will be made to find how to make machines use language, form abstractions and concepts, solve kinds of problems now reserved for humans, and improve themselves. We think that a significant advance can be made in one or more of these problems if a carefully selected group of scientists work on it together for a summer.

The following are some aspects of the artificial intelligence problem:

1) Automatic Computers

If a machine can do a job, then an automatic calculator can be programmed to simulate the machine. The speeds and memory capacities of present computers may be insufficient to simulate many of the higher functions of the human brain, but the major obstacle is not lack of machine capacity, but our inability to write programs taking full advantage of what we have.

2) How Can a Computer be Programmed to Use a Language

It may be speculated that a large part of human thought consists of manipulating words according to rules of reasoning

图 1-11 "人工智能夏季研讨会"项目建议书

图 1－12 部分达特茅斯研讨会与会人员

会议足足开了两个月的时间，虽然大家没有达成普遍的共识，但是却为会议讨论的内容起了一个名字：人工智能。这次历史性会议，正式宣告了人工智能作为一门学科的诞生，并开启了人工智能之后十几年的黄金时期。因此，1956 年也就成为人工智能元年。

1.2.2 第一次浪潮：伟大的首航

人工智能的诞生震动了全世界，人们第一次看到了智慧通过机器产生的可能。当时有人乐观地预测，一台完全智能的机器将在 20 年内诞生。虽然到现在我们还没有看到这台机器的身影，但人工智能的诞生所激发的热情确实为这一新生领域的发展注入了无穷的活力。

1958 年，约翰·麦卡锡开发出列表处理（LISt Processing，LISP）语言，这是一种人工智能程序设计语言，它可以更方便地处理符号，为人工智能研究提供了有力工具。与大多数人工智能编程语言不同，LISP 在解决特定问题时更加高效，因为它满足了开发人员编写解决方案的需求，非常适合于归纳逻辑项目和机器学习。

1959 年，美国科学家乔治·德沃尔（George Devol）与约瑟夫·英格伯格（Joseph Engelberger）研发出首台工业机器人——Unimate（尤尼梅特，意为“万能自动”）。英格伯格负责设计机器人的“手”“脚”“身体”，即机器人的机械部分和完成操作部分；德沃尔负责设计机器人的“头脑”“神经系统”“肌肉系统”，即机器人的控制装置和驱动装置。该机器人借助计算机读取存储程序和信息，发出指令控制一台多自由度的机械，它对外界环境没有感知。

1963 年 7 月 1 日，美国国防高级研究计划局（Defense Advanced Research Projects Agency，DARPA）拨款 200 万美元给麻省理工学院，开启人工智能项目——数学和计算（Mathematics and Computation，MAC），主要研究计算机分时操作技术。不久，当时最著名的人工智能科学家明斯基和麦卡锡加入这一项目，并推动了在视觉和语言理解等领域的一系列研究。MAC 项目培养了一大批计算机科学和人工智能人才，对这一领域的发展产生了非常深远的影响。这一项目也是现在赫赫有名的麻省理工学院计算机科学与人工智能实验室（Computer Science and Artificial Intelligence Laboratory，CSAIL）的前身。

在巨大的热情和投资的驱动下，一系列新成果在这一时期应运而生。1966 年，麻省理工学院的约瑟夫・魏泽堡（Joseph Weizenbaum）研发出人工智能历史上最为著名的自然语言处理软件——伊莉莎（Eliza），这也是世界上第一台真正意义上的聊天机器人，如图 1－13 所示。魏泽堡将程序命名为伊莉莎，灵感来自英国著名戏剧家肖伯纳的戏剧《偶像》中的角色，它能够使计算机与人用英语谈话。伊莉莎通过简单的模式匹配和对话规则与人聊天。虽然从今天的眼光来看这一对话程序显得有点儿简陋，但当它第一次出现在世人面前时，确实令世人惊叹。在自然语言理解技术尚未真正取得突破性进展时，这是一个令人费解的现象。

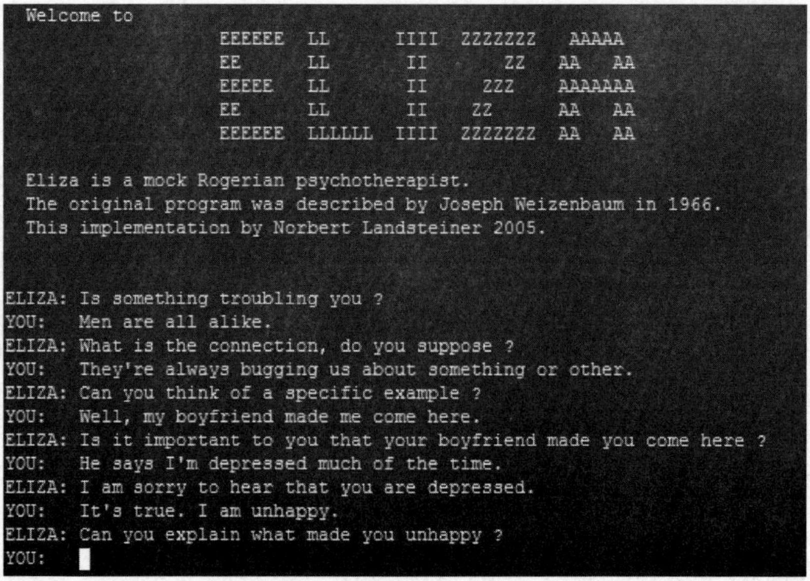

```
  Welcome to
                   EEEEEE  LL      IIII  ZZZZZZZ   AAAAA
                   EE      LL       II       ZZ  AA   AA
                   EEEEE   LL       II      ZZZ   AAAAAAA
                   EE      LL       II    ZZ     AA   AA
                   EEEEEE  LLLLLL  IIII  ZZZZZZZ  AA   AA

  Eliza is a mock Rogerian psychotherapist.
  The original program was described by Joseph Weizenbaum in 1966.
  This implementation by Norbert Landsteiner 2005.


ELIZA: Is something troubling you ?
YOU:   Men are all alike.
ELIZA: What is the connection, do you suppose ?
YOU:   They're always bugging us about something or other.
ELIZA: Can you think of a specific example ?
YOU:   Well, my boyfriend made me come here.
ELIZA: Is it important to you that your boyfriend made you come here ?
YOU:   He says I'm depressed much of the time.
ELIZA: I am sorry to hear that you are depressed.
YOU:   It's true. I am unhappy.
ELIZA: Can you explain what made you unhappy ?
YOU:
```

图 1－13　伊莉莎人机对话软件界面

1972 年，世界上第一个全尺寸人形“智能”机器人——WABOT－1（如图 1－14 所示）在日本早稻田大学诞生。早稻田大学是日本研究机器人较早的大学之一，特别是加藤一郎教授创立的加藤实验室。该机器人身高约 2m，重 160kg，包括肢体控制系统、视觉系统和对话系统，有两只手、两条腿，胸部装有两个摄像头，全身共有 26 个关节，手部还装有触觉传感器。它不仅能够对话，还能在视觉系统的引导下在室内走动和抓取物体。加藤一郎长期致力于研究仿人机器人，被誉为“世界仿人机器人之父”。

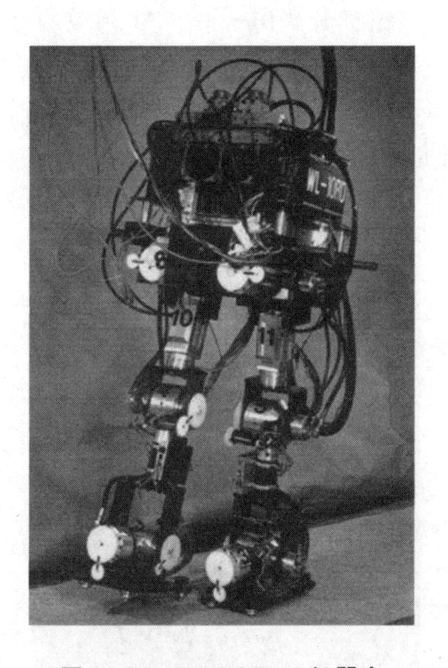

图 1－14　WABOT－1 机器人

所有这一切来得太快了，胜利冲昏了人工智能科学家们的头脑，他们开始盲目乐观起来。1958 年，西蒙和纽厄尔提出，10 年之内计算机将获得国际象棋的世界冠军。1965 年，西蒙提出在 20 年内机器将能完成人类的所有工作。1967 年，明斯基提出只用一代人的时间，人工智能的问题将被基本解决。到了 1970 年，他更是在《生活》杂志上表示，机器将在 3～8 年达到普通人的智能水平。

AI 研究人员遭遇的最重要瓶颈是当时计算机能力严重不足，有限的处理速度和内存不足以解决许多实际的 AI 问题。例如，自然语言处理方面，内存只能容纳含 20 个单词的词汇表，只能应付表演。更有人从理论上证明，AI 有关的许多问题只能在指数时间内获解（处理时间与处理规模的幂成正比）。按这样的理论，解决稍微复杂一点的问题，几乎需要无限长的时间。这意味着，

AI中的许多程序理论上就只能停留在简单玩具阶段，不会发展为实用工具。另一方面，初创的AI也实在肤浅。这就是AI，仿佛条条路都可以通往人脑核心，但再往前走，却发现高墙林立。

“寒风”吹来了。著名应用数学家詹姆斯·莱特希尔爵士（James Lighthill）受英国科学研究委员会（Science Research Council，SRC）之托，全面审核调研AI领域学术研究的状况。1973年，历史上赫赫有名的《莱特希尔报告》（如图1-15所示）推出。报告批评了机器人和自然语言处理等AI领域里的许多基本研究，结论十分严厉——“AI领域的任何一部分都没有能产出人们当初承诺的有主要影响力的进步”。整个报告流露出对AI研究在早期兴奋期过后的悲观情绪。《莱特希尔报告》一出，英国政府停止了除三所大学之外的全部AI相关研究的资助。

图1-15　《莱特希尔报告》

同样，美国政府受到来自国会的压力，大规模削减了AI探索性研究经费，转而资助那些被认为更容易取得影响力进展的领域。各国政府纷纷效仿。如同釜底抽薪，曾经火热的AI一下子从云端跌落，经历第一次“人工智能寒冬”（AI Winter）。此后十来年，AI几乎淡出人们视野。

1.2.3 第二次浪潮：专家系统的兴衰

人工智能的第二次浪潮，从20世纪80年代初开始，引领力量是专家系统和人工神经网络。专家系统实际上是一套程序软件，能够从专门的知识库系统中，通过推理找到一定规律，像人类专家那样解决某一特定领域的问题。简单地说，专家系统等于知识库加上推理机。这一次人工智能复兴，与斯坦福大学教授爱德华·费根鲍姆（Edward Feigenbaum）有很大关系。由于对 AI 的贡献，他获得了 1994 年的图灵奖，并被称为“专家系统之父”，如图 1－16 所示。

图 1－16　“专家系统之父”爱德华·费根鲍姆

1965 年，费根鲍姆和诺贝尔生理学或医学奖得主乔舒亚·莱德伯格（Joshua Lederberg）等人合作，开发出了世界上第一个专家系统程序 Dendral，它保存着化学家的知识和质谱仪的知识，可以根据给定的有机化合物的分子式和质谱图，从几千种可能的分子结构中挑选出一个正确的分子结构。

Dendral 的成功不仅验证了费根鲍姆关于知识工程的理论的正确性，还为专家系统软件的发展和应用开辟了道路，逐渐形成具有相当规模的市场，其应用遍及各个领域、各个部门。因此，Dendral 的研究成功被认为是人工智能研究的一次历史性突破。费根鲍姆领导的研究小组后来又为医学、工程和国防等部门研制成功一系列实用的专家系统，其中尤以医学专家系统方面的成果最为突出，最负盛名。例如，由爱德华·肖特里夫（Edward Shortliffe）开发的、用于帮助医生诊断传染病和为医生提供治疗建议的著名专家系统 MYCIN，可以基于 600 条人工编写的规则来诊断血液中的感染。

1968 年，美国斯坦福研究院（Stanford Research Institute，SRI）的查尔斯·罗森研发出世界上首台移动智能机器人 Shakey，如图 1－17 所示。它可感知周围环境，根据明晰的事实来推断隐藏含义，创建路线规划，在执行计划过程中修复错误，而且能够运用英语进行沟通。Shakey 的软件架构、计算机图形、导航方式、开创性的路线规划都为机器人的发展带来了深远的影响，已经融入网页服务器、汽车、工业、视频游戏和火星登陆器等设计中。2017 年 2 月 16 日，Shakey 在电气工程和计算机科学项目中获得了 IEEE 里程碑奖项。这一奖项是颁发给在电气工程和计算机科学领域中，自开发后历经 25 年仍被公认为对社会及产业发展有巨大贡献，能够造福人类的重要发明、重要事件等。

图 1－17　首台移动智能机器人 Shakey

1978 年，卡内基·梅隆大学的约翰·麦克德莫特为数据设备公司（Data Equipment Company，DEC）研发出 XCON（又称 R1）专家系统。该系统运用计算机系统配置的知识，依据用户的定货，选出最合适的系统部件，如中央处理器的型号、操作系统的种类及与系统相应的型号、存储器和外部设备以及电缆型号。它帮助数据设备公司每年节约 4 000 万美元左右的费用，特别是在决策方面能提供有价值的内容，成为专家系统时代最成功的案例。XCON 的巨大商业价值极大地激发了工业界对人工智能尤其是专家系统的热情。

值得一提的是，专家系统的成功也逐步改变了人工智能发展的方向。科学家们开始专注于通过智能系统来解决具体领域的实际问题，尽管这和他们建立通用智能的初衷并不完全一致。

与此同时，人工神经网络的研究也取得了重要进展。1982 年 4 月，约翰·霍普菲尔德（John Hopfield）在《国家科学院院报》（*Proceedings of the National Academy of Sciences*）发表了题为《具有紧急集体计算能力的神经网络和实际系统》（如图 1－18 所示）的学术论文，提出了一种具有联想记忆能力的新型神经网络，后人称为“霍普菲尔德网络”。霍普菲尔德网络属于反馈神经网络类型，是神经网络发展历史上的一个重要里程碑。

Proc. Natl. Acad. Sci. USA
Vol. 79, pp. 2554–2558, April 1982
Biophysics

Neural networks and physical systems with emergent collective computational abilities

(associative memory/parallel processing/categorization/content-addressable memory/fail-soft devices)

J. J. HOPFIELD

Division of Chemistry and Biology, California Institute of Technology, Pasadena, California 91125; and Bell Laboratories, Murray Hill, New Jersey 07974

Contributed by John J. Hopfield, January 15, 1982

ABSTRACT Computational properties of use to biological organisms or to the construction of computers can emerge as collective properties of systems having a large number of simple equivalent components (or neurons). The physical meaning of content-addressable memory is described by an appropriate phase space flow of the state of a system. A model of such a system is given, based on aspects of neurobiology but readily adapted to integrated circuits. The collective properties of this model produce a content-addressable memory which correctly yields an entire memory from any subpart of sufficient size. The algorithm for the time evolution of the state of the system is based on asynchronous parallel processing. Additional emergent collective properties include some capacity for generalization, familiarity recognition, categorization, error correction, and time sequence retention. The collective properties are only weakly sensitive to details of the modeling or the failure of individual devices.

Given the dynamical electrochemical properties of neurons and their interconnections (synapses), we readily understand schemes that use a few neurons to obtain elementary useful biological behavior (1–3). Our understanding of such simple circuits in electronics allows us to plan larger and more complex circuits which are essential to large computers. Because evolution has no such plan, it becomes relevant to ask whether the ability of large collections of neurons to perform "computational" tasks may in part be a spontaneous collective consequence of having a large number of interacting simple neurons.

In physical systems made from a large number of simple elements, interactions among large numbers of elementary components yield collective phenomena such as the stable magnetic orientations and domains in a magnetic system or the vortex patterns in fluid flow. Do analogous collective phenomena in a system of simple interacting neurons have useful "computational" correlates? For example, are the stability of memories, the construction of categories of generalization, or time-sequential memory also emergent properties and collective in origin? This paper examines a new modeling of this old and fundamental question (4–8) and shows that important computational properties spontaneously arise.

All modeling is based on details, and the details of neuroanatomy and neural function are both myriad and incompletely known (9). In many physical systems, the nature of the emergent collective properties is insensitive to the details inserted in the model (e.g., collisions are essential to generate sound waves, but any reasonable interatomic force law will yield appropriate collisions). In the same spirit, I will seek collective properties that are robust against change in the model details.

The model could be readily implemented by integrated circuit hardware. The conclusions suggest the design of a delocalized content-addressable memory or categorizer using extensive asynchronous parallel processing.

The general content-addressable memory of a physical system

Suppose that an item stored in memory is "H. A. Kramers & G. H. Wannier *Phys. Rev.* 60, 252 (1941)." A general content-addressable memory would be capable of retrieving this entire memory item on the basis of sufficient partial information. The input "& Wannier, (1941)" might suffice. An ideal memory could deal with errors and retrieve this reference even from the input "Vannier, (1941)". In computers, only relatively simple forms of content-addressable memory have been made in hardware (10, 11). Sophisticated ideas like error correction in accessing information are usually introduced as software (10).

There are classes of physical systems whose spontaneous behavior can be used as a form of general (and error-correcting) content-addressable memory. Consider the time evolution of a physical system that can be described by a set of general coordinates. A point in state space then represents the instantaneous condition of the system. This state space may be either continuous or discrete (as in the case of N Ising spins).

The equations of motion of the system describe a flow in state space. Various classes of flow patterns are possible, but the systems of use for memory particularly include those that flow toward locally stable points from anywhere within regions around those points. A particle with frictional damping moving in a potential well with two minima exemplifies such a dynamics.

If the flow is not completely deterministic, the description is more complicated. In the two-well problems above, if the frictional force is characterized by a temperature, it must also produce a random driving force. The limit points become small limiting regions, and the stability becomes not absolute. But as long as the stochastic effects are small, the essence of local stable points remains.

Consider a physical system described by many coordinates $X_1 \cdots X_N$, the components of a state vector X. Let the system have locally stable limit points $X_a, X_b, \cdots$. Then, if the system is started sufficiently near any X_a, as at $X = X_a + \Delta$, it will proceed in time until $X \approx X_a$. We can regard the information stored in the system as the vectors $X_a, X_b, \cdots$. The starting point $X = X_a + \Delta$ represents a partial knowledge of the item X_a, and the system then generates the total information X_a.

Any physical system whose dynamics in phase space is dominated by a substantial number of locally stable states to which it is attracted can therefore be regarded as a general content-addressable memory. The physical system will be a potentially useful memory if, in addition, any prescribed set of states can readily be made the stable states of the system.

The model system

The processing devices will be called neurons. Each neuron i has two states like those of McCullough and Pitts (12): $V_i = 0$

The publication costs of this article were defrayed in part by page charge payment. This article must therefore be hereby marked "advertisement" in accordance with 18 U. S. C. §1734 solely to indicate this fact.

2554

图 1－18 《具有紧急集体计算能力的神经网络和实际系统》

1986 年 10 月，大卫·鲁梅哈特（David Rumelhart）、杰弗里·辛顿（Geoffrey Hinton）和罗纳德·威廉姆斯（Ronald Williams）在著名学术期刊《自然》上联合发表题为《通过反向传播算法的学习表征》的学术论文。论文首次系统简洁地阐述反向传播（Back Propagating，BP）算法在神经网络模型上的应用，该算法把网络权值纠错的运算量，从原来的与神经元数目的平方成正比，下降到只与神经元数目本身成正比。从此，反向传播算法广泛用于人工神经网络的训练。

1989 年，AT&T 贝尔实验室的燕乐存（Yann LeCun）等人在《神经计算》上发表了题为《反向传播应用于手写邮编识别》的学术论文，成功将反向传播算法应用于多层神经网络，它可以精准地识别手写的各种数字。尽管算法可以成功执行，可是计算代价非常巨大，受到当时硬件设备性能限制，训练神经网络花了三天时间。

在人工智能浪潮兴起的同时，1981 年 10 月，日本首先向世界宣告开始研制第五代计算机，并于 1982 年 4 月制订为期 10 年的“第五代计算机技术开发计划”，总投资为 1 000 亿日元。第五代计算机是把信息采集、存储、处理、通信同人工智能结合在一起的智能计算机系统。它能进行数值计算或处理一般的信息，主要面向知识处理，具有形式化推理、联想、学习和解释的能力，能够帮助人们进行判断、决策、开拓未知领域和获得新的知识。人－机之间可以直接通过自然语言（声音、文字）或图形图像交换信息。第五代计算机又称为智能计算机。

从实践来看，专家系统的实用性仅仅局限于某些特定场景，不久后人们对专家系统的狂热追捧转向巨大的失望。虽然 LISP 机器逐渐取得进展，但是 20 世纪 80 年代也正是现代个人计算机（Personal Computer，PC）崛起的时间，IBM 公司的 PC 和苹果公司的电脑快速占领整个计算机市场，它们的 CPU 频率和速度稳步提升，越来越快，其费用甚至远远低于专家系统所使用的 Symbolics 和 Lisp 等机器。相比于现代 PC，专家系统被认为古老陈旧而且非常难以维护。直到 1987 年，专用 LISP 机器硬件销售市场严重崩溃，政府经费开始下降，人工智能领域再次遭遇寒冬。

1.2.4 第三次浪潮：厚积薄发，再造辉煌

20 世纪 90 年代后，出现了新的数学工具、新的理论和新的定律——摩尔定律。人工智能也在确定自己的方向，其中一个选择就是要做实用性、功能性的人工智能，这导致一条新的人工智能路径得以开辟。以深度学习为核心的机器学习算法获得发展，积累的数据量极大丰富，新型芯片和云计算的发

展使得可用的计算能力获得飞跃式发展，现代 AI 的曙光再次出现。

1986 年 8 月 11—15 日，在宾夕法尼亚州费城召开的第五届全国人工智能会议（AAAI - 86）上，加州大学洛杉矶分校的丽娜·德切特（Rina Dechter）发表了题为《基于约束满足问题搜索的学习》（如图 1 - 19 所示）的学术论文，作者通过检测可能的机器学习框架来实现搜索效率与学习量的折中，并首次提出“深度学习”这一概念。事实上，深度学习仍然是一种神经网络模型，只不过这种神经网络具备了更多层次的隐含层节点，同时配备有更先进的学习技术。

LEARNING WHILE SEARCHING IN CONSTRAINT-SATISFACTION-PROBLEMS*

Rina Dechter

Artificial Intelligence Center
Hughes Aircraft Company, Calabasas, CA 91302
and
Cognitive Systems Laboratory, Computer Science Department
University of California, Los Angeles, CA 90024

ABSTRACT

The popular use of backtracking as a control strategy for theorem proving in PROLOG and in Truth-Maintenance-Systems (TMS) led to increased interest in various schemes for enhancing the efficiency of backtrack search. Researchers have referred to these enhancement schemes by the names "Intelligent Backtracking" (in PROLOG), "Dependency-directed-backtracking" (in TMS) and others. Those improvements center on the issue of "jumping-back" to the source of the problem in front of dead-end situations.

This paper examines another issue (much less explored) which arises in dead-ends. Specifically, we concentrate on the idea of constraint recording, namely, analyzing and storing the reasons for the dead-ends, and using them to guide future decisions, so that the same conflicts will not arise again. We view constraint recording as a process of learning, and examine several possible learning schemes studying the tradeoffs between the amount of learning and the improvement in search efficiency.

I. INTRODUCTION

The subject of improving search efficiency has been on the agenda of researchers in the area of Constraint-Satisfaction-Problems (CSPs) for quite some time [Montanari 1974, Mackworth 1977, Mackworth 1984, Gaschnig 1979, Haralick 1980, Dechter 1985]. A recent increase of interest in this subject, concentrating on the backtrack search, can be attributed to its use as the control strategy in PROLOG [Matwin 1985, Bruynooghe 1984, Cox 1984], and in Truth Maintenance Systems [Doyle 1979, De-Kleer 1983, Martins 1986]. The terms "intelligent backtracking", "selective backtracking", and "dependency-directed backtracking" describe various efforts for producing improved dialects of backtrack search in these systems.

The various enhancements to Backtrack suggested for both the CSP model and its extensions can be classified as followed:

1. **Look-ahead schemes**: affecting the decision of what value to assign to the next variable among all the consistent choices available [Haralick 1980, Dechter 1985].

2. **Look-back schemes**: affecting the decision of where and how to go in case of a a dead-end situation. Look-back schemes are centered around two fundamental ideas:

   a. **Go-back to source of failure: an attempt is** made to detect and change previous decisions that caused the dead-end without changing decisions which are irrelevant to the dead-end.

   b. **Constraint recording**: the reasons for the dead-end are recorded so that the same conflicts will not arise again in the continuation of the search.

All recent work in PROLOG and truth-maintenance system, and much of the work in the traditional CSP model is concerned with look-back schemes, particularly on the go-back idea. Examples are Gaschnig's "Backmark" and "Backjump" algorithms for the CSP model [Gaschnig 1979] and the work on Intelligent-Backtracking for Prolog [Bruynooghe 1984, Cox 1984, Matwin 1985]. The possibility of recording constraints when dead-ends occur is mentioned by Bruynooghe [Bruynooghe 1984]. In truth-maintenance systems both ideas are implemented to a certain extent. However, the complexity of PROLOG and of TMS makes it difficult to describe (and understand) the various enhancements proposed for the backtrack search and, more importantly, to test them in an effort to assess their merits. The general CSP model, on the other hand, is considerably simpler, yet it is close enough to share the basic problematic search issues involved and, therefore, provides a convenient framework for describing and testing such enhancements.

Constraint-recording in look-back schemes can be viewed as a process of **learning**, as it has some of the properties that normally characterize learning in problem solving:

1. The system has a **learning module** which is independent of the problem-representation scheme and the algorithm for solving problem instances represented in this scheme.

2. The learning module works by observing the performance of the algorithm on any given input and recording some relevant information explicated during the search.

3. The overall performance of the algorithm is improved when it is used in conjunction with **the learning module.**

*This work was supported in part by the National Science Foundation, Grant #DCR 85-01234

178 / **SCIENCE**

图 1 - 19 《基于约束满足问题搜索的学习》

1997年5月，IBM公司邀请国际象棋世界冠军、世界排名第一的俄罗斯棋手加里·卡斯帕罗夫到美国纽约曼哈顿，跟该公司制造的97型“深蓝”（“更深的蓝”）计算机下六盘国际象棋，如图1－20所示。当时“深蓝”的运算能力在全球超级计算机中居第259位，每秒可运算2亿步。1997年5月11日，在前五局以2.5:2.5打平的情况下，卡斯帕罗夫在第六盘决胜局中仅走了19步就向“深蓝”拱手称臣。整场比赛进行了不到1小时。卡斯帕罗夫1胜2负3平，以2.5:3.5的总比分输给计算机“深蓝”。在今天看来，“深蓝”还算不上足够智能，主要依靠强大的计算能力穷举所有路数来选择最佳策略：“深蓝”靠硬算可以预判12步，卡斯帕罗夫可以预判10步，两者高下立现。

图1－20　卡斯帕罗夫与“深蓝”对弈（右为“深蓝”现场操作者）

2006年7月28日，加拿大多伦多大学教授、“神经网络之父”、“深度学习鼻祖”杰弗里·辛顿（Geoffrey Hinton）和他的学生鲁斯兰·萨拉克霍特迪诺夫（Ruslan Salakhutdinov）在《科学》杂志上发表了题为《用神经网络实现数据的降维》的论文（如图1－21所示），这篇论文提出了通过最小化函数集对训练集数据的重构误差，自适应地编解码训练数据的算法——深度自动编码器（Deep Autoencoder），该方法作为非线性降维方法在图像和文本降维实验中明显优于传统方法，证明了深度学习方法的正确性。这篇论文与杰弗里·辛顿在《神经计算》上发表的另一篇论文《基于深度置信网络的快速学习算法》，引起了整个学术界对深度学习的兴趣，才有了近十年来深度学习研究的突飞猛进。

REPORTS

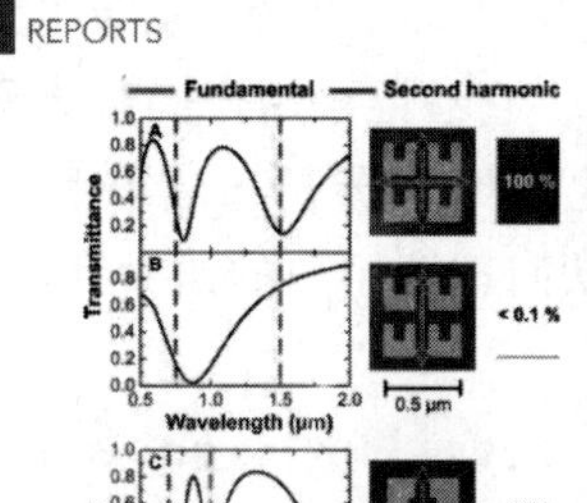

Fig. 3. Theory, presented as the experiment (see Fig. 1). The SHG source is the magnetic component of the Lorentz force on metal electrons in the SRRs.

The setup for measuring the SHG is described in the supporting online material (*22*). We expect that the SHG strongly depends on the resonance that is excited. Obviously, the incident polarization and the detuning of the laser wavelength from the resonance are of particular interest. One possibility for controlling the detuning is to change the laser wavelength for a given sample, which is difficult because of the extremely broad tuning range required. Thus, we follow an alternative route, lithographic tuning (in which the incident laser wavelength of 1.5 μm, as well as the detection system, remains fixed), and tune the resonance positions by changing the SRR size. In this manner, we can also guarantee that the optical properties of the SRR constituent materials are identical for all configurations. The blue bars in Fig. 1 summarize the measured SHG signals. For excitation of the *LC* resonance in Fig. 1A (horizontal incident polarization), we find an SHG signal that is 500 times above the noise level. As expected for SHG, this signal closely scales with the square of the incident power (Fig. 2A). The polarization of the SHG emission is nearly vertical (Fig. 2B). The small angle with respect to the vertical is due to deviations from perfect mirror symmetry of the SRRs (see electron micrographs in Fig. 1). Small detuning of the *LC* resonance toward smaller wavelength (i.e., to 1.3-μm wavelength) reduces the SHG signal strength from 100% to 20%. For excitation of the Mie resonance with vertical incident polarization in Fig. 1D, we find a small signal just above the noise level. For excitation of the Mie resonance with horizontal incident polarization in Fig. 1C, a small but significant SHG emission is found, which is again polarized nearly vertically. For completeness, Fig. 1B shows the off-resonant case for the smaller SRRs for vertical incident polarization.

Although these results are compatible with the known selection rules of surface SHG from usual nonlinear optics (*23*), these selection rules do not explain the mechanism of SHG. Following our above argumentation on the magnetic component of the Lorentz force, we numerically calculate first the linear electric and magnetic field distributions (*22*); from these fields, we compute the electron velocities and the Lorentz-force field (fig. S1). In the spirit of a metamaterial, the transverse component of the Lorentz-force field can be spatially averaged over the volume of the unit cell of size *a* by *a* by *t*. This procedure delivers the driving force for the transverse SHG polarization. As usual, the SHG intensity is proportional to the square modulus of the nonlinear electron displacement. Thus, the SHG strength is expected to be proportional to the square modulus of the driving force, and the SHG polarization is directed along the driving-force vector. Corresponding results are summarized in Fig. 3 in the same arrangement as Fig. 1 to allow for a direct comparison between experiment and theory. The agreement is generally good, both for linear optics and for SHG. In particular, we find a much larger SHG signal for excitation of those two resonances (Fig. 3, A and C), which are related to a finite magnetic-dipole moment (perpendicular to the SRR plane) as compared with the purely electric Mie resonance (Figs. 1D and 3D), despite the fact that its oscillator strength in the linear spectrum is comparable. The SHG polarization in the theory is strictly vertical for all resonances. Quantitative deviations between the SHG signal strengths of experiment and theory, respectively, are probably due to the simplified SRR shape assumed in our calculations and/or due to the simplicity of our modeling. A systematic microscopic theory of the nonlinear optical properties of metallic metamaterials would be highly desirable but is currently not available.

References and Notes

1. J. B. Pendry, A. J. Holden, D. J. Robbins, W. J. Stewart, *IEEE Trans. Microw. Theory Tech.* **47**, 2075 (1999).
2. J. B. Pendry, *Phys. Rev. Lett.* **85**, 3966 (2000).
3. R. A. Shelby, D. R. Smith, S. Schultz, *Science* **292**, 77 (2001).
4. T. J. Yen *et al.*, *Science* **303**, 1494 (2004).
5. S. Linden *et al.*, *Science* **306**, 1351 (2004).
6. C. Enkrich *et al.*, *Phys. Rev. Lett.* **95**, 203901 (2005).
7. A. N. Grigorenko *et al.*, *Nature* **438**, 335 (2005).
8. G. Dolling, M. Wegener, S. Linden, C. Hormann, *Opt. Express* **14**, 1842 (2006).
9. G. Dolling, C. Enkrich, M. Wegener, C. M. Soukoulis, S. Linden, *Science* **312**, 892 (2006).
10. J. B. Pendry, D. Schurig, D. R. Smith, *Science* **312**, 1780; published online 25 May 2006.
11. U. Leonhardt, *Science* **312**, 1777 (2006); published online 25 May 2006.
12. M. W. Klein, C. Enkrich, M. Wegener, C. M. Soukoulis, S. Linden, *Opt. Lett.* **31**, 1259 (2006).
13. W. J. Padilla, A. J. Taylor, C. Highstrete, M. Lee, R. D. Averitt, *Phys. Rev. Lett.* **96**, 107401 (2006).
14. D. R. Smith, S. Schultz, P. Markos, C. M. Soukoulis, *Phys. Rev. B* **65**, 195104 (2002).
15. S. O'Brien, D. McPeake, S. A. Ramakrishna, J. B. Pendry, *Phys. Rev. B* **69**, 241101 (2004).
16. J. Zhou *et al.*, *Phys. Rev. Lett.* **95**, 223902 (2005).
17. A. K. Popov, V. M. Shalaev, available at http://arxiv.org/abs/physics/0601055 (2006).
18. V. G. Veselago, *Sov. Phys. Usp.* **10**, 509 (1968).
19. M. Wegener, *Extreme Nonlinear Optics* (Springer, Berlin, 2004).
20. H. M. Barlow, *Nature* **173**, 41 (1954).
21. S.-Y. Chen, M. Maksimchuk, D. Umstadter, *Nature* **396**, 653 (1998).
22. Materials and Methods are available as supporting material on *Science* Online.
23. P. Guyot-Sionnest, W. Chen, Y. R. Shen, *Phys. Rev. B* **33**, 8254 (1986).
24. We thank the groups of S. W. Koch, J. V. Moloney, and C. M. Soukoulis for discussions. The research of M.W. is supported by the Leibniz award 2000 of the Deutsche Forschungsgemeinschaft (DFG), that of S.L. through a Helmholtz-Hochschul-Nachwuchsgruppe (VH-NG-232).

Supporting Online Material
www.sciencemag.org/cgi/content/full/313/5786/502/DC1
Materials and Methods
Figs. S1 and S2
References

26 April 2006; accepted 22 June 2006
10.1126/science.1129198

Reducing the Dimensionality of Data with Neural Networks

G. E. Hinton* and R. R. Salakhutdinov

High-dimensional data can be converted to low-dimensional codes by training a multilayer neural network with a small central layer to reconstruct high-dimensional input vectors. Gradient descent can be used for fine-tuning the weights in such "autoencoder" networks, but this works well only if the initial weights are close to a good solution. We describe an effective way of initializing the weights that allows deep autoencoder networks to learn low-dimensional codes that work much better than principal components analysis as a tool to reduce the dimensionality of data.

Dimensionality reduction facilitates the classification, visualization, communication, and storage of high-dimensional data. A simple and widely used method is principal components analysis (PCA), which finds the directions of greatest variance in the data set and represents each data point by its coordinates along each of these directions. We describe a nonlinear generalization of PCA that uses an adaptive, multilayer "encoder" network

图 1－21 《用神经网络实现数据的降维》

2011 年 1 月 14 日，IBM 开发的人工智能程序“沃森”在美国著名智力竞赛节目《危险边缘》上，击败两名人类选手而夺冠。沃森存储有 2 亿页数据，能够将与问题相关的关键词从看似相关的答案中抽取出来。沃森也由此发展成为 IBM 的增长引擎。人们从沃森“身上”明白了一个道理：机器人最终将要比人类还要“聪明”。这一人工智能程序已被 IBM 广泛应用于医疗诊断领域。

2013 年 4 月 2—4 日，微软在旧金山举办 BUILD 开发者大会，发布了全球首款跨平台智能个人助理——微软小娜（Cortana）。它会记录用户的行为和使用习惯，会利用云计算、搜索引擎和“非结构化数据”分析、读取和“学习”文本文件、电子邮件、图片、视频等数据，从而理解用户的语义和语境，实现人机交互。

2016 年 3 月 9—15 日，阿尔法狗（AlphaGo）挑战世界围棋冠军李世石的围棋人机大战在韩国首尔举行。比赛采用中国围棋规则，最终阿尔法狗以4∶1 的总比分取得了胜利。2017 年 5 月 23—27 日，在中国乌镇围棋峰会上，阿尔法狗以 3∶0 的总比分战胜排名世界第一的世界围棋冠军柯洁。在这次围棋峰会期间的 2017 年 5 月 26 日，阿尔法狗还战胜了由陈耀烨、唐韦星、周睿羊、时越、芈昱廷五位世界冠军组成的围棋团队。AlphaGo 是由谷歌旗下的人工智能实验室开发的人工智能围棋程序，具有自我学习能力。它能够搜集大量围棋对弈数据和名人棋谱，学习并模仿人类下棋。这已是一项了不起的成就。

2017 年 10 月 18 日，DeepMind 团队在《科学》杂志上发表了题为《无需人类知识就能称霸围棋》的论文，提出了一种新的算法——AlphaGo Zero，它以 100∶0 的惊人成绩打败了 AlphaGo。更令人难以置信的是，它从零开始，通过自我博弈，逐渐学会了打败自己之前的策略。至此，开发一个超级 AI 不再需要依赖人类专家的游戏数据库了。

2017 年 12 月 5 日，DeepMind 团队又发表了另一篇论文——《通过一种通用的强化学习算法称霸国际象棋和日本象棋》，宣布已经开发出一种更为广泛的 AlphaZero 系统，可以训练自己在棋盘、将棋和其他规则化游戏中拥有“超人”技能，所有这些都在一天之内完成，无须其他干预，且战绩斐然：4 小时成为世界级的国际象棋冠军；2 小时在将棋上达到世界级水平；8 小时战胜 DeepMind 引以为傲的围棋选手 AlphaGo Zero。就这样，AlphaZero 华丽地诞生了——它无须储备任何人类棋谱，就可以以通用算法完成快速自我升级。

2018 年 5 月 8 日，谷歌 CEO（首席执行官）桑达尔·皮查伊（Sundar Pichai）在开发者大会上发布了谷歌人工智能专用芯片——张量处理器 TPU 3.0，演示了谷歌语音助手自动拨打电话的功能，宣布了谷歌语音助手的 12 项新特性：同步联网智能家居设备、发送每日信息、帮助记忆、搜索上传过的谷歌照片、日程、截图与分享、播客、语音文字输入、搜索栏、谷歌语音输入、快捷方式、谷歌快递购物列表。

2018 年 12 月 7 日，DeepMind 研究团队在《科学》杂志上发表了题为《一种可自学成为国际象棋、将棋、围棋大师的通用强化学习算法》（如图 1 – 22 所示）的封面论文，发布了 AlphaZero 经过同行审议的完整论文，该论文由 Deepmind 创始人兼 CEO 哈萨比斯（Demis Hassabis）亲自执笔。论文共 32 页，从细节到参考文献算法，都做了详细介绍。具体来说，DeepMind 公开了完整评估后的 AlphaZero，不仅回顾、验证了之前的结果，还补充了新的提升：除了围棋，AlphaZero 自学了另外两种复杂棋类游戏——国际象棋和日本将棋。《科学》杂志评价称，能够解决多个复杂问题的单一算法，是创建通用机器学习系统，解决实际问题的重要一步。

图 1 – 22　AlphaZero 登上《科学》封面

这一系列让世人震惊的成就再次让全世界对人工智能充满热情。世界各国政府和商业机构都纷纷把人工智能列为未来发展战略的重要部分。由此，人工智能的发展迎来了第三次热潮。

1.3 人工智能最新进展及趋势

人工智能已经发展成为一项引领未来的战略技术，因此，世界各国纷纷在新一轮国际竞争中争取掌握主导权，围绕人工智能出台规划和政策，对人工智能核心技术、顶尖人才、标准规范等进行部署，加快促进人工智能技术和产业发展。主要科技企业不断加大资金和人力投入，抢占人工智能发展制高点。

1.3.1 各国人工智能政策

人工智能有望引领一场新技术革命，带来全新的或者更深层次的法律、伦理、经济等社会制度影响，因此需要搭建起政策和技术之间交流沟通的平台，及早让跨学科、多元化的参与者共同推动人工智能发展，确保人工智能能够有益于人类社会。

2018 年是人工智能迅猛发展的一年，技术不断取得突破，各行各业都在和人工智能技术相结合。2018 年也是人工智能公共政策异常热闹的一年，各国的人工智能战略还在持续出台，自动驾驶、算法规制、人工智能伦理等细分领域的政策、立法、标准在政府、科研机构、企业等多层面逐步展开。

1.3.1.1 美国

作为人工智能科研和产业界的领头羊，美国政府较早开始关注自动化对就业和经济社会的影响。从研究机构到科技企业，从人才储备到资本投入，美国在人工智能领域都保持着质和量上的绝对优势。美国政府在美国人工智能发展过程中发挥的作用可圈可点。白宫较早开始关注人工智能驱动的自动化将对就业、经济和社会带来的影响，试图通过政策制定来应对相应挑战，并确保人工智能的发展能释放企业和工人的创造潜力。

2016 年 10 月 12 日，奥巴马主持白宫前沿峰会，预见美国在未来 50 年的发展，发布了《为人工智能的未来做好准备》和《美国国家人工智能研究与发展战略规划》（如图 1－23 所示）两份重要报告。前者详尽阐述了在发展人工智能技术方面政府的职责；后者提出长期投资人工智能研发领域、开发人机协作的有效方法、理解和应对人工智能带来的伦理问题、确保人工智能驱动系统的安全、为人工智能培训和测试开发共享公共数据集与环境、建立评估人工智能技术的标准和基准、深入了解国家人工智能研发人才需求等七大战略，是全球首份国家层面的 AI 战略计划，号称美国政府新的“阿波罗登月计划”。

THE NATIONAL
ARTIFICIAL INTELLIGENCE
RESEARCH AND DEVELOPMENT
STRATEGIC PLAN

National Science and Technology Council

Networking and Information Technology
Research and Development Subcommittee

October 2016

图1－23 《美国国家人工智能研究与发展战略规划》

2016年10月31日，美国150多名研究专家共同完成报告《2016美国机器人发展路线图——从互联网到机器人》，对机器人技术的广泛应用场景做了综述，其中包括制造业、消费者服务业、医疗保健、无人驾驶汽车及其防护等内容。

2016年11月8日，美国国家科学基金会（National Science Foundation,

NSF）正式发布报告——《国家机器人计划2.0》（简称“NRI-2.0”），以替代之前推出的国家机器人计划。NRI-2.0的主题是“无处不在的协作型机器人”，研究项目涉及机器人相关技术、经济、伦理、道德和法律等各个方面，相信这些将对我们更好地利用机器人和社会的发展产生积极的影响。

2016年12月20日，美国白宫发布关于人工智能的报告——《人工智能、自动化与经济》。这份最新的报告认为：应对人工智能驱动的自动化经济，是后续政府将要面临的重大政策挑战。下一届政府应该制定政策，推动人工智能发展并释放企业和工人的创造潜力，确保美国在人工智能的创造和使用中的领导地位。

2017年7月12日，新美国安全中心发布报告——《人工智能与国家安全》，分析了人工智能技术对国家安全的潜在影响，并提出了3个目标和11条发展建议。

2017年7月27日，美国众议院一致通过两党法案《自动驾驶法案》，将首次对自动驾驶汽车的生产、测试和发布进行管理。此部法案或将是美国第一部加速自动驾驶车辆上市的美国联邦法律，具有标杆性的价值和意义。

2017年10月24日，代表硅谷等科技行业发展利益和需求的美国信息技术产业理事会（Information Technology Industry Council，ITI）发布首份《人工智能政策原则》，承认人工智能作为新技术将给社会经济生活和生产力带来变革性影响，AI系统可以用于解决一些最迫切的社会问题，而且AI系统应当不是取代劳动者，而是增强劳动者或者创造新的就业机会。ITI在这份文件中提出了三大层面的十四个原则，从人工智能发展和创新的角度回应舆论关于失业、责任等的担忧，呼吁加强公私合作，共同促进人工智能益处的最大化，同时最小化其潜在风险。

2018年4月26日，美国国会研究处发布报告——《人工智能与国家安全》，从立法者角度探讨了军事人工智能的潜在问题。

2018年6月27日，美国国防部常务副部长帕特里克·沙纳汉（Patrick Shanahan）签署正式建立联合人工智能中心（Joint Artificial Intelligence Center，JAIC）的备忘录。JAIC将作为军方人工智能中心，为国防部600多个AI项目提供服务，该中心将在未来六年内耗资约17亿美元。

2018年7月10日，美国新安全中心（Center for a New American Security，CNAS）智库发布2018年最新版的《人工智能与国家安全》，报告全文共28页，分析了人工智能在网络安全、信息安全、经济和金融、国家防御、情报、国土安全等方面的应用，研究了人工智能变革对全球安全的不利影响。报告认为人工智能将给未来世界发展带来前所未有的机遇，美国应制定国家战略，对人工智能产业发展进行引导，研究如何利用人工智能的优势，同时减轻人工智能带来的不利影响。

2018 年 7 月 29 日，五角大楼正式宣布美国国防部史上最大的智能云计算项目招标，又称联合企业防御基础设施云（Joint Enterprise Defense Infrastructure Cloud）。该项目旨在建立一套云系统，从而将大量国防部数据进行商业化运营。项目预计 10 年投入 100 亿美元且单独签约一家云服务商，参与企业已于 10 月 12 日前提交竞标合同，亚马逊和微软竞标，谷歌弃标。

2018 年 9 月 7 日，国防部高级研究项目局局长斯蒂芬·沃克（Stephen Work）在 D60 研讨会闭幕式上宣布，计划在未来 5 年内投资 20 亿美元用于开发下一代人工智能技术，推动机器学习第三次技术进步浪潮。该机构目前正在进行 20 多个研究项目，旨在提高人工智能的先进性，使新一代机器学习获得类似人类的交流与推理能力，有能力识别新的场景和环境并加以适应。

2018 年 11 月 5 日，美国国际战略研究中心——（Center for Strategic and International Studies，CSIS）发布重磅 AI 报告《人工智能与国家安全，AI 生态系统的重要性》，介绍了人工智能领域发展现状以及管理和应用人工智能的关键因素，以及促进人工智能成功融入国家安全应用的关键步骤。

1.3.1.2 中国

近年来，我国在人工智能领域密集出台相关政策，更在 2017 年、2018 年连续两年的政府工作报告中提到人工智能。可以看出，在世界主要大国纷纷在人工智能领域出台国家战略，抢占人工智能时代制高点的环境下，中国政府已把发展人工智能上升到国家战略的地位，展示了引领全球 AI 理论、技术和应用的雄心。

2016 年 3 月 21 日，工业和信息化部、国家发展和改革委员会以及财政部联合印发《机器人产业发展规划（2016—2020 年）》，为“十三五”期间我国机器人产业发展描绘了清晰的蓝图。该规划明确，到 2020 年，自主品牌工业机器人年产量达到 10 万台，六轴及以上工业机器人年产量达到 5 万台以上，服务机器人年销售收入超过 300 亿元，培育 3 家以上具有国际竞争力的龙头企业，打造 5 个以上机器人配套产业集群。

2016 年 5 月 18 日，国家发展和改革委员会、科技部、工业和信息化部以及中央网信办联合发布《“互联网 +”人工智能三年行动实施方案》，提出到 2018 年，打造人工智能基础资源与创新平台，人工智能产业体系、创新服务体系、标准化体系基本建立，基础核心技术有所突破，总体技术和产业发展与国际同步，应用及系统级技术局部领先，在重点领域培育若干全球领先的人工智能骨干企业，初步建成基础坚实、创新活跃、开放协作、绿色安全的人工智能产业生态，形成千亿级的人工智能市场应用规模。

2016年5月19日，中共中央、国务院印发《国家创新驱动发展战略纲要》。“发展新一代信息网络技术”在各项战略任务中居于首位，要把数字化、网络化、智能化、绿色化作为提升产业竞争力的技术基点，加强类人智能等技术研究。该纲要还提出发展引领产业变革的颠覆性技术，力争实现弯道超车，量子信息、智能机器人、无人驾驶汽车等技术入列其中。

2017年7月20日，国务院印发《新一代人工智能发展规划》，提出了面向2030年我国新一代人工智能发展的指导思想、战略目标、重点任务和保障措施，部署构筑我国人工智能发展的先发优势，加快建设创新型国家和世界科技强国。

2017年12月14日，工业和信息化部印发《促进新一代人工智能产业发展三年行动计划（2018—2020年）》，提出力争到2020年，一系列人工智能标志性产品取得重要突破，在若干重点领域形成国际竞争优势，人工智能和实体经济融合进一步深化，产业发展环境进一步优化。

2018年4月2日，教育部印发《高等学校人工智能创新行动计划》。该计划指出，到2020年，基本完成适应新一代人工智能发展的高校科技创新体系和学科体系的优化布局。到2030年，高校成为建设世界主要人工智能创新中心的核心力量和引领新一代人工智能发展的人才高地，为我国跻身创新型国家前列提供科技支撑和人才保障。

2018年10月31日，中共中央政治局就人工智能发展现状和趋势举行了第9次集体学习，中共中央总书记习近平在主持学习时强调，人工智能是新一轮科技革命和产业变革的重要驱动力量，加快发展新一代人工智能是事关我国能否抓住新一轮科技革命和产业变革机遇的战略问题。

2018年11月14日，工信部印发《新一代人工智能产业创新重点任务揭榜工作方案》，启动了人工智能产业创新重点任务揭榜工作。人工智能揭榜工作将征集并遴选一批掌握人工智能核心关键技术、创新能力强、发展潜力大的企业、科研机构等，调动产学研用各方积极性，营造人工智能创新发展、万船齐发的良好氛围。原则上，在17个方向及细分领域择优遴选不超过5家揭榜单位，择优公布揭榜成功单位不超过3家，树立人工智能领域标杆。

1.3.1.3 日本

日本政府和企业界非常重视人工智能的发展，不仅将物联网、人工智能和机器人作为第四次产业革命的核心，还在国家层面建立了相对完整的研发促进机制，并将2017年确定为人工智能元年。虽然相对于中国和美国而言，日本在以烧钱著称的人工智能和机器人行业的资金投入并不算高，但其在战略方面的反应并不迟钝。

2013 年 6 月 14 日，日本政府正式出台《日本再兴战略》。该战略以产业振兴、刺激民间投资、放宽行政管制、扩大贸易自由化为主要支柱，明确提出实现第四次产业革命的具体措施，通过设立“人工智能战略会议”，从产、学、官相结合的战略高度来推进人工智能的研发和应用。

2015 年 1 月 23 日，日本政府公布了《机器人新战略》，拟通过实施五年行动计划和六大重要举措达成三大战略目标——“世界机器人创新基地”“世界第一的机器人应用国家”“迈向世界领先的机器人新时代”，使日本实现机器人革命，以应对日益突出的社会问题，提升日本制造业的国际竞争力，获取人工智能时代的全球化竞争优势。

2016 年 1 月 22 日，日本政府在颁布的《第 5 期科学技术基本计划》中，提出了超智能社会 5.0 战略，认为超智能社会是继狩猎社会、农耕社会、工业社会、信息社会之后出现的又一新的社会形态，也是虚拟空间与现实空间高度融合的社会形态，同时将人工智能作为实现超智能社会 5.0 的核心。

2016 年 5 月 23 日，日本文部科学省确定了“人工智能/大数据/物联网/网络安全综合项目”（AIP 项目）2016 年度战略目标：利用快速发展与日益复杂的人工智能技术，开发出能利用多样化海量信息的综合性技术。具体而言，需要实现：开发能综合多样化海量信息并进行分析的技术，促进社会和经济发展；开发能基于多样化海量信息，根据实际情况进行优化的系统；开发适用于由多种要素组成的复杂系统的安全技术。

2017 年 3 月 31 日，日本人工智能战略委员会发布报告《人工智能技术战略》，全面阐述了日本政府围绕人工智能制定的未来科技发展战略框架，主要内容涵盖：人工智能数据与计算环境；日本政府人工智能技术开发推动框架；AI 与相关技术融合的产业化路线图；围绕三个中心开展人工智能技术研发与社会普及的方法；人工智能科技战略跟进措施。

2018 年 6 月 15 日，日本政府出台了《集成创新战略》。该战略在总结《第五期基本计划》实施两年多来的成绩与不足的基础上，聚焦当前日本所面临的最紧迫课题，突显五大重点措施：大学改革、加强政府对创新的支持、人工智能、农业发展、环境能源。

1.3.1.4 韩国

韩国政府为大力扶植人工智能产业及相关企业，已出台多项政策。

2016 年 3 月 21 日，韩国政府宣布人工智能“脑”计划，以破译大脑的功能和机制，开发用于集成脑成像的新技术和工具，并宣布了在人工智能领域投资 30 亿美元的五年计划。韩国脑科学研发工作集中在四个核心领域：在多个尺度构建大脑图谱；开发用于脑测绘的创新神经技术；加强人工智能相关研发；开发神经系统疾病的个性化医疗。

2016 年 8 月 10 日，韩国政府确定九大国家战略项目，包括人工智能、无人驾驶技术、轻型材料、智慧城市、虚拟现实（Virtual Reality，VR）、精细粉末、碳资源、精密医疗和新型配药。其中，人工智能最引人关注，韩国政府的目标是在2026 年前将人工智能企业数量提升至1 000 家，并培养3 600 名专业人才，争取 10 年后韩国人工智能技术水平赶超其他发达国家。

2018 年 5 月 15 日，韩国政府制定了《人工智能发展战略》，将从人才、技术和基础设施三个方面入手，在 2020 年前新设 6 所人工智能研究生院，推动人工智能技术发展，追赶人工智能世界强国。2022 年之前约投资 20 亿美元用于人工智能研究。

1.3.1.5 欧盟

欧盟在推动人工智能发展中可谓不遗余力。从 2014 年起，欧盟围绕人工智能的相关政策相继出台。

2014 年，欧盟委员会发布了《2014—2020 欧洲机器人技术战略》报告以及《地平线 2020 战略——机器人多年发展战略图》，旨在促进机器人行业和供应链建设，并将先进机器人技术的应用范围拓展到海陆空、农业、健康、救援等诸多领域，以扩大机器人技术对社会和经济的有利影响，提高生产力，减少资源浪费，希望在 2020 年欧洲能够占到世界机器人技术市场的 42% 以上，以此保持欧洲在世界的领先地位。

2016 年 5 月，欧盟议会法律事务委员会发布《对欧盟机器人民事法律规则委员会的建议草案》。同年 10 月，又发布《欧盟机器人民事法律规则》，积极关注人工智能的法律、伦理、责任问题，建议欧盟成立监管机器人和人工智能的专门机构，制定人工智能伦理准则，赋予自助机器人法律地位，明确人工智能知识产权等。欧盟在人工智能伦理与法律的研究上已走在世界前列，成为当之无愧的排头兵。

2018 年 4 月 25 日，欧盟委员会发布政策文件《欧盟人工智能》。该报告提出，欧盟将采取三管齐下的方式推动欧洲人工智能的发展：增加财政支出并鼓励公共和私营部门应用人工智能技术；促进教育和培训体系升级，以适应人工智能为就业带来的变化；研究和制定人工智能道德准则，确立适当的道德与法律框架。

1.3.2 标准化现状

当今，经济全球化和市场国际化深入发展，标准作为经济和社会活动的主要技术依据，已成为衡量国家或地区技术发展水平的重要标志、产品进入市场的基本准则、企业市场竞争力的具体体现。标准化工作对人工智能及其产业发展具有基础性、支撑性、引领性的作用，既是推动产业创新发展的关键抓手，也是产业竞争的制高点。人工智能标准的先进和完善与否，关系到产业的健康发展以及产品国际市场竞争力的强弱。

美国、日本以及欧盟等发达国家和组织高度重视人工智能标准化工作。美国发布的《国家人工智能研究与发展策略规划》，欧盟制订的“人脑计划”，日本实施的“人工智能/大数据/物联网/网络安全综合项目”，均提出围绕核心技术、顶尖人才、标准规范等强化部署，力图抢占新一轮科技主导权。

近年来，国内外标准化组织都在研究人工智能问题，并开展了相关技术的标准化工作。

1.3.2.1 ISO/IEC JTC 1

国际标准化组织（International Organization for Standardization，ISO）/国际电工委员会（International Electrotechnical Commission，IEC）第一联合技术委员会（Joint Technical Committee 1，JTC 1）在人工智能领域从事标准化工作已有20多年。前期，在人工智能词汇、人机交互、生物特征识别、计算机图像处理等关键领域，以及云计算、大数据、传感网等人工智能技术支撑领域，ISO/IEC JTC 1均已开展了相关标准化工作。在词汇领域，ISO/IEC JTC 1词汇工作组发布了ISO/IEC2382－28：1995《信息技术 词汇 第28部分：人工智能基本概念与专家系统》、ISO/IEC2382－29：1999《信息技术 词汇 第29部分：人工智能语音识别与合成》、ISO/IEC2382－31：1997《信息技术 词汇 第31部分：人工智能 机器学习》、ISO/IEC2382－34：1999《信息技术 词汇 第34部分：人工智能 神经网络》等4项标准。目前，上述标准已经废止，相关术语收录在国际标准ISO/IEC 2382：2015《信息技术 词汇》中。

在人机交互领域，ISO/IEC JTC 1/SC 35（用户界面分技术委员会）开展了建立语音交互、手势交互和情感交互等标准的工作。语音交互方面有ISO/IEC 30122－1：2016《信息技术 语音命令 第1部分：框架和通用指南》、ISO/IEC 30122－2：2017《信息技术 语音命令 第2部分：构建和测试》、ISO/IEC 30122－3：2017《信息技术 语音命令 第3部分：翻译和本地化》、ISO/IEC 30122－4：2016《信息技术 语音命令 第4部分：语音命令注册管理》等4个标准项目；手势交互方面已完成ISO/IEC 30113－1：2015《信息技术 用户界面 跨设备基于手势的界面和方法 第1部分：框架》、ISO/IEC 30113－11：2017《信息技术 用户界面 跨设备基于手势的界面和方法 第11部分：公共系统操作的单点手势》等2个项目，正在开发ISO/IEC 30113－1：

2015《信息技术 用户界面　跨设备基于手势的界面和方法 第 60 部分：屏幕阅读器手势通用指南》等标准；情感交互正在开发 ISO/IEC 30150《信息技术 情感计算用户界面 框架》等标准。

在生物特征识别领域，ISO/IEC JTC 1/SC 37（生物特征识别分技术委员会）已发布了共计 100 多项标准，包括数据交换格式、应用程序接口、样本质量、性能测试等方面的标准。其代表性标准有 ISO/IEC 19794－2：2005《信息技术 生物特征识别 数据交换格式 第 2 部分：指纹细节点数据》、ISO/IEC 19784－1：2006《信息技术生物特征识别 应用程序接口 第 1 部分：BioAPI 规范》、ISO/IEC 29794－6：2015《信息技术 生物特征样本质量 第 6 部分：虹膜样本质量数据》、ISO/IEC19795－1：2006《信息技术 生物特征识别 性能测试和报告 第 1 部分：原则与框架》等，涵盖了指纹、人脸、虹膜、静脉、数字签名、声纹等模态，形成了较为完备的标准体系。

在计算机图像处理领域，ISO/IEC JTC 1/SC 24（计算机图形、图像处理和环境数据表示分技术委员会）和 ISO/IEC JTC 1/SC 29（音频、图像编码、多媒体及超媒体信息分技术委员会）负责开展标准化工作。ISO/IEC JTC 1/SC 24 已发布 ISO/IEC 8632－1：1999《信息技术 计算机图形 存储和传送图形描述信息的元文件 第 1 部分：功能规范》、ISO/IEC 8632－3：1999《信息技术 计算机图形　存储和传送图形描述信息的元文件 第 3 部分：二进制编码》等标准，正在研发 ISO/IEC 18039《信息技术 混合和增强现实参考模型》等标准。ISO/IEC JTC 1/SC 29 已发布的标准有 ISO/IEC 15938－13：2015《信息技术 多媒体内容描述接口 第 13 部分：图像搜索用简洁描述符》、ISO/IEC 24800－3：2010《信息技术 JP 搜索 第 3 部分：查询格式》等。

在云计算领域，ISO/IEC JTC 1/SC 38（云计算和分布式平台分技术委员会）主要研制了云计算通用基础标准、互操作标准、可移植标准、云服务、应用场景、案例分析、云安全等规范。其中对人工智能技术起到支撑平台作用的国际标准有 ISO/IEC 19941：2017《信息技术 云计算 互操作和可移植》、ISO/IEC 19944：2017《信息技术 云计算 数据和跨设备与云服务的数据流》等。

在大数据领域，ISO/IEC JTC 1/SC 32（数据管理和交换分技术委员会）主要开展大数据领域通用性标准研制，已经发布 ISO/IEC 20547－2《信息技术 大数据 参考架构 第 2 部分：用例和需求》、ISO/IEC 20547－5《信息技术 大数据 参考架构 第 5 部分：标准路线图》等标准，正在开发 ISO/IEC 20546《信息技术 大数据 概览与术语》、ISO/IEC 20547－1《信息技术 大数据 参考架构 第 1 部分：框架与应用》、ISO/IEC 20547－3《信息技术 大数据 参考架

构 第3部分：参考架构》、ISO/IEC 20547－4《信息技术　大数据　参考架构　第4部分：安全与隐私》等标准。

在传感网领域，ISO/IEC JTC 1/SC 41（物联网及相关技术分技术委员会）开展了物联网架构、物联网互操作、物联网应用、可信物联网、工业物联网、边缘计算、实时物联网等方面的研究，正在开展ISO/IEC 29182－2：2013《信息技术　传感器网络：参考体系结构（SNRA）第2部分：术语和词汇》、ISO/IEC 20005：2013《信息技术 传感器网络 智能传感器网络协同信息处理支撑服务和接口》等国际标准研制工作。

在安全方面，ISO/IEC JTC 1/SC 27（IT安全技术分技术委员会）开展了个人隐私保护、大数据安全、物联网安全、云计算安全等标准研究，包括ISO/IEC 29100：2011《信息技术 安全技术 隐私框架》、ISO/IEC 29101：2018《信息技术　安全技术 隐私参考体系结构》、ISO/IEC29190：2015《信息技术 安全技术 隐私能力评估模型》、ISO/IEC 29134：2017《信息技术安全技术 隐私影响评估方法学》等标准。

2017年10月，JTC 1/SC 42（人工智能分技术委员会）由ISO/IEC JTC 1全会批复成立，是负责研究制定人工智能国际标准的标准化组织，包括了中国、加拿大、德国、法国、俄罗斯、英国、美国等18个全权成员国，以及澳大利亚、荷兰等5个观察成员国。目前，该组织所下设的WG 1基础标准工作组将开展ISO/IEC 22989《人工智能 概念与术语》、ISO/IEC 23053《基于机器学习构建AI系统框架》两项国际标准的制定工作。

2018年4月18—20日，由国家标准化管理委员会主办、中国电子技术标准化研究院承办的ISO/IEC JTC 1/SC 42第一次全会在北京成功召开。ISO/IEC JTC 1主席菲尔·文布卢姆（Phil Wennblom），以及中国、加拿大、德国、法国、印度、俄罗斯、爱尔兰、韩国、日本、澳大利亚、英国、美国等17个国家成员体，ISO、IEC、ISO/IEC JTC 1/JAG（Joint Advisory Group，联合咨询小组）、IEEE（Institute of Electrical and Electronics Engineers，电气和电子工程师协会）等国际组织代表约90余位国内外专家参加此次会议。

1.3.2.2　ISO

国际标准化组织（ISO）主要在工业机器人、智能金融、智能驾驶方面开展人工智能标准化研究。在工业机器人方面，ISO/TC 299（机器人技术委员会）已发布ISO 11593：1996《工业机器人 末端执行器自动更换系统　词汇和特征表示》、ISO 9946：1999《工业机器人 特性表示》、ISO 14539：2000《工业机器人　抓握型夹持器物体搬运　词汇和特性表示》、ISO 9787：1999《工业机器人 坐标系和运动命名原则》、ISO 8373：2012《机器人与机器人装

备 词汇》等标准。

在智能金融方面，ISO/TC 68（金融服务技术委员会）从事金融标准化工作，主要负责银行、证券及金融业务相关标准的制定，共出台发布智能金融相关标准50多项，其中与人工智能相关的有ISO 19092：2008《金融服务 生物特征识别 安全框架》、ISO 14742：2010《金融服务 密码算法及其使用建议》和ISO 19038：2005《银行业务和相关金融服务 TDEA运算模式 实施指南》等标准。在智能驾驶方面，ISO/TC 22（道路车辆技术委员会）负责制定道路车辆相关基础标准，正在开展智能网联汽车相关标准化研究。

1.3.2.3 IEC

国际电工委员会（IEC）主要在可穿戴设备领域开展人工智能标准化工作。

IEC TC 100（音频、视频、多媒体系统和设备分技术委员会）针对可穿戴设备领域开展了标准化工作，成立了TA 16（主动辅助生活、可穿戴电子设备和技术、可访问性和用户界面技术领域），负责开发TC 100职责范围内与可穿戴电子设备和技术相关的标准；IEC TC 124（可穿戴电子设备和技术分技术委员会）负责开展与可穿戴设备相关的电工、材料以及与人身安全相关的技术标准研制工作。

2017年11月22日，国际电工委员会市场战略局（Market Strategy Board，MSB）首个AI白皮书项目启动会在青岛召开。会上，来自IEC、中国、美国、德国等的20余位国际知名专家，对人工智能产业应用现状及未来发展趋势进行分析和预测，并围绕人工智能的标准化体系架构展开深入讨论。

2018年10月25日，国际电工委员会第82届全会期间，市场战略局（MSB）召开IEC人工智能白皮书发布会及行业发展研讨会，来自IEC、ISO、BSI以及全球知名企业的高层技术官员和专家，共同见证了由海尔牵头制定的全球首个AI标准白皮书的正式发布。AI标准白皮书的发布对人工智能的未来趋势有着重要的指导意义，有力提升了中国企业在全球人工智能产业发展的话语权和影响力。

1.3.2.4 ITU

国际电信联盟（International Telecommunications Union，ITU）从2016年开始开展人工智能标准化研究。2017年6月，ITU和XPRIZE基金会共同举办“人工智能优势全球峰会”。ITU的分支机构ITU-T提出了对于人工智能建议的草案，包括ITU-T Y. AI4SC《人工智能和物联网》以及ITU-T Y. qos-ml《基于机器学习的IMT-2020的服务质量要求》。

1.3.2.5 中国

我国高度重视人工智能标准化工作。在国务院发布的《新一代人工智能发展规划》中将人工智能标准化作为重要支撑保障，提出要“加强人工智能标准框架体系研究。坚持安全性、可用性、互操作性、可追溯性原则，逐步建立并完善人工智能基础共性、互联互通、行业应用、网络安全、隐私保护等技术标准。加快推动无人驾驶、服务机器人等细分应用领域的行业协会和联盟制定相关标准”。工信部在《促进新一代人工智能产业发展三年行动计划（2018－2020年）》中指出，要建设人工智能产业标准规范体系，建立并完善基础共性、互联互通、安全隐私、行业应用等技术标准，同时构建人工智能产品评估评测体系。目前，我国已经发布的人工智能国家标准如表1－3所示。

表1－3 我国已经发布的人工智能国家标准

序号	标准编号	标准名称	发布日期	实施日期
1	GB/T 16977—1997	工业机器人 坐标系和运动命名原则	1997－09－02	1998－04－01
2	GB/T 17887—1999	工业机器人 末端执行器自动更换系统 词汇和特性表示	1999－10－10	2000－05－01
3	GB/T 5271.28—2001	信息技术 词汇 第28部分：人工智能 基本概念与专家系统	2001－07－16	2002－03－01
4	GB/T 12644—2001	工业机器人 特性表示	2001－11－12	2002－05－01
5	GB/T 12642—2001	工业机器人 性能规范及其试验方法	2001－11－12	2002－05－01
6	GB/T 19400—2003	工业机器人 抓握型夹持器物体搬运 词汇和特性表示	2003－11－20	2004－05－01
7	GB/T 5271.29—2006	信息技术 词汇 第29部分：人工智能 语音识别与合成	2006－03－14	2006－07－01
8	GB/T 5271.31—2006	信息技术 词汇 第31部分：人工智能 机器学习	2006－03－14	2006－07－01
9	GB/T 5271.34—2006	信息技术 词汇 第34部分：人工智能 神经网络	2006－03－14	2006－07－01
10	GB/T 20868—2007	工业机器人 性能试验实施规范	2007－01－18	2007－08－01
11	GB/T 20979—2007	信息安全技术 虹膜识别系统技术要求	2007－06－18	2007－11－01

续表

序号	标准编号	标准名称	发布日期	实施日期
12	GB/T 21023—2007	中文语音识别系统通用技术规范	2007－06－29	2007－11－01
13	GB/T 21024—2007	中文语音合成系统通用技术规范	2007－06－29	2007－11－01
14	GB/T 24466—2009	健康信息学　电子健康记录体系架构需求	2009－10－15	2009－12－01
15	GB/T 26238—2010	信息技术　生物特征识别术语	2011－01－14	2011－05－01
16	GB/T 26237. 1—2011	信息技术　生物特征识别数据交换格式　第 1 部分：框架	2011－01－14	2011－05－01
17	GB/T 26237. 2—2011	信息技术　生物特征识别数据交换格式　第 2 部分：指纹细节点数据	2011－12－30	2012－06－01
18	GB/T 26237. 3—2011	信息技术　生物特征识别数据交换格式　第 3 部分：指纹型谱数据	2011－12－30	2012－06－01
19	GB/T 27912—2011	金融服务　生物特征识别　安全框架	2011－12－30	2012－02－01
20	GB/T 28826. 1—2012	信息技术　公用生物特征识别交换格式框架　第 1 部分：数据元素规范	2012－11－05	2013－02－01
21	GB/T 12643—2013	机器人与机器人装备　词汇	2013－11－12	2014－03－15
22	GB/T 29825—2013	机器人通信总线协议	2013－11－12	2014－04－01
23	GB/T 29824—2013	工业机器人　用户编程指令	2013－11－12	2014－04－01
24	GB 11291. 2—2013	机器人与机器人装备　工业机器人的安全要求　第 2 部分：机器人系统与集成	2013－12－17	2014－11－01
25	GB/T 26237. 7—2013	信息技术　生物特征识别数据交换格式　第 7 部分：签名/签字时间序列数据	2013－12－31	2014－07－15

续表

序号	标准编号	标准名称	发布日期	实施日期
26	GB/T 30284—2013	移动通信智能终端操作系统安全技术要求（EAL2 级）	2013 - 12 - 31	2014 - 07 - 15
27	GB/T 30246. 1—2013	家庭网络　第 1 部分：系统体系结构及参考模型	2013 - 12 - 31	2014 - 07 - 15
28	GB/T 30246. 2—2013	家庭网络　第 2 部分：控制终端规范	2013 - 12 - 31	2014 - 07 - 15
29	GB/T 30246. 3—2013	家庭网络　第 3 部分：内部网关规范	2013 - 12 - 31	2014 - 07 - 15
30	GB/T 30246. 4—2013	家庭网络　第 4 部分：终端设备规范　音视频及多媒体设备	2013 - 12 - 31	2014 - 07 - 15
31	GB/T 30246. 6—2013	家庭网络　第 6 部分：多媒体与数据网络通信协议	2013 - 12 - 31	2014 - 07 - 15
32	GB/T 30246. 7—2013	家庭网络　第 7 部分：控制网络通信协议	2013 - 12 - 31	2014 - 07 - 15
33	GB/T 30246. 8—2013	家庭网络　第 8 部分：设备描述文件规范　XML 格式	2013 - 12 - 31	2014 - 07 - 15
34	GB/T 30246. 9—2013	家庭网络　第 9 部分：设备描述文件规范　二进制格式	2013 - 12 - 31	2014 - 07 - 15
35	GB/T 30246. 11—2013	家庭网络　第 11 部分：控制网络接口一致性测试规范	2013 - 12 - 31	2014 - 07 - 15
36	GB/T 30246. 5—2014	家庭网络　第 5 部分：终端设备规范　家用和类似用途电器	2014 - 05 - 06	2015 - 02 - 01
37	GB/T 26237. 9—2014	信息技术　生物特征识别数据交换格式　第 9 部分：血管图像数据	2014 - 07 - 08	2014 - 12 - 01

续表

序号	标准编号	标准名称	发布日期	实施日期
38	GB/T 26237. 10—2014	信息技术　生物特征识别数据交换格式　第10部分：手型轮廓数据	2014-07-08	2014-12-01
39	GB/T 10827. 1—2014	工业车辆　安全要求和验证　第1部分：自行式工业车辆（除无人驾驶车辆、伸缩臂式叉车和载运车）	2014-07-24	2014-12-01
40	GB/T 31024. 1—2014	合作式智能运输系统　专用短程通信　第1部分：总体技术要求	2014-08-05	2015-02-01
41	GB/T 31024. 2—2014	合作式智能运输系统　专用短程通信　第2部分：媒体访问控制层和物理层规范	2014-08-05	2015-02-01
42	GB/T 26237. 8—2014	信息技术　生物特征识别数据交换格式　第8部分：指纹型骨架数据	2014-09-03	2015-02-01
43	GB/T 28826. 2—2014	信息技术　公用生物特征识别交换格式框架　第2部分：生物特征识别注册机构操作规程	2014-09-03	2015-02-01
44	GB/T 26237. 4—2014	信息技术　生物特征识别数据交换格式　第4部分：指纹图像数据	2014-12-05	2015-05-01
45	GB/T 26237. 5—2014	信息技术　生物特征识别数据交换格式　第5部分：人脸图像数据	2014-12-05	2015-05-01
46	GB/T 26237. 6—2014	信息技术　生物特征识别数据交换格式　第6部分：虹膜图像数据	2014-12-05	2015-05-01
47	GB/T 32404—2015	基于M2M技术的移动通信网物流信息服务总体技术框架	2015-12-31	2016-03-01

续表

序号	标准编号	标准名称	发布日期	实施日期
48	GB/T 32405—2015	移动通信网面向物流信息服务的 M2M 协议	2015-12-31	2016-03-01
49	GB/T 32406—2015	移动通信网面向物流信息服务的 M2M 平台技术要求	2015-12-31	2016-03-01
50	GB/T 32407—2015	移动通信网面向物流信息服务的 M2M 通信模块技术要求	2015-12-31	2016-03-01
51	GB/T 32629—2016	信息技术　生物特征识别应用程序接口的互通协议	2016-04-25	2016-11-01
52	GB/T 32927—2016	信息安全技术　移动智能终端安全架构	2016-08-29	2017-03-01
53	GB/T 33267—2016	机器人仿真开发环境接口	2016-12-13	2017-07-01
54	GB/T 33266—2016	模块化机器人高速通用通信总线性能	2016-12-13	2017-07-01
55	GB/T 33262—2016	工业机器人模块化设计规范	2016-12-13	2017-07-01
56	GB/T 33265—2016	教育机器人安全要求	2016-12-13	2017-07-01
57	GB/T 33261—2016	服务机器人模块化设计总则	2016-12-13	2017-07-01
58	GB/T 33356—2016	新型智慧城市评价指标	2016-12-13	2016-12-13
59	GB/T 33767.1—2017	信息技术　生物特征样本质量　第1部分：框架	2017-05-31	2017-12-01
60	GB/T 33844—2017	信息技术　生物特征识别　用于生物特征十指指纹采集应用编程接口（BioAPI）	2017-05-31	2017-12-01
61	GB/T 33842.2—2017	信息技术 GB/T 26237 中定义的生物特征数据交换格式的符合性测试方法　第2部分：指纹细节点数据	2017-05-31	2017-12-01
62	GB/T 33842.4—2017	信息技术 GB/T 26237 中定义的生物特征数据交换格式的符合性测试方法　第4部分：指纹图像数据	2017-05-31	2017-12-01

续表

序号	标准编号	标准名称	发布日期	实施日期
63	GB/T 33776. 4—2017	林业物联网　第4部分：手持式智能终端通用规范	2017－05－31	2017－12－01
64	GB/T 33905. 3—2017	智能传感器　第3部分：术语	2017－07－12	2018－02－01
65	GB/T 33905. 1—2017	智能传感器　第1部分：总则	2017－07－31	2018－02－01
66	GB/T 33905. 2—2017	智能传感器　第2部分：物联网应用行规	2017－07－31	2018－02－01
67	GB/T 33905. 4—2017	智能传感器　第4部分：性能评定方法	2017－07－31	2018－02－01
68	GB/T 33905. 5—2017	智能传感器　第5部分：检查和例行试验方法	2017－07－31	2018－02－01
69	GB/T 34132—2017	智能变电站智能终端装置通用技术条件	2017－07－31	2018－02－01
70	GB/T 34083—2017	中文语音识别互联网服务接口规范	2017－07－31	2018－02－01
71	GB/T 34145—2017	中文语音合成互联网服务接口规范	2017－07－31	2018－02－01
72	GB/T 34454—2017	家用干式清洁机器人　性能测试方法	2017－10－14	2018－05－01
73	GB/T 34678—2017	智慧城市　技术参考模型	2017－10－14	2018－05－01
74	GB/T 35312—2017	中文语音识别终端服务接口规范	2017－12－29	2018－07－01
75	GB/T 35783—2017	信息技术　虹膜识别设备通用规范	2017－12－29	2018－07－01
76	GB/T 30269. 502—2017	信息技术　传感器网络　第502部分：标识　传感节点标识符解析	2017－12－29	2018－07－01
77	GB/T 36094—2018	信息技术　生物特征识别　嵌入式 BioAPI	2018－03－15	2018－10－01
78	GB/T 33842. 5—2018	信息技术 GB/T 26237 中定义的生物特征数据交换格式的符合性测试方法　第5部分：人脸图像数据	2018－03－15	2018－10－01

续表

序号	标准编号	标准名称	发布日期	实施日期
79	GB/T 36464. 2—2018	信息技术　智能语音交互系统　第2部分：智能家居	2018-06-07	2019-01-01
80	GB/T 36464. 3—2018	信息技术　智能语音交互系统　第3部分：智能客服	2018-06-07	2019-01-01
81	GB/T 36464. 4—2018	信息技术　智能语音交互系统　第4部分：移动终端	2018-06-07	2019-01-01
82	GB/T 36464. 5—2018	信息技术　智能语音交互系统　第5部分：车载终端	2018-06-07	2019-01-01
83	GB/T 36339—2018	智能客服语义库技术要求	2018-06-07	2019-01-01
84	GB/T 30269. 903—2018	信息技术　传感器网络　第903部分：网关：逻辑接口	2018-06-07	2019-01-01
85	GB/T 33767. 4—2018	信息技术　生物特征样本质量　第4部分：指纹图像数据	2018-06-07	2019-01-01
86	GB/T 33767. 5—2018	信息技术　生物特征样本质量　第5部分：人脸图像数据	2018-06-07	2019-01-01
87	GB/T 33767. 6—2018	信息技术　生物特征样本质量　第6部分：虹膜图像数据	2018-06-07	2019-01-01
88	GB/T 36341. 1—2018	信息技术　形状建模信息表示　第1部分：框架和基本组件	2018-06-07	2019-01-01
89	GB/T 36341. 2—2018	信息技术　形状建模信息表示　第2部分：特征约束	2018-06-07	2019-01-01
90	GB/T 36341. 3—2018	信息技术　形状建模信息表示　第3部分：流式传输	2018-06-07	2019-01-01
91	GB/T 36341. 4—2018	信息技术　形状建模信息表示　第4部分：存储格式	2018-06-07	2019-01-01
92	GB/T 36460—2018	信息技术　生物特征识别　多模态及其他多生物特征融合	2018-06-07	2019-01-01
93	GB/T 36332—2018	智慧城市　领域知识模型　核心概念模型	2018-06-07	2019-01-01
94	GB/T 36651—2018	信息安全技术　基于可信环境的生物特征识别身份鉴别协议框架	2018-10-10	2019-05-01

续表

序号	标准编号	标准名称	发布日期	实施日期
95	GB/T 36625. 1—2018	智慧城市　数据融合　第1部分：概念模型	2018－10－10	2019－05－01
96	GB/T 36625. 2—2018	智慧城市　数据融合　第2部分：数据编码规范	2018－10－10	2019－05－01
97	GB/T 36622. 1—2018	智慧城市　公共信息与服务支撑平台　第1部分：总体要求	2018－10－10	2019－05－01
98	GB/T 36622. 2—2018	智慧城市　公共信息与服务支撑平台　第2部分：目录管理与服务要求	2018－10－10	2019－05－01
99	GB/T 37076—2018	信息安全技术　指纹识别系统技术要求	2018－12－28	2019－07－01
100	GB/T 37045—2018	信息技术　生物特征识别　指纹处理芯片技术要求	2018－12－28	2019－04－01
101	GB/T 37036. 1—2018	信息技术　移动设备生物特征识别　第1部分：通用要求	2018－12－28	2019－04－01
102	GB/T 36622. 3—2018	智慧城市　公共信息与服务支撑平台　第3部分：测试要求	2018－12－28	2021－01－01
103	GB/T 25000. 2—2018	系统与软件工程　系统与软件质量要求和评价（SQuaRE）第2部分：计划与管理	2018－12－28	2021－01－01
104	GB/T 25000. 40—2018	系统与软件工程　系统与软件质量要求和评价（SQuaRE）第40部分：评价过程	2018－12－28	2021－01－01
105	GB/T 25000. 41—2018	系统与软件工程　系统与软件质量要求和评价（SQuaRE）第41部分：开发方、需方和独立评价方评价指南	2018－12－28	2021－01－01
106	GB/T 25000. 45—2018	系统与软件工程　系统与软件质量要求和评价（SQuaRE）第45部分：易恢复性的评价模块	2018－12－28	2021－01－01

1.3.3 发展趋势

在数据、运算能力、算法模型、多元应用的共同驱动下，人工智能的定义正从用计算机模拟人类智能演进到协助引导提升人类智能。人工智能通过推动机器、人与网络相互连接融合，更为密切地融入人类生产生活，从辅助性设备和工具进化为协同互动的助手和伙伴。未来人工智能的发展趋势主要表现在：大数据成为人工智能持续快速发展的基石；文本、图像、语音等信息实现跨媒体交互；基于网络的群体智能技术开始萌芽；自主智能系统成为新兴发展方向；人机协同正在催生新型混合智能形态。

1.3.3.1 大数据成为人工智能持续快速发展的基石

随着新一代信息技术的快速发展，计算能力、数据处理能力和处理速度实现了大幅提升，机器学习算法快速演进，大数据的价值得以体现。与早期基于推理的人工智能不同，新一代人工智能是由大数据驱动的，其通过给定的学习框架，不断根据当前设置及环境信息修改、更新参数，具有高度的自主性。例如，谷歌的智能助理可以在航班延误时提醒乘客，使用历史航班状态数据，谷歌的机器助理可以在航空公司确认之前预测一些延迟。随着智能终端和传感器的快速普及，海量数据快速累积，基于大数据的人工智能也因此获得了持续快速发展的动力来源。

1.3.3.2 文本、图像、语音等信息实现跨媒体交互

当前，计算机图像识别、语音识别和自然语言处理等技术在准确率及效率方面取得了明显进步，并成功应用在无人驾驶、智能搜索等垂直行业。与此同时，随着互联网、智能终端的不断发展，多媒体数据呈现爆炸式增长，并以网络为载体在用户之间实时、动态传播，文本、图像、语音、视频等信息突破了各自属性的局限，实现跨媒体交互，智能化搜索、个性化推荐的需求进一步释放。未来人工智能将逐步向人类智能靠近，模仿人类综合利用视觉、语言、听觉等感知信息，实现识别、推理、设计、创作、预测等功能。

1.3.3.3 基于网络的群体智能技术开始萌芽

随着互联网、云计算等新一代信息技术的快速应用及普及，大数据不断累积，深度学习及强化学习等算法不断优化，人工智能研究的焦点已从单纯用计算机模拟人类智能，打造具有感知智能及认知智能的单个智能体，向打造多智能体协同的群体智能转变。群体智能充分体现了“通盘考虑、统筹优化”思想，具有去中心化、自愈性强和信息共享高效等优点，相关的群体智能技术已经开始萌芽并成为研究热点。例如，2018 年 5 月 15 日，中国电子科技集团成功完成 200 架固定翼无人机集群飞行，再次刷新此前该集团自己保

持的119架的纪录。同时，还成功完成了国内首次小型折叠翼无人机双机低空投放和模态转换试验。

1.3.3.4 自主智能系统成为新兴发展方向

在人工智能发展历程中，仿生学始终是其研究的重要方向，如美国军方曾经研制的机器骡以及各国科研机构研制的一系列人形机器人等，但受技术水平的制约和应用场景的局限，没有在大规模应用推广方面获得显著突破。当前，随着生产制造智能化改造升级的需求日益凸显，通过嵌入智能系统对现有的机械设备进行改造升级成为更加务实的选择，也是中国制造2025、德国工业4.0、美国工业互联网等国家战略的核心举措。在此引导下，自主智能系统正成为人工智能的重要发展及应用方向。例如，沈阳机床以i5智能机床为核心，打造了若干智能工厂，实现了“设备互联、数据互换、过程互动、产业互融”的智能制造模式。

1.3.3.5 人机协同正在催生新型混合智能形态

人类智能在感知、推理、归纳和学习等方面具有机器智能无法比拟的优势，机器智能则在搜索、计算、存储、优化等方面领先于人类智能，两种智能具有很强的互补性。人与计算机协同，互相取长补短，将形成一种新的“1+1>2”的增强型智能，也就是混合智能。这种智能是一种双向闭环系统，既包含人，又包含机器组件。其中，人可以接受机器的信息，机器也可以读取人的信号，两者相互作用，互相促进。在此背景下，人工智能的根本目标已经演进为提高人类智力活动能力，更智能地陪伴人类完成复杂多变的任务。

本章习题

(1) 试搜索人工智能的其他定义，并进行对比分析。

(2) 请与同学讨论，你是如何深入理解人工智能体系架构的。

(3) 请网上检索相关知识，并将“中文房间”与“图灵测试”进行对比，谈谈个人的看法。

(4) 请梳理人工智能发展历程中的标志性事件，进一步了解事件细节。

(5) 将已发布的人工智能国家标准分为基础、平台/支撑、关键技术、产品及服务、应用、安全/伦理六类。谈谈这样分类的意义。

(6) 谈谈对人工智能发展趋势的看法。

2　Agent

本章学习目的与要点

随着计算机技术和网络技术的发展和应用，集中式系统已不能完全适应科学技术的发展需要。并行计算和分布式处理等技术应运而生，分布式人工智能也成为人工智能的一个新的发展方向。Agent 技术是在分布式人工智能研究需要的基础上发展起来的一种技术。现在，单 Agent 和多 Agent 系统（Multiple Agent System，MAS）的研究已成为分布式人工智能研究的一个热点。

通过本章的学习，希望读者掌握 Agent 的定义、性质，了解 Agent 的支持环境；掌握 Agent 的体系结构，了解 Agent 的体系结构的不同分类方法，通过轮式移动机器人的例子进一步了解不同体系结构的混合应用；了解多 Agent 系统的系统结构、系统特点、通信机制和协调方法，了解多 Agent 系统在不同领域的具体应用。

2.1　Agent 概念的提出及其定义

2.1.1　Agent 概念的提出

顾名思义，Agent 就是具有智能的实体，它是人工智能领域中的一个重要概念。任何独立的能够思想并可以同环境交互的实体都可以抽象为 Agent——这一概念最早由麻省理工学院的著名计算机学家和人工智能学科创始人之一的马文·明斯基提出（I'll call "Society of Mind" this scheme in which each mind is made of many smaller processes. These we'll call agents.）。

多 Agent 系统形成的另一个重要的理论基础是由赫伯特·西蒙（Herbert Simon）提出的有限性理论，该理论认为将多个个体组织成一个大的结构可以有效弥补个体工作能力的不足，而每个个体负责一项专门的任务可以弥补个体学习新任务能力的有限性；社会机构间有组织的信息流动可以弥补个体知识的有限性；精确的社会机构和明确的个体任务可以弥补个体处理信息和应用信息能力的有限性。

2.1.2 Agent 的定义

Agent 是指位于某个环境中，能够不间断地自主地执行任务，且具有自治性、反应性、社会性、驻留性和主动性等属性的计算实体。

图 2-1 是一个简单反射 Agent 典型结构及其与外部环境的交互方式。

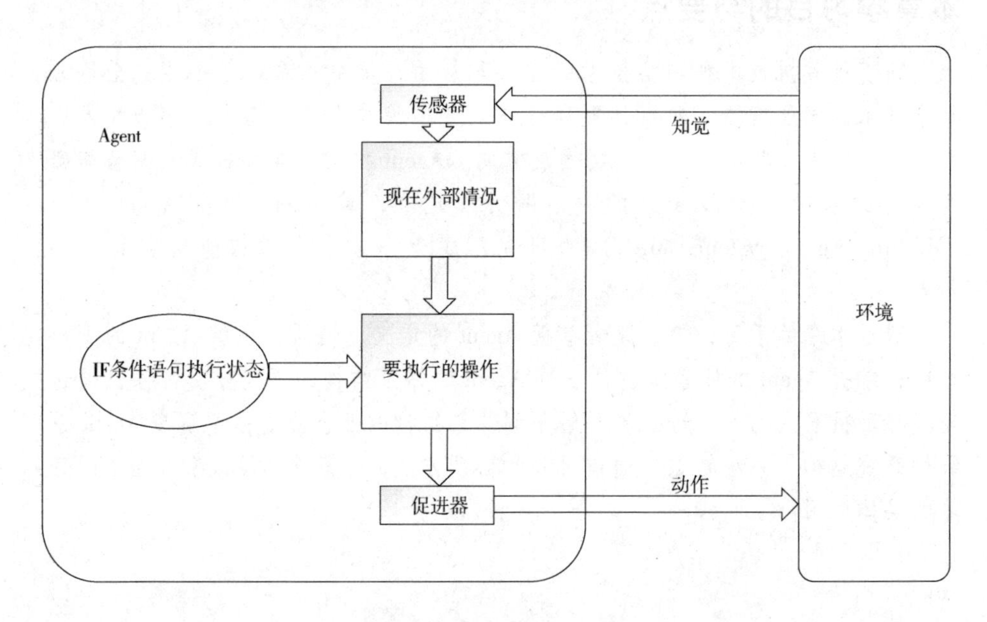

图 2-1 简单反射 Agent

Agent 有多种定义，该定义在分布式人工智能和分布式计算领域争论了很多年，尚未有统一的定义。但常见的认可度较高的关于 Agent 概念的定义有以下几种：

第一，自治或自主 Agent 是指那些宿主于复杂动态环境中，自治地感知环境信息，自主采取行动，并实现一系列预先设定的目标或任务的计算系统（Wooldridge，2009）。

第二，杰弗里·M. 伍德里奇（Jeffrey M. Wooldridge）在定义 Agent 时提出了弱定义和强定义的方法：弱定义认为 Agent 是指具有独立性、社会性、反应性和主动性等特性的 Agent；强定义认为 Agent 在具有弱定义特性的基础上还具有一些人类属性，比如移动性、通信能力、理性和一些其他特性（Wooldridge，1995）。

第三，Agent 是按照计算机指令做事的，能自主地、不间断地同环境交互以达成所期望目标的计算实体（Russell，2016）。

第四，Agent 是一个处于环境之中并且作为这个环境一部分的系统，它随时可以感测环境并且执行相应的动作，同时逐渐建立自己的活动规划以应付未来可能感测到的环境变化（franklin，1997）。

第五，Agent 是驻留于环境中的实体，它可以解释从环境中获得的反映环境中所发生事件的数据，并执行对环境产生影响的行动。在这个定义可知，Agent 被看作一种在环境中“生存”的实体，它既可以是硬件（如机器人），也可以是软件（Bellifemine et al.，2015）。

第六，Agent 可以感知环境中的动态条件，执行动作影响环境条件，进行推理以解释感知信息、求解问题、产生推断和决定动作（Chow et al.，2000）

2.2 Agent 的环境及其性质

2.2.1 Agent 的环境

Agent 的体系结构是指构造 Agent 的特殊方法学，它描述了组成 Agent 的基本成分及其作用、各成分的联系与交互机制、如何通过感知到的内外部状态确定 Agent 应采取的不同行动的算法，以及 Agent 的行为对其内部状态和外部环境的影响等。

Agent 的体系结构主要可分为认知型体系结构（cognitive architecture）、反应型体系结构（reactive architecture）和混合型体系结构（hybrid architecture）（罗素等，2013）。如同主流操作系统都提供了多进程的并发系统开发和运行环境一样，为多 Agent 的分布式应用系统的运行开发和建立分布计算环境也日显重要。按照 Agent 的体系结构分类，其相关的支持环境也可分为三大类。

（1）面向认知型体系结构的支持环境

此类支持环境通常建立在知识系统支持技术和主流网络计算技术的基础上，且提供了 Agent 程序设计语言和 Agent 通信语言等工具。

（2）面向反应型体系结构的支持环境

面向反应型体系结构的支持环境通常建立在分布式对象技术的基础上，并且由于反应型的体系结构与对象的结构存在很大的相似性，所以可以利用带有专门控制器的对象来实现反应型 Agent。故而面向反应型体系结构的支持环境提供了各种控制器的框架，以及基于框架的 Agent 定义与生成工具。

（3）面向混合型体系结构的支持环境

面向混合型体系结构的支持环境可以建立在层次化分布式对象技术和知识系统技术基础之上。其研究如何在对象请求中介（ORB）技术的基础上，通过纵向或横向扩展实现主动服务机制，使其在分布式对象环境中能够方便地实现具有自主性、交互性、反应性和主动性的 Agent。所以从主流的分布计算技术和应用角度分析，人们普遍认为发展面向混合型对象技术对多 Agent 应用系统的支持将是一项十分有意义的工作。

图 2－2 的系统采用的是反应型体系结构，它的支持环境是面向反应型体系结构的支持环境。

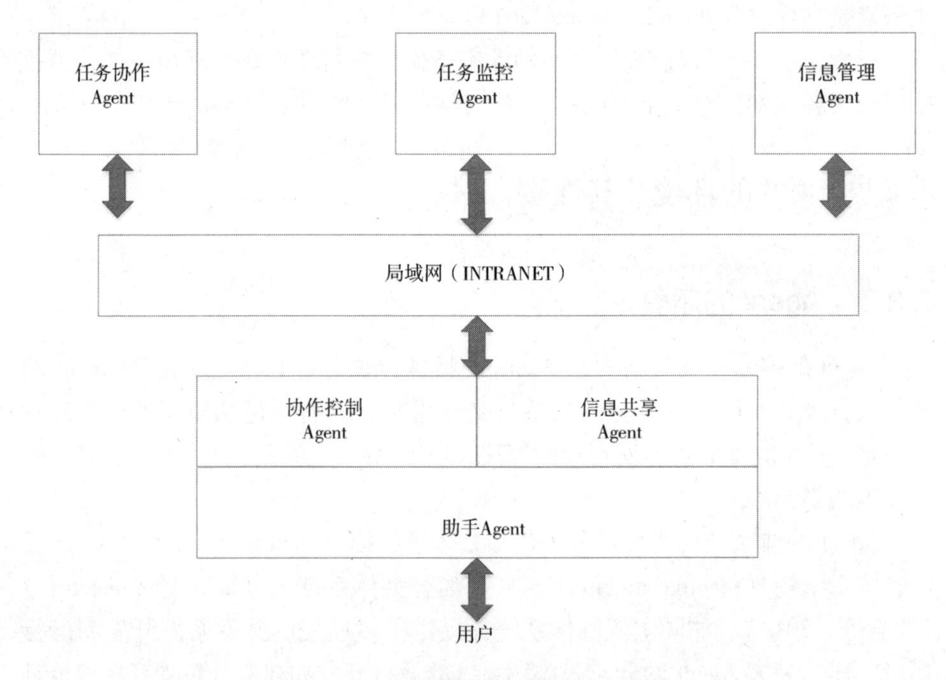

图 2－2　反应型体系结构的支持结构

2.2.2　Agent 的性质

Agent 具有下列性质：

第一，智能性。Agent 具有智能，具有基于存储器的示例存储和检索能力，且拥有自己的知识库和推理机，因此能从大量数据中快速学习。

第二，自主性。Agent 可以在没有人或其他干预下运作，并控制其自身的行为或内部状态。

第三，社会性和交互性。Agent 具有与其他 Agent 或人进行合作的能力，不同的 Agent 可以根据各自的意图与其他 Agent 进行交互，以解决问题

(Castelfranchi et al., 1994)。

第四，反应性。Agent 能感知自身所处的环境并可及时对环境变化做出响应，逐步适应新的环境并解决问题，并通过与环境的互动进行学习和改进。

第五，主动性。Agent 不仅可以对环境做出响应，还能够通过采取主动行动来展示目标导向的行为（Genesereth et al., 1994）。

第六，合理性。Agent 会根据指令完成既定目标，不会产生妨碍目标完成的动作（White, 2010）。

第七，准确性。Agent 不会故意传递虚假消息，且具有表示短期和长期记忆、年龄、遗忘等的参数（Galliers, 1989）。

2.3 Agent 的体系结构

2.3.1 单 Agent 体系结构

2.3.1.1 认知型结构

认知型结构是基于艾伦·纽厄尔（Allen Newell）和赫伯特·西蒙（Herbert Simon）提出的物理符号系统假设，它包含世界和环境的显式表示和符号模型，使用逻辑或伪逻辑推理进行决策（Jennings et al., 1998）。构造 Agent 的传统方法是将其看作一种特殊的基于知识的系统，即通过符号 AI 的方法来实现对环境和智能行为的表示和推理，这就是所谓的认知型 Agent（Cognitive Agent），也叫慎思型 Agent（Deliberate Agent）。认知型 Agent 的体系结构如图 2－3 所示。

认知型结构是一种纵向结构，即从低层的环境建模到高层的表达推理和控制，其动作不是传感器数据直接作用下的结果，而是经历了从感知、建模到规划等一系列处理阶段之后产生的结果。这是一种基于传统 AI 的认知模型，适合于已知环境下任务明确、目标给定的系统，其过程已预先规划，是一个显式的符号模型。

2.3.1.2 反应型结构

反应型结构的最主要特点是：不包括任何符号世界模型表示，不使用复杂的符号推理机制（陈建中等，1999）。反应型 Agent 的体系结构如图 2－4 所示。

认知型结构从微观路线考虑，不易在动态的环境中产生实时的性能，因此，这种基于符号 AI 的特点和限制给认知型结构带来了很多尚未解决甚至根本无法解决的问题，这就导致了反应型结构的出现，该种反应型结构从宏观

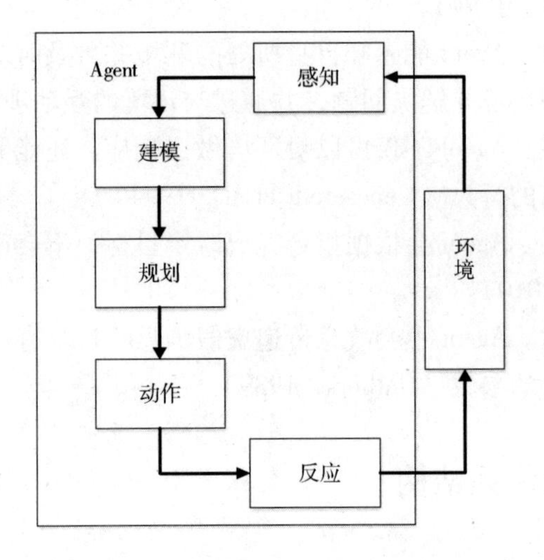

图 2－3　认知型 Agnet 的体系结构

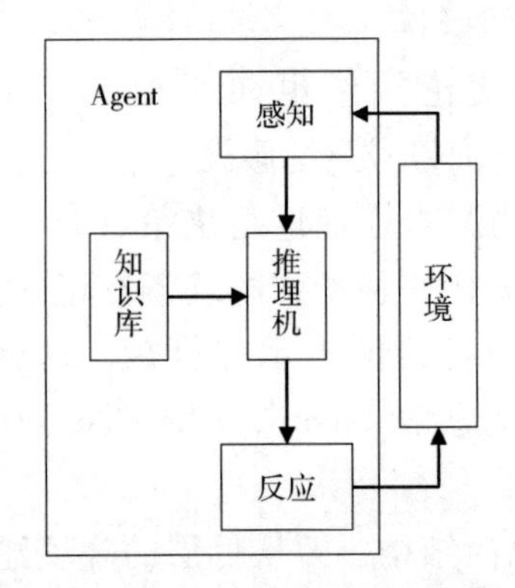

图 2－4　反应型 Agent 的体系结构

路线考虑，建立多 Agnet 系统相关工作的行为层次，各层次互相竞争以控制结构的行为。反应型结构是一种"纯粹"的行为（behaviors）控制系统，在 AI 领域也被称为行为主义。

2.3.1.3　混合型结构

混合型结构是一种将认知型结构与反应型结构进行有机结合而形成的结构。从上面的介绍可以看出，纯反应型结构的 Agent 系统只对环境的变化或来自其他 Agent 的消息产生反应，不具备对内部状态进行推理的能力和机制，而是通过触发规则或执行预先定制的规划来执行动作。该类型系统能及时、快速响应环境变化和外来信息，但缺乏灵活性。纯认知型结构的 Agent 系统基于符号表示和逻辑推理来创建、更新、评价、选择及执行适宜规划，以采取动作和完成目标，具有较强的灵活性和较高的智能。

综合认知型结构和反应型结构的优缺点，混合型结构应运而生。在混合型结构中，认知型子系统包含符号化的世界模型，用于规划决策；反应型子系统对场景中比较紧急的事件及时做出反应，而不需要复杂的推理（Wooldridge et al., 1995）。一般情况下，反应型子系统要比认知型子系统有更高的优先级，以保证整个系统能对重要事件立即做出反应。通过二者的有机结合，既保证了系统的响应速度，又兼顾了系统的整体规划决策能力，但缺点是系统较复杂，不易实现。

2.3.2 多Agent系统的体系结构

多Agent系统的体系结构如图2－5所示。多Agent系统目前主要采用“分层体系结构”（Layered Architecture），一般可划分为反应层、规划层和建模层（Shaw et al., 1998）。其中，反应层是基于反应型结构思想设计的，规划层和建模层则为认知型结构。三个控制层之间可以互相通信，并有一个协调它们的控制框架，以解决可能产生的冲突。

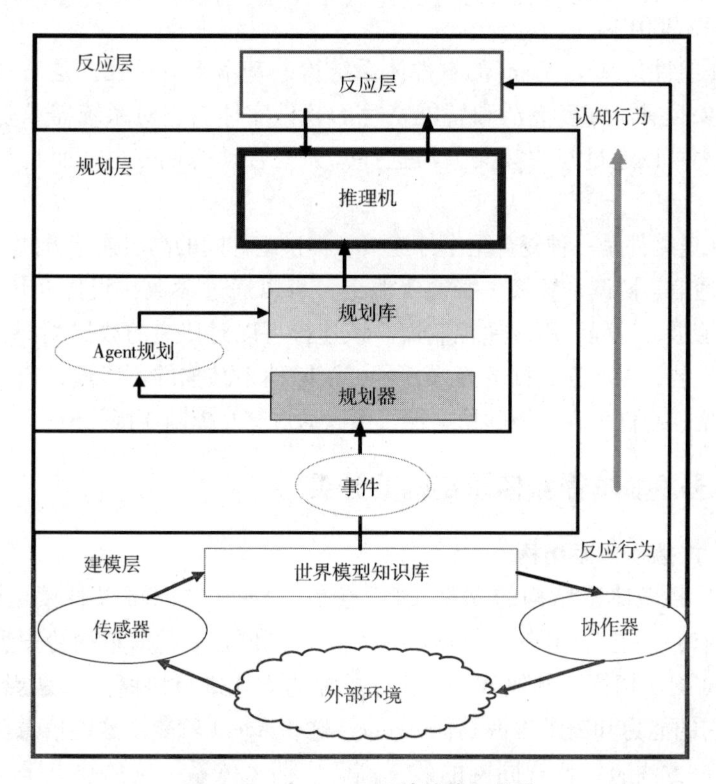

图2－5 多Agent系统的体系结构

分层次体系结构包含控制构件和知识库，控制构件由低到高分为四级：世界接口控制构件、基于行为的构件、基于规划的构件及协作构件（蒋云良等，2003）。在系统的最底层是世界接口控制构件及相应的世界模型知识库，前者主要负责 Agent 与环境的交互，后者负责储备环境知识信息；基于行为的构件，其目的是实现和控制 Agent 的基本反应能力；基于规划的构件包含一个"规划器"，它响应来自基于行为的构件的请求，生成单个 Agent 的规划，对应于该层的知识库包含了一系列规划库；协作构件能根据规划构件的请求生成满足多个 Agent 要求的联合规划。

多 Agent 系统的体系结构中各部分功能的实现离不开软件系统的支持。软件系统是各层次间互相通信与协调控制的逻辑实现。Agent 系统包含内部实现结构、Agent 组件与 Agent 连接件三部分。内部实现结构是实现 Agent 各功能的执行载体，Agent 组件是具有某种功能、独立存在的实体，Agent 连接件提供组件间的高层连接方式。

内部实现结构一般可以分为信息黑板、知识库、行为控制和接口 4 个部分。其中，信息黑板代表 Agent 的心理状态；知识库为其信念与知识的积累；行为控制则是控制 Agent 表现动作的模块；接口是 Agent 与外界交互的界面（Boudaoud，2001）。

Agent 组件是基于 Agent 的软件体系结构的基本组成单元，是对系统处理的高度抽象且具有高度灵活和智能特色的软件实体。它对系统需求是不敏感的，其能力可以通过修改其义务与选择知识集合动态地变更，而自身形态保持不变。

Agent 连接件是一种复合型组件连接，提供组件间的高层连接方式。该连接能够提供通信、协调、转换、接通等服务，可以通过参数在组件间传递数据，通过服务请求、过程调用传递控制流。该连接可以对传递的数据类型、格式进行转换或包装，以增强数据的互操作性，消除体系结构的不匹配，通过提供统一的接口增强组件生存环境的稳定性，可以通过交互控制连接关系。

2.3.3 多 Agent 系统体系结构的分类

2.3.3.1 广播型体系结构

采用广播型体系结构的 MAS 的特点是：Agent 之间可以直接进行通信。典型实例有：一是合同网（Contract Net）。合同网是一种简单的协商形式，由一个 Agent 提出招标，其他 Agent 进行投标的方式进行协商。二是规范共享。Agent 把它的能力和需求告诉其他 Agent，这些 Agent 就能用这些信息协调它们的行为。该方法通常比合同网的效率高，广播型体系结构的缺点是：通信代价高、实现复杂，要求每个 Agent 都具有协商通信的能力。

2.3.3.2 联邦型体系结构

在联邦型体系结构中，Agent 只与通信体（Facilitator）通信，通信体之间互相通信。Agent 将自主权交给通信体，而通信体负责满足 Agent 的需要。通信体应用人工智能和数据库领域中的自动推理技术。采用该结构的系统可提供如下功能：一是目录服务，即帮助程序发现合作者和需求者；二是分布式对象管理，可以向对象系统提供位置透明性，即消息发送者不需要知道对象的具体位置；三是经纪人服务，即经纪人结合上述两类服务，找出合适的消息接收者，发送消息，处理可能出现的问题，将结果返回给发送者。

2.3.3.3 协商型体系结构

协商型体系结构使得各 Agent 之间互相协调、互相帮助，以找到整个系统的目标 Agent 之间在合作前或合作中的通信过程，这种方式可称为协商过程。这一过程包括通过通信，或对系统中其他 Agent 的当前精神状态或意图的推理找出潜在的交互，并通过修改其他 Agent 的意图来避免有害的交互或进行合作。协商是通过结构化地交互相关信息以提高对共同视图或规划的一致认识（减少不一致性和不确定性）的过程。协商的目的是解决 Agent 之间各种各样的冲突，促进 Agent 之间的合作，提高多 Agent 系统的一致性。

评价协商方法有两个通用标准：灵活性和效率。在 MAS 中灵活性和高效率并不是都能达到的，两者必须折中考虑。高度耦合的系统具有较高的效率，而大量信息交互的松散耦合系统能够适应迅速变化的复杂环境。对协商机制和策略的更完善的评估标准有：一是对称分布。要求每个 Agent 的地位都是相同的，没有一个是特殊的，二是有效性。通过协商能得到有效的解，如满足帕累托最优性，即所得的解不会与其他解相冲突；三是稳定性。协商结果是平衡的，没有一个特别的 Agent 因协商而获利，尽管 Agent 群体会获利；四是简单性。低通信代价，低计算复杂度。

2.3.4 举例——移动机器人的 Agent 体系结构

移动机器人系统通常被划分为移动机器人和监控台两部分。用户通过监控台可以查看机器人自身状态以及周边环境，并通过监控台发送指令控制机器人。移动机器人具有自动完成服务和自主导航等功能，并且应当能够根据应用的成本和性能要求，对机器人系统进行裁剪和扩展，降低开发成本和硬件成本。

基于 Agent 的移动机器人体系结构图 2-6 所示（吴雄英等，2005）。

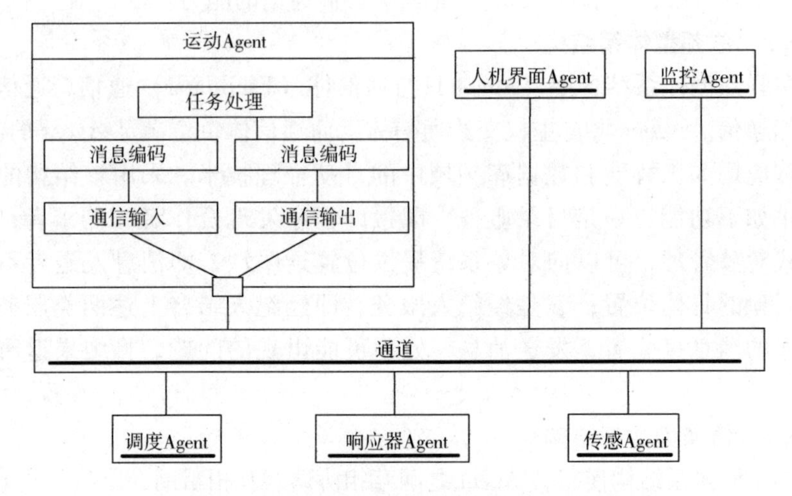

图 2-6 基于 Agent 的移动机器人体系结构

基本的移动机器人系统包括以下几类 Agent：

运动 Agent：负责机器人系统的运动部分，负责运动学和动力学计算，并驱动和协调各个运动模块共同完成运动任务。

人机界面 Agent：负责系统和人的交互，如独立运行的监控台。

监控 Agent：实时监控系统的各种状态信息，判断系统当前状态是否异常，记录系统运行日志等。

调度 Agent：起着总体协调的作用，负责集中处理其他 Agent 的消息请求，根据系统的总体状态，生成响应消息发送给相应的 Agent 进行执行。

响应器 Agent：根据传感 Agent 处理后得到的环境信息和系统的任务，生成相应的操作指令，由调度 Agent 进行调度执行。系统主要包含导航 Agent 和对话 Agent 等。

传感 Agent：负责采集机器人系统内部和外部的状态和环境信息。根据信息的复杂程度以及机器人的功能要求，一个机器人可以有多个传感 Agent，负责识别不同类型的环境。

通道 Agent 之间进行通信的媒介：包括内存、串口、以太网等。

移动机器人的 Agent 体系结构是一种典型的分层式体系结构。传感 Agent 是 Agent 系统的世界接口，感知外部环境，采集环境参数用以构建移动机器人运动模型知识库。响应器 Agent 处于系统的规划层，依据规划库做出行为反应规划。由调度 Agent 将运动指令发送给运动 Agent，运动 Agent 做出相应动作，实现整个移动机器人的运动功能。

2.4 Agent 技术系统及其应用

Agent 技术在实际工程应用中的相关研究分为两部分：单 Agent 研究和多 Agent 系统研究。

单 Agent 研究重点主要在如何构建 Agent 理论和体系结构上，在该理论基础指导下，结合 Agent 技术所构成的系统成为基于 Agent 的系统（Agent - Based System，ABS）。ABS 大多只包含一个 Agent，通过合理设计 Agent 内部模块，以及合理设计系统软硬件，使之具备 Agent 系统要求的智能型、自主性、社交性等特点。

单 Agent 能完成的任务往往相对简单，对于相对复杂的任务来说，就需要多个 Agent 相互协调，相互合作来共同完成，这样就构成了多 Agent 系统。多 Agent 系统是由多个 Agent 组成的系统，它在 Agent 理论的基础上重点研究 Agent 的互操作性以及 Agent 间的协商和协作等问题。

2.4.1 单 Agent 结构组成

基于 Agent 的系统是由单 Agent 和其所在环境构成的，Agent 需要根据感知到的当前所处环境的信息来做出相应的动作。一个 Agent 主要有两个组成部分：Agent 主体和 Agent 控制器。在系统运行状态下，主体负责从环境中感知各种信息，传送给控制器；控制器根据环境信息的变化做出决策，然后将命令送至主体处，如图 2 -7 所示。

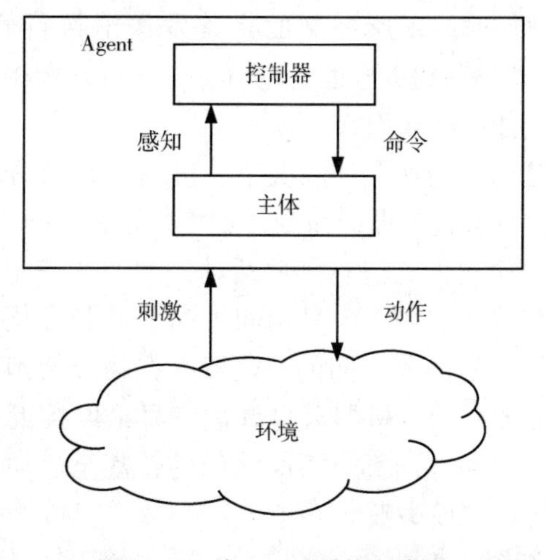

图 2 -7　单 Agent 结构示意图

2.4.1.1 Agent 主体

Agent 在与环境进行交互的时候需要一个主体。例如，一个嵌入式的 Agent 有一个物理的主体。一切机器人都可认为是一个人造的具有目的性的嵌入式 Agent。有些 Agent 并没有物理的主体，只存在于信息空间，在广义上也称作机器人，或者称其为 Agent 系统。主体包括传感器和执行器，传感器将外部刺激转化为感知，执行器能将命令转换成动作（麦克活思等，2014）。

（1）传感器

Agent 通过传感器来接收信息。Agent 的动作取决于通过此传感器获取的信息。这些传感器有可能反映环境的真实状态。传感器可能是有噪声的、不可靠的、坏掉的，甚至有时候虽然传感器是可靠的，但是它传回来的关于环境的信息是模棱两可的，而 Agent 却必须依靠其获取的信息来行动。

传感器可以获取包括光、声音、键盘上输入的单词、鼠标移动或者物理冲击这样的信息，也包括从网页或者数据库中获取的信息。

常见的传感器包括触摸传感器、相机、红外传感器、声纳、麦克风、键盘、鼠标或者通过网页来抽取信息的 XML 阅读器。例如，相机会感知进入它的光束，将其转换成亮度数值的二维数组，成为像素。有时会使用多维像素数组来表示不同的颜色或者满足多镜头相机的需求，这些像素数组可被控制器感知。而更多的时候，感知对象通常有着更高层的特征，如线、边或深层次的信息。通常来说，传感器接受的都是特定的信息，如明亮的橙色圆点的位置、学生关注的演出部分或者人们打出的手势信息。

（2）执行器

Agent 通过执行器来执行动作。执行器同样可能是有噪声的、不可靠的、行动迟缓的或坏掉的。Agent 所控制的是其发送给执行器的信息（命令）。Agent 经常会采取行动去寻找更多的环境信息，如打开橱柜门查看物件或者对学生进行测试来测定他们的知识。

动作一般包括转向、加速、移动关节、讲话、展示信息或者向某一网址发送邮件的命令。命令又包括低级命令（如将发动机的电压设定为某个数值）和高级命令（如令一个机器人进行某些活动，例如“停止”，“以 1m/s 的速度向正东方向运动”或者“到 103 号房间去”）。执行器同传感器类似，都会包含噪声。例如，停止是需要时间的；机器人在物理规则下运动，所以具备动量，且信息传递需要时间。机器人也许最终只是以接近 1m/s 的速度运动，接近正东方向，且速度和方向都是不断波动的，甚至运动到某一指定房间的行为可能会由于各种原因而失败。

2.4.1.2 Agent 控制器

Agent 系统模型包括控制器模型（这个不能确定是否为真实编程）、主体模型和环境模型，可以回答 Agent 那些实际很难或者无法回答的假说问题。Agent 控制器具有多种实现形式，本小节主要介绍两种常见的 Agent 控制器：嵌入式 Agent 和仿真 Agent。这两种 Agent 都有不同的应用场景：嵌入式 Agent 适用于 Agent 必须实际使用的情况。当很多种设计选择需要实现，且构建实体又比较昂贵或者环境比较危险、不易见到时，适合使用嵌入式 Agent。仿真 Agent 更适用于测试和纠错控制器，但它也允许在现实中难以实现的、非寻常情况下的环境中测试 Agent。

（1）嵌入式 Agent

嵌入式 Agent 一般指可以在现实世界中运行的 Agent，其感知和行为等活动均来自此实际的现实领域。与主要部署在网络中计算机上的 Agent 不同，嵌入式 Agent 通常部署在资源受限的手持设备上，以满足移动应用的智能性和主动性。随着以手持设备为代表的移动设备的广泛应用，特别是随着有线和无线网络环境的不断整合，嵌入式 Agent 的优势极大地加速了嵌入式软件的智能化进程，提高了其主动性和交互性。

嵌入式 Agent 典型架构图如图 2－8 所示。数据采集模块的作用是采集被监测设备的状态参量，感知物理环境；数据接收模块和数据传输模块的功能是接收来自传感器的状态参量数据，将采集的数据实时发送给控制器；控制器模块负责协调整个智能感控 Agent 的运行；自学习模块和知识库模块是智能感控 Agent 具有智能的突出表现，主要完成智能感控 Agent 的自学习及对于集群装备的监测中故障诊断的推理与决策；执行器是智能感控 Agent 与被监测设备的接口，可实现命令的下达及反馈。

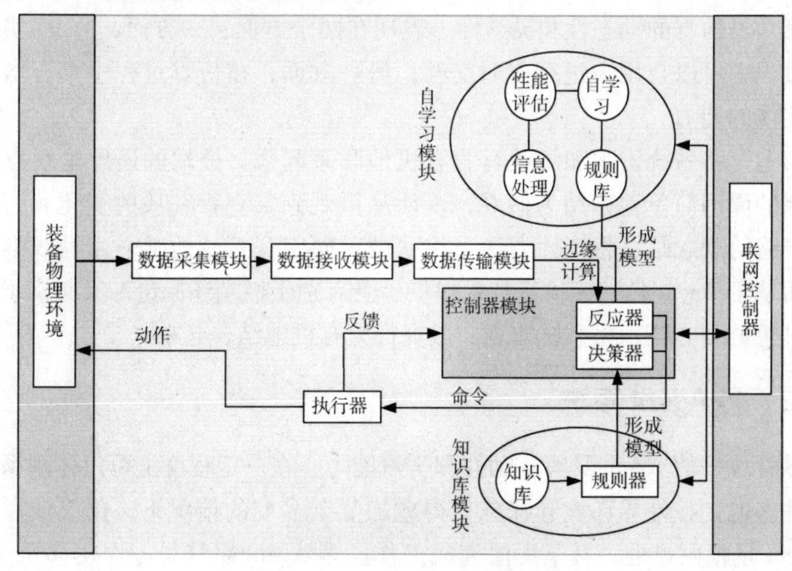

图 2－8　嵌入式 Agent 架构图

(2) 仿真 Agent

仿真 Agent 是指运行在模拟主体和环境中的 Agent，即可以接收命令并返回适当感知的程序，经常用于在控制器实际实现之前进行纠错。基于 Agent 的建模仿真利用 Agent 思想对复杂系统中各个仿真实体（例如，经济系统中的家庭、企业、银行政府等组织）构建模型，通过对 Agent 个体及其相互之间（包括与环境）的行为进行刻画，描述复杂系统的宏观行为。其具有以下 7 个特点（朱一凡等，2008）：

第一，系统描述自然性。仿真 Agent 能在一定层次上对目标复杂系统进行自然分类，然后建立一一对应的 Agent 模型。

第二，采用自底向上的方式。在建模过程中强调对复杂系统中个体行为的刻画和对个体间通信、合作和交流的描述，试图通过对微观（底层）行为的刻画来获得系统宏观（上层）行为。

第三，适合分布计算。将 Agent 分布到多个节点上，支持复杂系统的分布或并行仿真，但必须考虑通信开销。

第四，模型重用性。基于 Agent 思想建立的复杂系统仿真实体模型，封装性和独立性较强，可以使一些成熟、典型的 Agent 模型得到广泛的应用，以提高建立目标应用系统的效率。

第五，支持对主动行为的仿真。Agent 是描述个体主动性的有效方法，Agent 可以接收其他 Agent 和外界环境的信息，并且按照自身规则和约束对信息进行处理，然后修改自己的规则和内部状态，并发送信息到其他 Agent 或环境中，Agent 的这种行为模式适合对主动行为的仿真。

第六，仿真的动态性和灵活性。表现在两个方面：一方面，Agent 实体在仿真过程中可以与用户进行实时交互；另一方面，在仿真过程中具有增加和删除实体的能力。

第七，将系统宏观和微观行为有机地联系起来。极端的还原论观点将宏观现象的原因简单地归结为微观，否认从微观到宏观存在质的变化。另一种比较普遍的观念是：将统计方法当作从微观向宏观跨越的唯一途径或唯一手段。而基于 Agent 的建模仿真技术提供了既有别于极端还原论，又有别于单纯统计思想的新方法，将系统宏观和微观行为有机地结合起来。

2.4.2 多 Agent 系统

尽管单一的 Agent 具有主动性和学习能力，在一定程度上可以体现系统的自主性。但是在外界环境和任务变得愈加复杂多变的情况下，仅仅依靠单一的 Agent 是很困难的，甚至无法完成工作。多 Agent 系统是一个由多个 Agent

构成的系统，多个 Agent 通过彼此之间的相互交互，可以体现系统的非线性的自组织和复杂行为（罗杰等，2009）（Honing et al.，2005）。多 Agent 系统由一群有自主性的可交互的实体组成，它们共享一个相同的环境，通过感知器感知环境并通过执行器采取行动。

2.4.2.1 多 Agent 系统的结构

多 Agent 系统的结构将直接关系到复杂问题求解的分布式模式以及整个系统的运行性能，通常被认为是多 Agent 系统中各个 Agent 之间的控制方式与消息交互框架。多 Agent 系统的结构大致可以分为集中式结构、完全自治式结构和混合式结构三种。

（1）集中式结构

集中式结构将多 Agent 系统进行分组处理，每个小组都有一个管理 Agent 作为控制 Agent，通过控制 Agent 统一调度分配其小组内各成员 Agent 的活动，然后由全局的管理 Agent 进行集中控制。如图 2－9 所示的集中式结构，实行高低层主从控制，高层的管理 Agent 控制低层的 Agent。采用集中式结构对于固定流程的系统比较适合，能够在内部信息一致的基础上实现对整个系统的控制与管理。但是随着系统规模的扩大，控制更加复杂多变，处于上层的控制全局的管理 Agent 可能因为控制任务的加重出现“瓶颈”问题，超出自身负荷造成崩溃，这可能导致整个多 Agent 系统的瘫痪，带来难以估计的严重后果（黎建兴等，2007）。

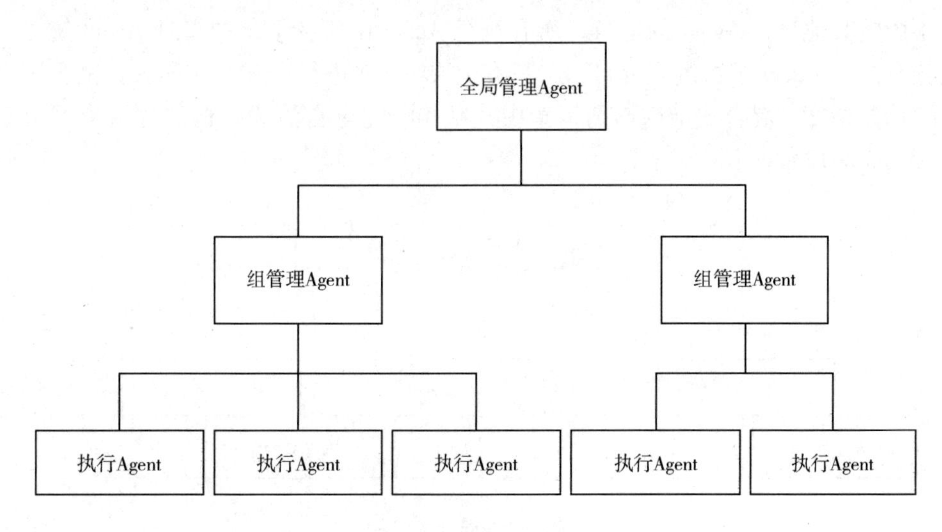

图 2－9 集中式结构

（2）完全自治式结构

在具有完全自治式结构的多 Agent 系统结构中，每个 Agent 成员的地位平等，无主次之分，完全自治，各 Agent 间可以直接相互通信，每个 Agent 的行为不受其他 Agent 控制与约束，无中心控制 Agent。图 2－10 所示为完全自治式结构的多 Agent 系统。具有完全自治式结构的多 Agent 系统通信量比较大，每个 Agent 总是试图达到自己的目标，容易形成局部自治性，很难达到全局一致的行为，因此完全自治式结构更加适合规模较小的系统，但对于复杂系统，随着 Agent 的数量增加，控制任务将变得困难，通信量大大增加，且不易达到全局目标（李美丽，2014）。

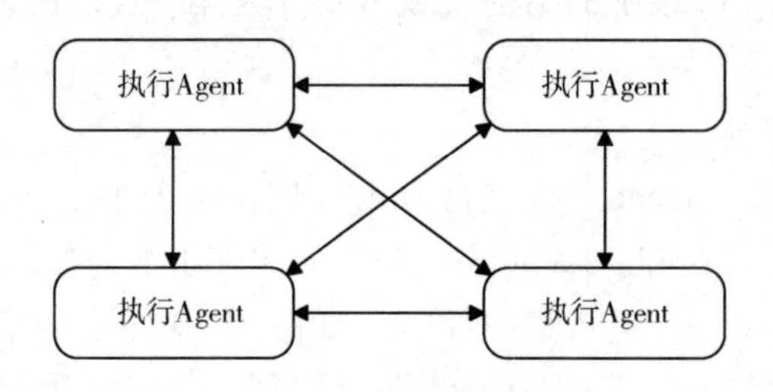

图 2－10　完全自治式结构

（3）混合式结构

图 2－11 所示为混合式结构的 Agent 系统，该结构融合了集中式结构和完全自治式结构的特点。每个管理 Agent 与其下面的执行 Agent 构成独立的多 Agent 子系统进行集中控制，各执行 Agent 独立运行，单个执行 Agent 的故障不影响其他执行 Agent 的运行，所有执行 Agent 由所在系统的管理 Agent 统一控制。各 Agent 子系统充分自治，只有上层 Agent 进行交互，这样大大减少了通信复杂度。混合式结构均衡了集中式结构与完全自治式结构的优缺点（胡明明，2012）。

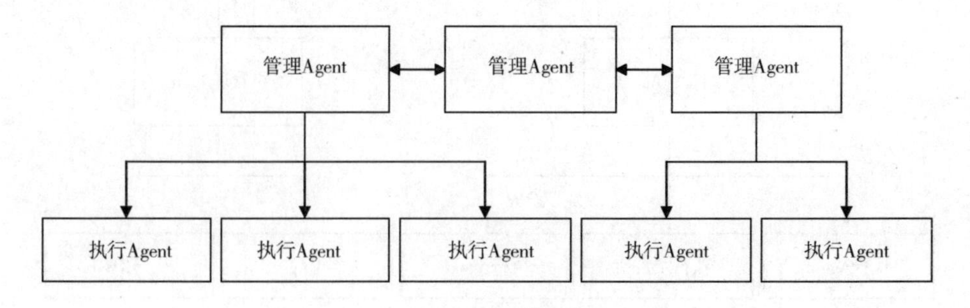

图 2－11　混合式结构

2.4.2.2　多 Agent 系统的特点

多 Agent 系统较单 Agent 存在一定优势。首先，在强化学习领域，不同

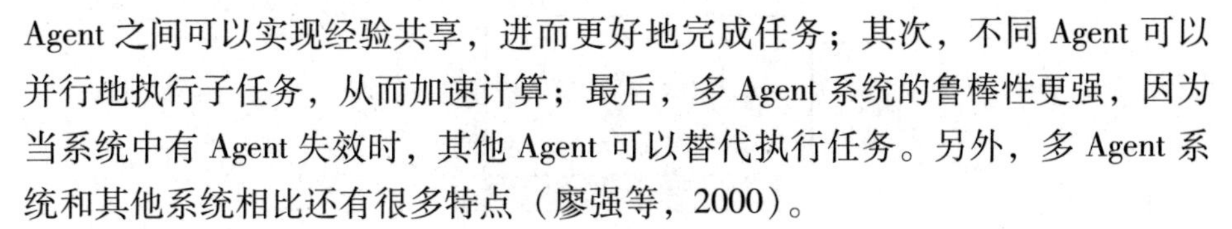

Agent之间可以实现经验共享，进而更好地完成任务；其次，不同Agent可以并行地执行子任务，从而加速计算；最后，多Agent系统的鲁棒性更强，因为当系统中有Agent失效时，其他Agent可以替代执行任务。另外，多Agent系统和其他系统相比还有很多特点（廖强等，2000）。

（1）社会性

由于组成系统的Agent数量众多，Agent与Agent之间以及Agent与其所处环境之间的关系非常复杂，其社会性主要体现在各个Agent需要通过一定的通信方式、按照事先约定的协议进行合作，从而使复杂问题得到求解。

（2）自主性

在多Agent系统中，各个单一Agent成员被认为是一个个独立的个体，具有自主性。其行为活动是自发的，不受其他Agent成员影响。系统运行过程中，每个Agent都可以发布请求动作，此时其他Agent根据自身情况做出自主判断，来选择是否提供服务。

（3）协同性

在多Agent系统中，协同性意味着系统中的个体不仅要实时地感知环境，还要和系统中其他Agent通过协商、协作的方式进行交互，从而共同完成任务。通常的协商有资源共享协同、任务/子任务协同等。

2.4.2.3 多Agent通信机制和协调方法

（1）多Agent通信机制

多Agent系统中每个Agent并非孤立运行的，需要Agent相互之间协商、协作来实现系统的共同目标，这是多Agent系统社会性的要求。Agent与Agent之间协作、协商过程的实现以及Agent与外部环境的相互作用都依赖于多Agent的交互与通信机制，这也体现了多Agent系统的社会性。多Agent之间的交互与通信通常是基于消息的通讯机制，消息主要用来传递各Agent之间的服务请求以及协同各Agent的合作。整个通信与交互的过程分为三个层次：传输层、通信层与交互层，如图2-12所示（缪治等，2009）。

传输层即计算机网络协议层（如TCP/IP，HTTP等），是Agent的通信与交互层过程的最底层，是最终面向应用的层次。传输层的功能主要是将通信层的消息通过某种具体的计算机网络协议来传递，从而保证各Agent的交互行为的实现。

通信层是Agent的通信与交互过程的中间层，即两个Agent之间的通信协议。通信协议的作用就是使通信双方能够理解和交换信息，如请求、指示、命令等，使双方能够明白彼此的意图，这也是Agent主动性的一种体现。

交互层是Agent的通信与交互过程中的最上层，其在上层策略指导下通过

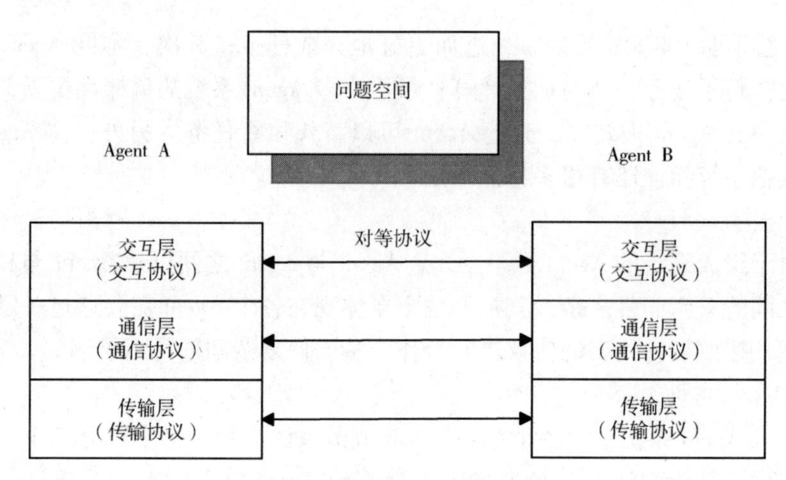

图 2－12　多 Agent 通信结构图

一系列的对话来实现协同的目的。目前被广泛接受的交互协议有基于协作的交互协议（简称“协作协议”）和基于协商的交互协议（简称“协商协议”）。基于协作的交互协议强调交互的双方具有或者暂时具有一致的目标或者利益，为了共同的目标，不同意图的 Agent 对相关资源进行整合，结合自身利益以及全局共同目标对资源进行合理安排，相互协作，从而实现系统的共同任务。

（2）多 Agent 协调方法

多 Agent 系统由多个 Agent 和其所在环境组成。系统功能的实现，关键在于系统中 Agent 之间的相互协调、交互与协作。多 Agent 系统中 Agent 之间的协作是指：系统中每个 Agent 对其目标、资源、思维状态等合理分配，消减 Agent 之间的冲突，调整各自的状态与行为，从而能够最大限度地完成目标，实现协调。协调方法大致分类如图 2－13 所示（张晓辉，2018）。

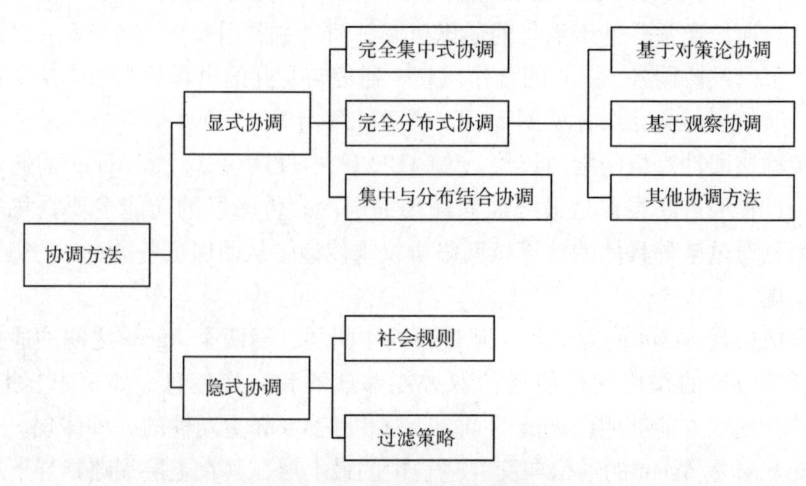

图 2－13　多 Agent 协调方法

2.4.3 Agent 系统应用举例

在分布式人工智能领域中，随着现代计算机、通信技术的不断发展，Agent 的出现和发展是必然结果。一般情况下，Agent 指的是与其他 Agent 协同工作，连续、自主地对所处环境变化做出回应动作的功能的总和。在大型计算机网络中，Agent 实际上充当了软件代理的角色，如果 Agent 在执行软件代理的同时能够完成某种特定任务，则称为任务代理。除此之外，还有用户代理、知识代理等。

目前，Agent 系统在许多领域得到了广泛应用，并且随着 Agent 技术研究的不断深入，其应用愈加广泛并且多样化。从机器人、工厂调度系统、无人驾驶、医疗诊断到自然语言处理系统、指导系统等，Agent 技术均得到了广泛的应用，并有很好的应用效果（Jennings et al.，1997）。

2.4.3.1 制造业

生产制造业的自动化是 Agent 技术应用的一个重要领域。在现代化的工厂里，一个产品的生产往往是许多环节相互协作的结果。通过运用 Agent 技术，便可使各个环节相互协作，实现生产的自动化。采用此技术的项目有 YAMS（Yet Another Manufacturing System）、AARIA（Automation Agents for Rock Island Arsenal）等。在 YAMS 系统中，以制造企业为应用对象，将这些企业中的各个加工环节（车、磨、喷漆等）视为具有智能性的不同的 Agent，每个 Agent 都具有各自不同的能力以及不同的方案安排，对于具有不同时间要求、原料要求的产品的生产，各个 Agent 之间通过合作、信息交流便可达到高效、快速生产的目的。

2.4.3.2 商业领域

Agent 技术在商业领域的应用是与商业贸易电子化紧密相关的，随着计算机技术的快速发展，电子商务（Electronic Commerce）的普及，各种原来由人处理的商业贸易操作过程，将越来越多地由计算机来处理，而要使计算机在工作时具有更高的智能性，则必须使用 Agent 技术，它可以部分或完全将人从纷繁的处理中解放出来，代替用户进行相应的“买”“卖”操作，从而实现贸易的自动化。同样，基于 Agent 技术的决策支持系统，将会自动地根据市场情况、企业数据信息进行提取和加工，并主动地为用户或决策者提供决策支持。

2.4.3.3 医疗保健

基于 Agent 技术的医疗系统将为人们的医疗保健提供巨大的方便，比以前的专家系统具有更高的智能性。一方面它可以应用于病人监护，通过监测病人心率、血压等指标的变化，随时获得病人的信息，发现异常时会自动向医务人员报警，并可提供相应的处理建议；另一方面，它可以成为人们的家庭保健医生，通过集成众多医疗专家的经验，采用良好的人机界面交互，使人们足不出户便可达到医疗诊断的目的，为疾病的早期发现和治疗提供方便。

2.4.3.4 Internet 及信息服务

运用 Agent 技术进行信息服务及网络服务，是该技术应用得最早也最成功的地方。由于 Internet 上的信息量巨大，被动式的信息搜索往往使用户迷失于信息的海洋中而且会耗费大量的时间，而 Agent 技术将会根据使用者的要求及兴趣爱好自动地进行资料的搜集整理，并能及时通知使用者，从而给网络用户带来极大的方便。随着互联网技术的快速发展，基于 Agent 技术的网络工具会越来越多。

本章习题

（1）Agent 的定义是什么？

（2）Agent 的运行开发环境和分布计算环境有哪些？

（3）Agent 的性质有哪些？

（4）Agent 的体系结构有哪几种？定义是什么？

（5）Agent 的软件体系结构有哪几类？分别是什么？

（6）仿真 Agent 有哪些特点？分别是什么？

3　搜索

本章学习目的与要点

搜索是人工智能的重要内容之一，是 Agent 决定如何行动的前提和策略，也是 Agent 寻求最优解决方案的过程。一般来讲，搜索问题就是已知 Agent 的初始状态和目标状态，求解一个行动序列，使得 Agent 能从初始状态转移到目标状态的过程。如果所求序列可以使得总耗散最低，则问题称为最优搜索问题。

本章在 Agent 满足基本假设的条件下进行搜索策略的学习和研究。这些假设条件包括：Agent 的初始状态是确定的；Agent 当前状态是否为目标状态是可以检测的；Agent 的状态空间是离散的；Agent 在每个状态可以采取的合法行动和相应后继状态是确定的；环境是静态的；路径的耗散函数是已知的；等等。在此基础上，本章旨在对问题求解 Agent 经典搜索策略、局部不确定性搜索、最优化问题、遗传算法、对抗搜索与博弈以及约束条件求解进行讲解。通过本章的学习，希望读者了解问题求解 Agent 的经典搜索策略，熟悉局部不确定性和最优化的处理算法，掌握遗传算法、对抗搜索与博弈以及约束条件求解的相关内容。

3.1　问题求解 Agent 的经典搜索策略

Agent 可用于在确定性、可观察、静态和完全已知的环境中选择进行操作的方法。搜索智能就是指 Agent 构建实现其目标的一系列行动的过程。本节将讨论 Agent 目标问题及其解决方案的精确定义，包括确定目标并制定明确定义；讨论构成搜索问题的五要素，即初始状态、操作、描述这些操作结果的转换模型、目标检验以及路径成本函数。

3.1.1　问题求解 Agent

Agent 应该最大化其性能指标。如果 Agent 旨在制定目标并且满足目标，那么需要对性能进行简化和优化。我们先来看看 Agent 如何制定目标。

我们假设一个熟悉的场景来说明 Agent 如何简化和优化问题性能。李先生是太原市的一位大学教师，每天下午下班后从学校回家。这时候，Agent 的测度指标包含许多现实的因素，比如他想花最短时间去买菜，去接孩子，还要空出时间去参加一个朋友的饭局，等等。该决策问题是一连串复杂的问题，涉及许多不确定的影响因素。

现在，假设李先生下午五点从学校开车回家。注意，他必须准时到幼儿园接孩子回家，不能晚点。在这种情况下，Agent 把到家设定为目标，没有及时到家的行为就不再进一步考虑，这样 Agent 的决策问题会大大简化，Agent 通过限制自身尝试实现的目标以及因此需要考虑的操作来组织行为。根据当前情况和 Agent 的指标制定目标是解决问题的第一步。

Agent 的任务是找出如何在现在和将来采取行动，以使其达到目标状态。在做到这一点之前，它需要决定（或者我们需要代表它做出决定）应该考虑什么样的行动和状态。如果要考虑“将右脚向前移动一米”的行为，Agent 可能永远不会离开办公室，更不用说回家。因为在这个细节层面上，世界上存在太多的不确定性，解决方案中的步骤也就太多了。问题的制定是在给定目标的情况下决定要考虑的行动和状态的过程，我们稍后会更详细地讨论这个过程。现在，让我们假设 Agent 将考虑从一个主要十字路口到另一个十字路口的行动。因此，每个状态对应于在特定十字路口，Agent 如何做出一个状态到另一个状态的选择。

我们的 Agent 现在已经采用了开车回家的目标和行动，并正在考虑从学校出发去哪里。从学校出来一共有三条道路可供选择：一条通向滨河东路；一条通往并州路；一条通往建设南路。这些选择都不能直接实现目标，所以除非 Agent 熟悉太原市的地理位置，否则它无法知道应该走哪条路。换句话说，Agent 不知道哪种可能的行为是最好的，因为它还不了解采取每项行动所产生的状态。如果 Agent 没有其他信息，即如果在环境定义的意义上是未知的，它别无选择，只能随机尝试其中一个动作。

但假设 Agent 有太原市的地图，那么映射的要点是为 Agent 提供有关它可能进入的状态以及可以采取操作的信息。Agent 可以根据这些信息来考虑当关状态和后续行为，试图找到最终到家的方案。一旦在地图上找到了从学校到家的路径，它就可以通过执行开车行为来实现其目标。通常，具有多个未知的即时选项时，Agent 首先检查最终导出已知状态的未来操作，来决定将要做什么。

我们通常可以通过六个基本组成部分来正式定义回家这样的问题：

第一，Agent 的初始状态。例如，我们将回家这一任务的初始状态描述为 In（家）。

第二，Agent 的可能操作。给定特定状态 s，ACTIONS（s）返回可以在 s 中执行的一组动作。这些行动中的每一个动作都适用于 s。例如，对状态 In（家），适用的动作集合是：{Go（滨河东路），Go（并州路），Go（建设南路）}。

第三，描述每个动作的作用。这个步骤的正式名称是转换模型，由函数 RESULT（s，a）指定，它返回在状态 s 中执行操作 a 所产生的状态。我们还使用术语“后继”来指代通过单个动作从给定状态可到达的任何状态。例如，我们可以这样描述下面的动作：（In（家），Go（并州路）=In（南内环街））。

第四，描述即时状态。每一组动作和转换模型一起定义问题的状态空间，可以通过任何动作序列从初始状态到达所有可能状态的集合。状态空间形成有向网络或图形，其中每一个节点可以是一个状态，节点之间的链接是动作。状态空间中的路径是由一系列动作连接的一系列状态。

第五，目标测试，即确定给定状态是否为目标状态。有时会有一组明确的可能目标状态，测试只是检查和判断给定状态是否是其中之一。

第六，计算路径成本函数，为每个路径分配数字成本。问题解决 Agent 选择反映其自身绩效指标的成本函数。对于试图回家的 Agent 来说，时间至关重要，因此路径的成本可能是以千米为单位的长度，也可能是以小时或分钟为单位的时间。前面的 Agent 定义了一个问题，可以将数据和信息收集到一个特定结构的数据集中，该数据集可以作为问题解决算法的输入。问题的解决方案是从初始状态到目标状态的动作序列。解决方案质量通过路径成本函数来衡量，并且最优解决方案在所有解决方案中具有最低的路径成本。

我们提出了用初始状态、行动、即时状态、目标测试和路径成本等要素描述的回家问题的模型。这个模型似乎是合理的，但它仍然只是一个模型或者一个抽象的数学描述，而不是真实的，比如道路状况是否拥堵，是否有雨，等等。所有这些现实中的细节都被排除在状态描述之外，因为这些要素与 Agent 帮助我们寻找回家路线的问题无关。在 Agent 决策的过程中，这些问题的细节被我们有意识地忽略了。我们一般把从策略表示中删除细节的过程称为抽象。

简而言之，搜索智能就是寻找达到目标的一系列动作的一个完整的智能过程。搜索算法将问题作为输入并以动作序列的形式返回解决方案。一旦找到解决方案，就可以执行它推荐的操作，连续操作的过程被称为执行阶段。

3.1.2 通过搜索求解

提出问题后，我们需要逐一解决它们。解决方案是一组连续的动作序列，搜索算法通过考虑各种可能的动作序列来工作。从初始状态开始的可能动作序列形成一个搜索树，其初始状态位于根部；分支是动作，节点对应于问题在状态空间中的取值。树的根节点对应于初始状态 In（学校）。首先，测试这是否是目标状态。然后，需要考虑采取各种行动。我们通过扩展当前状态来做到这一点，也就是要将每个操作运用于当前状态，从而产生一组新的状态。在这种情况下，我们从父节点 In（学校）出发添加三个分支，这样可以出现三个新的子节点：In（体育路口）、In（火车站路口）和 In（学府街口）。现在我们必须选择进一步考虑选择这三种可能性中的某一种。这就是搜索的本质。

现在跟随一个选项并将其他选项放在一边备用，以防第一选择不能实现最终解决方案。假设我们首先选择学府街口，首先检查它是否是一个目标状态（显然，它不是），然后扩展它以进入 In（长风街口）、In（建设南路）和 In（体育路口）。我们可以选择这三种选项中的任何一种，或者去选择滨河东路或建设南路。这五个节点中的每一个都是叶节点，即树中没有子节点的节点。在任何给定的情况下可用于扩展的所有叶节点的集合被称为边界。

在边界上扩展节点的过程一直持续到找到解决方案或者没有更多状态要扩展。搜索算法要共享这个基本结构，它们的变化主要取决于它们如何选择下一个扩展的状态，这就是所谓的搜索策略。

有时候，Agent 会出现冗余路径，也就是可能出现多种方案都可以完成同一个任务的情形，这些情形有时还可能形成叠加或者重复。循环路径是冗余路径中的一种特殊情况，只要有多种途径从一种状态转移到另一种状态，就会存在这种情况。有时候，我们可以依靠直觉来识别循环路径，因为路径成本是附加的，而且步骤成本是非负的，所以任何给定状态的循环路径永远不会比去除循环的相同路径更好。如果我们担心不能达到目标，则永远不会有任何理由为任何给定状态保留多条路径，因为通过扩展一条路径可以到达的任何目标状态也可以通过连续多次扩展达到另一个目标。

在很多情况下，冗余路径是不可避免的。这当中包括行为可逆的所有问题，如路线寻找问题和滑块拼图。在矩形网格上进行路径寻找是计算机游戏中一个特别重要的例子。在这样的网格中，每个状态有四个后继，因此包含重复状态的深度为 d 的搜索树具有 4 个叶子；但是在任何给定状态的 d 步骤中有大约 $2d^2$ 个不同的状态。对于 $d=20$，就意味着大约一万亿个节点，但我们只有大约 800 个不同的状态。因此，遵循冗余路径可能导致易处理的问题变得难以处理，即使对于知道如何避免无限循环的算法也是如此。

避免探索冗余路径的方法是记住其中有效的路径。为此，我们使用称为探索集（也称为封闭列表）的数据结构来扩充树搜索算法，该数据结构可以记住每个展开的节点，可以丢弃与之前生成的节点相匹配的新生成的节点，可以探索集合或边界中的节点而不是添加到边界，这就是图搜索的新算法。

很明显，由图搜索算法构造的搜索树最多只包含一个状态的副本，可以认为它直接在状态空间图上增长。该算法具有另一个不错的属性，就是边界将状态空间图分离为探索区域和未探测区域，因此从初始状态到未探测状态的每条路径都必须通过边界中的状态。当每一个步骤将一个状态从边界移动到探索区域，同时将一些状态从未探测区域移动到边界时，我们看到该算法是系统的，会一个接一个地检查状态空间中的状态，直到找到新的完整的解决方案。

3.1.3 搜索算法的基础结构

搜索算法需要一组匹配的数据结构来跟踪正在构建的搜索树。对于树的每个节点 n，我们有一个包含四个组件的结构：

- n. CROSS：节点对应的状态空间中的状态；
- n. PARENT：搜索树中生成此节点的双亲节点；
- n. ACTION：应用于父节点以生成节点的操作；
- n. PATH －COST：从初始状态到节点的路径的成本，传统上由 g（n）表示，如父指针所示。

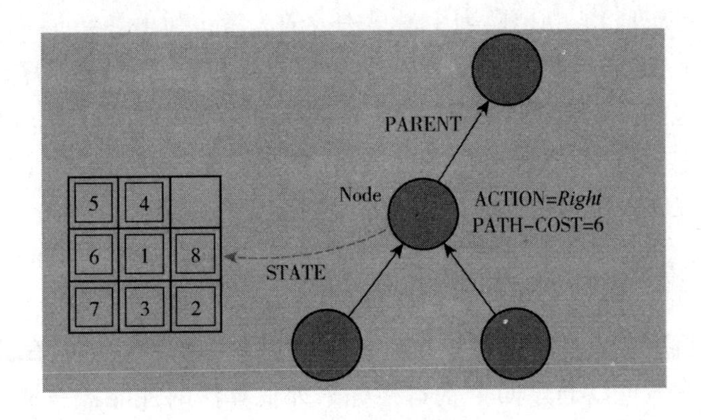

图 3－1　节点数据结构

给定父节点的组件，很容易看到如何计算子节点的必要组件。函数

CHILD－NODE 接受父节点和操作并返回结果子节点：

function CHILD－NODE（*problem*，*parent*，*action*）returns a node
  return a node with
    STATE＝*problem*. RESULT（*parent. STATE*，*action*）.
    PARENT＝parent，ACTION＝*action*，
    PATH-Cost ＝ parent，PATH-Cost ＋ problem. STEP-COST（*parent. STATE*，*action*）

节点数据结构如图 3－1 所示。注意 PARENT 指针如何将节点串联成一个完整的 tree 结构。这些指针还允许在找到目标节点时提取解决方案路径；我们使用 SOLUTION 函数返回序列，并通过父指针返回根节点的操作。

节点是用于表示搜索树的记录的数据结构，而状态则是边界的配置。因此，节点在特定路径上，如 PARENT 指针所定义的路径，而状态则不是。此外，如果通过两个不同的搜索路径生成该状态，则两个不同的节点可以包含相同的边界状态。

既然有节点，我们还需要在某个地方放置它们。边界需要以这样的方式存储：搜索算法可以根据其优选策略很容易地选择下一个要扩展的节点，最适合的数据结构是队列。

队列的操作如下：

- EMPTY（队列），仅在队列中没有其他元素时才返回 true，即空队列。
- POP（队列），删除队列的第一个元素并返回它。
- INSERT（元素，队列），插入一个元素并返回结果队列。

队列的特征在于它们存储插入节点的顺序。三种常见的变体是先进先出队列即 FIFO 队列，它弹出队列中最早进入的元素；弹出最新元素的后进先出即 LIFO 队列（也称为堆栈）队列；优先级队列，即根据某种排序函数弹出具有最高优先级的队列元素。我们可以使用哈希表来实现所探索的集合，以允许有效地检查重复状态。通过良好的算法实现，无论存储多少个状态，插入和查找都可以在大致恒定的时间内完成。

3.1.4 测量 Agent 解决问题的能力

在进入特定搜索算法的设计之前，我们需要考虑可能用于在其中进行选择的标准，一般可以通过四个基本指标来评估算法的性能：一是完整性，即算法是否保证能找到解决方案？二是最优性，即算法策略是否一定能找到最佳解决方案？三是时间复杂性，即找到解决方案需要多长时间？四是空间复杂性，即执行搜索需要多少内存？

时间和空间的复杂性是考虑到问题难度的一些度量指标。在计算机科学理论中，典型的度量是状态空间图的大小，如|V|+|E|，其中，V是图的顶点（节点）集合，E是图的边缘（链接）集合。这个集合越大，所描述的算法就越复杂，所耗费的计算时间越长，占用的存储空间和计算资源也越多。

为了评估搜索算法的有效性，我们可以只考虑搜索成本。搜索成本通常取决于时间复杂度，但也可以包括内存使用的空间成本。我们可以使用总成本，它结合了寻找到解决方案的搜索成本和路径成本，搜索成本是搜索所花费的时间量，路径成本是以千米为单位的路径的总长度。因此，要计算总成本，我们必须同时计算时间和空间两种指标，比如毫秒和公里。但是，毫秒和公里两者之间不能简单相加，在这种情况下，我们可以通过估算汽车的平均速度（因为时间是 Agent 所关心的），将公里数转换为毫秒数。这使得 Agent 能够找到最佳权衡点，在该权衡点处进一步计算以找到较短路径。因此，有效的算法应该是花费的计算时间最短和占用的计算空间或路径最短。

3.2 局部不确定性的超越经典搜索

本节讨论的搜索算法更接近于现实世界的真实场景，超越了确定的、可观察的和离散环境下寻找目标路径的经典情况，不再强求环境的确定性和可观察性，因为不受环境性质的约束，所以更接近于现实世界。

局部不确定性搜索策略的主要思想是，如果 Agent 不能准确预测接收到的信息，那么它需要考虑当接收到应急情况发生时该做什么，由于只具备部分可观察性，Agent 需要跟踪所有可能的状态。从简单情况开始，状态空间的局部搜索（local search）算法，考虑对一个或多个状态进行评价和修改，而不是系统地探索从初始状态开始的所有路径。局部搜索算法一般包括统计物理学领域的模拟退火法（simulated annealing）和生物学领域的遗传算法（genetic algorithms）。

3.2.1 局部搜索算法和最优化问题

我们前面介绍过的搜索算法，能够将全部搜索空间分为探测空间和未探测空间。这种系统化的策略，通过在内存中保留一条或多条路径和记录路径中的每个节点的选择来描述。当找到目标时，到达此目标的路径就是这个问题的一个解。然而在许多问题中，到达目标的路径是不相关的。例如，在著名的“八皇后”问题中，重要的是最终皇后在棋盘上的布局，而不是皇后加入的先后次序。许多重要的应用都具有这样的性质，如集成电路设计、工厂场地布局、车间作业调度、自动程序设计、电信网络优化、车辆寻径和文件夹管理都属于这类问题。

如果到达目标的路径是无关紧要的，我们可能会考虑不同的算法，这类算法不关心路径。局部搜索算法从单个当前节点（而不是多条路径）出发，每次只移动到它的邻近状态，一般情况下不保留搜索路径。虽然局部搜索算法不是系统化的，但是它有两个优点：一是它们只占用很少的内存，而且占用的量通常是一个常数；二是它们经常能在不适用系统化算法的很大或无限的（连续的）状态空间中找到合理的解。

除了找到目标，局部搜索算法对于解决纯粹的最优化问题十分有用，其目的是根据目标函数找到最佳状态。我们之前介绍的标准的搜索模型并不适用于很多最优化问题。例如，自然界提供了一个完美的目标函数“繁殖适应性”，达尔文的进化论可以被视为最优化的一次尝试，但是这个问题本身没有“目标测试”和“路径代价”，只提供了邻近的一个最优解释。

为了理解局部搜索，我们借助状态空间地形图来加以说明。这个地形图既有“坐标”（用状态定义），又有“标高”（由启发式代价函数或目标函数定义）。如果标高对应于代价，那么目标就是找到最低谷，即全局最小值；如果标高对应于目标函数，那么目标就是找到最高峰，即全局最大值（可以通过插入一个负号使两者相互转换）。我们可以用局部搜索算法探索这个地形图。如果存在解，那么完备的局部搜索算法总能找到解，而最优的局部搜索算法总能找到全局最小值或最大值。

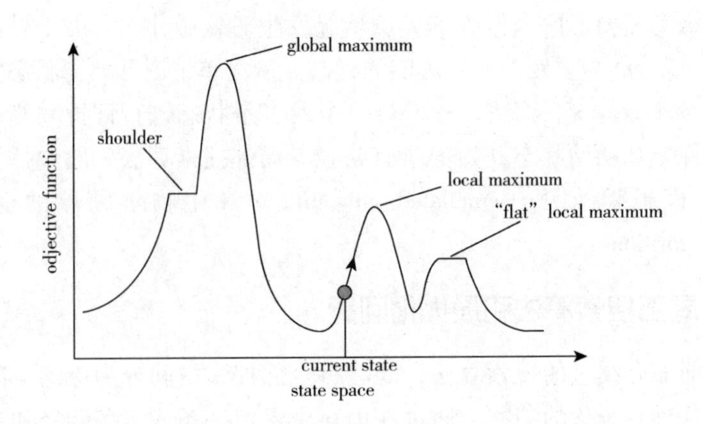

图 3-2　一维状态空间地形图

3.2.2 爬山法

爬山法也叫登高法，是一种简单的局部搜索技术，不断向增加值的方向持续移动，即登高。这种算法在到达一个“峰顶”时终止，邻接状态中没有比它在此刻的值更高的。算法不维护搜索树，因此当前节点的数据结构只需要记录当前状态和目标函数值。爬山法不会考虑与当前状态不相邻的状态，因此只是一个局部最优解，而不一定是搜索到的全局最优解。假设C点为当前解，爬山算法搜索到A点这个局部最优解就会停止搜索，因为在A点无论向哪个方向小幅度移动都不能得到更优解。爬山法有时被称为贪婪局部搜索，因为它只是选择邻居中状态最好的一个，而不考虑下一步该如何走。爬山法朝着解的方向进展，因为它可以很容易地改善一个比较坏的状态。

爬山法有许多变形。随机爬山法在上山移动中随机地选择下一步，也就是随机产生的概率可能随着上山移动的陡峭程度不同而不同。这种算法通常比最陡上升算法的收敛速度慢，但是在某些状态空间地形图上它能找到更好的解。首选爬山法是在随机爬山法的基础上实现的，随机地生成后继节点直到生成一个优于当前节点的后继。这个算法在后继节点很多的时候（例如上千个）是个好策略。随机重启爬山法（random restart hill climbing）吸纳了随时开始尝试的搜索思想，如果一开始没有成功，那么尝试，再尝试。所谓的再尝试就是重新开始一轮搜索。它通过随机生成初始状态来导引爬山法搜索，直到找到目标。这个算法完备的概率接近于1，因为它最终一定可以生成一个目标状态作为最优状态。

3.2.3 模拟退火算法

爬山法搜索从来不“下山”，即不会向目标值比当前节点低的（或代价高的）方向搜索。它肯定是不完备的，理由是可能卡在局部极大值上。与之相反，纯粹的随机行走，就是从后继集合中完全等概率地随机选取后继的方法则是比较完备的，但是这样做效率极低。因此，我们可以尝试把爬山法和随机行走以某种方式结合，同时得到搜索效率和完备性都比较好的搜索策略，模拟退火就是这样的算法。在工业冶金过程中，退火是用于增强金属和玻璃的韧性或硬度而先把它们加热到高温再让它们冷却的过程，这样能使材料到达低能量的结晶态。为了更好地理解模拟退火，我们先来了解梯度下降法（即不断减小代价的方法）。我们想象在高低不平的平面上有个乒乓球想掉到最深的裂缝中。如果只允许乒乓球滚动，那么它会停留在局部极小点。如果晃动平面，我们可以使乒乓球弹出局部极小点。窍门是晃动幅度要足够大到让乒乓球能从局部极小点弹出来，但又不能太大到把它从全局最小点弹出来。模拟退火的解决方法就是开始使劲摇晃（也就是先高温加热），然后慢慢降低摇晃的强度（也就是逐渐降温）。

模拟退火算法的内层循环与爬山法类似。只是它没有选择最佳移动，选择的是随机移动。如果该移动使情况改善，则被接受；否则，算法以某个小于1的概率接受该移动。如果移动导致状态“变坏”，概率则呈现指数级下降，评估值ΔE变坏。这个概率也随“温度”T的降低而逐渐下降，温度高的时候可能允许“坏的”移动，温度越低则越不可能发生。如果调度让“温度”T下降得足够慢，算法找到全局最优解的概率也就逐渐逼近到1。

模拟退火算法在20世纪80年代早期广泛用于求解超大规模集成电路布局问题。现在它已经广泛地应用于工厂调度和其他大型最优化任务，如生产调度、控制工程、机器学习、神经网络、信号处理等领域。

3.2.4 遗传算法

遗传算法（Genetic Algorithm，GA）是模拟达尔文生物进化论的自然选择和遗传学机理的生物进化过程的一类计算模型，是随机搜索的一种变形，它通过把两个父状态结合来生成后继，而不是通过修改单一状态进行搜索。这和随机搜索一样，非常类似于自然选择过程。

进化论是由阿尔弗雷德·拉塞尔·华莱士（Alfred Russel Wallace）在1858年和英国遗传学家达尔文（Charles Darwin）在1859年出版的《物种起源》（*On the Origin of Species by Means of Natural Selection*）中分别独立提出的。它的中心思想很简单，就是认为变化会出现在繁殖过程中，并且将在后代繁衍过程中以一定比例保存下来。达尔文的进化论没有讨论生物体的特性是怎样遗传或改变的。掌控这个过程的统计规律首先由孟德尔（Mendel，1866）发现，他完成了经典的表达遗传规律的豌豆实验。之后，沃森（Watson）和克里克（Crick，1953）确定了DNA分子的结构和它的序列AGTC（腺嘌呤，鸟嘌呤，胸腺嘧啶，胞嘧啶）。在标准模型中，基因序列上的某点的突变或者“杂交”（后代的DNA序列是通过双亲DNA序列长片断的合成产生的）都会导致变异。

遗传算法与随机搜索算法的最主要区别就是对有性繁殖的利用。在有性繁殖中后代是由多个而不是一个生物体产生的。然而，实际的进化机制比多数遗传算法要丰富得多。例如，变异就包括DNA的反转、复制和大段的移动；一些病毒借用一个生物体的DNA，并将其插入其他生物体的DNA里；在基因组里还有可换位基因，它除了把自己复制成千上万遍以外不做其他事情。

甚至还有些基因破坏不携带该基因的细胞以避免可能的配对，从而提高它们自身的复制概率。最重要的是基因自身对基因控制进行编码，这些编码决定了基因组是如何繁殖和转变成为生物体的。在遗传算法中，这些机制是单独的程序，而不是体现在被处理的字符串中。

达尔文进化论表面看来效率较低，因为虽然产生了大约 1 035 种生物体，但在此过程中丝毫没有改进它的搜索启发模式。然而，比达尔文早 50 年，另一位伟大的法国自然科学家拉马克（Lamarck，1809）提出的进化理论指出，在生物的生命周期中通过适应环境获得的特性将会遗传给其后代。这个过程很高效，但在自然界里较少发生。很多年之后，鲍德温（Baldwin，1896）提出了类似理论，在生物体的生命周期里通过学习得到的行为能够加快进化速度。他的理论与拉马克不同，但它与达尔文的进化论相容，因为它同样依靠个体的选择能力，这些个体会在遗传允许的可能行为集合上找到局部最优。计算机仿真证实了“鲍德温效应”，“一般的 ”进化能够创造出内在性能度量和实际适应度相关的生物体。

像随机搜索一样，遗传算法也是从 k 个随机生成的状态开始的，我们称之为种群。每个状态，或称个体，用一个有限长度的字符串表示，通常是 0 或 1 串。像随机搜索一样，遗传算法结合了爬山法、随机探索和在并行搜索线程之间交换信息。遗传算法最主要的优点来自杂交操作。我们在数学上可以证明，如果基因编码的位置在初始的时候就允许随机转换，杂交就没有优势了。直观上说，杂交的优势在于它将独立发展出来的能执行有用功能的字符区域结合起来，因此提高了搜索的粒度。例如，在“八皇后”问题中，将前三个皇后分别放在位置 2、4 和 6（互不攻击）就组成了一个有用的区域，它可以和其他有用的区域组合起来形成问题的解。

遗传算法理论用模式（schema）思想来解释运转过程，模式就是指其中某些位未确定的串。例如，模式 246 * * * * * 就描述了所有前三个皇后的位置分别是 2、4、6 的状态。能匹配这个模式的字符串（如 24613578）称作该模式的一个实例。可以证明，如果某模式实例的平均适应度超过均值，那么种群内这个模式的实例数量就会随时间增加。显然，如果邻近位互不相关，效果就没有那么显著，因为只有很少的邻接区域能受益。遗传算法在模式具备真正与解相对应的成分时才工作得最好。例如，如果字符串表示的是一个天线，那么模式就应该表示天线的各组成部分，如反射器和偏转仪。好的组成部分在各种不同设计下可能都是好的。这说明要用好遗传算法需要认真对待知识表示工程。

实际上，遗传算法在最优化问题上有广泛的应用，如电路布局和作业车间调度问题。目前，还不清楚遗传算法的吸引力是源自它们的性能，还是源自它们出身进化理论。很多研究工作正在进行中，以分析在什么情况下使用遗传算法能够达到好的效果。

3.3 对抗搜索与博弈

博弈论是经济学的一个分支，将任何多 Agent 环境视为一种游戏，只要每个 Agent 对其他 Agent 的影响是“重要的”，无论 Agent 是合作还是竞争，一般都可以找到一个博弈过程的最优解。在 AI 中，最常见的游戏是双人零和游戏，比如国际象棋。这种游戏虽然看起来规则简单，很容易学习，但是决策过程及最终的结果却相当复杂和多样。这个博弈过程具备确定性、轮流对策、完全信息等特点。如果我们用人工智能的术语来描述，这个游戏意味着确定性和完全可观察的环境，其中两个 Agent 交替行动，并且其中游戏结束时的效用值总是相等且相反。例如，如果一个国际象棋高手赢得一盘棋，则对弈的另一方则必然输掉。Agent 的效用函数之间的这种对立使得零和博弈的情形具有对抗性。

游戏是人类的天性，只要文明存在，游戏就会给我们人类带来无穷的乐趣。对于 AI 研究人员来说，游戏的抽象性使它们成为一个非常吸引人的学习主题。一般来说，游戏的状态很容易表示，且结果由精确的规则定义，那么 Agent 就可以用少量的搜索和决策行为进行游戏。体育比赛，如棒球和冰球，描述要复杂得多，可能行动的范围更大，以及定义行动合法性的规则相当不精确。

考虑一个有两个玩家的游戏，我们不妨将这两个玩家称为 MAX 和 MIN。MAX 首先移动，然后轮流移动直到游戏结束。在游戏结束时，积分被授予获胜玩家并且给予失败者惩罚。游戏可以被正式定义为一种具有以下元素的搜索问题：

- S_0：初始状态，指定游戏在开始时的设置方式；
- PLAYER（s）：定义哪个玩家在某个状态下移动；
- ACTIONS（s）：返回状态中合法移动的集合；
- RESULT（s，a）：过渡模型，定义移动的结果；
- TERMINAL－TEST（s）：终止测试，当游戏结束时为真，否则为假。游戏结束时的状态称为终止状态。
- UTILITY（$s.p$）：效用函数（也称为目标函数或支付函数），不妨定义为以玩家 p 的终止状态 s 结束时游戏的最终数值。例如，在国际象棋中，结果是胜利、失败或者平局，其值分别定义为 +1、0 或1/2。有些游戏有更多种可能的结果，比如一种双人对奕的军棋的收益范围可以从 0 到 +192。

零和游戏可以定义为所有玩家的总回报对于游戏的每个实例都是相同的。初始状态、ACTIONS 功能和 RESULT 功能共同定义这类游戏的分类树，在这个树图中，节点是游戏的状态，边是移动的步数或者路径。本例中，两个玩家的游戏就是在 MAX 放置 X 或者 MIN 放置 O 之间交替进行的，直到我们到达对应于终端状态的叶节点，使得一个玩家连续三个或所有正方形被填充。每个叶节点上的数字表示从 MAX 的角度看终端状态的效用值；高的效用值高被当作 MAX 的游戏收益，而这个效用值同时又是 MIN 的损失值。这两个效用的绝对值相同，但符号相反，一入一出，其和为零，所以这类游戏被称为零和游戏。

3.3.1 博弈中的最优决策

在正常搜索问题中，最优解决方案是达成目标状态的一系列动作，这个目标状态就是作为胜利标志的终端状态。在对抗搜索中，MAX 必须找到一个策略，它指定 MAX 在初始状态下的移动，然后 MAX 在 MIN 每次可能的响应状态下进行决策和移动；MAX 的状态是由 MIN 对这些动作的每一个可能的响应产生的，依此类推。这与 AND - OR 搜索算法完全类似，MAX 扮演 OR 的角色，MIN 等效于 AND。简单地说，在对抗搜索中，当一方对另一方的移动做出响应时，这种对策导致的结果至少与其他任何策略一样精准和有效。

给定游戏树，可以从每个节点的极小极大值确定最优策略，我们不妨将其写为 MINIMAX（n）。假设两个玩家都达到最佳状态，节点的极小极大值是处于相应状态的效用函数，对于 MAX 而言就意味着比赛到此结束。显然，终端状态的极小极大值只是它的效用。

此外，给定一个策略，MAX 最优化地选择移动到极大值的状态，而 MIN 则可能相应地处于极小值的状态。所以，我们有如下效用函数：

$$\text{MINIMAX}(s) = \begin{cases} \text{效用}(S) & \text{if 终端、测试} \\ \max_{a} \in \text{Actions}(s)\ \text{MINIMAX}(\text{RESULT}(s, a)) & \text{if PLAYER}(s) = \text{MAX} \\ \min_{a} \in \text{Actions}(s)\ \text{MINIMAX}(\text{RESULT}(s, a)) & \text{if PLAYER}(s) = \text{MIN} \end{cases}$$

3.3.2 极小极大值算法

MINIMAX 算法根据当前状态计算 MINIMAX 决策。它使用每个后继状态的极小极大值的简单递归计算，直接定义函数值。递归一直向下到树的叶子，然后在递归展开时通过树备份 MINIMAX 值。

极大极小算法对博弈树进行一次完全的深度优先搜索，如果博弈树的最大深度为 m，且每一点都有 b 个合法移动，那么极大极小算法的时间复杂度为 O（b^m）。对于一次生成所有操作的算法，空间复杂度是 O（b^m），对于一次生成一个操作的算法，空间复杂度是 O（m）。当然，对于真正的游戏来说，时间成本是完全不切实际的，这个算法是对游戏进行数学分析的基础实用算法。

3.3.3 Alpha－Beta 剪枝算法

MINIMAX 搜索的问题在于，它必须检查的游戏状态的数量是游戏树的深度的指数。困难的是，我们无法完全消减指数，但事实证明我们可以有效地将其减半，诀窍是可以在不查看游戏树中每个节点的情况下直接计算正确的极小极大决策，这种研究技术称为 Alpha－Beta 剪枝。当这种算法应用于标准的极小极大树时，它返回与 MINIMAX 相同的移动策略，但会同时修剪掉不可能影响最终决策的分支。

Alpha－Beta 剪枝算法实际上还可以看成是简化的 MINIMAX 算法，公式如下：

MINIMAX（root）＝max（min（3，12，8），min（2，x，y），min（14，5，2））

＝max（3，min（2，x，y），2）

＝max（3，z，2）where z＝min（2，x，y）$\leqslant 2$

＝3

换句话说，Alpha－Beta 剪枝算法中根的值以及极小极大的决策与修剪的叶子 x 和 y 的值无关。Alpha－beta 修剪可以应用于任何深度的树木，并且通常可以修剪整个子树而不仅仅是叶子。一般原则是：考虑树中某处的节点 n，这样玩家可以选择移动到该节点。如果玩家在 n 的父节点或更高的任何选择点有更好的选择，则在实际游戏中永远不会达到 n。因此，一旦我们找到足够的 n（通过检查它的一些后代）来得出这个结论，我们就可以修剪它。

请记住，MINIMAX 搜索是深度优先的，所以在任何时候我们都必须考虑树中单个路径上的节点。Alpha－Beta 剪枝的名称来自以下两个参数，这两个参数描述了沿着这条路径出现在任何地方的备份值的边界：

α＝到目前为止我们在沿 MAX 路径的任何选择点找到的最佳（即最高值）选择的值。

β＝到目前为止我们在沿 MIN 路径的任何选择点找到的最佳（即最低值）

选择的值。

3.4 约束条件求解

如果我们面对的是一组向量，其中包括多个元素，每个元素都会在决策中起到作用。我们使用要素优化来描述状态，即一组变量，每个变量有自己特定的值。当每个变量都有自己的赋值，且同时满足所有关于变量的约束时，问题就得到了解决。这类问题就叫作约束满足问题（Constraint Satisfaction Problem，CSP）。

约束满足问题由三个部分组成：X，D 和 C。

X 是一组变量 $\{X_1, \cdots, X_n\}$。

D 是一组域，$\{D_1, \cdots, D_n\}$，每个变量都有一个对应的域。

C 是一组约束，用于指定允许的值的组合。

CSP 搜索算法利用状态结构并使用通用而非特定于问题的启发式方法来解决复杂问题。其主要思想是通过识别变量或变量值来一次性消除大部分搜索空间违反约束的组合。

在常规状态空间搜索中，算法只能做一件事，就是搜索。在 CSP 中有一个选择，算法可以搜索（从几种可能性中选择一个新的变量赋值）或做一种称为约束传播的特定类型的推理：使用约束来减少变量的合法值的数量，反过来可以减少另一个变量的合法值，依此类推。约束传播可以与搜索交织，或者可以在搜索开始之前作为预处理步骤完成。有时这种预处理可以解决所有问题，因此根本不需要搜索。

3.4.1 节点一致性

如果变量域中的所有值都满足变量的一元约束，则单个变量（对应于 CSP 网络中的节点）是节点一致的。例如，在澳大利亚地图着色问题中，人们不喜欢地图中出现绿色，那么，变量 SA 就从域｛红色，绿色，蓝色｝开始，我们可以通过逐步消除绿色使节点保持一致，使 SA 与减少的域｛红色，蓝色｝保持一致。如果网络中的每个变量都是节点一致的，那么网络就是节点一致的。

通过运行节点一致性，始终可以消除 CSP 中的所有一元约束，或者也可以将所有 n 元约束转换为二元约束。因此，定义仅使用二进制的 CSP 求解器是很常见的限制，除非另有说明，否则我们会对其余部分做出这样的假设。

3.4.2 弧一致性

如果其域中的每个值都满足变量的二进制约束，则 CSP 中的变量是弧一致的。更规范的表达是，如果对于当前域 D_i 中的每个值，X_i 与另一个变量 X_j 是弧一致的，则在域 D_j 中存在满足的一些值弧上的二元约束（X_i，X_j）。如果每个变量与每个其他变量一致，则网络是弧一致的。例如，考虑约束 $Y = X^2$，其中，X 和 Y 的域都是数字集。我们可以明确地将此约束写为

h（X，Y），{（0，0），（1，1），（2，4），（3，9）}。

为了使 X 弧相对于 Y 一致，我们将 X 的域减少到 {0，1，2，3}。如果我们也使 Y 弧相对于 X 一致，那么 Y 的域变为 {0，1，4，9}，并且整个 CSP 是弧一致的。

考虑以下（SA，WA）的不等式约束：

{（红色，绿色），（红色，蓝色），（绿色，红色），（绿色，蓝色），（蓝色，红色），（蓝色，绿色）}。

无论您为 *SA*（或 *WA*）选择什么值，其他变量都有一个有效值。因此，应用弧一致性对任一变量的域都没有影响。

最常用的弧一致性算法称为 AC－3。为了使每个变量都是弧一致的，AC－3算法维护一个弧队列来考虑。最初，队列包含 CSP 中的所有弧。然后，AC－3 从队列中弹出任意弧（X_i，X_j），并使 X_i 相对于 X_j 保持一致。如果 D_i 保持不变，则算法仅移动到下一个弧。但是如果修改了 D_i（使域变小），那么我们将所有弧（X_k，X_i）添加到队列中，其中，X_k 是 X_i 的近邻。我们需要这样做，因为 D_i 的变化可能会进一步在 D_k 的域中减少，即使我们先前已经考虑过 X_k。如果 D_i 被修改为零，那么我们知道整个 CSP 没有一致的解决方案，并且 AC－3 可以立即返回故障。否则，我们会继续检查，尝试从变量域中删除值，直到队列中不再有弧。最后，我们留下了一个与原始 CSP 相同的 CSP，但是在大多数情况下，弧度一致的 CSP 在搜索时会更快，因为它的变量具有更小的域。考虑 AC－3 的复杂性，假设一个具有 n 个变量的 CSP，每个变量的域大小最多为 d，并且具有 c 个二元约束（弧）。每个弧（X_k，X_i）只能插入队列 d 次，因为 X_i 最多有 d 个值要删除。检查弧的一致性可以在 O（d^2）时间内完成，因此我们得到 O（cd^3）总的最坏情况时间。

我们可以通过扩展弧一致性的概念来处理 $n-ary$ 而不仅仅是二元约束，这被称为广义弧一致性。如果对于 X_i 域中的每个值 v，变量 X_i 是一致的广义弧 $n-ary$ 约束，存在作为约束成员的值的元组，其所有值都取自相应变量的域。例如，如果所有变量都具有域 {0，1，2，3}，那么为了使变量 X 与约束 $X <$

$Y<Z$ 一致，我们必须从域中消除 2 和 3，因为当 X 为 2 或 3 时无法满足约束。

3.4.3 路径一致性

弧一致性可以大大减少变量域，有时可以找到解决方案（通过将每个域减小到 1），有时候发现 CSP 无法解析（通过将域减少到 0）。但对于其他网络，弧一致性未必能得出足够的推论。我们还是考虑澳大利亚的地图着色问题，但只允许有两种颜色——红色和蓝色，弧一致性就会无效，因为每个变量已经是弧一致的。每个都可以是红色，在弧的另一端是蓝色，反之亦然。但这个结果显然没有最终解决问题，因为从澳大利亚的地图上看，西澳大利亚州有三个相邻接的州，我们至少需要三种颜色才可以完成搜索。弧一致性使用弧（二进制约束）收紧域（一元约束）。为了在地图着色等问题上取得进展，我们需要更强的一致性概念。路径一致性通过使用查看变量的三元组推断的隐式约束来收紧二元约束。

如果对于每个赋值 $\{X_i=a, X_j=b\}$ 与 $\{X_i, X_j\}$ 的约束一致，则双变量集 $\{X_i, X_j\}$ 相对于第三变量 X_m 是路径一致的，对 X_m 的赋值满足 $\{X_i, X_m\}$ 和 $\{X_m, X_j\}$ 的约束。这称为路径一致性，因为人们可以将其视为从 X_i 到 X_j 的路径，中间是 X_m。

让我们看看路径一致性如何用两种颜色着色澳大利亚地图。我们将使 {WA，SA} 集合路径与 NT 一致。首先枚举集合的一致赋值，在这种情况下，赋值只有两个：{WA = 红色，SA = 蓝色} 和 {WA = 蓝色，SA = 红色}。我们可以看到，对于这两个赋值，NT 既不是红色也不是蓝色（因为它会与 WA 或 SA 冲突）。因为 NT 没有有效的选择，所以除去两个分配，并且最后为 {WA，SA} 分配无效的分配。因此，我们知道这个问题无法解决。PC - 2 算法（Mackworth，1977）实现了路径一致性，其方式与 AC - 3 实现弧一致性的方式大致相同。因为它非常相似，所以我们不在这里赘述。

3.4.4 k 一致性

我们可以使用 k 一致性的概念来定义更强的传播形式。如果对于任何一组 $k-1$ 变量以及对这些变量的任何一致赋值，一致的值总是可以分配给任何第 k 个变量，则 CSP 是 k 一致的。

如果 CSP 是 k 一致的并且也是（$k-1$）一致的，（$k-2$）一致的，……一直到 1 - consistent，则 CSP 是强 k 一致的。现在假设我们有一个具有 n 个节点的 CSP 并使其强 n 一致（即对于 $k=n$，强 k 一致）。我们就可以按以下方式解决问题。

首先，我们为 X_1 选择一致的值。其次，保证能够为 X_2 选择一个值，因为图表是 2 - consistent，对于 X_3，因为它是 3 - consistent，依此类推。对于每个变量 X_i，我们只需搜索域中的 d 值以找到与 X_1，…，X_{i-1} 一致的值。我们保证在时间 $O(n^2d)$ 内找到解决方案。在最坏的情况下，任何建立 n 一致性的算法都必须花费时间指数 n。更糟糕的是，n 一致性需要 n 中呈指数的空间。在实践中，确定适当的一致性检查水平主要靠经验。

3.4.5 全局约束

全局约束是涉及任意数量的变量（但不一定是所有变量）的约束。全局约束在实际问题中经常发生，并且可以通过比目前描述的通用方法更有效的专用算法来处理。例如，Alldiff 约束表示所涉及的所有变量必须具有不同的值。Alldiff 约束的一种简单形式的不一致性检测条件如下：如果约束中涉及 m 个变量，它们共有 n 个可能的不同值，并且 $m > n$，则不能满足约束。

Alldiff 约束的算法比较简单。删除具有单例域的约束中的任何变量，并从剩余变量的域中删除该变量的值，只要有单例变量就重复。如果在任何时候产生空域或者存在比域值更多的变量，则会检测到不一致。此方法可以检测赋值 {WA = red，NSW = red} 中的不一致性。请注意，变量 SA、NT 和 Q 通过 Alldiff 约束有效连接，因为每对必须具有两种不同的颜色。在应用具有部分分配的 AC - 3 之后，每个变量的域减少为 {绿色，蓝色}。也就是说，我们有三个变量但只有两种颜色，因此违反了 Alldiff 约束。所以，对于高阶约束的简单一致性过程来说，有时比将弧一致性应用于等效的二元约束集更有效。Alldiff 有更复杂的推理算法（van Hoeve，Katriel，2006），它传播了更多的约束，但运行起来计算成本更高。

另一个重要的高阶约束是资源约束，有时称为最近约束。例如，在调度问题中，让 P_1，…，P_4 表示分配给四个任务中的每个任务的人员数量。总共分配不超过 10 人的约束写为 Atmost（10，P_1，P_2，P_3，P_4）。我们可以通过检查当前域的最小值之和来检测不一致性。例如，如果每个变量都具有域 {3，4，5，6}，则无法满足 Atmost 约束。如果任何域的最大值与其他域的最小值不一致，我们也可以通过删除任何域的最大值来强制执行一致性。因此，如果我们示例中的每个变量都具有域 {2，3，4，5，6}，则可以从每个域中删除值 5 和 6。

对于具有整数值的大型资源有限问题，例如在数百辆车辆中移动数千人的后勤问题，我们通常不可能将每个变量的域表示为大的整数集并逐渐减少该集合一致性检查方法。相反，域由上限和下限表示，并由边界进行管理。

例如，在航空公司调度问题中，我们假设有两个航班 F1 和 F2，飞机的载客量分别为 165 和 385。每个航班上乘客数量的初始域是 D_1 = ［0，165］，D_2 = ［0，385］。现在假设我们有额外的约束，两个航班一起必须携带 420 人：$F1+F2=420$。那么运行相应的边界约束，我们将域减少到 D_1 = ［35，165］和 D_2 = ［255，385］。如果对于每个变量 X，CSP 是一致的，并且对于 X 的下限和上限值，存在 Y 的某个值，其满足每个变量 Y 的 X 和 Y 之间的约束。

本章习题

（1）什么叫搜索？
（2）构成 Agent 问题的五要素有哪些？请举例说明。
（3）如何衡量解决问题的能力？
（4）局部搜索算法家族包括哪些？
（5）简述模拟退火算法和遗传算法的主要思路。
（6）什么是约束满足问题或 CSP？

4 推理

本章学习目的与要点

人工智能是用能在计算机上实现的技术和方法来模拟人的思维规律和过程的。简言之，推理智能就是在确定知识表达方法后，把知识表示出来并存储到计算机中，然后，利用知识进行推理以求得问题的解。利用知识进行推理是知识利用的基础。各种人工智能应用领域如专家系统、智能机器人、模式识别、自然语言理解等都是利用知识进行广义问题求解的。

通过本章的学习，希望读者能对推理的概念、分类及主要推理方法有初步的了解。

4.1 推理的基本概念

从初始证据出发，按某种策略不断应用知识库中的已知知识，逐步推出结论的过程称为推理。在人工智能系统中，推理是由程序实现的，称为推理Agent。已知事实和知识是构成推理的两个基本要素。事实又称为证据，用以指出推理的出发点及推理时应该使用的知识。知识是使推理得以向前推进，并逐步达到最终目标的依据规则与逻辑关系。

推理是人类求解问题的主要思维方法。人类的智能活动有多种思维方式，人工智能作为对人类智能的模拟，相应地也有多种推理方式。

4.1.1 推理方式及其分类

4.1.1.1 按推出结论的途径来划分

(1) 演绎推理

演绎推理，是从全称判断推导出单称判断的过程，即由一般性知识推出适合某一具体情况的结论，由一般到个别得出结论。其最常用的形式是三段论法。例如：

- 大前提：所有的推理系统都是智能系统；
- 小前提：专家系统是推理系统；
- 结论：专家系统是智能系统。

（2）归纳推理

归纳推理，是从足够多的事例中归纳出一般性结论的推理过程，由个别到一般得出结论。

（3）默认推理

默认推理，是在知识不完全的情况下假设某些条件已经具备所进行的推理。

4.1.1.2 按推理时所用知识的确定性来划分

（1）确定性推理（精确推理）

如果在推理中所用的知识都是精确的，即可以把知识表示成必然的因果关系，然后进行逻辑推理，推理的结论或者为真，或者为假，这种推理就称为确定性推理，如归结反演、基于规则的演绎系统等。

（2）不确定性推理（不精确推理）

在人类知识中，有相当一部分属于人们的主观判断，是不精确的和含糊的。由这些知识归纳出来的推理规则往往是不确定的。基于这种不确定的推理规则进行推理，形成的结论也是不确定的，这种推理称为不确定推理。在专家系统中主要使用的就是不确定推理。

4.1.1.3 按推理过程中推出的结论是否越来越接近最终目标来划分

如果按推理过程中推出的结论是否单调增加，或者说推出的结论是否越来越接近最终目标来划分，推理又可分为单调推理与非单调推理。

（1）单调推理

单调推理，是指在推理过程中随着推理的向前推进及新知识的加入，推出的结论呈单调增加的趋势，并且越来越接近最终目标。演绎推理就是一类单调推理。

（2）非单调推理

非单调推理，是指在推理过程中随着推理的向前推进及新知识的加入，不仅没有加强已推出的结论，反而要否定它，使得推理退回到前面的某一步，重新开始。非单调推理一般是在知识不完全的情况下进行的，虽然没有加大推出结论的趋势，但提升了推理的纠错能力。

4.1.1.4 按推理中是否运用与推理有关的启发性知识来划分

（1）启发式推理

如果在推理过程中，运用与问题有关的启发性知识，如解决问题的策略、技巧及经验等，以加快推理过程，提高搜索效率，这种推理过程称为启发式推理。如 A、A＊等算法都属于启发式推理。

（2）非启发式推理

如果在推理过程中，不运用启发性知识，只按照一般的控制逻辑进行推理，这种推理过程称为非启发式推理。非启发式推理效率较低，容易出现“组合爆炸”问题。

4.1.2 推理的控制策略

推理的控制策略主要是指推理方向的选择、推理时所用的搜索策略及冲突解决策略等。推理的控制策略一般与知识表达方法（产生式系统）有关。

推理方向主要用于确定推理的驱动方式，一般分为正向推理（由已知事实出发）、反向推理（由某个假设目标出发）和正反向混合推理（正向推理和反向推理相结合）。

搜索策略主要用于选择推理时要反复用到知识库中的规则，而知识库中的规则又很多，这样就存在着如何在知识库中寻找可用规则的问题（代价小、问题的解好等），可以采用各种搜索策略有效地控制规则的选取。

4.1.2.1 正向推理

正向推理是以事实作为出发点的一种推理。基本思想是从用户提供的初始已知事实出发，在知识库 KB 中找出当前可适用的知识，构成可适用知识集 KS，然后按某种冲突消解策略从 KS 中选出一条知识进行推理，并将推出的新事实加入到数据库中作为下一步推理的已知事实，此后再在 KB 中选取可适用的知识进行推理，重复这一过程，直到求得问题的解或者知识库中再无可适用的知识为止。

4.1.2.2 逆向推理

逆向推理是以某个假设目标为出发点的一种推理。基本思想是首先选择一个假设目标，然后寻找支持该假设的证据，若所需证据都能找到，则说明原假设是成立的；若无论如何都找不到所需的证据，则说明原假设不成立，为此需要重新选择新的假设。

4.1.2.3 混合推理

正向推理具有盲目、效率低等缺点，推理过程中可能会推出许多与问题无关的子目标；而在逆向推理中，若提出的假设目标不符合实际，也会降低系统效率。因此，我们可以把正向推理与逆向推理结合起来，使其各自发挥自己的优势，取长补短，这种既有正向推理又有逆向推理的推理称为混合推理。

4.1.2.4 双向推理

双向推理是指正向推理与逆向推理同时进行，且在推理过程中的某一步骤上“碰头”的一种推理。基本思想是：一方面，根据已知事实进行正向推理，但并不推到最终目标；另一方面，从某假设目标出发进行逆向推理，但不推至原始事实，而是让它们在中途相遇，即由正向推理所得到的中间结论恰好是逆向推理所需的证据，这时推理就可以结束，逆向推理时所做的假设就是推理的最终结论。

4.1.3 冲突消解策略

系统将当前已知事实与 KB 中知识相匹配的情况有三种：

第一，已知事实恰好只与 KB 中的一个知识匹配成功。

第二，已知事实不能与 KB 中的任何知识匹配成功。

第三，已知事实可与 KB 中的多个知识匹配成功，或者多个（组）事实都可与 KB 中的某一个知识匹配成功，或者多个（组）事实都可与 KB 中的多个知识匹配成功。

上面第三种情况称为发生了冲突。

消解冲突的基本思想是对知识进行排序，主要有以下四种方法：

一是按针对性排序：优先选择针对性强的知识（规则），即要求条件多的规则。

二是按已知事实的新鲜性排序：后生成的事实具有较大的新鲜性。

三是按匹配度排序：在不确定推理中，需要计算已知事实与知识的匹配度。

四是按条件个数排序：优先应用条件少的产生式规则。

4.2 本体与知识表示

世界上万事万物都有基本的客观存在，这些真实并且可以感知、可以描述的事物组成我们生活的世界。这个世界中所有的内容都可以抽象成一般的概念，这些内容和概念构成了人类基本的思考、搜索、判断和推理的元素。

如何使用最简单的逻辑来表示现实世界中最重要的方面（如空间、时间、思想和行为）？如何表示关于现实世界的事实？本体将世界上的所有内容组织成一个类别层次结构，这个结构汇集了在许多不同域中出现的一般概念，如事件、时间、物理对象和人的信念等；代表这些抽象概念的主体有时被称为本体，其中概念的通用框架被称为上层本体。在人工智能研究中，绘制树图的惯例通常是在树的顶部设有一般的概念表达层。

对于任何特殊用途的本体，可以进行类似的更新以实现更大的通用性。这就必然出现一个明显的问题：所有这些本体是否都集中在通用本体上？经过几个世纪的哲学思考和计算研究，答案是“可能”。在本节中，我们提出了一个通用的本体论，这个观点集中了人类几个世纪的哲学思考，通用本体的两个主要特征将它们与特殊用途本体的集合区分开来：

特征 1：通用本体应该或多或少适用于任何特殊目的域，这意味着没有任何代表性问题可以在这个层次下进行细化或耗损。

特征 2：在任何要求充分的领域，必须统一不同的知识领域，因为推理和解决问题可能同时涉及多个领域。例如，描述时间的句子必须能够与描述空间布局的句子相结合，并且必须同样适用于纳秒、分钟，以及毫米和米。

将对象组织成类别是知识表示的重要组成部分，也就是我们通常所说的分类。尽管人类与世界的互动常常发生在单个物体的层面上，但很多推理都是在类别层面之间进行的，可以从感知输入中推断出某些对象的存在，从感知的对象属性中推断出类别成员资格，然后使用类别信息来对对象进行预测。例如，从某物体的绿色和黄色斑驳外皮、卵形、红色肉汁、黑色种子的存在等信息，可以推断出这个物体是西瓜。

类别通过继承来组织和简化知识库。如果我们说食物类别的所有实例都是可食用的，并且断言水果是食物的一个子类而西瓜是水果的子类，那么我们可以推断每个西瓜都是可食用的。我们说个别西瓜继承了可食性的属性，在这种情况下，西瓜具有它们在食品类别中的成员资格。

子类关系将类别组织到分类法或分类层次结构中。在很多领域中，分类法已经使用了几个世纪。图书情报专业已经开发出了人类所有知识领域的分类，编码为杜威十进制系统；会计部门开发出了用于记账和核算的全部商业交易的分类系统，也就是会计学中的科目；统计部门开发出了大量的关于经济社会发展方面的分类体系，比如职业、产业等方面的分类体系。可见，分类法已经成为人类表达一般常识的重要方法之一。

通过将对象与类别相关联或通过量化其成员，一阶逻辑可以轻松地说明有关类别的事实。以下是一些类型的事实，我们举例说明对象和类别：

对象是类别的成员，如斯伯丁牌的篮球 $\in$ 篮球；

类别是另一个类别的子类，如篮球 $\in$ 球；

某个类别的所有成员都有一些属性，如（$x \in$ 篮球）$\Rightarrow$球形（x）；

某些类别的成员可以被某些属性识别，如橙色（x）$\cap$圆形（x）$\cap$直径（x）$=9.5'' \cap x \in$ 球$\Rightarrow x \in$ 篮球；

整个类别具有一些属性，如狗 $\in$ 宠物等。

大规模的知识表示需要通用本体来组织和联系各种特定的知识领域。通用本体需要涵盖各种各样的知识，并且原则上应该能够处理任何领域。

4.3 逻辑 Agent 与逻辑命题

复杂世界有很多表示方法，我们使用推理过程来得出关于世界的最新认知，并且依据这些新的认知来推断我们要做什么或怎么做。

基于知识的 Agent 的核心组件是其知识库。知识库通常表示为一组句子。这里的“句子”用作技术术语，它与中文、英文和其他自然语言的句子相关但不完全相同。每个句子都是用一种称为“知识表示语言”的形式来表达的，表示对真实世界的一些判断。当这个句子被视为直接给定成立的事实而不是从其他句子中得出的推论时，我们用一个名为公理的句子来表示一种认知。

基于知识的 Agent 可以简单地通过知识库来构建它需要知道的东西。从一个空知识库开始，Agent 设计者可以逐个 TELL 语句，直到 Agent 知道如何在其环境中操作，这就是系统构建的声明性方法。而程序方法则直接将所需行为编码为程序代码。在 20 世纪七八十年代，这两种方法的倡导者进行了激烈的辩论。人们现在认识到，一个成功的 Agent 往往既结合了陈述性和设计性的程序元素，也可以编译成更有效的程序代码。

我们还可以为基于知识的 Agent 提供学习机制，使其能够自学。这些机制将从一系列知识中创建有关环境的一般知识，学习 Agent 可以完全自主，这就是机器学习的概念。

知识库由句子组成。这些句子根据表示语言的语法来表达，其表示所有形式良好的句子。语法的概念可以用普通算术清楚表达。例如，“$x + y = 4$”是格式良好的句子，而“$x4y + =$”则不是。

逻辑 Agent 还必须定义句子的语义或含义。语义定义了现实世界中每个可能的句子的真实性。例如，算术的语义指定句子“$x + y = 4$”在 x 为 2 且 y 为 2 的世界中为真；但在 x 为 1 且 y 为 1 的世界中是假的。在标准逻辑中，每个句子在每个可能的世界中必须是真或假，没有介于两者之间的可能性。

当需要精确时，我们使用术语“模型”代替“可能的世界”。尽管未知的世界可能被 Agent 认为是一种可能或不可能存在的真实环境。模型是一种数学抽象，主要用来修复每个相关句子的真实性或错误性。比如，从形式上看，数学模型只是考虑将所有可能的实数分配给变量 x 和 y，使得 $x + y = 4$；每一组这样的赋值都修正了变量为 x 和 y 的任何算术句子的真实性。如果在模型 m

中句子α为真，那么就可以说m满足α或者说m是α的模型。我们使用符号$M(\alpha)$来表示α的所有模型的集合。

现在我们有了一个真理概念。在数学模型中，用$\alpha|=\beta$表示句子α需要句子β，这个模型的正式定义是：

$\alpha|=\beta$当且仅当在α为真的模型中，β也为真。

如果只使用符号表示，可以记作：

$\alpha|=\beta$ if and only if $M(\alpha)\subseteq M(\beta)$.

知识库可以被认为是一组句子或由单个句子来推断所有句子的集合。

4.3.1 语义

在指定了命题逻辑的语法之后，我们现在指定它的语义。

语义定义了用于确定关于特定模型的句子真实性的规则。在命题逻辑中，模型只是为每个命题符号修正真值。例如，如果知识库中的句子使用命题符号$P_{1,2}$、$P_{2,2}$和$P_{3,1}$，那么一个可能的模型是$m_1=\{P_{1,2}=$假，$P_{2,2}=$假，$P_{3,1}=$真$\}$。

有3个命题符号，就有$2^3=8$个可能的模型。但要注意的是，模型纯粹是统计学意义上的样本，与真实的世界没有必然的联系。$P_{1,2}$只是一个符号，它可能意味着“有一个实数包含在［1，2］区间”或“我今天和明天都在上海”。

命题逻辑的语义必须指定如何在给定模型的情况下，能准确计算出任何句子的真值。这是一个完整的递归过程。所有句子都是用原子句和五个连词构成的，因此，我们需要指定如何计算原子句的真实性以及如何计算用五个连接词中的任意一个连接词形成的句子的真实性。原子句很容易理解，比如：

- 每个模型中的真值都是真的，每个模型中的假值都是假的；
- 必须在模型中直接指定每个命题符号的真值。例如，在前面给出的模型m_1中，$P_{1,2}$是假的。

对于复杂的句子，我们有五个规则，它们适用于任何模型中的任何子句P和Q（这里“iff”表示“if if only only”）：

- 如果P为假，则$\overline{P}$为真；
- 如果P和Q均为m，则$P\wedge Q$为真；
- 如果P或Q在m中为真，则$P\vee Q$为真；
- $P\Rightarrow Q$为真，除非P为真且Q为假或为m；
- 如果P和Q都为真，则$P\Leftrightarrow Q$为真，或者m均为假。

规则也可以用真值表来表示，真值表为每个可能的真值分配给其组件指定复杂句子的真值。根据这些表，可以使用简单的递归算法，相对于任何模型 m，计算任何句子的真值。例如，以 m_1 计算的句子$\overline{P}_{1,2}\wedge$（$P_{2,2}\vee P_{3,1}$）给出真∧（假∨真）=真∧真=真。

“和”“或”“不”的真值表与我们对英语单词的直觉非常吻合。可能混淆的会是当 P 为真或 Q 为真或两者均为真时，$P\vee Q$ 为真。

有些真值表可能不太符合人们对“P 暗示 Q”或“如果 P 然后 Q”的直观理解。一方面，命题逻辑不需要 P 和 Q 之间存在任何因果关系或相关性的关系。句子“令人惊奇的是东京居然是日本的首都”是一个命题逻辑的真正句子（在正常的解释下），尽管它是一个绝对奇怪的中文复杂句子。另一个容易混淆的是，只要其前因是假的，任何含义都是正确的。例如，“有人甚至暗示 Sam 很聪明”是真的，无论 Sam 是否聪明，结论都无法证明 Sam 是聪明的。这看起来很奇怪，但如果你想到“$P\Rightarrow Q$”说“如果 P 为真，那么我声称 Q 是真的”是有意义的，否则我没有提出任何要求。想要证明这句话是假的，唯一的方法是，如果 P 为真，但 Q 为假。

只要 $P\Rightarrow Q$ 和 $Q\Rightarrow P$ 都为真，双条件 $P\Leftrightarrow Q$ 就为真。在数理逻辑中，这通常被写为“P 当且仅当 Q”，许多逻辑规则都可以使用⇔来表达。

4.3.2 语法

命题逻辑的语法定义了允许的句子。原子句由一个命题符号组成。每个这样的符号代表一个可以是真或假的命题。我们使用以大写字母开头的符号，也可能包含其他符号字母或下标，如 P，Q，R，$W_{1,3}$和 North。名称是任意的，但通常选择一些助记符值，比如我们使用 $W_{1,3}$代表模型在［1，3］中的命题。记住，$W_{1,3}$等符号是原子的，即 W，1，3 等有三个具有固定含义的命题符号。True 是始终为真的命题，False 是始终为假的命题。

复杂句子由简单的句子构成，使用括号和逻辑连词，一般有五种连接词：

第一，(不)。诸如 $W_{1,3}$的句子被称为 $W_{1,3}$的否定。文字是原子句（正文字）或否定原子句（否定字面）。

第二，(和)。主连词为∧的句子，如 $W_{1,3}\wedge P_{3,1}$，称为连词；它的部分是合相。(对于“和”，∧看起来像“A”。)

第三，∨（或)。使用∨的句子，例如（$W_{1,3}\wedge P_{3,1}$）$\vee W_{2,2}$，是分离（$W_{1,3}\wedge P_{3,1}$）和 $W_{2,2}$。（∨来自拉丁语“*vel*”，意思是“或”。对于大多数人来说，更容易记住∨是颠倒的∧。)

第四，⇒（暗示)。诸如（$W_{1,3}\wedge P_{3,1}$）$\Rightarrow\overline{W}_{2,2}$的句子被称为暗示（或条件)。它的前提是（$W_{1,3}\wedge P_{3,1}$)，其结论或结果是 $\overline{W}_{2,2}$。含义也称为规则或

if－then语句。暗示规则有时会在其他书籍中写成⊃或→。

第五，⇔（当且仅当）。句子 $W_{1,3} \Leftrightarrow \overline{W}_{2,2}$是双条件的即互为因果。

4.3.3 简单的知识库

现在我们已经定义了命题逻辑的语义，接下来可以为 Wumpus 世界构建一个知识库。Wumpus 世界是一款为 Agent 提供了实验平台环境的小游戏，是由多个房间组成并用通道将房间连接起来的洞穴。在洞穴的某处隐藏着一只 wumpus（一种怪兽），Agent 发现它后，要射杀 wumpus，且 Agent 只有一支箭。不少房间内有陷阱，是寻找金子的障碍，任何人漫游到这些房间，将被陷阱吞噬（wumpus 除外，它由于太大而能幸免）。在某一个房间内有金子，这也是 Agent 努力不懈寻找的目标。Wumpus 世界对于早期人工智能的发展起到非常重要的作用，通过 Agent 得分能够检验不同人工智能方法的智能程度。

我们首先关注 Wumpus 世界的不可变方面，将可变方面留给后面的部分。我们需要以下符号标记每个［x，y］的位置：

- 如果［x，y］中存在凹坑，则 $P_{x,y}$为真。
- 如果在［x，y］中存在 wumpus——死亡或活着，则 $W_{x,y}$为真。
- 如果 Agent 在［x，y］中感知到危险，则 $B_{x,y}$为真。
- 如果 Agent 在［x，y］中察觉到怪兽，则 $S_{x,y}$为真。

显然，我们写的句子足以得出 $\overline{P}_{1,2}$（［1，2］中没有坑）的结论。我们标记每个句子 R_i，以便参考：

- ［1，1］中没有无底洞：R_1：$\overline{P}_{1.1}$。
- 当且仅当相邻位置上有一个凹坑时，这个位置才是危险的。每个广场都必须说明这一点；目前，我们只包括相关的正方形：R^2 $B_{1,1} \Leftrightarrow$（$P_{1,2} \vee P_{2,1}$）；R_3：$B_{2,1} \Leftrightarrow$（$P_{1,1} \vee P_{2,2} \vee P_{3,1}$）。
- 前面的句子在所有 Wumpus 世界中都是正确的。

4.4 一阶逻辑及其推理

基于知识的 Agent 如何能够代表其运作的世界并推断出要采取的行动？我们使用命题逻辑作为我们的表示语言，因为它足以说明逻辑和基于知识的 Agent 的基本概念。一阶逻辑表达我们常识中的大量知识，它也可以包含或构成许多其他表现语言的基础，并且已经深入研究了几十年。

程序语言（例如 C ++ 或 Java）是迄今为止常用的最大类正式语言。从直接意义上说，程序本身只代表计算过程，程序内的数据结构可以代表事实。

例如，程序可以使用4×4阵列来表示Wumpus世界的内容。因此，编程语言World [2, 2] ←Pit以一种相当自然的方式来断言场景中有一个坑 [2, 2]，这种表示可能被认为是临时的，数据库系统的开发正是为了提供一种更通用的与领域无关的方式来存储和检索事实。编程语言缺少的是一般的推导其他事实的基本机制；对数据结构的每次更新都是由特定于域的过程完成的，其细节由程序员根据自己的域知识得出。这种过程方法可以与命题逻辑的声明性质相对照，其中知识和推理是分开的，推理完全是域独立的。

程序（和数据库中）数据结构的第二个缺点是缺乏简单的方法。例如，“[2, 2] 或 [3, 1] 中有一个坑”或“如果wumpus在 [1, 1] 中，则它不在 [2, 2] 中”，“程序可以为每个变量存储单个值，而某些系统允许该值为未知”。

命题逻辑是一种声明性语言，因为它的语义基于句子和可能世界之间的真实关系。它具有足够的表达能力来处理部分信息，并使用析取和否定。命题逻辑有第三个表征语言中所需的属性，即组合性。在组合语言中，句子的含义是其各部分含义的函数。

然而，命题逻辑缺乏简洁描述具有许多对象的环境的表达能力。例如，在Wumpns世界中我们必须为每个方块写一个关于微风和凹坑的单独规则：

$B_{1,1} \Leftrightarrow (P_{1,2} \vee P_{2,1})$

命题逻辑和一阶逻辑之间的主要区别在于每种语言所做的本体论承诺，即对现实本质的假设。从数学上讲，这种承诺是通过正式模型的本质来表达的，句子的真实性被准确定义。例如，命题逻辑假定存在或不存在于世界中的事实，每个事实可以处于以下两种状态之一：True或False。每个模型为每个命题符号分配True或False。一阶逻辑假定更多，也就是说，世界由具有某种关系的物体组成，这些物体之间可能存在，也可能不存在这些关系。形式模型相对比命题逻辑更复杂。专用逻辑进一步做出本体论的判断。例如，时间逻辑假设事实在特定时间保持并且那些时间（可以是点或间隔）被排序。因此，专用逻辑给逻辑中某些类型的对象（以及关于它们的公理）“第一类”状态，而不是简单地在知识库中定义它们。高阶逻辑将一阶逻辑引用的关系和函数视为对象本身，这允许人们对所有关系做出断言。例如，人们可能希望定义关系是否具有传递性意味着什么。与大多数专用逻辑不同，高阶逻辑比一阶逻辑更具表现力，因为高阶逻辑的某些句子不能由任何有限数量的一阶逻辑句子表达。

逻辑还可以通过其认识论承诺来表征，它允许关于每个事实的可能的知识状态。在命题逻辑和一阶逻辑中，一个句子代表一个事实，并且Agent要么认为句子是真的，要么认为它是假的，要么没有意见。因此，这些逻辑对于任何句子都有三种可能的知识状态。另外，使用概率论的系统可以具有任何概率程度的信念，范围从0（完全不相信）到1（完全信念）。

逻辑语言的模型是构成正在考虑的可能世界的正式结构。每个模型将逻辑句子的词汇链接到可能世界的元素，从而可以确定任何句子的真实性。因此，命题逻辑的模型将命题符号链接到预定义的真值。一阶逻辑的模型更有趣，有对象模型的域是它包含的对象或域元素集，这个集合必须是非空的，每个可能的世界必须包含至少一个对象。

一阶逻辑的基本句法元素是代表对象、关系和函数的符号。因此，符号有三种：常数符号，代表对象；谓词符号，代表对象之间的关系；函数符号，代表对象之间的映射关系。这些符号以大写字母开头。例如，我们可以使用常数符号 Richard 和 John，谓词符号 Brother、On Head、Person、King 和 Crown 的，以及函数符号 Left Leg。与命题符号一样，名称的选择完全取决于用户。每个谓词和函数符号都带有一个 arity，用于修复参数的数量。

与命题逻辑一样，每个模型都必须提供确定任何给定句子是真还是假的所需信息。因此，除了它的对象、关系和函数之外，每个模型还包括一个解释，它准确地指定常量、谓词和函数符号引用哪些对象、关系和函数。

术语是指对象的逻辑表达式。因此，常量数符号是术语，但是使用不同的符号来命名每个对象并不总是方便的。例如，在英语中，我们可能会使用“King John's left leg”这个短语，而不是给他的腿命名。这是函数符号的用途：我们使用 LeftLeg（John）代替使用常数符号。在一般情况下，复杂术语由函数符号形成，后跟带括号的术语列表作为函数符号的参数。要注意的是，复杂术语只是一种复杂的名称，它不是“子程序调用”“返回一个值”。没有 LeftLeg 子程序将一个人作为输入并返回一条腿。我们可以推断左腿（例如，陈述每个人都有一条左腿的一般规则，然后推断 John 必须有一条左腿），而不提供 LeftLeg 的定义。这是编程语言中子程序无法完成的。

术语的形式语义很简单。考虑一个术语 f（t_1，…，t_n）。函数符号 f 表示模型中的某些函数（称为 F）；参数术语指的是域中的对象（称为 d_1，…，d_n）；术语整体指的是作为应用于 d_1，…，d_n 的函数 F 的值的对象。

既然有引用对象的术语和引用关系的谓词符号，我们可以把它们放在一起制作说明事实的原子句。原子句（或简称原子）由谓词符号形成，该谓词符号后跟括号内的术语列表（术语可选），例如：

Brother（Richard，John）

根据前面给出的预期解释，可知理查德是约翰的兄弟。原子句可以用复杂术语作为参数。例如：

Married（Father（Richard），Mother（John））

声名父亲 Richard 与母亲 John 结婚。

如果谓词符号引用的关系在参数引用的对象之间成立，则原子句在给定模型中为真。

我们从一些简单的推理规则开始，这些规则可以应用于具有量词的句子，以获得没有量词的句子。这些规则自然地可以推导出这样一种观点，即一阶推理可以通过将知识库转换为命题逻辑并使用命题推理来完成。

假设我们的知识库包含标准的民俗公理，说明所有贪婪的国王都是邪恶的：

$\forall$ x King（x）$\wedge$ Greedy（x）$\Rightarrow$Evil（x）.

全称量词消去规则表明，我们可以推断出通过替换变量的基础术语（无变量的术语）而获得的任何句子。为了正式写出推理规则，令 SUBST（θ，α）表示将替换 θ 应用于句子 α 的结果。然后编写规则，对于任意变量 v 和基项 g 有：

$\forall v\alpha$/SUBST（$\{v/g\}$，α）

例如，先前给出的句子是通过替换 {x/John}、{x/Richard} 和 {x/Father（John）} 获得的。

在存在量词消去规则中，变量由单个新常量符号替换。正式陈述如下：对于任何语句 α，变量 v 和从未在知识库中出现过的常数符号 k 有：

$\exists v\alpha$/SUBST（$\{v/k\}$，α）

例如，从句子

$\exists$ x Crown（x）$\wedge$ OnHead（x，John）

可以推断出这句话

Crown（C_1）$\wedge$ OnHead（C_1，John）

只要 C_1 没有出现在知识库中，当有的对象满足 C_1 的条件时，我们应用存在量词消去规则只是为该对象命名。当然，该名称不得归属到另一个对象。数学提供了一个很好的例子：假设我们发现有一个比 2.718 28 略大的数，并且满足 x 的等式 d（xy）/dy = xy。我们可以给这个数字命名，例如 e，但是给它一个现有对象的名称是错误的，例如 π。在逻辑中，新名称称为 Skolem 常量。存在量词实例化是一个称为 skolemization 的更一般过程的特例。全称量词可多次实例化得到多个不同的结果，但存在量词实例化只能应用一次，将存在量词替换掉。严格来说，新知识库在逻辑上并不等同于旧知识库，当且仅当旧知识库是可满足的时候，新知识库才是可满足的。

一旦我们有了从量化句子中推断出非量化句子的规则，就有可能减少对命题推理的一阶推断。在本节中，我们给出了主要的想法。

第一个想法是，正如一个存在量词的句子可以被一个实例化所取代，一个全称量词的句子可以被所有可能的实例化的集合所取代。例如，假设我们的知识库只包含句子

$\forall x$ King（x）$\wedge$Greedy（x）$\Rightarrow$Evil（x）

King（John）

Greedy（John）

Brother（Richard，John）

然后，我们使用知识库词汇表中的所有可能的基础术语进行置换——在这个例子中，用的是｛x/John｝和｛x/Richard｝。我们获得

King（John）$\wedge$ Greedy（John）$\Rightarrow$ Evil（John）

King（Richard）$\wedge$ Greedy（Richard）$\Rightarrow$ Evil（Richard）

Greedy（J）我们放弃了全称量词的句子。现在，如果我们将基本原子句——King（John），Greedy（John）等视为命题符号，那么知识库本质上就是命题。因此，我们可以应用任何完整命题算法来获得诸如Evil（John）之类的结论。

这种命题化技术可以完全通用，也就是说，每个一阶知识库和查询都可以以保持蕴涵的方式命题化。存在一个问题：当知识库包含函数符号时，可能的基础替换集是无限的！例如，如果知识库提到父符号，那么可以构造无限多的嵌套术语，例如父（父（父（约翰）））。我们的命题算法将难以处理无限大的句子集。

幸运的是，雅克·埃尔布朗（Jacques Herbrand，1930）提出了一个著名的定理，即如果一个句子是由原始的一阶知识库引起的，那么就有一个证据只涉及命题化知识库的有限子集。由于任何这样的子集在其地面项之间具有最大嵌套深度，我们可以通过首先生成具有常数符号（Richard和John）的所有实例来找到该子集，然后是所有深度为1的项（父（Richard）和父（John）），接着是深度2的所有项，依此类推，直到我们能够构造所包含句子的命题证明。

我们已经通过完成的命题化概述了一阶推理的方法——也就是说，可以证明任何引入的句子。鉴于可能的模型空间是无限的，这是一项重大成就。另一方面，我们不知道在证据完成之前是否需要推断！如果没有这句话会发生什么？我们能说出来吗？对于一阶逻辑，事实证明我们做不到。我们的证明程序可以继续，产生越来越深的嵌套术语，但我们不知道它是否陷入无望

的循环或者证据是否即将爆发。这非常像图灵机的停机问题。阿兰·图灵（Alan Turing，1936）和阿隆佐教会（1936）都以不同的方式证明了这种状况的必然性。一阶逻辑蕴涵的问题是半离散的，也就是说，算法存在于每个引用的句子中，但是没有算法存在也对每个未被判断的句子都说不。

约翰是邪恶的推论，也就是说，{x/John} 解决了这样的查询 Evil（x）-works：使用贪婪的国王是邪恶的规则，找到一些 x 使得 x 是国王而且 x 是贪心的，然后推断这个 x 是邪恶的。如果有一些替代 θ 使得暗示前提的每个取舍与已经在知识库中的句子相同，那么我们可以在应用 θ 之后断言暗示的结论。在这种情况下，替换 θ = {x /John} 实现了该目标。

我们实际上可以使推理步骤做得更多。假设我们不是知道 Greedy（John），而是知道每个人都是贪婪的：

$\forall y$ Greedy（y）

然后我们仍然希望能够得出结论 Evil（John），因为我们知道约翰是一个国王（给定）而约翰是贪婪的（因为每个人都是贪婪的）。我们需要做的是找到蕴涵句中的变量和对于知识库中的句子中的变量。在这种情况下，将替换{x/John，y/John} 应用于蕴涵场所 King（x）和 Greedy（x）以及知识库句 King（John）和 Greedy（y）将使它们相同。因此，我们可以推断出这个含义的结论。

4.5 量化不确定性

Agent 可能需要处理不确定性，无论是部分可观测、部分非确定还是两者的组合。Agent 可能永远不会确定它处于什么状态或者在一系列动作之后它将在何处结束。

我们已经看到解决问题的 Agent 和逻辑 Agent 旨在通过跟踪信度状态来处理不确定性——它可能是所有可能世界状态的集合的表示。它处理传感器在执行期间可能报告的每种可能性。然而，尽管有许多优点，但也有明显的缺点：

• 在解释部分传感器信息时，逻辑 Agent 必须考虑观察的每个逻辑上可能的解释，无论多么不可能。这将导致不可能的信度状态表示大而复杂。

• 处理每种可能性的正确的或有计划可能性会随意增大，并且必须考虑任意不可能的突发事件。

• 有时没有任何计划可以保证实现目标，但 Agent 必须采取行动。它必须有一些方法来比较无法保证的计划的优点。

例如，假设无人驾驶车的目标是按时将乘客送到火车站。Agent 制定了一个计划 A_{60}，该计划准备在火车出发前 60 分钟离开并以合理的速度行驶。即使是离火车站大约 5 公里远的地方，一个合乎逻辑的无人驾驶车也无法确定"A_{60}计划会让我们及时赶到火车站"。相反，它会得出较弱的结论："计划 A_{60}将让我们到达火车站，只要车有汽油，没有发生事故，立交桥上没有发生意外，火车没有早早离开，没有陨石撞到汽车……"这些条件都不是肯定的，因此计划的成功无法推断。这是限制问题，到目前为止我们还没有找到真正的解决方案。

再次考虑到达火车站的 A_{60} 计划。假设它让我们有 97% 的机会赶上火车。这是否意味着它是一个理性的选择？不一定！可能有其他计划，例如，A_{120} 可能具有更高的概率。如果不错过火车至关重要，那么值得冒在车站等待更长时间的风险。那像 A_{1440}那样计划提前 24 小时离开家？在大多数情况下，这不是一个好的选择，因为虽然它几乎可以保证准时到达那里，但它涉及无法忍受的等待。

为了做出这样的选择，Agent 必须首先在各种计划的不同可能结果之间具有偏好。结果是完全指定的状态，包括 Agent 是否按时到达以及车站等待的长度等因素。我们用效用理论来表示和推理偏好。效用理论认为每个状态对 Agent 都有一定程度的实用性，并且 Agent 会更喜欢具有更高效的状态。

效用所表达的偏好与理性决策的一般理论中的概率相结合，称为决策理论。决策理论的基本思想是，只有当 Agent 选择产生最高期望效用的行动时，Agent 才是理性的，并且对行动的所有可能结果进行平均，这被称为最大期望效用原则。请注意，"预期"意味着结果的"平均"或"统计平均值"。

4.6 概率推理

贝叶斯网络表示任何完全的联合概率分布，进一步定义这些网络的语法和语义，并展示如何使用它们以自然有效的方式捕获不确定域中的知识。

贝叶斯网络是有向图，其中，每个节点标注了定量的概率信息。说明如下：

第一，每个节点对应一个随机变量，可以是离散的或连续的。

第二，一组有向链接或箭头连接节点对。如果存在从节点 X 到节点 Y 的箭头，则称 X 为 Y 的父节点。该图形没有定向循环（因此称为向无环图或 DAG）。

第三，每个节点 X_i具有条件概率分布 $P(X_i \mid \text{Parents}(X_i))$，其量化父

节点对节点的影响。

网络的拓扑结构，包括节点和链接集，指定域中保存的条件独立关系，其方式将很快变得精确。箭头的直观含义通常是 X 对 Y 有直接影响，这表明原因应该是效果的父节点。事实上，*Agent* 通常很容易决定域中存在哪些直接影响比实际指定概率本身更容易。一旦布局了贝叶斯网络的拓扑，我们只需要为每个变量指定一个条件概率分布，给定其父项。我们将看到拓扑和条件分布的组合足以指定（隐式）所有变量的完整联合分布。

作为一个“句法”，贝叶斯网络是一个有向无环图，每个节点都附有一些数字参数。定义网络意味着什么是语义的一种方法是定义它代表所有变量的特定联合分布的方式。为此，我们首先需要收回（暂时）我们之前所说的与每个节点相关的参数。我们说这些参数对应于条件概率 P（X_i | Parents（X_i））；这是一个真实的陈述，但在我们将语义作为一个整体分配给网络之前，我们应该将它们视为数字 P（X_i | Parents（X_i））。联合分布中的通用特征是特定联合分布的概率变量的赋值，例如 P（$X_1 = \text{Ɔ}G_1 ... X_n = x_n$）。我们使用符号 P（x_1，…，x_n）作为其缩写。该值由公式给出

$$P(x_1, \cdots, x_n) = \prod_{t=1}^{n} \theta(x_i \mid \text{parents}(X_i))$$

联合分布中的每个值由贝叶斯网络中的条件概率表（CPT）的适当元素的乘积表示。

根据该定义，很容易证明参数（X_i | Parents（X_i））恰好是联合分布所暗示的条件概率 P（X_i | Parents（X_i））。因此，我们可以将等式重写为

$$P(x_1, \cdots, x_n) = \prod_{t=1}^{n} P(x_i \mid \text{parents}(X_i))$$

换句话说，我们一直在调用的条件概率表实际上是定义语义的条件概率表。

接下来解释如何构建贝叶斯网络，使得得到的联合分布是给定域的良好表示。我们现在用下式表明某些条件独立关系，以构建网络拓扑。

$$P(x_1, \cdots, x_n) = P(x_n \mid x_{n-1}, \cdots, x_1) P(x_{n-1}, \cdots, x_1)$$

重复这个过程，将每个连接概率归约到更小的条件概率和更小的连接，即：

$$\begin{aligned} P(x_1, \cdots, x_n) &= P(x_n \mid x_{n-1}, \cdots, x_1) P(x_{n-1}, \cdots, x_1) \cdots P(x_2 \mid x_1) P(x_1) \\ &= \Pi_{t=1}^{n} P(x_i \mid x_{i-1}, \cdots, x_1) \end{aligned}$$

称为链规则，适用于任何一组随机变量。对于网络中的每个变量 XI，满足：

$$P(X_i \mid X_{i-1}, \cdots, X_1) = \prod_{t=1}^{n} P(X_i \mid \text{prents}(X_i)) \Pi_{t=1}^{n} P(X_i \mid \text{parents}(X_i))$$

给定其父节点，每个节点有条件地独立于其子节点顺序的其他父节点。贝叶斯网络满足条件如下：

一是节点：确定建模域所需的变量集，可记为 $\{X_1, \cdots, X_N\}$。任何节点

都可以使用，但如果变量是有序的，那么生成的网络将更加紧凑，从而导致先于效果。

二是链接：对于 $i=1$ 到 n，执行：

- 从 X_1 中选择… X_{i-1}，X_i 的最小父集合，使得等式得到满足。
- 对于每个父项，插入从父项到 X_i 的链接。
- 条件概率表 P（X_i | Parents（X_i））。

直观地说，节点 X_i 的父节点应包含 X_1 中的所有节点，X_{i-1} 直接影响 X_i 节点。

我们已经为完整联合分布的表示提供了贝叶斯网络的“数值”语义。使用这种语义来推导构建贝叶斯网络的方法，我们得出的结果是，给定其父节点。一个节点在条件上独立于其他前辈，给定其父项，拓扑语义指定每个变量在条件上独立于其非后代节点。

4.7 简单决策与复杂决策

效用理论与概率理论相结合可以产生一种决策理论 Agent，这是一种能够根据其所认知的内容和想要的内容做出理性决策的 Agent。这样的 Agent 可以在不确定性和冲突目标上让逻辑 Agent 在无法决定的情境中做出决策：基于目标的 Agent 在良好（目标）和坏（非目标）状态之间具有二元区分，而决策理论具有连续的结果。

决策理论以其最简单的形式，基于其直接结果的可取性来选择行动。也就是说，假定环境在定义的意义上是偶然的。我们使用符号 RESULT（S_0，a）作为确定性结果的状态，在状态 S_0 中采取行动 a。由于 Agent 可能不知道当前状态，我们省略它并将 RESULT（a）定义为随机变量，其值是可能的结果状态。在给出证据观察 e 的情况下，写出结果 s' 的概率：

$$P(\text{RESULT}(a)=s' \mid a, e),$$

调节条右侧的 a 代表执行动作 a 的事件。

Agent 的偏好由效用函数 U（s）捕获，其分配单个数字以表示状态的合意性。给定证据的行动的预期效用 EU（a | e）只是结果的平均效用值，由概率加权结果发生：

如果想建立一个决策理论体系来帮助 Agent 代表他人做出决策或行动，我们必须首先弄清楚 Agent 的效用函数是什么。此过程通常称为首选项启发，涉及向 Agent 程序提供选择并使用观察到的首选项来确定底层实用程序功能。

效用理论的根源在经济学，而经济学为效用度量提供了一个精确度量的特征者——货币。货币对各种商品和服务的几乎普遍可交换性表明，货币在人类效用函数中起着重要作用。

通常情况是，Agent 喜欢更少的货币，其他所有的东西都是平等的。我们说 Agent 表现出对更多钱的单调偏好，这并不意味着货币表现为效用函数，因为它没有说明偏好涉及金钱。

下面讨论在随机环境中制定决策所涉及的计算问题。Agent 的效用取决于一系列决策。顺序决策问题包括效用、不确定性和传感，并将搜索和规划问题作为特殊情况包括在内，解释了如何确定决策问题，解释了如何解决这些问题以产生最佳行为，以平衡在不确定环境中行事的风险和回报。

处于某一状态的效用，作为从该点开始的预期折扣奖励总和。由此可见，状态效用与其相邻状态效用之间存在直接关系：状态效用是对该状态的直接回报加上下一个状态的预期折现效用，假设 Agent 选择最佳动作，也就是说，状态的效用由下式给出：

$$U(s) = R(s) + \gamma \max_{a \in A(s)} \sum_{s'} P(s' \mid s, a) U(s')$$

这被称为 Bellman 方程。状态效用作为后续状态序列的预期效用，是 Bellman 方程组的解。

每次从初始状态开始执行给定策略时，环境的随机性可能导致不同的环境历史。因此，决策的质量由所产生的可能环境历史的预期效用来衡量通过该政策。最优政策是产生最高预期效用的政策。我们使用 π_* 来表示最优策略。给定 π_*，Agent 通过查询其当前知觉来决定做什么，该当前知觉告诉它当前状态 s，然后执行动作 $\pi_*(s)$。我们观察到即使效用函数估计不准确，也可以获得最优策略。如果一个行动显然比其他行动更好，那么所涉及的状态的公用事业的确切程度就不必精确。这种见解建议寻找最佳政策的另一种方法，策略迭代算法交替执行以下两个步骤，从一些初始策略 π_0 开始：

• 策略评估：给定策略 π_i，计算 $U_i = U^{\pi i}$，如果要执行 π_i，则得出每个状态的效用。

• 策略改进：使用基于效用函数 U_i 的一步预测计算最大期望效用原则策略 $\pi_i + 1$。

当策略改进步骤在效用中没有变化时，算法终止。在这一点上，我们知道效用函数 U_i 是 Bellman 更新的固定点，因此它是 Bellman 方程的解，π_i 必须是一个最优政策。因为对于有限状态空间，只有有限的许多策略，并且每个迭代都可以显示为产生更好的策略，策略迭代必须终止。

在每次迭代中，我们可以选择任何状态子集，并对该子集应用任何一种更新（策略改进或简化值迭代）。这种非常通用的算法称为异步策略迭代。给定初始策略和初始效用函数的某些条件，保证异步策略迭代收敛到最优策略。

自由选择任何工作状态意味着我们可以设计更有效的启发式算法。例如，专注于更新可能由良好策略达到的状态值的算法。这在现实生活中很有意义：如果一个人无意从悬崖上掉下，那么他就不应该花时间担心坠崖这个结果的确切状态。

本章习题

（1）通用本体的两个主要特征是什么？

（2）什么是系统构建的声明性方法？

（3）命题逻辑的语义和语法各自定义了什么内容？

（4）什么是决策理论？简述其基本思想。

（5）什么是异步策略迭代？

5 学习

本章学习目的与要点

本章旨在对目前主流的学习智能理论、模型、算法和应用作总体介绍，内容包括样例学习、学习中的知识和数据挖掘、学习概率模型、强化学习和神经网络。通过本章的阐述，希望读者了解监督与非监督学习、统计学习、计算学习、贝叶斯学习、深度学习等常见的学习算法及其应用领域。一个理性的 Agent 就是能正确做事的 Agent，智能化学习是 Agent 通过自身原有知识、经验与学习系统的交互活动来获取更多知识和能力的过程。在这个过程中，Agent 能够自己组织、制订并执行学习计划，能控制整个学习过程，并对学习情况进行评估。

5.1 样例学习

Agent 应该是善于学习的，若基于其对世界的观察，便能够改进执行未来任务时的性能。本节描述能够通过对自我经验的勤奋学习而改进其行为的 Agent，聚焦于一类应用广泛的学习问题：从“输入 - 输出”中进行学习，从而能够预测新输入所对应的输出的函数。我们之所以希望 Agent 具有自我学习能力，而不是直接改进 Agent 的程序设计，主要理由是：设计者无法预测 Agent 可能面临的所有情境；设计者无法预期随时间推移可能出现的所有变化；有时程序员对程序求解没有思路。本节将介绍线性模型、非线性模型、非参数模型等各种实际应用的学习系统。

5.1.1 学习形式

Agent 任何部件的性能都可通过从数据中进行学习来改进。改进所用的技术主要依赖于四个因素：要改进的学习的部件、数据和部件所使用的表示法、Agent 具备的先验知识以及对学习可用的反馈。接下来我们将依次介绍。

5.1.1.1 学习的部件

关于学习的部件，在前面所描述的 Agent 设计中，包括以下内容：

第一，在当前状态上，条件到动作的直接映射；

第二，从感知序列推演世界的合适特征的方法；

第三，关于进化方式的信息和关于 Agent 能执行的可能动作的结果信息；

第四，表明状态愿望的效用信息；

第五，表明动作愿望的动作 - 价值信息；

第六，描述能最大化 Agent 效用的状态类目标。

5.1.1.2 表示法和先验知识

前面我们已经提到过关于 Agent 部件的表示法的例子，如逻辑 Agent 部件的命题和一阶逻辑语句、决策 - 理论 Agent 推理部件的贝叶斯网络等。对于这些表示法，已经发明了有效学习算法，即在输入时使用要素表示法 - 属性值向量，输出为连续值或离散值。除此以外，还存在另一种称之为归纳学习的途径，即从特定的“输入 - 输出”中学习通用函数或规则。在后面章节中，我们还会继续介绍演绎学习。

5.1.1.3 学习中的反馈

有三种类型的反馈，决定了以下三种主要学习类型：

第一，无监督学习。这是指在不提供显式反馈的情况下，Agent 学习输入中的模式。最常见的无监督学习是聚类，即在输入样例中发现有用的类集。

第二，强化学习。这是指 Agent 在“奖赏和惩罚”组合的序列中进行学习，通过不断更新和改进，使 Agent 的效用得到优化。

第三，监督学习。Agent 通过观察某些“输入 - 输出”对，学习从输入到输出的映射函数。

需要注意的是，在实际中不同学习类型的差异并不总是如此明显的。例如，在半监督学习中，在给定少数标注样例的情况下，需要充分利用大量未标注样例。因此，数据的随机噪音和标注的缺乏形成了监督学习和无监督学习之间的一个谱系。

5.1.2 学习决策树

决策树归纳是一类最简单也是最成功的机器学习形式。决策树表示一个函数，以属性值向量作为输入，返回一个“决策”，即简单输出值。输入值和输出值既可以是离散的，也可以是连续的。在本节中，我们将聚焦于输入值是离散的和输出值为二值的情况。这是布尔分类，其中样例输入被分类为真（正例）或假（反例）。

一般地，一棵决策树包含一个根节点、若干个内部节点和若干个叶节点。其中，叶节点对应于决策结果，其他每个节点则对应于一个属性测试；每个节点包含的样本集合根据属性测试的结果被划分到子节点中；根节点包含样本全集。从根节点到每个叶节点的路径对应了一个判定测试序列。决策树学习的目的是产生一棵泛化能力强的决策树。其基本流程如图5－1所示。

输入：训练集；$D=\{(x_1, y_1), (x_2, y_2), \cdots, (x_m, y_m)\}$；

属性集 $A=\{a_1, a_2, \cdots, a_d\}$。

过程：函数 TreeGenerate（D，A）

1：生成节点 node；

2：if D 中样本全属于同一类别 C then

3：　将 node 标记为 C 类叶节点；return

4：end if

5：if $A=\varnothing$ OR D 中样本在 A 上取值相同 then

6：　将 node 标记为叶节点，其类别标记为 D 中样本数最多的类；return

7：end if

8：从 A 中选择最优划分属性 a_*；

9：for a_* 的每一个值 a_*^v do

10：为 node 生成一个分支；令 D_v 表示 a_* 上取值为 a_*^v 的样本子集；

11：if D_v 为空 then

12：　将分支节点标记为叶节点，其类别标记为 D 中样本最多的类；return

13：else

14：　以 TreeGenerate（D_v，$A\setminus\{a_*\}$）为分支节点

15：end if

16：end for

输出：以 node 为根节点的一棵决策树

图5－1　决策树学习基本算法

决策树的生成是一个递归过程。在决策树基本算法中，有三种情形会导致递归返回：①当前节点包含的样本全属于同一类别，无须划分；②当前属性集为空，或是所有样本在所有属性上取值相同，无法划分；③当前节点包含的样本集合为空，不能划分。

在第②种情形下，我们把当前节点标记为叶节点，并将其类别设定为该节点所含样本最多的类别；在第③种情形下，同样把当前节点标记为叶节点，但将其类别设定为其父节点所含样本最多的类别。需要注意的是，这两种情形的处理实质不同：情形②是利用的当前节点的后验分布，而情形③则把父节点的样本分布作为当前节点的先验分布。

接下来，我们将以构造一个决定在饭店中是否等待餐桌的决策树为例，

学习目标谓词 willwait 的定义。

首先，列出输入属性：

- Alternate：附近是否有一个合适的候选饭店。
- Bar：饭店中是否有舒适的酒吧等待区。
- Fri/Sat：当星期五或星期六时，该属性值为真。
- Hungry：是否饿了。
- Patrons：饭店中有多少客人（其值可取 None、Some 和 full）。
- Price：饭店价格区间（＄，＄＄，＄＄＄）。
- Raining：天是否下雨。
- Reservation：是否预定。
- Type：饭店类型（French，Italian，Thai，burger）
- WaitEstimate：主人对等待的估计（0～60 分钟，10～30 分钟，30～60 分钟，或 >60 分钟）。

其次，按照始于根节点，沿着合适分支到达叶节点的路径处理样例，我们可以得到如图 5－2 所示的决策树。我们知道，命题逻辑的任何函数都可以表示成决策树。对于许多类型的问题，决策树格式能产生简洁良好的结果，但是有些函数不适合用决策树表示。例如，某些函数需要用指数级规模的决策树来表达，这样就会造成一定程度的“结构膨胀”。因此，在决策树中并不存在对于所有种类函数都高效的表示法。对于特定函数，我们需要采用更为精巧的算法。

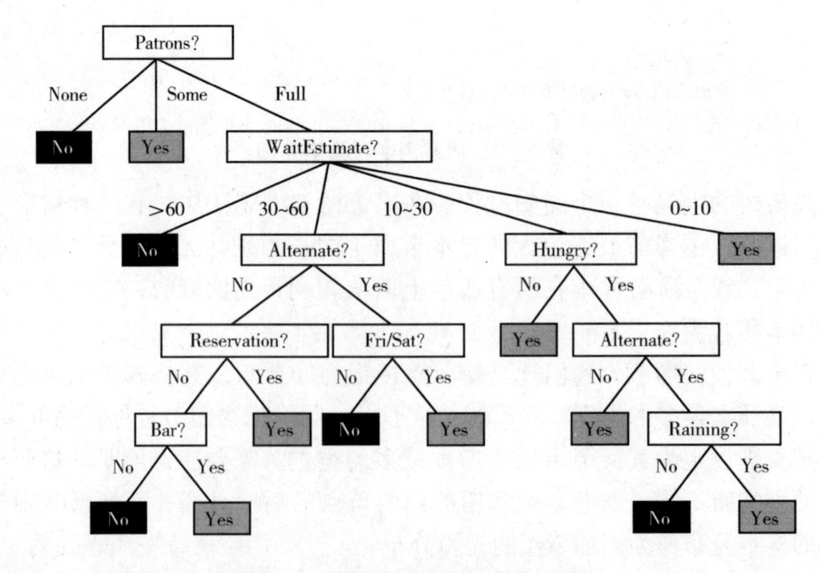

图 5－2　决策树：决定是否等待餐桌的决策树

最后，我们讨论下决策树的剪枝处理。剪枝（pruning）是决策树学习算法对付过拟合问题的主要手段。在决策树学习中，为了尽可能正确分类训练样本，节点划分过程将不断重复，有时会造成决策树分支过多，这时就可能因训练样本学得太好了，以至于把训练集自身的一些特点当作所有数据都具有的一般性质而导致过拟合。因此，我们可通过主动去掉一些分支来降低过拟合的风险。

决策树剪枝的基本策略有预剪枝（prepruning）和后剪枝（postpruning）。预剪枝是指在决策树生成过程中，对每个节点在划分前先进行估计，若当前节点的划分不能带来决策树泛化性能的提升，则停止划分并将当前节点标记为叶节点；后剪枝则是先从训练集生成一棵完整的决策树，然后自底向上地对非叶节点进行考察，若将该节点对应的子树替换为叶节点能带来决策树泛化性能的提升，则将该子树替换为叶节点。

5.1.3 评估和选择最佳假说

我们希望学习一个能够最佳拟合将来数据的假说。为了使这个说法精确化，需要定义“将来数据”和“最佳拟合”。首先我们给出稳定性假设：样例中存在一个概率分布，随着时间推移该分布保持稳定。每个样例数据点是一个随机变量 E_j，其观察值 e_j –（x_j，y_j）从该分布取样，并独立于以往的样例：

$$P(E_j \mid E_{j-1}, E_{j-2}, \cdots) = P(E_j)$$

每个样例有相同的概率分布：

$$P(E_j) = P(E_{j-1}) = P(E_{j-2}) = \cdots$$

满足这些假设的样例被称为独立且同分布的或 i. i. d。一个 i. i. d 假设连接过去和未来，如果没有这样的连接，所有赌注都将输掉。

下一步定义“最佳拟合”。我们将假说的误差率定义为假说所犯错误的比例——对于样例（x，y），h（x）$\neq y$ 的次数之比例。假说 h 在训练集上的误差率低并不意味着它能够很好泛化。教师应该知道，如果学生预先看到了考试题目，则这场考试不能准确反映学生的实际情况。同样，为了得到假说的精确估计，需要在目前尚未经过测试的样例集上测试它。我们可以采用一个最简单的方法，随机将可用数据分为训练集和测试集，训练集用于学习算法产生 h，测试集用于评估 h 的精度。这种方法被称为预留法（holdout cross - validation），它的缺点在于不能利用所有可用数据。

使用所谓 k - 折交叉验证（k - fold cross - validation）方法能够从数据中摄取更多东西，并仍然获得精确估计。其思想是每个样例都担负双重责任，既作为训练数据，又作为测试数据。首先，将数据划分为 k 个相当规模的子集，然后执行 k 轮次学习。在每一轮次学习中，1 / k 的数据被调出来作为测试集，剩余样例用作训练数据。在 k 轮测试中，测试集取得的平均分数应该优于单一分数。k 的常用值是 5 和 10，这足以给出一个统计意义上可能更精确的估计，代价是多花费 5 到 10 倍的计算时间。极限情况 $k = n$，这时称之为留一交叉验证（Leave – One – Out Cross – Validation，LOOCV）。

5.1.4 学习理论

我们接下来讨论一个主要问题：怎样确定学习算法已经产生了一个能够正确预测未来输入值的假说？形式化描述如下：在不知道目标函数 f 的情况下，如何验证假说 h 接近 f？与此相关的其他问题也相继提出来了：为了获得一个好的 h，需要多少样例？使用什么样的假说空间？如果假说空间非常复杂，最终能发现最佳假说吗？是否会陷入局部极值？怎样避免过度拟合？这一节将讨论这些问题。

我们从学习需要多少样例这一问题开始讨论。从前面描述的饭店问题的决策树学习案例中可以发现，训练数据越多，越能够改善学习结果，但这局限于特定问题的特定学习算法。是否存在支配学习所需样例数目的更通用的原理呢？计算学习理论正好可以回答这个问题。计算学习理论处于人工智能、统计学和理论计算机科学的交叉领域，它的基本原理是，在输入少量样例后，任何包含严重错误的假说都几乎一定会以较高的概率被发现，因为它将做出错误的预测。因此，与足够大训练样例集合一致的任何假说都不可能包含严重错误，也就是说它必定是概率近似正确的（Probably Approximately Correct，PAC）。任何返回概率近似正确的假说的学习算法称为 PAC 学习算法。我们可使用这种途径来提供各种各样学习算法的性能边界。PAC 学习定理像所有其他定理一样，是公理的逻辑推论。定理基于过去，陈述将来的某些事情，而公理则提供连接过去和将来的“桥梁”。对于 PAC 学习，“桥梁”由稳定性假设提供，它指出未来的样例将从与过去样例相同的固定分布中推导出来。

为了获得未知样例的真实泛化，似乎需要对假说空间做出某些限制。但是，一旦做出限制，就会将某些真实函数从假说空间中排除。有三种途径可摆脱这样的困境：一是引入相关问题的先验知识；二是坚持让算法不是返回任意一致假说，而是优先返回简单的假说；三是聚焦于整个布尔函数假说空间中的可学习子集。这种途径依赖一个假设：受限语言包含一个与真实函数 f 足够近的假说 h，其好处是受限假说空间允许有效泛化且一般容易搜索。

5.1.5 非参数化模型

线性回归使用训练数据评估固定参数集合 w，从而定义假说 $h_w(x)$。这时我们就可以放弃训练数据，因为这些数据已经被 w 概括。用固定数目参数组成的集合概括数据的学习模型称为参数化模型。在一个参数化模型中，无论放弃多少数据，都不能改变它关于需要多少参数的想法。当数据集较小时，对允许的假说进行严格限制，以避免过度拟合是有意义的。当学习所用的样例规模达上千、百万或亿时，让数据自己说话，而不是强迫它们通过一个微小的参数向量说话，似乎是一个更好的做法。如果说正确的答案是一个振荡函数的话，我们就不必局限于线性或略微振荡的函数。

非参数化模型是一类不能用有限参数集合刻画的函数。例如，假设生成的每个假说都简单地保持训练样例原来的模样，并用之预测下一个样例，因为有效的参数数目会随着样例数目增长，这样的假说族是非参数化的。这种途径称为基于示例学习或基于存储学习。最简单的基于示例学习方法是"表查找"：保留所有的训练样例，把它们放入一个查找表中，当询问 $h(x)$ 时，看 x 是否在表中，如果在则返回对应的 y。这一方法的问题是，它不能很好地泛化，即当 x 不在表中时，它所能做的只是返回某个缺省值。

5.1.6 支持向量机

支持向量机（SVM）框架是当前最流行的、现成的监督学习方法。如果没有关于领域的专业化先验知识，则 SVM 是一个很好的首选。SVM 之所以具有吸引力源于三个特性：一是 SVM 构造了一个极大边距分离器——与样例点具有最大可能距离的决策边界；二是 SVM 生成了一个线性分离超平面，通过使用所谓的"核技巧"，能够将数据嵌入更高维度空间。通常在原输入空间非线性可分的数据，在高维空间很容易分开。高维线性分类器在原空间中实际上不是线性的。这意味着，相对于使用严格线性表示的方法，假说空间得到极大扩展，三是 SVM 是非参数化方法，它们保留训练样例，且潜在需要存储所有训练样例。另一方面，在实际应用中只保留很少一部分样例，有时仅是维度数的一个常量倍数。因此，SVM 综合了非参数化和参数化模型的优点：它们既有表示复杂函数的灵活性，又能抵抗过度拟合。

在图 5－3（a）中，有一个带三个候选决策边界的二值分类问题，每一个决策边界都是线性分离器。它们都与所有样例一致，因此从 0/1 损耗的观点看，它们是同等好的。Logistic 回归将发现某个分离直线，直线的确切位置依赖所有样例点。SVM 的关键洞察是，某些样例比其他样例更重要，关注它们将导致更好的泛化。

考察（a）中三条直线中最低的那一条，它与 5 个黑案例非常接近。尽管它正确分类所有样例，并因此最小化损耗，但是它可能会使你非常紧张：这

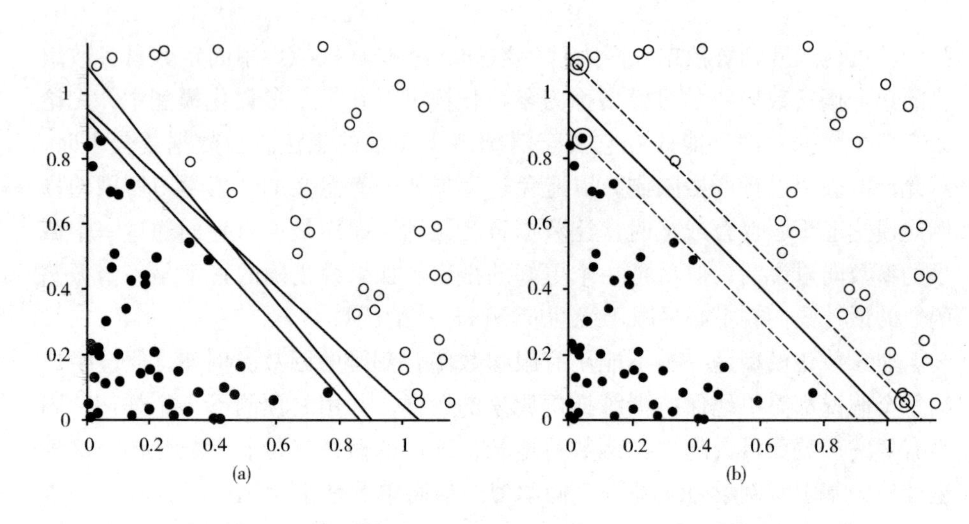

图 5-3 支持向量机分类

注：(a) 两类点（黑圈和白圈）和三个候选分离器；(b) 极大边距分离器（粗实线），在边界的中心点位置（两条虚线之间的区域）。支持向量（带大圈的点）是离分离器最近的点。

么多样例离它如此近，也许有其他黑样例会出现在直线的另一边。我们需要明白，SVM 要处理这样一个问题：不是要最小化训练数据上的期望经验损耗，而是试图最小化期望泛化损耗。我们不知道未知点可能落在何处，但在它们取自与已知点相同的分布的概率假设之下，从计算学习理论得到的一些证据显示，通过选择离已知样例最远的分离器，能够最小化泛化损耗。我们称这个分离器为“极大边距分离器”。边距是图中两条虚线界定的区域的长度——从分离器到最近样例点距离的两倍。

接下来我们讨论如何发现这个分离器。首先说明一些记号：传统上 SVM 使用类标号 +1 和 -1，而不是我们之前使用的 +1 和 0。同样，在前面我们将截断权重放进向量 w，将一个对应哑值 1 放进 $x_{j,0}$，但 SVM 不这么做，而是将截断作为一个单独参数 b。分离器定义为点的集合 $\{x: w \cdot x + b = 0\}$。我们可以用梯度下降方法搜索 w 和 b 形成的空间，从而发现最大化边距，且能够正确分类所有样例的参数。由于在通常情况下支持向量比样例要少得多，SVM 可以获得参数化模型的某些优点。

5.2 学习中的知识和数据挖掘

在前面章节所描述的学习途径中可知，在学习某些新东西之前，你必须首先忘记你所知道的任何事情。本节考察当已知某些事情时的学习问题，研究能够利用先验知识进行学习的方法。在大多数情形下，先验知识可以表示成一阶逻辑理论，我们将据此来研究知识表示和学习问题。

5.2.1 学习中的逻辑公式化

在本节中，我们将纯粹归纳学习的定义限制于用逻辑语句集合表示假说的情形。样例描述和分类也是逻辑语句，并且通过从假说和样例描述中推导分类语句，可以实现对新样例的分类。这种途径允许以每次一个语句的方式递增构造假说，因此，学习的逻辑公式化不仅兼顾了先验知识，还能将逻辑推理的全部能量服务于学习，能使我们超越前一节的简单学习方法。

在逻辑系统中，样例用逻辑语句描述，属性变成一元谓词。整个训练集可表示为所有样例描述和目标文字的合取式。一般地，归纳学习的目标是发现一个能够良好分类样例，并对新样例有良好泛化的假说。在本章中，我们关注逻辑形式的假说，每一个假说 h_j 将具有下列形式：

$$\forall_x \text{Goal}(x) \Leftrightarrow C_j(x)$$

式中，C_j (x) 是候选定义，即包含属性谓词的表达式。

例如，决策树可以解释成这种形式的逻辑表达式。每个假说预测目标谓词的一个特定样例集，即满足候选定义条件的那些样例，这个样例集称为谓词的外延。具有不同外延的两个假说在逻辑上是互不一致的，因为它们至少在一个样例上的预测是不同的。如果它们有相同外延，则称之为逻辑等价。

假说空间是假说的集合 $\{h_1, \cdots, h_n\}$，学习算法将在其中进行搜索。例如，DECISION - TREE - LEARNING 算法将搜索用所提供的属性定义的任何决策树假说，因而它的假说空间由这样的决策树构成。学习算法可能相信假说空间中有一个是正确的，即它相信：

$$h_1 \vee h_2 \vee h_3 \vee \cdots \vee h_n$$

当一个样例到达时，与这个样例不一致的假说可以被删除。如果一个样例是假说的假正例或假反例，则它与假说相互逻辑不一致。假设样例是正确的观察事实，则假说可以剔除。从逻辑上来说，它与归结推理规则完全相似，通过删除一个或多个假说，普通逻辑推理系统能够进行样例学习。

5.2.2 学习中的知识

为了理解先验知识的作用，我们需要谈论假说、描述和分类之间的逻辑关系。令 *Descriptions* 为训练集中所有样例描述的合取式，*Classifications* 为所有样例分类的合取式，则“解释观察”的假说 *Hypothesis* 必须满足下列性质：

$$Hypothesis \wedge Descriptions \mid = Classifications$$

式中，“| =”指逻辑蕴涵，我们称这种关系为蕴涵约束。*Hypothesis* 是未知的，并抽自某个预定义的假说空间，纯粹归纳学习的目标是解决这个约束。

这种简单、无知识的归纳学习图景持续运用到20世纪80年代早期。现代途径则是设计已知某些知识并尝试学习更多的Agent，其通用思路概要如图5-4所示。从图中可以看到，使用背景知识自主学习的Agent，为了将其应用于新的学习情境，必须首先获得背景知识。运用这种方法本身是一个学习的过程，Agent的生命历程可以用递增发展来刻画，并会利用背景知识有效学习更多东西。

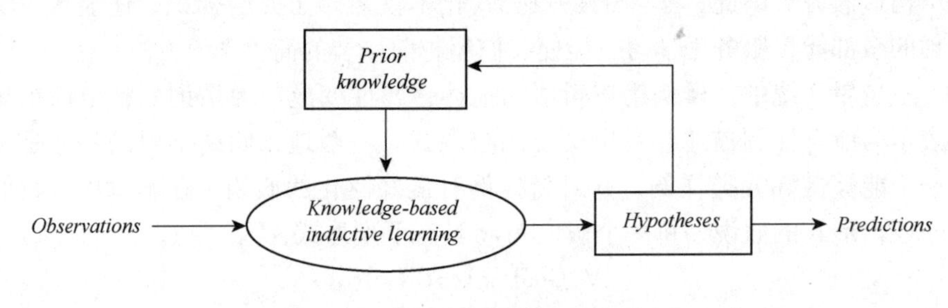

图5-4 递增学习过程

接下来我们通过一些带有背景知识学习的例子来解释其在实际中的应用。很多看起来是理性的推理行为，却并不遵循纯粹归纳的简单原理。

案例一：Gary Larson曾经制作了一个卡通片，其中一个戴眼镜的穴居者Zog把蜥蜴串在一根有尖头的棍棒上，放在火上烧烤。有一类与Zog同时代的、智能低下的生物，还是用赤裸的双手持着食物烧烤。这时，他们正饶有兴趣地围观Zog。Zog的这一极富启迪的烧烤过程足以使围观者确信无痛烹饪的一般原理。这个例子说明，有时候在仅仅得到一个观察之后，就得到一个结论。人们借助先验知识，尝试判断应选择的泛化。在这个烧烤情境中，人们通过解释带尖头棍棒的成功，推断出通用规则：任何长长的锋利物体都可用来烤炙小的软体食物。这类泛化过程被称为基于解释的学习或EBL。EBL满足的蕴涵约束如下：

$$Hypothesis \wedge Descriptions \mid = Classifications$$

$$Background \mid = Hypothesis$$

在EBL这种学习方法中，Agent实际上没有从样例中学到新的东西。EBL被视为一种将第一原理性理论转化为专用知识的方法。

案例二：一个旅游者在巴西遇到了第一个巴西人。听到这个巴西人讲葡萄牙语，她立即断定巴西人讲葡萄牙语，而当发现他的名字是费尔南多时，她却不能断定所有巴西人都叫费尔南多。进一步地，一个对殖民历史完全无知的旅行者也会得到同样的泛化。与这个场景相关的先验知识是：一个国家的大多数人大致上说同一种语言。另一方面，因为这种规律性对姓名不成立，费尔南多不被认为是所有巴西人的名字。在这种情形中，先验知识Background关注一组特征与目标谓词的关联。这些知识与观察结合在一起，允许Agent推理出解释观察的、新的通用规则：

$Hypothesis \wedge Descriptions \models Classifications \quad Background \wedge Descriptions \wedge Classifications \models Hypothesis$

我们称这种泛化为基于相关性的学习或RBL。虽然RBL使用了观察的内容，但它不会产生背景知识和观察的逻辑内容之外的结论。它是一类演绎学习，本身不能期望从零开始生成新知识。

案例三：一个医科学生有丰富的诊断经验，但对药理一窍不通。她正在观察一个患者与一个内科专家的会话。在一系列提问和回答后，专家嘱咐患者服用一个疗程的特定抗生素。她演绎出特定抗生素对特定感染有效的通用规则。在这个医学院学生的场景中，我们假定学生拥有充分的推导患者所患疾病来的先验知识。然而，她的知识不足以解释专家开出的药。她需要提出另一规则：特定药通常对治疗特定疾病有效。我们现在能够泛化这个例子，提出蕴涵约束如下：

$$Background \wedge Hypothesis \wedge Descriptions \models Classifications$$

其含义是，背景知识和新假说联合起来解释样例。如同纯粹归纳一样，学习算法应该提出与约束相容的、尽可能简单的假说。满足这个约束的算法称为基于知识的归纳学习算法或KBIL。

5.2.3 基于解释的学习

基于解释的学习是从个体观察中抽取通用规则的方法。EBL背后的基本思想是首先使用先验知识构造观察的一个解释，然后为相同解释结构能够应用的实例类建立一个定义。这个定义提供了覆盖类中所有实例的规则的基础。在一般情况下，“解释”是一个推理或问题求解过程，过程中的步骤是良定义的。

我们将使用一个简单的问题来说明泛化方法。假设我们的问题是化简$1 \times (0+X)$。知识库包含下列规则：

Rewrite（u，v）∧implify（v，w）⇒Simplify（u，w）

Primitive（u）⇒Simplify（u，u）

ArithmeticUnknown（u）⇒Primitive（u）

Number（u）⇒Primitive（u）

Rewrite（$1 \times u$，u）

Rewrite（$0 + u$，u）

⋮

$1\times(0+X)$ 的化简是 X 的证明，显示在图 5-5 的上半部分。*EBL* 方法实际上同时构造了两棵树。第二棵证明树使用了变量化目标，其中原目标的常量用变量替换。当原证明过程行进时，变量化证明施加相同的规则同步行进。

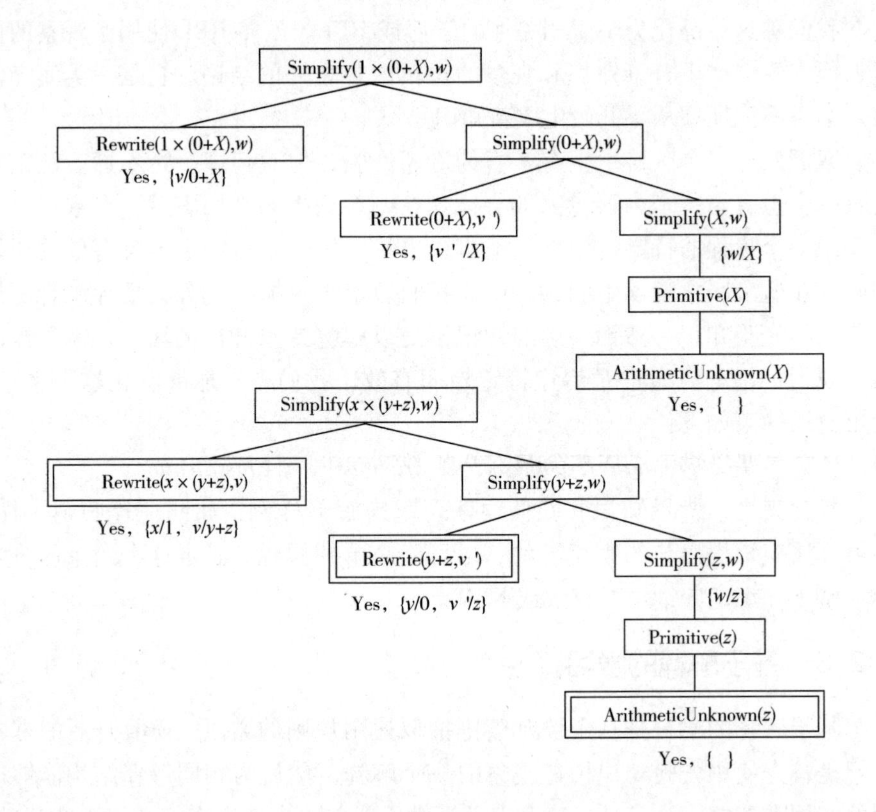

图 5-5　化简问题的证明树

第一棵树显示原问题实例证明，从中我们可以演绎出 ArithmeticUnknown $(z)\Rightarrow$Simplify $(1\times(0+z),z)$

第二棵树显示一个问题实例证明，其中所有常量用变量取代，从中可演绎出一类其他规则。

一旦得到泛化证明树，我们取其中的叶节点，并形成目标谓词的通用规则：

Rewrite $(1\times(0+z),0+z))\wedge$Rewrite$(0+z,z)\wedge$ArithmeticUnknown$(z)$ $\Rightarrow$Simplify $(1\times(0+z),z)$

无论 z 是什么值，左边前两个条件总为真。因此，可从规则中删除它们，得出：

$$\text{ArithmeticUnknown}(z) \Rightarrow \text{Simplify}(1 \times (0 + z), z)$$

一般来说，如果最终规则中的条件没有对规则右边的变量施加约束，则可以删除它们，此时结果规则仍然为真，并且更高效。EBL 基本的工作过程可以概括如下；一是给定一个样例，使用合适背景知识，将目标谓词施加于该样例，从而构造一个证明；二是使用相同的推理步骤，为变量化目标并行构造一个泛化证明树；三是构造一个规则，其左边由证明树的叶节点组成，其右边是变量化目标；四是从左边删除任何这样的条件，即无论目标中变量的值如何变化，这些条件都为真。

5.3 学习概率模型

本章将学习视为一种从观察开始的非确定性推理形式。Agent 能够使用概率和决策理论的方法处理非确定性，但是必须首先从经验中学习概率性的理论。这一章通过将学习任务本身公式化为概率推理过程，解释如何学习概率性理论。用贝叶斯观点考察学习是极其有力量的，为噪音、过度拟合和最优预测等问题提供了通用解决途径。

5.3.1 统计学习

这一节的关键概念是数据和假说。在这一节中，数据是描述领域的某些或全部随机变量的示例，假说是关于领域如何工作的概率性理论。现在来研究一个简单例子，我们最喜欢的糖果有两种味道：草莓味和酸橙味。这种糖果的制造商不顾及味道，将每块糖果都用相同不透明的糖衣包着。糖果放在大袋子中出售，总共有五种袋子，但从外部不能区分开来：

h_1：100%草莓，

h_2：75%草莓 + 25%酸橙，

h_3：50%草莓 + 50%酸橙，

h_4：25%草莓 + 75%酸橙，

h_5：100%酸橙。

给定一个新糖果袋，用随机变量 H（关于假说）表征袋子的类型，取值范围是 h_1 到 h_5，H 不能直接观察。随着糖果包装被撕开，数据就出来了——D_1，D_2，…，D_N。其中，D_i 是随机变量，可能值为草莓和酸橙。Agent 的任务是预测下一块糖果的味道。

基于给定数据，我们利用贝叶斯学习计算每个假说的概率，并基于这些概率做决策。也就是说，使用所有假说做预测，并用概率加权，而不是使用单个“最好”的假说。通过这种途径，将学习归约为概率推理。令 D 表示所有数据，观察为 d，用贝叶斯规则获得每个假说的概率：

$$P(h_i \mid d) = \alpha P(d \mid h_i)P(h_i)$$

现在，假设我们希望做关于未知量 X 的预测。则有

$$P(X \mid d) = \sum_i P(X \mid d, h_i)P(h_i \mid d) = \sum_i p(X \mid h_i)P(h_i \mid d)$$

假定每个假说都确定了 X 上的一个概率分布。这个式子表明预测是在个体假说预测之上的加权平均。贝叶斯途径中的关键量是假说先验 $P(h_i)$ 和在每个假说下数据的似然性 $P(d \mid h_i)$。在糖果例子中，我们假定 h_1，…，h_s 的先验分布是〈0.1，0.2，0.4，0.2，0.1〉，就像制造商的广告中宣称的那样。假设观察是 *i. i. d.* 的，在这个假设下计算数据的似然性，因此

$$P(d \mid h_i) = \prod_i P(d_j \mid h_i)$$

当逐步观察到 10 块酸橙糖时，假说后验概率的变化过程显示在图 5－6（a）中。图 5－6（b）显示了下一块糖是酸橙的预测概率。就像我们预期的那样，这个概率单调增加，并逼近 1。该例子表明，贝叶斯预测最终将与真假说一致，这正是贝叶斯学习的特性。给定任何不排除真假说的、固定的先验，在一定技术条件下，任何假假说的后验概率将最终消失。

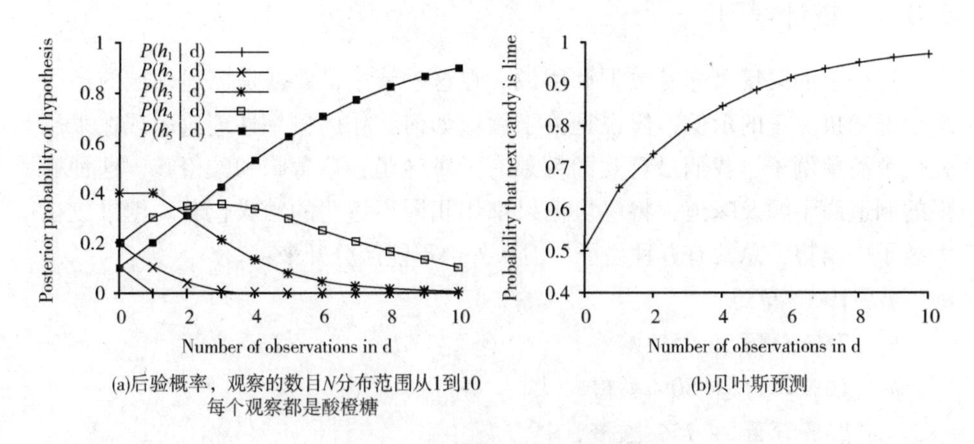

(a)后验概率，观察的数目N分布范围从1到10 每个观察都是酸橙糖

(b)贝叶斯预测

图 5－6　后验概率的变化过程

5. 3. 2　带完整数据的学习

给定一组数据，认为它们是从一个概率模型中产生的，学习该模型的一般任务被称为密度估算。这一节涉及最简单情形，其中学习器拥有完整数据。

数据是完整的，当概率模型中每个变量在所有数据点都有值时，我们聚焦于参数学习，即发现结构固定的概率模型中的数值参数。到目前为止，我们假定贝叶斯网络结构是固定的，只需学习参数。网络结构代表领域基本因果知识，专家或新手用户一般都很容易提供这些知识。然而，某些时候因果模型是不可用的，或者存在争议。因此，理解如何从数据中学习贝叶斯网络结构是很重要的。

最明确的途径是搜索一个良好的模型。从不包含任何链的模型开始，逐步为每个节点增加父节点，用我们前面讨论的方法拟合参数，测量结果模型的精度。另一种做法是，从关于结构的初始猜测开始，使用爬山或模拟退火搜索做修改，每次对结构进行改变后返回参数。修改过程包括反转、增加和删除链等操作。因此，很多算法都规定了变量的一个序，父节点只能是序中前面的节点。接下来，我们介绍用来确定一个结构是否良好的两种方法。

第一种方法是测试隐含在结构中的条件依赖断言是否被数据满足。我们可以在数据中进行检查，看同样的式子在对应条件概率之间是否成立。然而，即使结构描述了领域的真实因果性质，数据集的统计波动意味着该式子绝不会确切地被满足。因此，我们需要执行更合适的统计，测试是否有充分的证据表明独立性假说被违背。结果网络的复杂性依赖于这个测试所使用的阈值。

第二种方法是评估所建议模型解释数据的程度。然而，测量这个值要特别谨慎。如果我们只尝试发现极大似然假说，将可能终止于全连接网络，因为为一个节点增加更多父节点将不会降低似然性，我们不得不以某种方式惩罚模型复杂性。MAP（或 MDL）的做法是，在比较不同结果之前，简单地从每个结构的似然性中减去一个惩罚。贝叶斯途径将一个联合先验置于结构和参数之上。通常，由于有太多结构需要考虑，大多数实践者使用 MCMC 对结构进行采样。

无论是用 MAP 还是用贝叶斯方法，惩罚复杂性引入了最优结构和网络中表示条件分布的方法之间的一个重要联系。对于表格形式的分布，对节点分布的复杂性惩罚以父节点数目的指数级增长；但对于“噪音 - OR”分布，增长仅是线性的。这意味着，相较于使用表格形式分布的模型，使用“噪音 - OR”模型倾向于产生带更多父节点的结构。

5.3.3 隐变量学习：EM 算法

我们在前一节讨论了数据完全可观察的情况。但是在现实中，很多问题是含有隐变量的，这些变量在数据中不可观察，但可用于学习。例如，医学记录经常包含所观察的症状、医生的诊断、应用的治疗方案，也许还有治疗结果，但很少包含疾病本身的直接观察。人们也许会疑惑，如果疾病是不可观察的，为什么不构造一个不包含疾病的模型？这个问题的答案如图5－7所示，它显示了一个小的、虚构的心脏病诊断模型。其中存在三个可观察诱因和三个可观察症状。假设每个变量有三个可能值（即 *none*、*moderate* 和 *severe*）。从（a）的网络中删除隐变量产生（b）中网络，参数总数从78增加到708。因此，潜变量能极大减少说明贝叶斯网络所需的参数个数。反过来，它又极大地减少了学习参数所需的数据量。

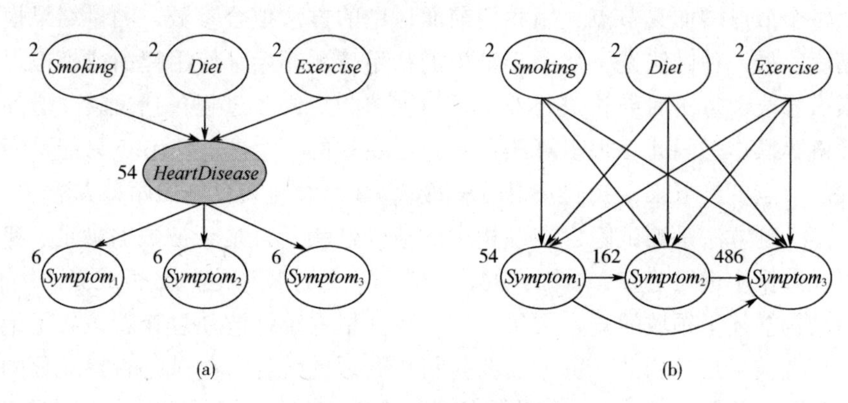

图5－7　心脏病诊断模型

注：（a）心脏病的简单诊断网络。假设心脏病是隐变量，每个变量有三个可能值，用其条件分布中的独立参数的编号标记，参数总数是78。（b）删除HeartDisease后的等价网络。注意，给定症状变量的父节点不再相互条件独立。这个网络要求有708个参数。

隐变量很重要，但它确实使学习问题复杂化。例如，在图5－7（a）中，给定其父节点，怎样学习 *HeartDisease* 的条件分布是不明显的，因为我们不知道每种情况下 *HeartDisease* 的值，同样的问题出现在学习症状的分布中。这一节描述的算法称为期望极大化或EM，它以一种非常通用的方式解决这个问题。接下来我们将呈示一个例子，再提出一般性描述。

EM的典型应用涉及学习隐马尔科夫模型（HMMs）中的转移概率。如图5－8所示，隐马尔科夫模型可以用带单一离散状态变量的动态贝叶斯网络表示。每个数据点由有限长度的观察序列组成，因此问题变成，从观察序列集合中学习转移概率。我们在前面已经讨论过如何学习贝叶斯网络的问题，但是仍存在一个困境：在贝叶斯网络中每个参数都是不同的；另一方面，在隐马尔科夫模型中，在时刻 t，从状态 i 到状态 j 的转移概率 $\theta_{ijt} = P\ (X_{t+1} = j \mid X_t = i)$ 在时间上重复，即对于所有 t，$\theta_{ijt} = \theta_{ij}$。为了估算从状态 i 到状态 j 的转移概率，我们简单地计算在状态 i 时，系统迁移到状态 j 的次数的期望比例：

$$\theta_{ij} \leftarrow \sum_t \hat{N}(X_{t+1} = j, X_t = i) / \sum_t \hat{N}(X_t = i)$$

期望计数由 HMM 推理算法计算。forward – backward 算法经过简单的修改，就能计算所需概率。重要的是，所需概率是通过平滑而不是过滤获得的，也就是说，在估算一个特定转移出现的概率时，我们需要关注后续证据。例如，刑事案的证据一般是在案件（即从状态 i 到状态 j 的转移）发生之后获得的。

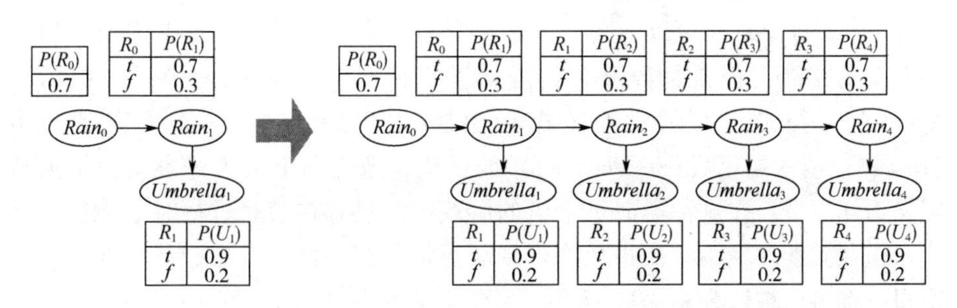

图 5 – 8　一个展开的动态贝叶斯网络，它表示一个隐马尔科夫模型

我们已经看到了 EM 算法的示例，在示例中涉及为每个样例计算隐变量的期望值，然后把期望值当做观察值，重新计算参数。令 x 是所有样例中的所有观察值，Z 指所有样例的所有隐变量，θ 是概率模型中的所有参数。则 EM 算法是：

$$\theta^{(i+1)} = \arg\max_\theta \sum_z P(Z = z \mid x, \theta^{(i)} L(x, z = z \mid \theta))$$

这个方程是 EM 算法的框架。E – 步计算累加和，它是“完全”数据的 log 似然性的期望。M – 步是相对于参数的、期望 log 似然性的最大化。对于 HMMs，Z_{jt}是 t 时刻样例 j 中序列的状态。一旦鉴别出合适的隐变量，就有可能从一般形式出发，推导出针对特定应用的 EM 算法。在我们理解了 EM 的一般思想之后，推导出其所有类型的变异和改进都是很容易的。例如，在很多案例中，诸如在大规模贝叶斯网络中的情形，E – 步是困难的。鉴于此，我们可使用一个近似 E – 步且仍然有效的学习算法。利用一个诸如 MCMC 的取样算法，学习过程是非常直观的：MCMC 访问的每个状态（隐变量和观察变量的配置）被当作一个完全观察。因此，在 MCMC 的每次转移后，可以直接更新参数。其他形式的近似推理，诸如变异和循环方法，已被证明对于学习大规模网络是行之有效的。

5.4 强化学习

在本节中，我们将研究 Agent 如何从成功与失败、回报与惩罚中进行学习，研究 Agent 在没有标注样例的情形下如何学习“做什么”的方法。例如，我们以机器人 AlphaGo 学习下围棋的问题为例。一个监督学习的 Agent 需要被告知在每种棋局下正确的走步，但很少事先获得这样的反馈。在缺少反馈的情况下，一个 Agent 可以为自己的走步学习一个转移模型，这就需要学习预测对手的走步。但是，若没有获得关于“什么是好，什么是坏”的反馈，Agent 在选择走步时就没有依据做出决策。因此，Agent 需要得到回报（reward）或者强化（reinforcement）的反馈：把胜利定义为好事情，把失败定义为坏事情。在这种类似于下棋的游戏中，只有在游戏进行时才能得到强化。但在其他环境下。回报也许出现得更加频繁。例如，在篮球比赛中，每次得分都可以被认为是一次回报；在婴儿学习走路时，任何一次向前的运动都是一次成功。Agent 架构把回报当作输入感知信息的一部分，但是 Agent 必须靠“硬连线”（hardwired）识别出这部分是回报，而不是另一个传感器输入。科学家们已经针对动物心理学研究了很多年，他们试图对“强化”进行定义，例如，通过硬连线方式将动物感受到的饥饿、寒冷和痛苦等识别为负回报，将进食、温暖和快乐等识别为正回报。因此，我们可以说，强化学习（reinforcement learning）的任务是利用观察到的回报来学习针对某个环境的最优或接近最优的策略。

我们假定 Agent 不具有任何关于环境的完整模型以及回报函数的先验知识。在许多复杂领域里，强化学习是对程序进行训练以表现出高层次的唯一可行途径。在刚才提到的 AlphaGo 围棋案例中，人类很难对大量的棋局提供精确一致的评价，而这些棋局又是训练评价函数所必需的。我们可以做的是，告知计算机程序什么时候赢了或输了，它能够运用这些信息来学习评价函数，从而对从任意给定棋局出发的获胜概率做出精确估计。我们可以认为，强化学习体现了人工智能的内涵：一个 Agent 被置于一个环境中，通过训练学会了在其间游刃有余。Agent 所面临的是一个未知的马尔科夫决策过程，我们将考虑三种 Agent 设计：

第一，基于效用的 Agent：学习关于状态的效用函数并使用它选择使期望的结果效用最大化的行动。

第二，Q－学习 Agent：学习行动－价值函数，或称为 Q 函数，该函数提供在给定状态下采取特定行动的期望效用。

第三，反射型 Agent：学习一种策略，该策略直接将状态映射到行动。

5.4.1 被动强化学习

我们从完全可观察环境下使用基于状态表示的被动学习 Agent 开始展开研究。在被动学习中，Agent 的策略 π 是固定的，在状态 s，它总是执行行动 $\pi(s)$。假设其目标只是单纯地学习效用函数 $U^{\pi}(s)$，我们以 4×3 世界作为例子，图 5－9给出了这个世界的一个策略以及相应的效用。

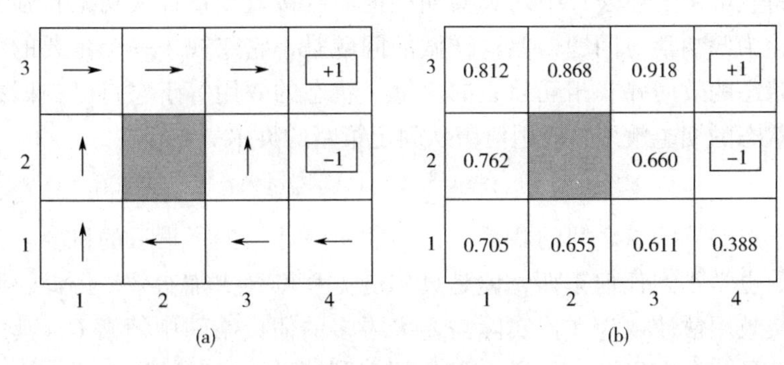

图 5－9 4×3 世界

注：(a) 4×3 世界的一个策略 π；(b) 已知策略 π，4×3 世界的状态效用。

被动学习的任务类似于策略评价（policy evaluation），它是策略迭代（policy iteration）算法的一部分。被动学习 Agent 并不知道指定每个状态的回报函数 $R(s)$。在该环境中，Agent 应用其策略 π 执行一组试验（trial）。每次试验时，Agent 从状态（1，1）开始，经历一个状态转移序列直至到达终止状态（4，2）或（4，3）。当前状态以及在该状态所得到的回报可以从感知信息中获得。试验过程如下：

$(1,1)_{-0.04}\rightarrow(1,2)_{-0.04}\rightarrow(1,3)_{-0.04}\rightarrow(1,2)_{-0.04}\rightarrow(1,3)_{-0.04}\rightarrow(2,3)_{-0.04}\rightarrow$
$(3,3)_{-0.04}\rightarrow(4,3)_{1}\rightarrow(1,1)_{-0.04}\rightarrow(1,2)_{-0.04}\rightarrow(1,3)_{-0.04}\rightarrow(2,3)_{-0.04}\rightarrow$
$(3,3)_{-0.04}\rightarrow(3,2)_{-0.04}\rightarrow(3,3)_{-0.04}\rightarrow(4,3)_{+1}\rightarrow(1,1)_{-0.04}\rightarrow(2,1)_{-0.04}\rightarrow$
$(3,1)_{-0.04}\rightarrow(3,2)_{-0.04}\rightarrow(4,2)_{-1}$

以上每个状态感知信息都用下标注明了所获得的回报，其最终目标是利用关于回报的信息学习到与每个非终止状态 s 相关联的期望效用 $U^{n}(s)$。我们可以把效用定义为当遵循策略 π 时所获得的（折扣）回报的期望总和：

$$U^{\pi}(s) - E\left[\sum_{t=0}^{\infty}\gamma^{t}R(S_{t})\right]$$

式中，$R(s)$ 是状态 s 的回报；S_t（一个随机变量）是在时刻 t 执行策略 π 时达到的状态，$s_0=s$；γ 为折扣因子，后续的所有公式都包含一个折扣因子 γ，对于 4×3 世界，我们设置 $\gamma=1$。

接下来，我们讨论一下状态的效用估计问题。最简单的直接效用估计（direct utility estimation）方法是20世纪50年代末期在自适应控制理论（adaptive control theory）领域中提出的，其基本思想为：一个状态的效用是从该状态开始往后的期望总回报，而每次试验对于每个被访问状态提供了该值的一个样本。因此，只要在一个表格中记录每个状态持续一段时间后的平均值，该算法就可在每个序列的最后计算出对于每个状态所观察到的未来回报，并相应地更新该状态的估计效用。在进行无穷多次实验的极限情况下，样本平均值将收敛于上述公式中的真实期望值。直接效用估计成功地将强化学习问题简化为归纳学习问题，但这样做的问题是，它忽视了一个重要的信息来源，即状态的效用并非相互独立的。每个状态的效用等于它自己的回报加上其后继状态的期望效用，效用值服从固定策略的贝尔曼方程：

$$U^{\pi}(s) = R(s) + \gamma \sum_{s'} P(s' \mid s, \pi(s)) U^{\pi}(s')$$

由于忽略了状态之间的联系，直接效用估计错失了学习的机会，到试验结束之前也学不到任何东西，但是贝尔曼方程则会更加有效。因此，我们可以把直接效用估计视为在比实际需要大得多的假设空间中搜索 U，其中包含许多违反贝尔曼方程组的函数，导致该算法的收敛速度较慢。

5.4.2 主动强化学习

我们首先定义两个概念：ADP和TD。ADP即自适应动态规划，ADP Agtnt是指通过学习连接状态的转移模型，并使用动态规划方法来求解马尔科夫决策的过程。相继状态之间的效用差分，被称为TD，即时序差分（temporal - difference）。ADP方法和TD方法是密切相关的。二者都试图对效用估计进行局部调整，以使每种一状态都与其后继状态相“一致”，其差异在于TD调整一个状态使其与已观察到的后继状态相一致，而ADP则调整该状态使其与所有可能出现的后继状态相一致，根据概率进行加权。TD可以视为对ADP的一个粗略而有效的一阶近似。

在前一节提到的被动学习中，Agent有固定的策略决定其行为。主动学习Agent必须自己决定将采取的行动。接下来，我们将从ADP Agent开始，考虑它必须经过何种改造才能应对新的自由度。由于是动态模型，Agent将需要学习一个包含所有行动结果概率的完整模型，而不仅仅是固定策略模型，例如PASSIVE - ADP - AGENT所使用的简单学习机制。为了让Agent对行动做出选择，它需要学习的效用是由最优策略定义的，并遵守贝尔曼方程：

$$U(s) = R(s) + \gamma \max_{s'} P(s' \mid s, a) U(s')$$

上述公式中的效用函数 U 可以通过策略迭代算法求解，在获得了对于模

型而言最优的 U 之后，Agent 能够通过使期望效用最大化的单步前瞻提取一个最优行动。

5.4.2.1 关于探索

在试验中，一个 ADP Agent 在每一步都遵循其所学模型的最优策略的建议，但事实是，Agent 并没有学习到真正的效用或者真正的最优策略。假设在第 12 次试验中，它发现了沿较低的路径而达到获得 +1 的回报。在经历了微小的变化后，从第 300 次试验开始往后它一直坚持那个策略，再没有学习其他状态的效用，最终也没有发现最优路径。我们称此 Agent 为贪婪 Agent。试验表明，贪婪 Agent 很少收敛到针对所处环境的最优策略，不仅如此，有时还会收敛到非常糟糕的策略。

上述结果是如何导致的呢？为什么选择最优行动却导致了非最优结果？答案就是学习到的模型与真实环境并不相同，也就是说，通过学习得到的模型最优并不是真实环境中的最优。然而，Agent 并不知道真实环境是什么，因此无法针对真实环境计算最优行动。为了解决这个问题，我们注意到，贪婪 Agent 忽视了一点：行动不仅仅根据当前学习到的模型提供回报，它们也可通过影响所接收的感知信息对真实模型的学习做出贡献。通过改进模型，Agent 将在未来得到更高的回报。因此，一个 Agent 必须要在充分利用信息（exploitation）以得到最大化回报和探索（exploration）最大化长期利益之间进行折中。为了提出一个合理方案从而获得 Agent 的最优行动，从技术上来说，任何这样的方案在无穷探索的极限下都必然是贪婪的，可缩写为 GLIE（greedy in the limit of infinite exploration）。一个 GLIE 方案必须对每个状态下的每个行动进行无限制次数的尝试，以避免由于一系列糟糕结果而错过最优行动的有限概率。一个 GLIE 方案最终必须变得贪婪，才能使得 Agent 的行动对于学习到的模型而言是最优的。

在目前存在的几种 GLIE 方案中，一种较为明智的方法是给那些 Agent 很少尝试的行动加权，同时注意避免那些已经确信具有低效用的行动。这可以通过改变上述约束方程实现，以便给相对来说尚未探索的状态 - 行动对分配更高的效用估计。本质上，这得到了一个关于可能环境的乐观先验估计，并导致 Agent 最初的行为如同整个区域到处散布着极好的回报一样。我们用 $U^+(s)$ 表示状态 s 的效用的乐观估计，令 $N(s, a)$ 表示状态 s 下行动 a 被尝试的次数。设想我们在一个 ADP 学习 Agent 中使用价值迭代，那么我们需要重写更新公式以包含乐观估计：

$$U^+(s) \leftarrow R(s) + \gamma \max_a f\left[\sum_{s'} P(s' \mid s,a) U^+(s'), N(s,a)\right]$$

式中，$f(u, n)$ 称为探索函数，它决定了贪婪（对高值 u 的偏好）与好奇

（对具有低值 n 的未经尝试的行动偏好）之间是如何取得折中的。

上述公式右边出现的是 U^+ 而不是 U，这个事实表明：随着探索的进行，接近初始状态的状态和行动很可能被尝试很多次。如果我们使用更悲观的效用估计 U，Agent 很快就会变得不愿意去探索更远处的区域；而使用 U^+ 则意味着探索的好处是从未探索区域的边缘传递回来的，于是向着未探索领域前进的行动将被给予更高的权值。

5.4.2.2 学习行动效用函数

接下来，让我们考虑如何构造一个主动时序差分学习 Agent，此时的 Agent 不再具有固定策略。因此，如果它学习效用函数 U，就需要学习一个模型以便能够通过单步前瞻基于 U 选择一个行动。TD Agent 的模型获得问题与 ADP Agent 是一样的。随着训练序列的数量趋于无穷，TD 算法将与 ADP 算法收敛到相同的值。

还有另外一种称为 Q - 学习的时序差分方法，它学习一种“行动 - 效用”表示而非学习效用。我们用符号表示 $Q(s, a)$ 代表在状态 s 采取行动 a 的价值。如下所示，Q 值与效用值直接相关：

$$U(s) = \max_a Q(s,a)$$

Q 函数具有一项非常重要的性质：学习 Q 函数的 TD Agent 不需要一个用于学习或行动选择的模型 $P(s' \mid s, a)$。基于这个原因，Q 学习被称为一种无模型方法。时序差分 Q 学习的更新公式为：

$$Q(s,a) \leftarrow Q(s,a) + \alpha(R(s)) + \gamma \max_{a'} Q(s',a') - Q(s,a)$$

只要在状态 s 下执行行动 a 导致了状态 s'，就对其进行计算。一个使用时序差分的探索型 Q - 学习 Agent 的完整设计如图 5 - 10 所示。此外，Q - 学习有一个近亲，称为 SARSA（State - Action - Reward - State - Action）。SARSA 的更新规则与上述公式很相似：

$$Q(s,a) \leftarrow Q(s,a) + \alpha(R(S)) + \gamma Q(s',a') - Q(s,a)$$

式中，a'是在状态 s'实际采取的行动。

SARSA 的完整设计如图 5 - 11 所示。SARSA 与 Q - 学习的区别在于：Q - 学习在观察到的转移中从达到的状态回传最佳 Q - 值，而 SARSA 则等到实际采取行动后再回传那个行动的 Q 值。对于一个总是采取具有最佳 Q - 值行动的贪婪 Agent，两个算法是没有区别的。然而，当发生探索时，它们的区别很明显。由于 Q - 学习使用最佳 Q - 值，它不关心遵循的实际策略，因此它是一个脱离策略（off - policy）或离线策略的学习算法，而 SARSA 是一个依附策略（on - policy）或在线策略的算法。Q - 学习比 SARSA 更灵活，Q - 学习 Agent 即使被随机或对抗探索策略引导，也可以学习如何采取好的行动。此外，输入：环境 E；
　　动作空间 A；
　　起始状态 x_0；
　　奖赏折扣 γ；
　　更新步长 α.
过程：
1：$Q(x, a) = 0$，$\pi(x, a) = \frac{1}{|A(x)|}$；
2：$x = x_0$；
3：for $t = 1, 2, \cdots$ do
4：r，x'在 E 中执行动作 $\pi^{\epsilon}(x)$ 产生的奖赏与转移的状态；
5：$a' = \pi(x')$；
6：$Q(x, a) = Q(x, a) + \alpha(r + \gamma Q(x', a') - Q(x, a))$；
7：$\pi(x) = \arg\max_{a''} Q(x, a'')$；
8：$x = x'$，$a = a'$
9：end for
输出：策略 π

图 5-10　Q-学习算法

输入：环境 E；
动作空间 A；
起始状态 x_0；
奖赏折扣 γ；
更新步长 α.
过程：
1：$Q(x, a) = 0$，$\pi(x, a) = \frac{1}{|A(x)|}$；
2：$x = x_0$，$a = \pi(x)$；
3：for $t = 1, 2$，do
4：r，x'在 E 中执行动作 a 产生的奖赏与转移的状态；
5：$a' = \pi^{\epsilon}(x')$；
6：$Q(x, a) = Q(x, a) + \alpha(r + \gamma Q(x', a') - Q(x, a))$；
7：$\pi(x) = \arg\max_{a''} Q(x, a'')$；
8：$x = x'$，$a = a'$
9：end for
输出：策略 π

图 5-11　SARSA 算法

SARSA 更现实，可以更好地学习一个 Q - 函数。随着环境变得更复杂，基于知识的方法的优势就越明显。在很多博弈游戏中，通过模型的方式努力学习一个评价函数可以比 Q - 学习方法获得更大的成功。

5.5 神经网络与深度学习

5.5.1 神经元模型

人工神经网络（artificial neural networks）方面的研究很早就已经出现，如今，神经网络已是一个多学科交叉的领域。本书将神经网络定义为：是由具有适应性的简单单元组成的广泛并行互连的网络，它的组织能够模拟生物神经系统对真实世界物体所做出的交互反应。机器学习中的神经网络是指神经网络学习。

神经网络中最基本的成分是神经元（neuron）模型，即上述定义中的简单单元。在生物神经网络中，每个神经元与其他神经元相连，当它兴奋时，就会向相连的神经元发送化学物质，从而改变这些神经元内部的电位；如果某神经元的电位超过一个阈值（threshold），它就会被激活，向其他神经元发送化学物质。麦卡洛克（McCulloch）和皮特斯（Pitts）在 1943 年将上述情形抽象为图 5 - 12 所示的简单模型，这就是 MP 神经元模型。在这个模型中，神经元接收到来自 n 个其他神经元传递过来的输入信号，这些信号通过带权重的连接（connection）进行传递，神经元接收到的总输入值将与神经元的阈值进行比较，然后通过激活函数（activation function）处理以产生神经元的输

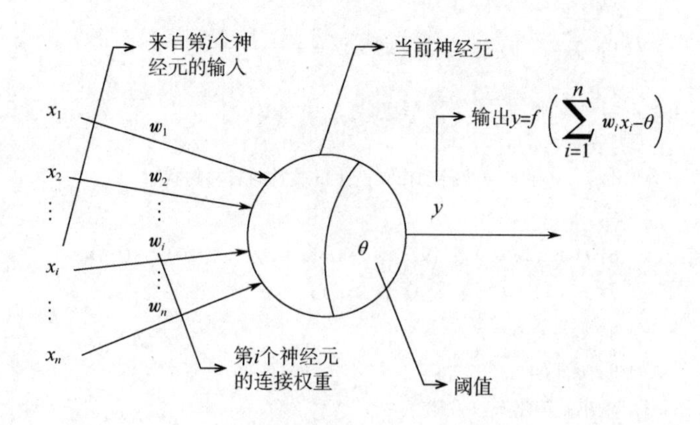

图 5 - 12　M - P 神经元模型

出。理想的激活函数是图5－13（a）所示的阶跃函数，它将输入值映射为输出值0或1，1对应于神经元兴奋，0对应于神经元抑制。由于阶跃函数具有不连续、不光滑等不太好的性质，因此在实际中常用Sigmoid函数作为激活函数，如图5－13（b）所示，它把可能在较大范围内变化的输入值挤压到（0，1）输出值范围内。把许多个这样的神经元按一定的层次结构连接起来，就得到了神经网络。

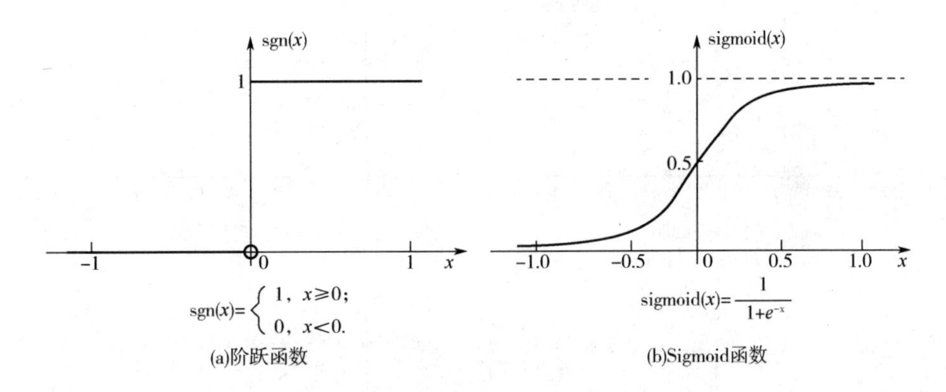

图5－13 典型的神经元激活函数

5.5.2 单层前馈神经网络与多层网络

所有输入直接连接到输出的网络称为单层前馈神经网络或感知机（Perceptron），它由两层神经元组成，如图5－14所示。输入层接收外界输入信号后传递给输出层，输出层是M－P神经元，亦称阈值逻辑单元（threshold logic unit）。使用感知机，很容易实现逻辑“与、或、非”运算。

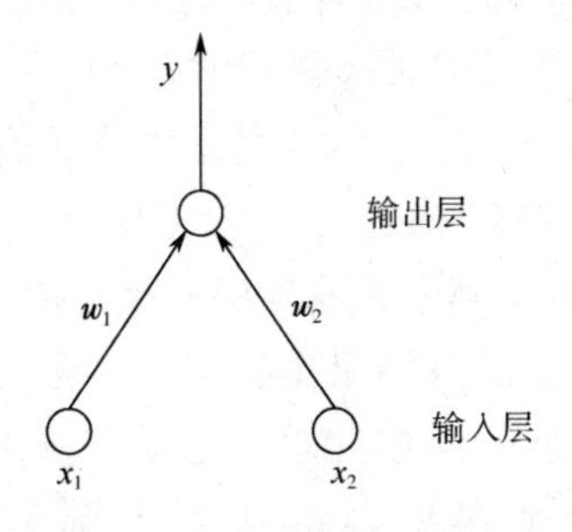

图5－14 两个输入神经元的感知机网络结构

感知机只有输出层神经元进行激活函数处理，即只拥有一层功能神经元（functional neuron），其学习能力非常有限。上述“与、或、非”问题都是线性可分（linearly separable）的问题。因此，若两类模式是线性可分的，即存在一个线性超平面能将它们分开，如图 5－15（a）－（c）所示，感知机的学习过程一定会收敛（converge）而求得适当的权向量。否则，感知机学习过程将会发生振荡（fluctuation），不能求得合适解。例如，感知机无法解决如图 5－15（d）所示的“异或”这样的非线性可分问题。

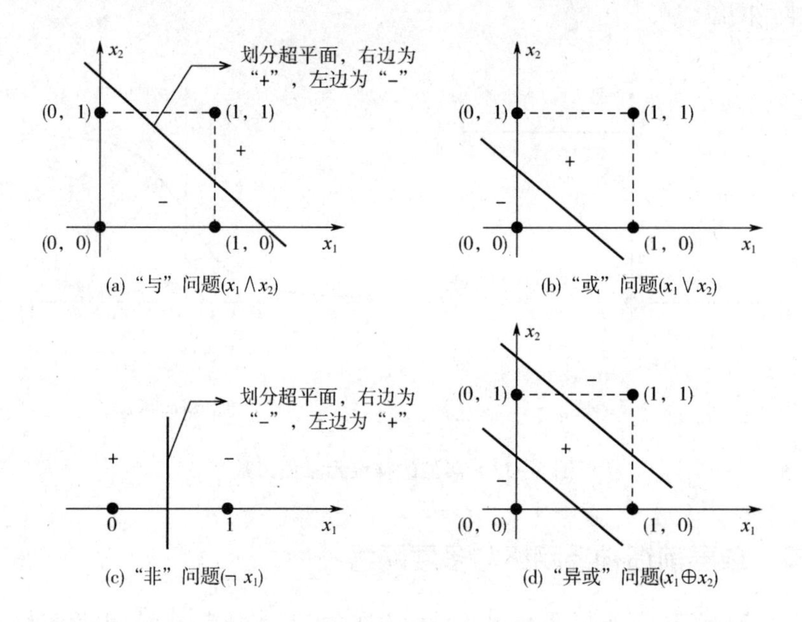

图 5－15　线性可分的“与、或、非”问题与非线性可分的“异或”问题

要解决非线性可分问题，则需要考虑使用多层功能神经元。例如，简单的两层感知机就能解决异或问题。输出层与输入层之间的一层神经元，被称为隐层或隐含层（hidden layer），隐含层和输出层神经元都是拥有激活函数的功能神经元。一般来说，常见的神经网络是如图 5－16 所示的层级结构，每层神经元与下一层神经元全互连，但神经元之间不存在同层连接，也不存在跨层连接。这样的神经网络结构通常称为多层前馈神经网络（multi－layer feedforward neural networks）。其中，输入层神经元接收外界输入，隐层与输出层神经元对信号进行加工，最终结果由输出层神经元输出。也就是说，输入层神经元仅接受输入，不进行函数处理，隐层与输出层包含功能神经元。神经网络的学习过程，就是根据训练数据来调整神经元之间的连接权（connection weight）以及每个功能神经元的阈值。神经网络“学”到的东西，蕴涵在连接权与阈值中。由于多层网络的学习能力比单层感知机强得多，所以欲训练多层网络，则需要更强大的学习算法，误差逆传播（error Back

Propagation，BP）算法就是其中的典型代表，它是迄今最成功的神经网络学习算法。现实任务中使用神经网络时，大多是在使用 BP 算法进行训练。通常我们说 BP 网络时，一般是指用 BP 算法训练的多层前馈神经网络。

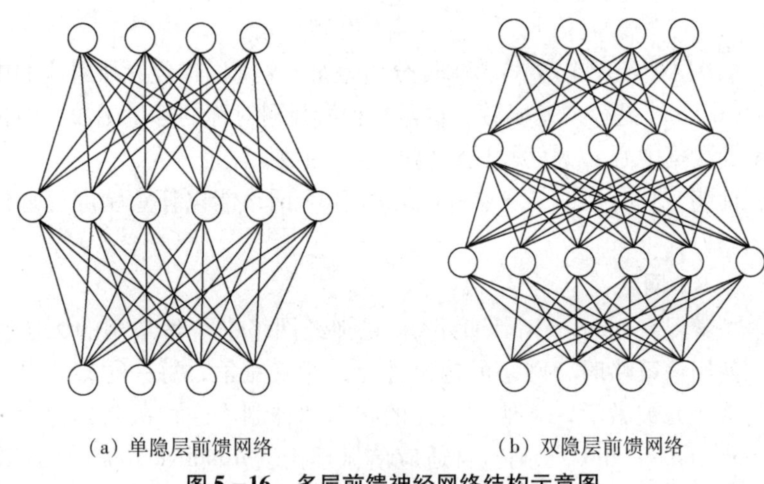

（a）单隐层前馈网络　　（b）双隐层前馈网络

图 5-16　多层前馈神经网络结构示意图

若用 E 表示神经网络在训练集上的误差，则它显然是关于连接权和阈值的函数。此时，神经网络的训练过程可看作一个参数寻优过程，即在参数空间中，寻找一组最优参数使得 E 最小。我们常会谈到两种最优：局部极小（local minimum）和全局最小（global minimum）。参数空间内梯度为零的点，只要其误差函数值小于邻点的误差函数值，就是局部极小点；可能存在多个局部极小值，但却只会有一个全局最小值。也就是说，全局最小一定是局部极小，反之则不成立。基于梯度的搜索是目前使用最为广泛的参数寻优方法。在此类方法中，我们从某些初始解出发，迭代寻找最优参数值。每次迭代中，我们先计算误差函数在当前点的梯度，然后根据梯度确定搜索方向。若误差函数在当前点的梯度为零，则已达到局部极小，更新量将为零，这意味着参数的迭代更新将在此停止。显然，如果误差函数仅有一个局部极小，那么此时找到的局部极小就是全局最小；然而，如果误差函数具有多个局部极小，则不能保证找到的解是全局最小。此时，可通过使用模拟退火、遗传算法和随机梯度下降等策略，进一步接近全局最小。

5.5.3　其他常见的神经网络

5.5.3.1　RBF 网络

径向基函数（Radial Basis Function，RBF）网络是一种单隐层前馈神经网络，它使用径向基函数作为隐层神经元激活函数，而输出层则是对隐层神经元输出的线性组合。假定输入为 d 维向量 x，输出为实值，则 RBF 网络可表示为：

$$\phi(x) = \sum_{i=1}^{q} w_i \rho(x, c_i)$$

式中，q 为隐层神经元个数；c_i 和 w_i 分别是第 i 个隐层神经元所对应的中心和权重；$\rho(x, c_i)$ 是径向基函数，这是某种沿径向对称的标量函数，通常定义为样本 x 到数据中心 c_i 之间欧氏距离的单调函数。

事实证明，具有足够多隐层神经元的 RBF 网络能以任意精度逼近任意连续函数。

5.5.3.2 ART 网络

竞争型学习（competitive learning）是神经网络中一种常用的无监督学习策略，在使用该策略时，网络的输出神经元相互竞争，每一时刻仅有一个竞争获胜的神经元被激活，其他神经元的状态被抑制。这种机制亦称为胜者通吃（winner - take - all）原则。自适应谐振理论（Adaptive Resonance Theory，ART）网络是竞争型学习的重要代表，该网络由比较层、识别层、识别阈值和重置模块构成。其中，比较层负责接收输入样本，并将其传递给识别层神经元，识别层每个神经元对应一个模式类，神经元数目可在训练过程中动态增长以增加新的模式类。ART 较好地缓解了竞争型学习中的可塑性 - 稳定性窘境（stability - plasticity dilemma），可塑性是指神经网络要有学习新知识的能力，而稳定性则是指神经网络在学习新知识时要保持对旧知识的记忆。这就使得 ART 网络具有一个很重要的优点：可进行增量学习（incremental learning）或在线学习（online learning）。

5.3.3.3 SOM 网络

自组织映射（Self - Organizing Map，SOM）网络是一种竞争学习型的无监督神经网络，它能将高维输入数据映射到低维空间，同时保持输入数据在高维空间的拓扑结构，即将高维空间中相似的样本点映射到网络输出层中的邻近神经元。如图 5 - 17 所示，SOM 网络中的输出层神经元以矩阵方式排列在二维空间中，每个神经元都拥有一个权向量，网络在接收输入向量后，将会确定输出层获胜神经元，它决定了该输入向量在低维空间中的位置。SOM 的训练目标就是为每个输出层神经元找到合适的权向量，以达到保持拓扑结构的目的。SOM 的训练过程为：在接收到一个训练样本后，每个输出层神经元会计算该样本与自身携带的权向量之间的距离，距离最近的神经元成为竞争获胜者，称为最佳匹配单元（best matching unit）。接着，最佳匹配单元及其邻近神经元的权向量将被调整，以使得这些权向量与当前输入样本的距离缩小。这个过程会持续迭代到收敛为止。

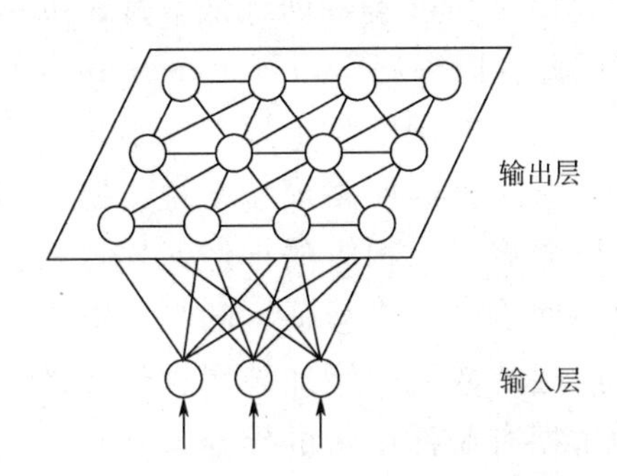

图 5－17 SOM 网络结构

5.5.3.4 Elman 网络

与前馈神经网络不同，递归神经网络（recurrent neural networks）允许网络中出现环形结构，从而可让一些神经元的输出反馈回来作为输入信号。这样的结构与信息反馈过程，使得网络在 t 时刻的输出状态不仅与 t 时刻的输入有关，还与 $t-1$ 时刻的网络状态有关，从而能处理与时间有关的动态变化。Elman 是最常用的递归神经网络之一，其结构如图 5－18 所示，它的结构与多层前馈网络很相似，但隐层神经元的输出被反馈回来，与下时刻输入层神经元提供的信号一起，作为隐层神经元在下一时刻的输入。隐层神经元通常采用 Sigmoid 激活函数，而网络的训练则常采用推广的 BP 算法。

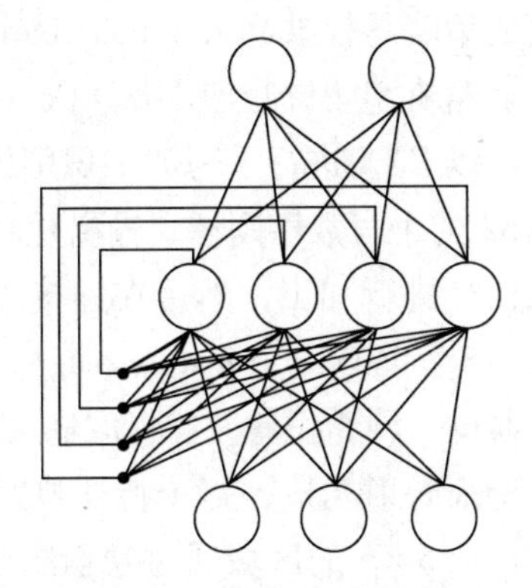

图 5－18 Elman 网络结构

5.5.4 深度学习

从理论上来说，参数越多的模型复杂度越高、容量（capacity）越大，能够完成更复杂的学习任务。但在一般情形下，复杂模型的训练效率低，易陷入过拟合，因此难以受到人们的青睐。近年来，随着云计算、大数据时代的到来，计算能力的大幅提高可缓解训练低效性，训练数据的大幅增加则可降低过拟合风险，因此，以深度学习（deep learning）为代表的复杂模型开始受到人们的关注。典型的深度学习模型就是很深层的神经网络。从前面的介绍中可以知道，对于神经网络模型来说，提高容量的一个简单办法是增加隐层的数目，隐层多了，相应的神经元连接权、阈值等参数就会更多。单隐层的多层前馈网络已具有很强大的学习能力，但从增加模型复杂度的角度来看，增加隐层的数目比增加隐层神经元的数目更有效。因为增加隐层数目不仅增加了拥有激活函数的神经元数目，还增加了激活函数嵌套的层数。然而，多隐层神经网络难以直接用标准 BP 算法等经典算法进行训练，因为误差在多隐层内逆传播时，往往会发散（diverge）而不能收敛到稳定状态。

无监督逐层训练（unsupervised layer - wise training）是多隐层网络训练的有效手段，其基本思想是每次训练一层隐节点，训练时将上一层隐节点的输出作为输入，而本层隐节点的输出作为下一层隐节点的输入，这称为预训练（pre - training）；在预训练全部完成后，再对整个网络进行微调（fine - tuning）训练。预训练加上微调的做法可视为将大量参数分组，对每组先找到局部看起来比较好的设置，然后再将这些局部较优的结果联合起来进行全局寻优。这样就在利用了模型大量参数所提供的自由度的同时，有效地节省了训练开销。

另一种节省训练开销的策略是权共享（weight sharing），即让一组神经元使用相同的连接权，这个策略在卷积神经网络（Convolutional Neural Network，CNN）中发挥了重要作用。以 CNN 进行手写数字识别任务为例，如图 5 - 19 所示，网络输入是一个 32 ×32 的手写数字图像，输出是其识别结果，CNN 复合多个卷积层和采样层对输入信号进行加工，然后在连接层实现与输出目标之间的映射。每个卷积层都包含多个特征映射（feature map），每个特征映射是一个由多个神经元构成的平面，通过一种卷积滤波器提取输入的一种特征。在图 5 - 19 中，第一个卷积层由 6 个特征映射构成，每个特征映射是一个28 ×28 的神经元阵列，其中每个神经元负责从 5 ×5 的区域通过卷积滤波器提取局部特征。采样层亦称为汇合（pooling）层，其作用是基于局部相关性原理进行亚采样，从而在减少数据量的同时保留有用信息。CNN 可用 BP 算法进行训练，但在训练中，无论是卷积层还是采样层，其每一组神经元（即图 5 - 19 中的每个平面）都采用相同的连接权，从而大幅减少了需要训练的参数数目。

无论是深度信念网络（Deep Belief Network，DBN）还是 CNN，其多隐层

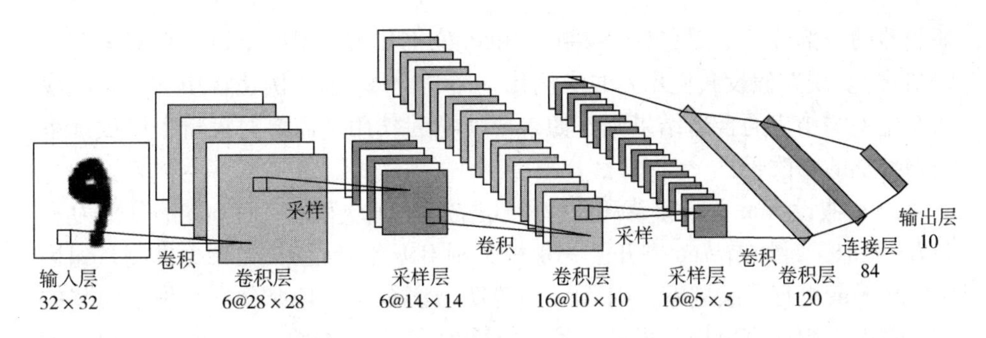

图 5－19 卷积神经网络用于手写数字识别

堆叠、每层对上一层的输出进行处理的机制，可看作是在对输入信号进行逐层加工，从而把初始的、与输出目标之间联系不太密切的输入表示，转化成与输出目标联系更密切的表示，使得原来仅基于最后一层输出映射难以完成的任务有了完成的可能。通过多层处理，逐渐将初始的低层特征表示转化为高层特征表示后，用简单模型即可完成复杂的分类等学习任务。由此，可将深度学习理解为进行特征学习（feature learning）或表示学习（representation learning）。特征学习通过机器学习技术产生了好特征，大大提高了泛化性能。

本章习题

（1）以打网球为例（或你熟悉的其他运动项目），解释该过程是怎样符合一般学习模型的。描述运动者的感知和动作，以及运动者必须执行的学习类型。以输入、输出和可用的样例数据来描述运动者学习打网球时尝试的子函数。

（2）假设我们从决策树生成了一个训练集，然后将决策树学习应用于该训练集。当训练集的大小趋于无穷时，学习算法将最终返回正确的决策树吗？为什么？

（3）假设 C 是 C_1 和 C_2 的归结式，填充下列子句集合中关于子句 C_1 或 C_2（或双方）的缺失值。

a. C = True⇒P（A，B），$C_1 = P(x, y) \Rightarrow Q(x, y)$，$C_2$ = ??

b. C = True⇒P（A，B），C_1 = ??，C_2 = ??

c. C = True⇒P（x，y），$C_1 = P(x, f(y))$，C_1 = ??，C_2 = ??

如果存在多个可能答案，为每个不同类型的答案提供一个例子。

（4）假设有人写出了执行一个归结推理步骤的逻辑程序，即如果 c 是 c_1 和 c_2 的归结式，则 Resolve（c_1，c_2，c）成功。正常情况下，Resolve 是定理证明器的一部分，调用它时，参数 c_1 和 c_2 实例化为特定的子句，Resolve 产生归结式 c。现在假设我们用 c 的实例化，而 c_1 和 c_2 未实例化调用它。它能成功产生逆归结步的合适结果吗？如果要使它起作用，需要对逻辑程序设计系统做特别的修改吗？

（5）假设 Ann 关于草莓和酸橙的效用分别为 c_A 和 l_A，而 Bob 的分别为 c_B 和 l_B。（但是，如果 Ann 剥开了一块糖，则 Bob 不会再买它。）据推测，如果 Bob 比 Ann 更喜欢酸橙糖，则 Ann 的聪明做法是，一旦充分肯定袋子中装的是酸橙糖，她就售出这一袋糖。另一方面，在这个过程中，如果 Ann 剥开太多糖块，则这个袋子的价值将降低。讨论确定售出袋子的最优点问题。利用先验分布确定最优过程的期望效用。

（6）两个统计学家去看医生，都得到了相同的疾病判断：40% 的机会是死亡疾病 A，60% 的机会是致命疾病 B。幸运的是，存在抗 - A 和抗 - B 的药物，它们都不贵，有 100% 的疗效，没有副作用。统计学家有服用一种药、两种药或者什么药也不服用的机会。第一个统计学家（一个贪心的贝叶斯）会做什么？第二个统计学家总是使用最大似然假说，他又会做什么？

医生做了一些研究，发现疾病 B 实际上有两个版本，右旋 - B 和左旋 - B。它们有同样的可能性，都能被抗 - B 药物治疗。现在有了 3 个假说，两个统计学家会怎么做？

（7）设计随机网格世界（4×3 世界的一般化）的强化学习的合适特征，其中包含多个障碍物和多个具有 +1 或者 -1 回报的终止状态。

（8）强化学习对于进化是一种合适的抽象模型吗？如果存在的话，在硬连线回报信号与进化适应度之间存在着什么样的关系？

（9）试述将线性模型 $f(x)=\omega^T x$ 用作神经元激活函数的缺陷。

（10）从网上下载或者自己编程实现一个卷积神经网络，并在手写字符识别数据 MNIST 上进行实验测试。（MNIST 数据集见 http：//yann. lecun. com/exdb/mnist）

6 进化

本章学习目的与要点

人工智能作为当前的研究热点，受到社会各界人士的关注。而进化智能作为人工智能理论中的重要组成部分，需要大家对常见算法有清楚的了解和认识。

本章主要阐述常见进化智能算法中的遗传算法、蚁群算法和多 Agent 进化算法，并对三种算法的相关内容将进行详细介绍，希望对大家深入理解相关知识有所帮助。通过本章的学习，希望读者了解遗传算法的基本原理及其发展历史，掌握遗传算法的算法流程及各个步骤的操作内容，了解遗传算法常见的应用领域并能用遗传算法解决一些简单的实际问题；掌握蚁群优化算法的基本原理，了解蚁群算法的应用领域，熟悉蚂蚁系统算法的算法流程及信息素更新机制，了解蚁群优化算法能够解决的离散优化问题所具有的特征；掌握多 Agent 系统的特点，掌握多 Agent 进化算法的流程，掌握多 Agent 系统的研究内容以及相关的应用。

6.1 遗传算法原理

6.1.1 遗传算法介绍

遗传算法（Genetic Algorithm，GA）是计算数学中用于解决最优化的搜索算法，是进化算法的一种。遗传算法的灵感源自达尔文的自然进化论，借鉴进化生物学中的遗传、突变、自然选择以及杂交等现象而发展起来。其工作过程也体现了进化论中的“自然选择说”，即选择最合适的个体进行繁殖，以生育下一代。该算法目前被广泛应用于机器学习、组合优化和智能计算等领域。

遗传算法的基本思想非常简单。首先，在计算机中创建一个个体种群；

其次，使用变异、选择和继承的原则对种群进行演化，直到得到满意的个体种群（Forrest，1993）。这种想法的实现方式中最简单也最普遍的形式是二进制字符串表示法。而在解决比较复杂的问题时，遗传算法通常使用更复杂的二倍体和多染色体以及更高的基数母表等表示方法。

以二进制字符串表示法为例，种群中的每个个体用一串二进制字符串来表示，这个字符串就类似于生物系统中个体的基因型，字符串上的每个位（设置为0或1）代表一个基因。在算法执行过程中，对二进制字符串进行选择、变异等操作就相当于物种在自然界中的“物竞天择”，即把生物学中自然进化论的思想转化为了一种进化算法。

“遗传算法”一词由密歇根大学霍兰教授的学生巴格利于1967年在博士论文中首次提出，由此产生了自适应遗传算法的概念。之后，遗传算法开始被尝试应用于各个领域。1970年，卡维基奥将遗传算法应用于模式识别。1971年，霍尔斯蒂恩首次应用遗传算法解决函数优化问题。1975年，霍兰教授出版了他的专著*Adaptation in Natural and Artificial Systems*，这是第一部对遗传算法作系统论述的著作。霍兰在该书中系统地阐述了遗传算法的基本理论和方法，并提出了对遗传算法的理论研究和发展极其重要的模式理论（schema theory）。同年，德容完成了他的博士论文*An Analysis of the Behavior of a Class of Genetic Adaptive System*，其研究把Holland的模式理论与他的计算实验结合起来，可看作遗传算法发展进程中的一个里程碑。德容的研究工作为遗传算法及其应用打下了坚实的基础，他所得出的许多结论，迄今仍具有普遍的指导意义（周苹，2010）。

进入20世纪80年代后，遗传算法更是开始飞速发展，无论是理论研究还是应用研究都取得了巨大的成果。1985年，第一届遗传算法国际会议（International Conference on Genetic Algorithms，ICGA）在美国成功召开，并且成立了国际遗传算法学会（International Society of Genetic Algorithms，ISGA）。1989年，霍兰的学生戈德堡出版了专著*Genetic Algorithms in Search，Optimization，and Machine Learning*，该书对当时遗传算法的主要研究成果做了总结，并对遗传算法及其应用做了全面而系统的论述。目前，关于遗传算法研究的热潮仍在持续，有关遗传算法的学术论文也不断在*Artificial Intelligence*、*Machine Learning*、*Genetic Programming and Evoluable Machines*、*IEEE Transactions on Neural Networks*和*IEEE Transactions on Signal Processing*等杂志上发表。

6.1.2 遗传算法流程

遗传算法流程图如图 6－1 所示，具体解释如下：

步骤一，种群初始化。选择一种编码方案并在解空间内通过随机生成的方式初始化一定数量的个体，构成 GA 的种群。

步骤二，评估种群。每一个个体都在一个“环境”中接受经验测试，并通过适应度函数 F 对其价值进行评估。适应度函数返回单个数字（通常，更大的数字分配给更健康的个体）。

步骤三，选择复制。一旦对种群中的所有个体进行了评估，就会将它们的适应度作为选择的基础，根据种群中个体的适应度的大小，将适应度高的个体从当前种群中选择出来，并对选择出来的种群进行复制。

步骤四，交叉操作。将上一步骤选择的个体，用一定的概率阈值 P_c 控制是否利用单点交叉、多点交叉或者其他交叉方式生成新的交叉个体。

步骤五，变异操作。用一定的概率阈值 P_m 控制是否对个体的部分基因执行单点变异或多点变异。

步骤六，重复步骤二、三、四、五，直到得到满意的新种群。

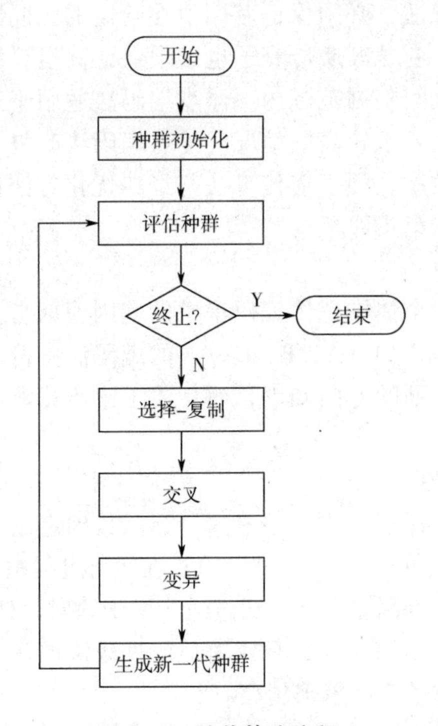

图 6－1　遗传算法流程

6.1.3 主要操作介绍

6.1.3.1 种群的编码及初始化

编码是遗传算法在实际应用中的首要问题，也是决定遗传算法能否成功应用于目标问题的关键步骤。迄今为止，人们已经提出了许多种不同的编码方法。总的来说，这些编码方法可以分为三大类：二进制编码法、浮点编码法、符号编码法。

（1）二进制编码法

二进制编码法是最简单的编码方法。群体中的每个个体都由一串二进制数字组成，每个数位位置（设置为0或1）代表一个基因。二进制编码法的编码、解码操作简单易行，交叉、变异等遗传操作便于实现。但是，其缺点也很明显，对于一些连续函数的优化问题，其随机性使得其局部搜索能力较差。此外，对于一些高精度的问题，当解迫近于最优解后，由于其变异后变现型变化很大，不连续，所以会远离最优解，达不到稳定。

（2）浮点编码法

浮点编码法指个体的每个基因值用某一范围内的一个浮点数来表示的编码法。运用浮点编码法，必须保证基因值在给定的区间限制范围内，遗传算法中所使用的交叉、变异等遗传算子也必须保证其运算结果所产生的新个体的基因值也在这个区间限制范围内。浮点编码法适用于遗传算法中表示范围较大的数或者对精度要求较高的情况。浮点编码法改善了遗传算法的计算复杂性，提高了运算效率，便于遗传算法与经典优化方法混合使用，也便于处理复杂的决策变量约束条件。

（3）符号编码法

符号编码法是指个体染色体编码串中的基因值取自一个无数值含义，只有代码含义的符号集，如｛A，B，C…｝的编码法。符号编码法便于在遗传算法中利用所求解问题的专门知识，而且便于遗传算法与相关近似算法之间的混合使用。

6.1.3.2 适应度函数

适应度函数也称评价函数，是根据目标函数确定用于区分群体中个体好坏的标准的函数（刘英，2006）。遗传算法在运行过程中会进行 N 次迭代，每次迭代都会生成各种基因型个体，通过适应度函数对个体的基因型做出评价，将适应度较低的基因型淘汰掉，只保留适应性较高的基因型，从而使得经过若干次迭代后的个体适应度越来越高。

6.1.3.3 选择复制

选择的目的是把优化的个体（或解）直接遗传到下一代或通过配对交叉

产生新的个体再遗传到下一代。遗传算法中的选择操作就是以某种方法从父代群体中选取优秀个体用于遗传到下一代，是根据新个体的适应度进行的，但不意味着完全以适应度高低为导向，单纯选择适应度高的个体将可能导致算法快速收敛到局部最优解而非全局最优解，这种现象称为早熟。因此，遗传算法的选择操作多依据“适应度越高，被选择的机会越高，而适应度低的，被选择的机会就低”原则。选择算子有很多种，包括轮盘赌选择、随机竞争选择、最佳保留选择等。下面介绍最简单常用的轮盘赌选择。

轮盘赌选择法（又称比例选择法）的基本思想是：每个体被选中的概率与其适应度大小成正比（许志伟，2006）。其操作如下：

步骤一，计算出群体中每个个体的适应度$f(x_i)$，其中$i = 1,2,\cdots,m$，m为种群大小；

步骤二，计算出每个基因型遗传到下一代的概率：

$$P(x_i) = \frac{f(x_i)}{\sum_{j=1}^{N} f(x_j)}$$

步骤三，计算出每个个体的累积概率：

$$q_i = \sum_{j=1}^{i} P(x_j)$$

步骤四，在区间［0，1］产生一个随机数r；

步骤五，若$r < q[1]$则选择基因型1，否则，选择基因型k，使得：$q[k-1] < r \leqslant q[k]$成立；

步骤六，重复步骤四、步骤五。

6.1.3.4 交叉操作

遗传算法的交叉操作，是指对两个相互配对的染色体按某种方式相互交换其部分基因，从而形成两个新的个体。常见的适用于二进制编码个体和浮点数编码个体的交叉算子有以下几种：

第一，单点交叉。这是指在个体编码串中只随机设置一个交叉点，然后在该点相互交换两个配对个体的部分染色体。

第二，两点交叉。这是指在个体编码串中随机设置两个交叉点，然后再将这两个位置中间的基因位信息进行交换。

第三，均匀交叉。这是指两个配对个体的每个基因座上的基因都以相同的交叉概率进行交换，从而形成两个新个体。

交叉能保证每次进化留下优良的基因，但它仅仅是对原有的结果集进行选择，基因个数不变，组合顺序交换。这只能保证经过N次进化后，计算结果更接近于局部最优解，而永远没办法达到全局最优解。为了解决这个问题，我们将引入变异的概念。

6.1.3.5 变异操作

遗传算法中的变异运算，是指将个体染色体编码串中的某些基因座上的基因值用该基因座上的其他等位基因来替换，从而形成新的个体。通过随机修改基因的值，给现有的染色体引入新的基因，使遗传算法维持群体多样性，防止出现未成熟收敛现象，突破了当前搜索的限制，更有利于寻找到全局最优解。

适用于二进制编码个体和浮点数编码个体的变异算子有以下几种：

第一，基本位变异。这是指对个体编码串中随机指定的某一位或某几位基因座上的值以变异概率做变异运算，如取反运算或用其他等位基因值来代替，从而产生新的基因型。

第二，均匀变异。这是指取某一范围内符合均匀分布的随机数，然后以较小的概率对个体编码串中各个基因座上的基因值加以替换。

第三，高斯变异：这是指用符合均值为μ、方差为σ^2的正态分布随机数来对原来个体编码串中基因座上的基因值进行替换。

遗传算法中，交叉算子因其全局搜索能力而作为主要算子，变异算子因其局部搜索能力而作为辅助算子。通过交叉和变异这对相互配合又相互竞争的操作而使遗传算法具备兼顾全局和局部的均衡搜索能力。所谓相互配合，是指当群体在进化中陷于搜索空间中某个超平面而仅靠交叉不能摆脱时，通过变异操作可完成摆脱。所谓相互竞争，是指当通过交叉已形成所期望的积木块时，变异操作有可能破坏这些积木块。如何有效地配合使用交叉和变异操作，是目前遗传算法的一个重要研究内容。

6.1.3.6 终止条件

在遗传算法中，种群的每一次进化都会使种群的适应度更高。因此，理论上进化的次数越多越好，但在实际应用中往往会在结果精确度和执行效率之间寻找一个平衡点，一般有以下两种方式：

第一，限定进化次数：在一些实际应用中，可以事先统计出进化的次数。例如，通过大量实验可以发现，不管输入的数据如何变化，算法在进化N次迭代之后，计算结果总能趋近于最优解或最优个体的适应度和种群适应度趋于稳定不再上升，则可设置遗传算法的终止条件为进行N次迭代。然而，实际情况一般没有那么理想，往往不同的输入会导致得到最优解时的迭代次数相差甚远，这时可以考虑采用第二种方式。

第二，设定适应度阈值。如果算法要达到全局最优解可能需要进行很多次的进化，从而极大地影响系统的性能，就可以在算法的精确度和系统效率之间寻找一个平衡点。可以事先设定一个可以接受的适应度阈值，当算法进行 X 次进化后，一旦发现最优个体的适应度达到给定的阈值就终止算法。

6.1.4 遗传算法的应用

遗传算法提供了一种求解复杂系统优化问题的通用框架，它不依赖于问题的具体领域，对问题的种类有很强的鲁棒性（赵宜鹏，2010）。所以，遗传算法可以以许多不同的方式应用于解决各种各样的问题。下面介绍一些遗传算法的主要应用领域。

6.1.4.1 函数优化

函数优化是遗传算法的经典应用领域，也是对遗传算法进行性能评价的常用算例。许多问题都可以看作是寻找某个含有一个或多个参数的函数的最优值问题。但是，要想找到函数的这一最优值可能需要花费大量的时间。通常，我们不必精确地找到最优值，只需要尽可能地接近最优值，甚至只需要找到比已有值改进的值。因此，很多人构造出了各种各样的复杂形式的测试函数，有连续函数也有离散函数，有凸函数也有凹函数，有低维函数也有高维函数，有确定函数也有随机函数，有单峰值函数也有多峰值函数，等等。用这些几何特性各具特色的函数来评价遗传算法的性能，更能反映算法的本质效果。在解决一些非线性、多模型、多目标的函数优化问题时，用其他优化方法较难求解，遗传算法却可以方便地得到较好的结果。

以函数 $f(x, y) = yx^2$ 为例，要找到在特定区域内达到最大值的和。为了简单起见，设和的取值范围均为［0，7］。最简单的编码方法是二进制编码法，但是，传统的二进制编码有一个很严重的缺点：在某些情况下，为了使一个数字增加 1，所有的位都必须改变。例如，二进制数 011 转换成十进制数是 3，但是十进制数 4 用二进制数表示却是 100，这使得接近最优值的个体很难通过突变来更加接近最优值。因此，我们引入一种新的编码——Gray 码，Gray 码对任意数字加 1 或减 1 都是一位变化（表），更适合于多参数函数优化。

如图 6－2 所示，生成随机的六位 Gray 码字符串群，然后依据表 6－1，将 Gray 码字符串映射到对应的二进制字符串，这个二进制字符串也是六位，并规定它的前三位表示 x 的值，后三位表示 y 的值。这样，就可以用不同的字符串来表示不同的 x 和 y 的值。将得到的二进制字符串解码为 x 和 y 相应的十进制值，将函数 $f(x,y) = yx^2 - x^4$ 作为适应度函数，计算 $f(x,y)$ 的值并选择最适合（即具有最高 $f(x,y)$ 的值）的个体进行复制、交叉和变异，然后重复该过程。总体最终将收敛于一组代表最优或接近最优解的 Gray 码字符串。

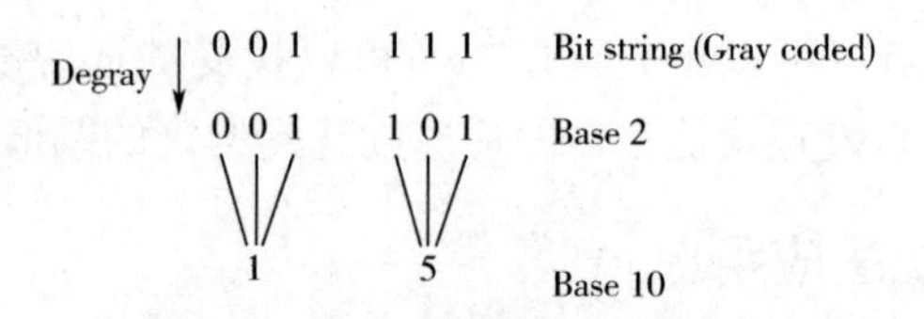

图 6-2　多实值参数的位串编码

表 6-1　三位数字的 Gray 码

Ddcimal	Binary codee	Gray code
0	000	000
1	001	001
2	010	011
3	011	010
4	100	110
5	101	111
6	110	101
7	111	100

虽然以包含两个变量的函数作为示例，但遗传算法的优势实际上在于其操纵许多参数的能力。该方法已被应用于数百个应用领域，如飞机设计，检测和跟踪图像中多个信号的算法参数的优化，以及非线性差分方程系统稳定性区域的定位等。

6.1.4.2　组合优化

遗传算法的第二个常见的应用领域是解决 N 个项目序列的组合优化问题。这类问题主要包括在多个城市之间旅行的最短距离问题（旅行商问题）、包装盒打包浪费空间最小化问题（装箱问题）和图形着色问题等。这些问题的计算复杂度随着问题规模的增大呈指数增长。有些问题，在目前的计算机上用枚举法很难或甚至不可能求出其精确最优解。对这类复杂问题，人们已意识到应把主要精力放在寻求其满意解上，而遗传算法是寻求这种满意解的最佳工具之一。

以旅行商问题为例。假设有 a，b，c 和 d 四座城市，每座城市都可以用唯一的字符串编码表示。在表示旅行城市的顺序时，一种常见的方法就是列出城市的序列，如 c b a d 这是一种旅行顺序，d a b c 是另一种旅行顺序。这种表示方法对于遗传算法来说是有问题的，因为这两个候选在交叉操作时，可能会产生如 c b b c 或 d a a d 这样的序列，这两个序列显然是不合理的，因为不是所有的城市都被访问了，而且有些城市被访问了不止一次。

为了解决这一表示问题，我们提出了两种方法：一是设计专门的交叉算子，只提供合理的旅行；二是采用一种不同的表示方法。其中，使用专门的算子是遗传算法成功应用于组合优化问题（如旅行商问题）的普遍方法。对于第二种方法，人们提出了很多其他形式的表示方法，其中较为常见的就是随机密钥方法。由于专门的交叉算子往往是针对特定问题而设计的，所以，这里我们以随机密钥方法为例来讨论上述旅行商问题。但是，有一点需要说明，随机密钥方法在旅行商问题中应用效果有限，在调度、路径规划、资源分配和分配问题中应用效果更好。

随机密钥的方法是把字符串编码分成 N 个 k 位的段，其中 N 是旅行城市的数量，并且 $2^k \gg N$。每个段使用的位数都可以编码比城市数量更多的数字，每个段的二进制编码都可以被解释为一个随机数。例如，如果给每个段分配 3 位（这里是为了简单起见，实际解决问题时应该设置为更大的值），那么任何字符串都可以被解码为［0，7］之间的整数序列。如图 6－3 所示，假设随机生成了一个可以解码为 5 3 1 7 的序列，通过识别最小元素的位置，这些密钥被解码为一次旅行。这个序列中，最小的元素是 1，它在第三位，所以城市 3 是这次旅行中的第一个城市。依此类推，我们就得到这次旅行中城市的序列为 3 2 1 4。

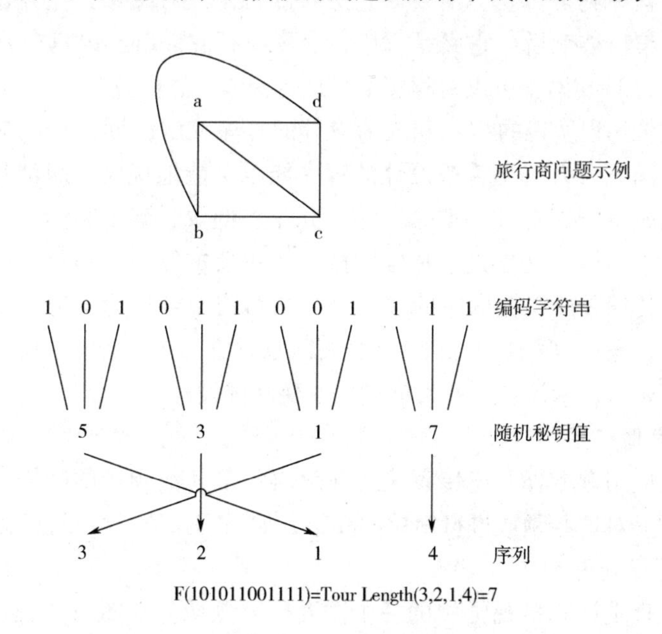

图 6－3　旅行商问题

6.1.4.3 自动编程

遗传算法还有一个很重要的应用领域就是计算机的自动编程，即遗传编程。1989 年，美国斯坦福大学的科扎（Koza）教授发展了遗传编程的概念，其基本思想是：采用树型结构表示计算机程序，运用遗传算法的思想，通过自动生成计算机程序来解决问题。从理论上来讲，使用遗传编程时，只需要告诉计算机“需要完成什么”，而不用告诉它“如何去完成”。最终，当遗传编程技术完全成熟之时，可能实现真正意义上的人工智能：自动化地发明机器。

遗传编程是一种特殊的利用进化算法的机器学习技术，它开始于一群由随机生成的千百万个计算机程序组成的“个体群”。根据一个程序完成给定任务的能力来确定这个程序的适应度，这两步类似于遗传算法中的种群初始化和种群适应度评估两步。根据得到的各个程序的适应度，选出适应度更高的程序，然后进行与遗传算法中的选择复制、交叉、变异等操作类似的操作，直到达到预先确定的某个终止条件为止。需要注意的是，遗传编程中的交叉操作与遗传算法中的交叉操作略有不同，遗传编程中，交叉操作不再交换字符串，而是在各个程序树之间交换子树。

遗传编程所生成的程序，既可以看成是程序，又可以看成是数据。在遗传编程的过程中它是数据，需要对它进行随机生成、交叉、变异、评估等操作。在遗传编程结束后，它又是程序，需要执行它。Lisp 语言非常适合于遗传编程，因为 Lisp 语言可以对程序本身进行操作，然后再执行。

使用遗传编程所得的程序和人为设计的程序在解决同一个问题时都会出现很大的不同。因为人类希望设计的程序能尽可能地优雅、简洁且高效，但是遗传编程所得程序却往往非常复杂、冗余、低效、难于阅读，而且不能揭示算法的底层结构。这也是遗传编程的一个主要的缺点。但是，也有一些证据表明，遗传编程所得程序中的“垃圾”成分有时会成为其他环境中的有用成分。因此，遗传编程拥有广阔的发展前景，它已成功地应用于人工智能、机器学习等领域，未来甚至有可能彻底改变软件设计。

6.1.4.4 其他应用

除上述应用领域外，遗传算法还在解决很多其他领域的问题上有着极大的潜力。下面对这些领域进行简单的介绍，如果有兴趣，可以自行深入研究。

（1）图像处理

图像处理是计算机视觉中的一个重要研究领域。在图像处理过程中，如扫描、特征提取、图像分割等不可避免地会存在一些误差，从而影响图像的效果（田莹等，2007）。如何使这些误差最小，是使计算机视觉达到实用化的重要要求。遗传算法在这些图像处理的优化计算方面找到了用武之地，目前已在图形增强、模式识别（包括汉字识别）、图像恢复、图像边缘特征提取等方面得到了应用。

（2）数据挖掘

数据挖掘是一个新兴的人工智能与机器学习技术的应用研究领域，有着广阔的应用前景（贾兆红等，2002）。数据挖掘是在大量原始数据中，将有效和有潜在应用价值的信息或知识筛选出来的过程。通过对数据库中数据的分析处理，发现不同属性的数据间的相互依赖关系

（3）人工神经网络

将遗传算法的优化能力与其他人工智能方法的优势相结合成为遗传算法的一个日益流行的应用方式，其中之一就是将遗传算法用于优化人工神经网络。人工神经网络在信号处理、模式识别、医学诊断、语音生成、语音识别等领域有着广泛的应用。

（4）移动机器人路径规划

移动机器人在其工作空间中，为完成特定的任务，从起点位置运动到终点位置往往有许多条路径可以选择，需要在某些特定准则的限制下选择出一条最合适的路径，这就是移动机器人的路径规划问题，其本质上是一种有约束的优化问题。传统的优化方法在解决移动机器人路径规划问题时缺乏足够的鲁棒性，遗传算法很好地弥补了这方面的不足，并且，由于遗传算法拥有较强的全局搜索能力，所以遗传算法被广泛应用于移动机器人路径规划的研究中。

6.2 蚁群算法原理

6.2.1 蚁群算法简介

蚁群算法又称蚁群优化算法，是一种用来解决离散优化问题的元启发式算法。算法产生的灵感来源于蚂蚁在往返于食物与巢穴进行觅食时可以寻找到最短路径的现象，多里戈（Dorigo）于1991年提出了第一个蚁群算法（Ant Colony Optimization，ACO）。斯特泽尔（St tzle）等学者又对其加以改进与发展，使得蚁群算法成为组合优化领域最具潜力的算法之一。

蚁群算法在解决优化问题时，主要通过以下基本思路来对优化问题进行寻优求解。首先，将优化问题的可行解空间用蚂蚁的全部可能的行走路径来代替，并将蚂蚁所经过的路径作为可行解或者解的一部分。其次，蚂蚁在移动过程中会在较短的路径上留下较多的信息素，而较多的信息素又会促使更

多的蚂蚁经过，最终导致所有蚂蚁趋向于选择长度最短的那条路径，从而也就收敛到全局最优解。

蚁群算法不仅在解决旅行商问题上所表现出的性能十分优良，也渐渐在其他领域展现其优异的性能。蚁群算法的主要应用领域是组合优化问题，比如路由车辆的二次分配问题，调度问题，车辆路径问题，机器人路径规划问题，等等。

6.2.2 蚁群算法的提出背景

蚂蚁群体能够高效地完成筑巢、迁徙、清扫蚁巢等一系列烦琐任务，但是大多蚂蚁的视觉感知系统是发育不全的。生物学家的大量观察研究表明，蚂蚁群体中的个体之间通过一种化学物质（这种化学物质被称为信息素）进行信息交流与协作。在蚂蚁的运动过程中，它会在所经过的路径上留下一种特定的化学物质，同时它和其他蚂蚁都能够感知路径上的信息素浓度大小。路径上信息素浓度越高，蚂蚁选择该路径的概率也就越高，进而反作用于该路径的信息素浓度，使其进一步提高，呈现出一种信息正反馈现象。蚂蚁群体就是通过这种间接的通信机制实现在觅食等任务过程中寻找最优路径。对于蚂蚁根据信息素浓度选择路径的行为，许多专家已对此进行了可监控的实验。其中较为著名的是 Goss 等（Goss et al.，1989）（Deneubourg et al.，1990）进行的对称双支桥和非对称双支桥实验。

在对称双支桥实验中，蚁群通过双桥与食物源相连，桥上的两个分支长度是相同的，而且两个分支上最初都没有信息素。然后将蚂蚁置于可以自由地在蚁穴和食物源之间移动的状态，观察选择两个分支的蚂蚁比例。实验结果显示蚂蚁最初会随机选择两个分支中的一条，但实验后期会发现，蚂蚁倾向于选择同一条路径。造成这个现象的原因可以解释为：蚂蚁最初移动时由于双桥的两条分支的信息素浓度全为零，从而蚂蚁会随机选择其中一条分支进行觅食，但由于随机波动的存在造成了某一条分支所经过的蚂蚁会比另一条多，从而造成路径的信息素不均，那么信息素多的分支被选择的概率便会高于另一条，而这便会导致更多的蚂蚁选择这条分支来进行移动并在此分支上释放更多信息素；如此往复作用，最终导致这一分支上的信息素远高于另一条，也就产生了蚂蚁都倾向于选择此分支的结果。

在非对称双支桥实验过程（刘彦鹏，2007）中，蚁群通过非对称双桥（实验中设置短分支的长度是较长分支的二分之一）与食物源相连，与对称双支桥类似，使这两个分支上信息素浓度初始值都为零，以便蚂蚁在实验开始时没有受信息素干扰而随机选择分支进行移动，然后观察选择非对称双桥上两个分支的蚂蚁比例随时间的变化。

实验结果如图 6－4 所示，左图为实验初期蚂蚁觅食和返回巢穴路径选择

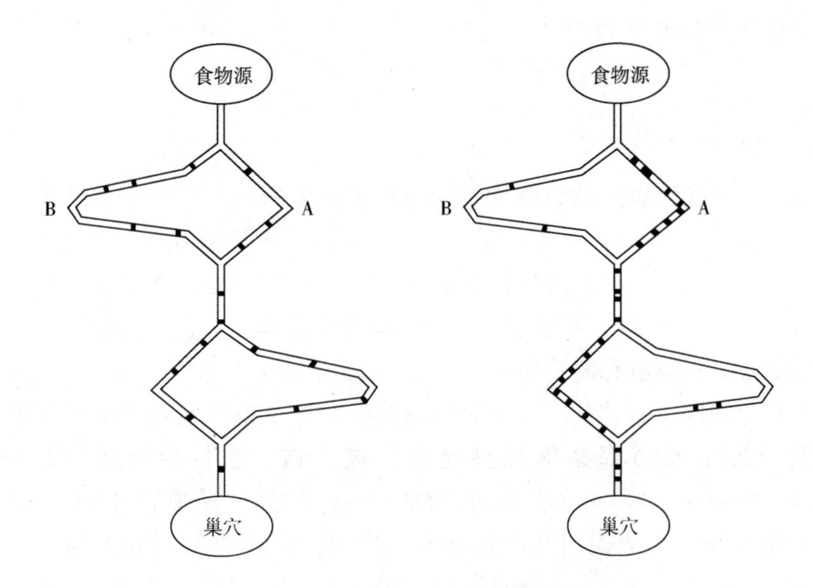

图 6-4 非对称双支桥实验

状态，右图显示实验后期绝大多数蚂蚁通过较短的桥来觅食。该实验结果可解释为虽然开始时与对称双桥实验相同，即蚂蚁选择分支是随机的，但通过较短路径觅食的蚂蚁从巢穴抵达食物源的用时更少，在选择短分支觅食的蚂蚁返回巢穴的时候，由于它在短分支上释放了信息素，而选择长分支的蚂蚁此时还未到达食物源，因此长分支上尚未积累信息素，这就导致该蚂蚁再次选择短分支的概率就会相对较高，从而短分支上的信息素再一次得到累加。如此往复作用，短分支上的信息素浓度会远高于长分支的信息素浓度，所以实验后期蚂蚁在进行路径选择时全部倾向于选择较短分支。

戈斯（Goss）和他的同事还提出了“双桥”实验的简单的数学模型，用以解释上述实验现象。他们将蚂蚁从指定路径经过的次数作为一种信息素模型，并以此来决定蚂蚁移动时选择路径的根据。设 i 为当前经过双桥的蚂蚁数量，并设双桥的两个支路为 A 和 B，将实验中当前选择桥 A 和桥 B 的蚂蚁数用 A_i、B_i 表示，参数 n 决定蚂蚁选择路径的非线性程度，n 的取值如果较高，意味着信息素浓度的差异对蚂蚁路径选择的影响越大。也就是说，如果一个分支仅具有比另一个分支稍微多一点的信息素，则通过的下一个蚂蚁将具有非常高的选择它的概率。参数 k 表示信息素未标记分支的吸引程度，或者换句话说，k 越大，则进行非随机选择所需的信息素浓度越高。

第 $i+1$ 只蚂蚁选择 A 桥的概率可用以下公式表示：

$$P_A(i) = \frac{(A_i + k)^n}{(A_i + k)^h + (B_i + k)^n}$$

选择 B 桥的概率为：

$$P_B(i) = 1 - P_A(i)$$

6.2.3 蚂蚁系统

前一节对蚁群算法的生物学背景进行了简要概述，本节主要讲述一个具体的蚁群算法，即蚂蚁系统算法（Ant System）。蚁群算法经过多年的发展，已形成了各种版本，但是这些算法在很大程度上仍类似于 AS。蚂蚁系统算法是由多里戈等人于 1991 年提出的最早的蚁群优化算法，它是以旅行商问题为依托对算法进行讲解和测验的。

旅行商问题可叙述如下，某旅行商要经过个城市并回到原出发城市，除起点外，每个城市都必须且只允许经过一次，旅行商问题（Travelling Salesman Problem，TSP）的目标是寻找所有城市之间一条最短的行程。

下面以 TSP 为例说明基本蚁群算法模型，令 d_{rs} 表示城市 r 与 s 之间的距离。

设有 m 只蚂蚁随机放在具有 n 个节点的全连通图上，$b_i(t)$ 为在时刻 t 位于节点 i 的蚂蚁的数量。

$$m = \sum_{n}^{i=1} b^i(t)$$

下面以 TSP 为例说明基本蚁群算法模型，令 d_{rs} 表示城市 r 与 s 之间的距离。

设有 m 只蚂蚁随机放在具有 n 个节点的全连通图上，b_i（t）为在时刻 t 位于节点 i 的蚂蚁的数量。

$$m = \sum_{i=1}^{n} b_i(t)$$

τ_{ij}（t）表示 t 时刻在 i，j 连线上的信息素量，初始时刻，各条路径上信息量相等，设τ_{ij}（0）$=C$（C 为常数），一般 C 取较小值。

信息素量 $\tau_{ij}(t)$ 按下式更新 $\tau_{ij}(t+1) = \rho\,\tau_{ij}(t) + \Delta\tau_{ij}(t,t+1)$

$$\Delta\tau_{ij}(t,t+1) = \sum_{k=1}^{m} \Delta\tau_{i,j}^{k}(t,t+1)$$

式中 $\rho\Delta(0,1)$ 表示信息素的挥发系数，$\Delta\tau_{i,j}^{k}(t,t+1)$ 表示在时间 t 与 $t+1$ 之间，第 k 只蚂蚁在 i 到 j 的路径上放置的每单位长度的信息素量。

$\eta_{ij}(t)$ 是与问题相关的启发式信息，此处设 $\eta_{ij}(t) = 1/d_{ij}$。蚂蚁在运动过程中根据各条路径上的信息和问题的启动式信息决定转移方向，并令参数 α 和 β 控制信息素浓度和启发式信息的相对重要性。则位于 i 城市的蚂蚁选择路径（i，j）的概率公式如下：

$$p_{i,j}(t) = \frac{[\tau_{ij}(t)]^{\alpha}[\eta_{ij}]^{\beta}}{\sum_{j=1}^{n}[\tau_{ij}(t)]^{\alpha}[\eta_{ij}]^{\beta}}$$

根据 $\Delta\tau_{i,j}^{k}(t,t+1)$ 的更新策略的不同，多里戈给出了三种算法模型：分别是蚂蚁密度算法（*ANT - density*），蚂蚁数量算法（ANT - *quantity*）和蚂蚁周期算法（ANT - cycle）。在 ANT - density 和 ANT - quantity 算法中，蚂蚁在构建解的同时释放信息素。其算法结构大致相同，只是 $\Delta\tau_{i,j}^{k}(t,t+1)$ 的计算公式有所不同。算法流程图如图 6 - 5 所示。

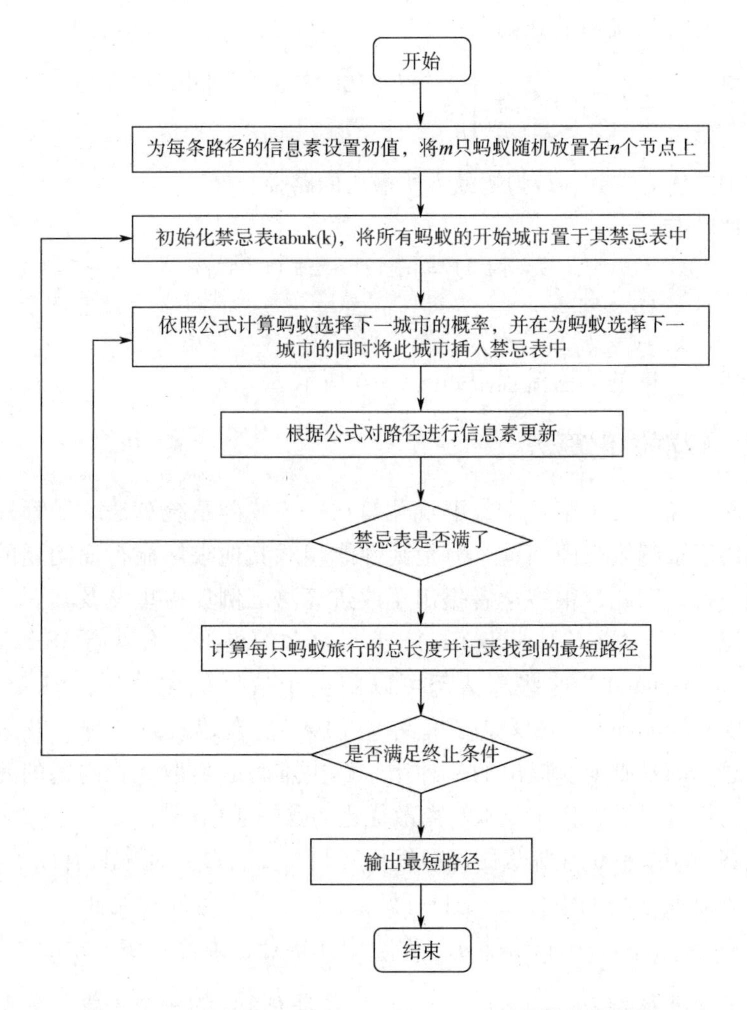

图 6 - 5　ANT - density 和 ANT - quantity 的算法流程图

在 ANT - quantity 中，

$$\Delta\tau_{i,j}^{k}(t,t+1)=\begin{cases}\dfrac{Q_1}{d_{ij}} & \text{第 } k \text{ 只蚂蚁在 } t \text{ 到 } t+1 \text{ 时刻经过路径} \\ 0 & \text{否则}\end{cases}$$

在 ANT－density 中，

$$\Delta\tau_{i,j}^{k}(t,t+1)=\begin{cases}Q_2 & \text{第 } k \text{ 只蚂蚁在 } t \text{ 到 } t+1 \text{ 时刻经过路径} \\ 0 & \text{否则}\end{cases}$$

式中，Q_1、Q_2均为常数。

而在 ANT－cycle 算法中，在所有蚂蚁完成一次周游后再释放信息素。其 $\Delta\tau_{i,j}^{k}$（t，$t+n$）更新公式如下：

$$\Delta\tau_{i,j}^{k}(t,t+n)=\begin{cases}\dfrac{Q}{L_k} & \text{第 } k \text{ 只蚂蚁在本次循环中经过路往} \\ 0 & \text{否则}\end{cases}$$

式中：Q 为常数；L_k为蚂蚁 k 所遍历的路径长度。

类似的有：

$$\tau_{ij}(t+n)=\rho\tau_{ij}(t)+\Delta\tau_{ij}(t,t+n)$$

$$\Delta\tau_{ij}(t,t+n)=\sum_{k=1}^{m}\Delta\tau_{i,j}^{k}(t,t+n)$$

ANT－cycle 的算法流程图如图 6－6 所示。

6.2.4 蚁群优化算法

前面已经介绍了第一个蚁群优化算法——蚁群系统算法。尽管蚁群系统能够应用于求解旅行商问题，但是其性能相对其他求解旅行商问题的经典算法略逊一筹，因此，很多学者提出了改进算法。例如多里戈及其同事提出的蚁群系统算法（Ant Colony System），斯特泽尔等提出最大最小 AS 算法（Max－Min Ant System）。这些算法都可以归类于蚁群优化算法，即 ACO（Ant Colony Optimization）。ACO 是多里戈等（1999）在蚂蚁系统算法及其改进算法进行总结的基础上所提出的一种用于解决难解的离散优化问题的元启发式算法。它也可以被看作用于求解离散优化问题的通用框架。

能够运用蚁群优化算法的离散优化问题（S,f,Ω）通常具有以下特征：

- S 是候选解的集合，f 是目标函数，Ω 是约束条件的集合；
- $C=\{c_1,c_2,\cdots,c_{N_c}\}$ 表示一个有限元集合，集合 C 中元素的个数为 N_c；
- $L=\{l_{c_ic_j}\mid(c_i,c_j)\in\tilde{C}\}$，而 $\tilde{C}$ 是 C×C 的一个子集，它表示 C 集合中元素之间的连接；
- $J_{c_ic_j}\equiv J(l_{c_ic_j},t)$ 是连接 $l_{c_ic_j}$ 的成本函数，例如在旅行商问题中代表路径长度。在某些情况下还要考虑时间作为其函数变量；

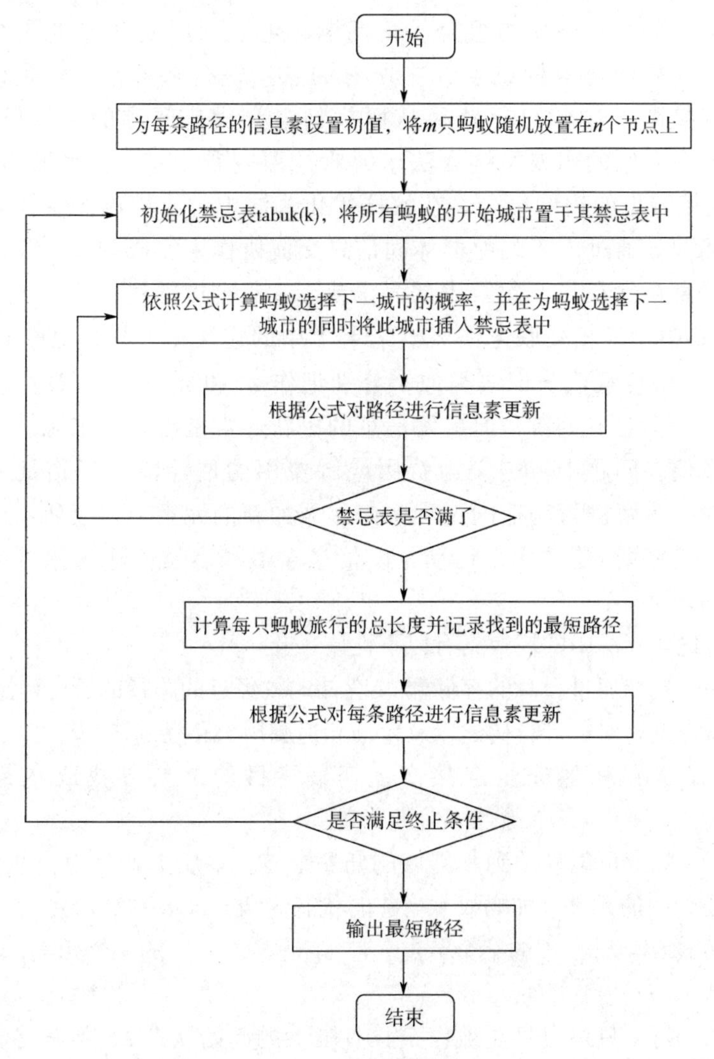

图 6－6　ANT－cycle 的算法流程图

- C 集合中的元素组成的序列 $s=\{c_i, c_j, \cdots, c_h, \cdots\}$ 表示问题的状态，如果 S 是问题的所有可能状态的集合，那么满足约束条件 Ω 的可行解的集合 S 是其子集，并以序列中含有的元素数目定义为序列 s 的长度；
- 对于两个状态 s_1 和 s_2，邻域结构定义如下：如果 s_1 和 s_2 都是 S 中的元素，且 s_1 可以只进行一个逻辑步到达状态 $s2$，那么说 s_2 是 s_1 的一个相邻状态，s 状态的所有的相邻状态构成一个邻域集合 N_s；
- 如果 Ψ 满足当前问题所有的要求且是集合 S 的一个元素，那么它就是问题的一个解。

对于具有以上特征的组合优化问题，可以利用完全连接图 $G=(C, L)$（C 集合中的元素构成了 G 中所有的点）进行求解，也就是说可以寻找完全连接图 G 中的可行路径从而找到组合优化问题的可行解。例如，在上一节中介绍的蚂蚁系统算法求解旅行商问题中，C 就是城市的集合，L 就是连接城市的边的集合。在蚁群优化算法中，求解以图结构表示的组合优化问题是通过人工蚂蚁群体间信息交流协作来完成的。人工蚂蚁用来交流的信息存储在与 C 集合中的元素或者 L 集合中的连接相关的信息素值 τ（若与 C 中元素相关联记作 τ_i，若与 L 中的连接相关联则记作 τ_{ij}）和启发值 η（与信息素值 τ 记法类似，分别记作 η_i 和 η_{ij}）上。其中，蚂蚁在求解过程中会对 τ 更新，但启发信息的更新通常是由其他来源决定的。通常，启发值在问题中被定义为费用或者费用的估计值（通俗地讲，可以说是在对一个解进行构造的过程中向解添加新的元素或连接所需的费用成本）。蚂蚁在完全连接图上运动是以信息素值和启发值作为依据来决定如何行进的。

蚁群优化算法中的蚂蚁具有以下性质：

第一，蚂蚁通过自身的存储器 M 存储蚂蚁经过的路径的历史信息。同时，其存储器也具有对解进行构建以及评估和追溯历史路径的作用。

第二，蚂蚁构建完全连接图，其最终目的是要寻找成本最小的可行解。

第三，蚂蚁可以移动到其邻域的任意节点，本质上就是为当前状态添加一个 C 集合中的元素，如蚂蚁 k 当前的状态为 $sr=<sr-1, i>$，它便能够移动到其邻域 $Nk(sr)$ 中的某个节点 j 上（j 是 $Nk(sr)$ 的一个元素，状态可以表示为 (sr, j)）。

第四，每一只蚂蚁只能被设定具有唯一的起始状态 s，但其终止状态 ek 可以拥有多个或者一个，在多数情况下起始状态是长度为一的单位序列，也就是说仅仅是由 C 集合中的一个元素构成的。

第五，蚂蚁会从起始状态移动到其邻域的任意状态，然后再从当前状态的邻域中选择状态进行转移，如此循环直到达到终止状态。

第六，蚂蚁的移动是以一定的概率规则来完成的，其概率决策规则是由以下因素来决定的：当前状态 s 邻域内的信息素值和启发值；蚂蚁记录自己所经过路径的信息；问题的相关约束。

蚂蚁会对信息素进行更新。根据更新机制不同可分为在线逐步更新和在线延迟更新。若蚂蚁每添加一个元素到当前状态便会对信息素进行一次更新，那么就叫作在线逐步更新；若蚂蚁对该元素或者其有关连接上的信息素的更新仅当蚂蚁构建了一个组合优化问题的可行解时才会进行，那么这种更新方式被定义为在线延迟更新。

6.3 多 Agent 进化原理

6.3.1 多 Agent 进化原理介绍

多 Agent 进化算法（Evolutionary Multi – Agent Algorithm）是一种将多 Agent 与进化算法相结合的新型算法。多 Agent 进化的思想是：从 Agent 系统的角度出发，把进化算法中的个体作为一个具有局部感知、竞争协作和自学习能力的 Agent，通过 Agent 与环境以及 Agent 之间的相互作用，达到全局优化的目的。

自从 1956 年约翰·麦卡锡在著名的达特茅斯研讨会上提出“人工智能”这一概念后，“Agent”的概念便开始兴起。但在 20 世纪 70 年代之前，将多个 Agent 作为一个功能上的整体（即能够独立行动的自主集成系统）进行研究的做法却很少。1980 年，分布式人工智能领域的首次研讨会在麻省理工学院举办，在会议上，研究人员讨论了多 Agent 系统研究问题。自此，集成Agent构建和多 Agent 系统研究的各个分支领域开始了快速发展。

随着计算机网络的迅速发展，应用系统变得越来越复杂。单个 Agent 对问题的解决能力有限，很难完成动态分布、网络和异构情况下的大型、复杂问题。Agent 的研究最终要融入多智能系统之中，用来解决大型、复杂的问题，促使多 Agent 系统出现。

多 Agent 系统是由多个 Agent 组成的集合，它的目标是将大而复杂的系统建设成小的、彼此之间相互协调的系统。多 Agent 系统与单个 Agent 相比，具有以下的特点：①每个 Agent 具有不完全的信息和问题求解能力，系统不存在全局控制；②知识和数据是分散存储和处理的；③计算过程是异步、并发或并行的；④Agent 之间可以交互、动态自组织、协调以及合作，从而可以大大提高求解问题的能力。

要利用多 Agent 系统求解复杂、大规模的问题，多 Agent 系统应该具备自学习、局部感知和竞争协作的能力。通过自学习以及和环境进行交互，Agent 能够把环境的某些方面综合到其内部状态之中，从而形成自身对具体行为应用的认知，Agent 的局部感知特性可以降低系统硬件的要求，其竞争协作能力可以协调多个 Agent 的行为，从而使整体任务能够合作完成。

6.3.2 多Agent进化算法流程

6.3.2.1 Agent环境

Agent的进化过程发生在特定的Agent环境中。环境状态因内部的变化（例如Agent的活动）和外部发生的事件（例如提供给环境的新数据）而变化，Agent执行适合于当前环境状态的动作，导致其与环境和其他Agent的关系发生改变。

所有Agent都被放在一个规模为$L_{size} \times L_{size}$的网格L上，每个Agent占一个格点位置且不能移动。由于Agent只有局部感知能力，因此它只能与周围的Agent发生相互作用，这就构成了如图6－7所示的Agent网格（钟伟才等，2003）。根据图6－7，Agent邻域的概念定义如下：

将位置（i,j）表示成$L_{i,j}$，$i,j=1, 2, \cdots, L_{size}$，$L_{i,j}$的领域为$Nbs_{i,j}$，$Nbs_{i,j}=\{L_{i',j}, L_{i,j'}, L_{i'',j}, L_{i,j''}\}$

其中 $i'=\begin{cases} i-1 & i\neq 1 \\ L_{size} & i=1 \end{cases}$ $j'=\begin{cases} j-1 & j\neq 1 \\ L_{size} & j=1 \end{cases}$

$i''=\begin{cases} i+1 & i\neq L_{size} \\ 1 & i=L_{size} \end{cases}$ $j''=\begin{cases} j+1 & j\neq L_{size} \\ 1 & j=L_{size} \end{cases}$

每个Agent都具有一定的能量，Agent进化的目标就是尽可能地增大自身的能量，这就导致Agent间激烈的竞争，但这种竞争只能存在于Agent与其邻域间。最终，能量低的Agent将死亡，而它的邻域将占领它的位置。当然，合作也可能发生在Agent与其邻域间。另一方面，由于Agent具有智能，它也可利用自己的知识来进行自学习。

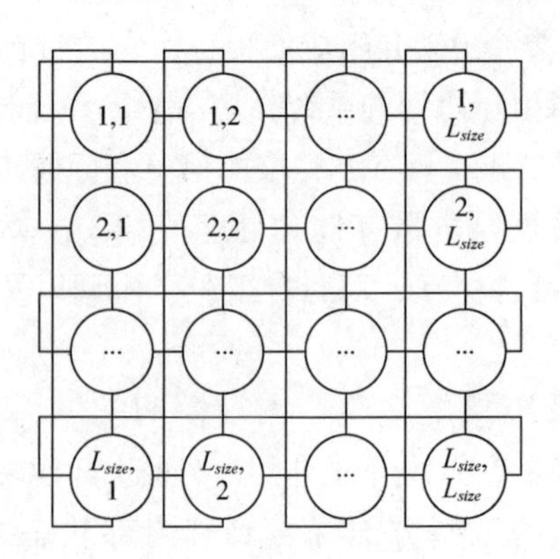

图6－7 Agent网格

6.3.2.2 算法算子

算法中一共有四个算子，分别是邻域正交叉算子、邻域竞争算子、变异算子和自学习算子。算法中的邻域竞争算子体现了 Agent 与环境相互作用或竞争或合作以求生存的行为。在邻域正交交叉算子 P，中 Agent 与环境交换信息，获取有利于自身生存的资源，而变异算子 P 和自学习算子则可视作 Agent 可以通过自我调整和自我学习来适应环境的过程。邻域竞争算子是作用在每一个 Agent 上的，这就使得能量较低的 Agent 被从网格上清除出去，以便有更多的发展空间留给能量较高的 Agent。邻域正交交叉算子和变异算子以概率 P_c 和 P_m 作用在每个 Agent 上。为了降低计算量，自学习算子只作用在每代最优的 Agent 上，但它对算法性能的影响是非常重要的。总而言之，4 个算子相辅相成，在算法中起到了不同的作用。

6.3.2.3 算法程序

算法的具体流程如下，其中，L^t 表示第 t 代 Agent 网格，$L^{t+1/3}$ 和 $L^{t+2/3}$ 是 L^t 和 L^{t+1} 间的中间代 Agent 网格。$Best^t$ 是 L^0 ，L^1 ，…，L^t 中能量最大的 Agent，$CBest^t$ 是 L^t 中能量最大的 Agent。P_m 和 P_c 分别为执行变异算子和领域正交交叉算子的概率，其具体流程如下：

步骤 1：初始化 L^0 ，更新 $Best^0$ ，并且设 $t \leftarrow 0$ ；

步骤 2：对 L^t 中的每个 Agent 都执行邻域竞争算子，得到 $L^{t+1/3}$ ；

步骤 3：对 $L^{t+1/3}$ 中的每个 Agent，如果 $U(0,1) < P_m$ ，则对其执行变异算子，得到 $L^{t+2/3}$ ；

步骤 4：对 $L^{t+2/3}$ 中的每个 Agent，如果 $U(0,1) < P_c$ ，则对其执行邻域正交交叉算子，得到 L^{t+1} ；

步骤 5：从 L^{t+1} 中找出 $CBest^{t+1}$ ，并对其执行自学习算子；

步骤 6：如果 $Energy(CBest^{t+1}) > Energy(CBest^t)$，则令 $Best^{t+1} \leftarrow CBest^{t+1}$ ；否则，令 $Best^{t+1} \leftarrow Best^t$ ，$CBest^{t+1} \leftarrow Best^t$ ；

步骤 7：如果满足停止条件，则输出 $Best^t$ 并停止迭代；否则，设 $t \leftarrow t+1$ 并转向执行步骤 2。

6.3.3 研究内容

6.3.3.1 多 Agent 系统体系结构

多 Agent 系统的体系结构主要研究如何将多个单 Agent 组织为一个群体并使各个 Agent 有效地进行协调合作。多 Agent 系统的构成方式有多种，从构成系统的单 Agent 种类出发，可分为同构、异构以及同异构混合型 3 种方式。从运行的控制角度来看，多智能系统可分为集中式、分布式、集中式与分布式相结合的3种类型。集中式系统由一个核心Agent和多个与之在结构上分散、独立的协作Agent构成，其中，核心Agent负责任务的动态分配与资源的动态调度，协调各协作Agent间的竞争与合作，该类系统比较容易实现系统的管理、控制和调度；分布式系统中各Agent彼此独立、完全平等、无逻辑上的主从关系，各Agent按预先规定的协议，根据系统的目标、状态与自身的状态、能力、资源和知识，利用通信网络，通过协商与谈判，确定各自的任务，协调各自的行为活动，实现资源、知识、信息和功能的共享，协作完成共同的任务，以达到整体目标，该系统具有良好的封装性、容错性、开放性和可扩展性（贺建立，2004）。

根据系统中Agent之间的相对关系来划分，通常可以分为如下几种结构（颜跃进，2001）。

（1）完全型网络结构

完全型网络结构要求各Agent均具有通信和控制功能模块，并且要保存系统内所有Agent成员的信息和知识。对于解决复杂的问题，完全型网络结构体系的效率会大大降低，并呈现出一种无组织的状态。

（2）层次型网络结构

在层次型网络结构中，Agent被分为不同的层次，在同一层上的Agent彼此不能够直接进行通信，而需要经过其上一层Agent来完成。上一层Agent负责其下一层Agent的决策和控制。该结构中Agent不需要保存系统内所有的Agent信息，只需要保存下一层Agent的相关信息和知识。尽管该结构在通信上不如完全网络型简略，但其层次分明，管理方便。

（3）联盟型网络结构

系统内的Agent按照某种方式（通常按照距离远近、Agent功能等）来划分为不同的Agent联盟。在各联盟内部都存在一个协助Agent，它负责不同联盟之间的通信。不同联盟之间处于对等的关系，类似于完全网络型各Agent之间的关系。

6.3.3.2 多Agent之间的通信

当多个Agent一起组成多Agent系统后，Agent之间就出现了相互通信与协调的问题（Wooldrideg，et al.，1995）。Agent之间的通信是实现Agent间相互作用和相互协作的基础，Agent之间的通信所传递的不能仅仅是字符流或二进制数流，因为Agent是具有一定智能和自主性的软件实体，它们之间的通信应该在知识层上进行表达、理解和交流。因此，Agent通信语言就应运而生了，它是Agent之间进行知识共享和知识交流的协议性语言，也是多Agent系统的重要组成部分。

当前有两种常用的通信语言设计方法：过程方法和声明方法。过程方法的思想是指通信能由过程指令的交换来模拟，设计过程需要接受者的信息，并且通信过程是单向的，而 Agent 的许多信息交换应该是双向的，因此过程方法在 Agent 之间的通信不适用。声明方法是通过定义、假设等声明语句的交换来实现通信的，代表性的通信语言是 Neches 定义的 Agent 通信语言 ACL（agent communication language）。ACL 由三部分组成：词汇、内部交换格式 KIF（knowledge interchange format）和外部语言 KQML（knowledge query and manipulation language）。

6.3.3.3 多 Agent 的协调与协作

多 Agent 协调是指具有不同目标的多个 Agent 对其目标、资源等进行合理安排，以协调各自行为，最大限度地实现各自目标。多 Agent 协作是指多个 Agent 通过协调各自的行为，合作完成共同的目标。多 Agent 系统可看作开放的分布式环境，其中一个 Agent 有时需要和其他 Agent 合作以构造复杂的规划，或完成它本身不能单独完成的任务。

对于具有共同目标的多 Agent 系统，现有的协商方法主要有合同网协议法（contract net protocol）（Parunak，1987）。其主要原理是采用市场机制进行任务分解、通告、投标、评标，最后签订合同来实现任务的分配。合同网中包括管理者（Manager）和合同者（Contractor），其中，管理者负责任务的分解、公布、选标等任务的执行情况，合同者负责其接收任务的完成。各节点不存在预先设定的优先等级，并且一个节点可以同时担任不同任务的管理者和合同者。合同者完成任务后将结果返给管理者，管理者发表终止广播，结束合同。

还有一种是基于逻辑方法的 BDI 模型（Bratman，1987），主要思想是依据定义的一组心智状态（Believe）、Desire、Intention）来描述 Agent 的内部处理状态和建立响应的控制结构。基于 BDI 模型的 Agent 通过建立尽可能完备的外部世界的符号模型，来进行知识推理，以保证 Agent 具有自主思考、决策以及与外部环境进行协作的能力。但对于大型的复杂动态系统来说，构造外部环境准确的符号模型具有很大的难度，而且 Agent 自身模型的计算和推理的实时性较差，导致 Agent 的适应能力较差。

总之，在多 Agent 协作环境中，Agent 的行为策略不仅要考虑自己的行为，而且必须将自身的行为策略看作对其他 Agent 联合行为策略的最优反应。因此，将要研究的 Agent，不仅仅具有个体理性，而且具有集体理性。由这种 Agent 组成的多 Agent 系统，可以达到一种平衡的协作状态，从而使整个系统达到动态稳定和优化。

6.3.3.4 多 Agent 的学习

要达到多 Agent 系统的适应性，Agent 的自学习能力必不可少。开放分布式多 Agent 系统的结构和功能都是非常复杂的，对于大部分应用而言，要想在设计阶段准确定义系统行为以使其适应各种需求是非常困难的，这就要求多 Agent 系统具有学习和自适应能力。具备学习能力已经成为智能系统的重要特征之一。

在多 Agent 系统中，有两种类型的学习方式：一种是集中的独立式学习，如单个 Agent 创建新的知识结构或通过环境交互进行学习；另一种是分布式的汇集式学习，如一组 Agent 通过交换知识或观察其他 Agent 行为进行学习。前者归于单个 Agent 的学习中，对于单 Agent 的模型构建具有重要的作用。多 Agent 系统的学习一般研究的是后者，在系统层面上对多 Agent 的整体学习机制进行探讨。

现有的智能学习方法，如监督学习、无监督学习和分层学习等机器学习方法在多 Agent 系统中都有应用。目前，在多 Agent 学习领域中，强化学习（reinforcement learning）和协商过程中引入学习机制引起研究者越来越大的兴趣。强化学习结合了监督学习和动态编程两种技术，具有较强的机器学习能力，对于解决大规模复杂问题有巨大的潜力。

6.3.3.5 多 Agent 冲突消解

冲突问题是一类复杂而又普遍的现象，多 Agent 系统在协作及控制中不可避免要面临冲突问题。对于可以表示为多目标决策的冲突问题，可以应用多目标决策进行解决。对于模糊问题，可以引入模糊决策技术，进行多目标模糊决策。多 Agent 系统中每个 Agent 具有自治性，在问题求解过程中会按照自身的知识、能力和目标开展活动。共享资源常会发生共享冲突或死锁，而 Agent 之间的目标有时候也不一致。Agent 高度的自主性和灵活性，导致它们对于环境的理解不同，对于全局知识的获取往往不全面。所以，多 Agent 间的冲突消解就显得尤为重要了。

目前，多 Agent 系统中解决冲突的主要方法是协商。协商是 DAI 研究中引起广泛关注的一种信息交换和冲突消解模式，一般来讲，是指用来增进系统协调的通信机制。即使不出现冲突，协商也是十分重要。协商技术包括重构、限制、调解和仲裁等。协商技术通常基于对策论，假定 Agent 具有完备的全局知识，根据最大化效用的原则选择自己应采取的行为，且 Agent 的效用矩阵是共享的知识。但是 Agent 的知识往往不是完备的，其效用并不是共享的而是私有的，为了模拟现实世界中的问题，通常通过建立社会规则来避免冲突的设想。某一时期制定的规则也许会因为系统的动态变化而失去适用性，同时规则的完善也是一个不断发展的过程。

6.3.4 多 Agent 进化原理的应用

由于网络和计算机科学技术的快速发展，多 Agent 的理论和技术与许多其他领域相互借鉴和融合，得到了广泛的应用，这主要是由于系统的自主性、分布性、协调性、动态性、实时性等特点所决定的。目前的应用主要集中在以下几个方面。

6.3.4.1 智能机器人

智能机器人包括多种信息处理子系统，如二维或三维视觉处理、信息融合、规划决策以及自动驾驶等，各个系统间相互依赖、互为条件，它们需要共享信息、相互协调，以有效地完成总体任务。因此各子系统间的信息集成和协调成为智能机器人研究领域的一项关键技术，它直接影响到机器人的性能和智能化程度。利用多 Agent 系统，目的是结合、协调、集成智能机器人系统的各项技术及功能子系统，使之成为一个智能化程度较高的整体。

6.3.4.2 交通控制

多 Agent 系统在交通控制领域的应用已成为一个日趋成熟的方向。例如：乔瓦尼等提出一个分布式路径指导多 Agent 系统，该系统结合了交通图知识库中的信息和路径边界搜索算法，建立了局部世界描述机制，通过无线电获取信息，激活系统重新规划路径，并提出一个获得最短路径的规划算法，从而产生汽车行驶的最佳路径，避免发生冲突。此外，在空中交通控制方面，结合对策论和优化理论的多 Agent 系统技术，目前已提出一个空中交通管理系统的构建模型，该系统通过多 Agent 系统中 Agent 间相互协作，以解决空中航线存在的冲突问题，其中各 Agent 表示空中交通控制站以及进入控制区域的飞机，对可能出现的航线冲突利用对策论进行冲突解决。

本章习题

（1）请描述遗传算法的工作流程，并说明各个步骤的内容。

（2）举例说明遗传算法有哪些应用领域。

（3）请使用遗传算法计算函数 $f(x, y) = yx^3 - x^2$ 的最小值，其中，x 和 y 的取值范围均为 [0，7]。

（4）请简述蚁群算法的基本思想。

（5）请查阅蚁群系统算法相关资料，并说明 ACS 相较于 AS 算法做了哪些改进。

（6）根据蚂蚁系统算法流程图，分别写出 ANT - cycle、ANT - density 和 ANT - quantity 的伪代码。

（7）多 Agent 系统相对于单 Agent 有哪些特点？

（8）请简述多 Agent 进化算法的具体流程。

7 感知

本章学习目的与要点

感知是人工智能中重要的信息获取、处理和决策的核心智能之一。没有感知，人工智能就成了“聋子”或“瞎子”。

受篇幅所限，本章主要介绍涉及感知智能核心的模式识别、自然语言处理、机器翻译与语音识别以及视觉感知智能。尽管这些智能发展已经取得了显著进步，但是与人类智能综合相比，尚有较大距离。通过本章的阐述，希望读者了解模式识别等相关定义；理解自然语言处理的思路和步骤；掌握机器翻译和语音识别的方法；了解视觉感知智能相关内容和方法。

7.1 模式识别

模式识别诞生于20世纪20年代，随着40年代计算机的出现、50年代人工智能的兴起，模式识别在60年代初迅速发展成一门学科。其研究理论和方法在很多科技领域得到广泛重视，推动了人工智能系统的发展。90年代，小样本学习理论、支持向量机也受到了很大的重视。几十年来，模式识别研究取得了大量的成果，在很多领域得到了成功应用。但是，由于模式识别涉及很多复杂的问题，所以现有的理论和方法对于解决这些问题还有很多不足之处。本部分主要介绍模式识别的一些基本概念和问题，以利于读者对模式识别的现状与未来发展方向有一个简单、全面的了解。

7.1.1 模式识别简介

模式识别目前可划分为四大理论体系，分别是统计模式识别（核心，包括属于非监督分类的聚类分析方法、监督分类中的判别函数概念和几何分类法、基于统计决策的概率分类法、特征选择提取法）、句法模式识别（也称结构模式识别）、模糊模式识别和神经网络模式识别。其中，统计模式识别的理论和方法包括贝叶斯决策理论、线性和非线性判别函数、近邻规则、经验风险最小化、特征提取和选择、聚类分析、模拟退火和遗传算法、统计学习理论、支持向量机等，模糊模式识别和神经网络模式识别等属于模式识别中的新发展。

7.1.1.1 模式识别概念

模式（pattern）：客观事物或现象常常被划分为由相似但又不完全相同的个体组成的集合——类别，我们称这些客观事物或现象为模式，或将整个类别称为模式。广义地说，存在于时间和空间中可以观察的事物，如果我们可以区分它们是否相同或者相似，都可以称之为模式。模式往往表现为具有时间或空间分布的信息，因此，我们将一类客观事物或现象的时间或空间分布的信息称为模式。

分类（classification）：分类是对个体客观事物或现象的所属类别做出的判断或决定，在统计学理论中通常称之为决策。

样本（sample）：一个个体对象。注意，与统计学中的样本不同，样本更类似于统计学中的实例（instance）。

样本集（sample set）：若干样本的集合，统计学中的样本就是指样本集。

类或类别（class）：具有相同模式的样本集，该样本集是全体样本的子集。

特征（feature）：也称为属性，通常指样本的某些可以用数值去量化的特征，如果有多个特征，则可以组合成特征向量（feature vector）。样本的特征构成样本特征空间，空间的维数就是特征的个数，每一个样本就是特征空间中的一个点。

已知样本（known sample）：已经事先知道类别的样本。

未知样本（unknown sample）：类别标签未知但特征已知的样本。

模式识别（pattern recognition）：自己建立模型刻画已有的特征，样本用于估计模型中的参数。

模式识别的落脚点是感知。人类在识别和分辨事物时，往往是在先验知识和以往对此类事物的多个具体实例观察基础上产生的对整体性质和特征的认识。其实，每一种外界事物都可以看作一种模式，人们对外界事物的识别，很大部分是通过对事物进行分类来完成的。人们为了掌握客观事物，按实物相似的程度组成类别。模式识别的作用和目的，就在于面对某一具体事物时能将其正确地归入某一类别。

最近，在脑新皮质模型中，雷·库兹韦尔（Ray kurzweil）提出思维的模式识别理论，他认为人的大脑记忆是层级结构，有3亿多个“模式识别器”。

大脑新皮质的主要作用，是“模式识别”，具备“分层学习能力”。

7.1.1.2 模式识别类型

模式识别类型主要分为监督模式识别和非监督模式识别。

（1）监督模式识别

在监督模式识别下，先确定好需要划分的类别有哪些，并且能够获得一定数量的类别已知的训练样本。在这种类别已知的情况下机器学习的过程称为监督学习。

（2）非监督模式识别

在非监督模式识别下，分类之前并不知道要划分的类别有哪些，也不知道划分类别的数目，并且没有任何已知的样本可以用来训练。在这种情况下，根据不同样本的特征进行分类，同一个种类的样本从某个角度上看具有一定的相似性，不同的样本之间差异性比较大。如果根据样本特征向量中的不同特征去聚类，会得到不同的结果。

7.1.1.3 模式识别系统

一个模式识别系统的典型构成包括数据获取、预处理、特征提取、分类决策、分类器设计五个主要部分。

（1）数据获取

利用计算机可以运算的符号来表示所研究的对象，对应于外界物理空间向模式空间的转换。一般，获取的信息类型有以下几种。

一维波形：心电图、脑电波、声波、震动波形等。

二维图像：文字、地图、照片等。

物理参量：体温、化验数据、温度、压力、电流、电压等。

（2）预处理

对由于信息获取装置或其他因素所造成的信息退化现象进行复原、去噪，加强有用信息。

（3）特征提取

由信息获取部分获得的原始信息，其数据量一般相当大。为了有效地实现分类识别，应对经过预处理的信息进行选择或变换，得到最能反映分类本质的特征，构成特征向量。其目的是将维数较高的模式空间转换为维数较低的特征空间。

（4）分类决策

在特征空间中用模式识别方法（由分类器设计确定的分类判别规则）对待识模式进行分类判别，将其归为某一类别，输出分类结果。这一过程对应于特征空间向类别空间的转换。

(5) 分类器设计

为了把待识模式分配到各自的模式类中，必须设计出一套分类判别规则。基本做法是收集一定数量的样本作为训练集，在此基础上确定判别函数，改进判别函数和误差检验。

7.1.2 统计模式识别

20世纪30年代，费舍尔（Fisher）提出统计分类理论，奠定了统计模式识别的基础，在六七十年代统计模式识别得到快速发展，成为模式识别的主要理论。按照在模式的识别过程中所依据的理论方法的不同，可将模式识别分为统计模式识别、句法模式识别、模糊模式识别和神经网络模式识别。本部分主要介绍统计模式识别。

统计模式识别是定量描述的识别方法。其以模式集在特征空间中分布的类概率密度函数为基础，对总体特征进行研究，包括判别函数法和聚类分析法。对于分类结果的好坏，同样用概率统计中的概念进行评价，如距离方差等。统计模式识别的历史最长，与其他几种理论相比，发展得最为成熟，是模式分类的经典性和基础性技术。目前概率论和数理统计是统计模式识别的理论基础。统计模式识别的主要方法有线性、非线性分类、贝叶斯决策、聚类分析等。

统计模式识别的主要优点是：①比较成熟；②能考虑干扰噪声等影响；③识别模式基元能力强。其主要缺点有：①对结构复杂的模式抽取特征困难；②不能反映模式的结构特征，难以描述模式的性质；③难以从整体角度考虑识别问题。

7.1.2.1 属于非监督分类的聚类分析方法

非监督分类也称无人管理的分类。这类方法一般适用于没有先验知识的情况，通常采用聚类分析的方法，即基于“物以类聚”的观点，用数学方法分析各特征向量之间的距离及分散情况，结果合理即可。非监督学习方法主要包括单峰子集的分离方法、类别分离的间接方法和分级聚类方法等。

人们常说“物以类聚，人以群分”，这句话实际上就反映了聚类分析的基本思想。聚类分析属于非监督分类，也就是说基本上无先验知识可依据或参考。聚类分析根据模式之间的相似性对模式进行分类，对一批没有标出类别的模式样本集，将相似的归为一类，不相似的归为另一类。

“相似性”是聚类分析中的关键性概念。当研究一个复杂对象时，可以对其特征进行各种可能的测量，将各种测量值组成向量形式，称为该样本的特征向量，由 n 个特征值组成的就是 n 维向量，即 $\boldsymbol{X}=[x_1, x_2, \cdots, x_n]^T$ 相当于特征空间中的一个点，整个模式样本集的特征向量可以看作分布在特征空间中的一些点。我们可以将特征空间中点与点之间的距离函数作为模式相似性的测量，以“距离”作为模式分类的依据，距离越小，越“相似”。注意，这时已经将各种实际的物理含义统统抽象为距离的概念了，如 x_1 原来代表温度，x_2 原来代表长度等。进行这种数学抽象的目的是便于后面的分类。另外需要注意的是，聚类分析是按照不同对象之间的差异，根据距离函数的规律做模式分类的，因此这种方法是否有效，与模式特征向量的分布形式有很大的关系，这是这类方法的一个特点。如果向量点的分布是一群一群出现的，同一群样本密集，不同群样本远离，用距离函数就较易分成若干类；如果样本集的向量分布成一团，就很难做聚类分析。

因此，对具体对象做聚类分析时，选取的特征向量是否合适非常关键。例如，当许多不同种类、不同品牌的酱油以及不同品牌的可乐混杂放在一起时，如果想将它们识别并区分开来，若以味道作为识别分类的特征，很容易就达到目的了。这时在一维特征空间中，代表两种物质样本的特征点的分布非常有利于分类：酱油和可乐的样本点各自密集地聚集在一起，不同类的点又相距足够远。如果以颜色作为特征就不易分辨，因为所有样本的颜色值都比较接近，所以特征空间中的所有点是密集地混杂在一起的，自然就很难分开它们了。

模式相似性测度是衡量模式之间相似性的一种尺度，用于描述各模式之间特征的相似程度，主要包括距离测度、相似测度和匹配测度。距离测度用来度量同一类样本之间的类似性和不属于同一类样本之间的差异性。用来测度的距离主要有欧氏（Euclid）距离、绝对值距离（街坊距离或 Manhattan 距离）、切氏距离（Chebyshev）、明氏（Minkowski）距离和马氏（Maharanobis）距离等。

（1）非监督模式识别的主要原理

信息获取与预处理→特征提取与选择→聚类（自学习）→结果解释。

（2）处理非监督模式识别问题的一般步骤

步骤一，分析问题：分析问题研究目标是否可能抽象为若干类别，分析问题中哪些（可以观测的）因素可能与所关心的类别有关。

步骤二，获取原始观测：观测未知样本，获取原始特征。

步骤三，特征提取与选择：进行必要的特征提取与选择。

步骤四，聚类分析：采用某种方法将未知样本分类。

步骤五，结果解释：分析所得的类别与所关心的目标之间对应的关系，如问题需要，用同样的方法对新的未知样本进行分类。

（3）聚类过程遵循的基本步骤

步骤一，特征选择（feature selection）：尽可能多地包含任务关心的信息。

步骤二，近邻测度（proximity measure）：定量测定两个特征如何“相似”或“不相似”。

步骤三，聚类准则（clustering criterion）：以蕴涵在数据集中类的类型为基础。

步骤四，聚类算法（clustering algorithm）：按近邻测度和聚类准则揭示数据集的聚类结构。基于距离阈值的聚类算法主要包括近邻聚类法、最大最小距离算法。动态聚类法包括 K－均值算法、迭代自组织的数据分析算法。聚类分析中还有层次聚类法。

步骤五，结果验证（validation of the results）：常用逼近检验验证聚类结果的正确性。

步骤六，结果判定（interpretation of the results）：由专家用其他方法判定结果的正确性。

7.1.2.2 监督分类中的判别函数概念和几何分类法

监督分类也称有人管理的分类。此类方法首先需要依靠已知所属类别的训练样本集，按照它们特征向量的分布来确定判别函数，然后再利用判别函数对未知的模式进行分类判别。因此，使用这类方法需要有足够的先验知识。

（1）监督模式识别的主要原理

信息获取与预处理→特征提取与选择→分类器设计（训练）→分类决策（识别）。

（2）处理监督模式识别问题的一般步骤

步骤一，分析问题：看是否属于模式识别问题，把研究的目标抽象为类别；分析问题中哪些（可以观测的）因素可能与分类有关。

步骤二，原始特征获取：设计实验方法，得到已知样本，对这些样本实施观测和预处理，获取与样本分类有关的观测向量（原始特征）。

步骤三，特征选择与提取：为了更好地进行分类，对特征进行必要的提取与选择。

步骤四，分类器设计：利用已知样本设计（训练）某种分类器。

步骤五，分类：对未知样本，同样对信息实施获取与预处理、特征提取与选择，用分类器进行训练。

（3）判别函数概念

判别函数是指各个类别的判别区域确定后，可以用一些函数来表示和鉴别某个特征矢量属于哪个类别，这些函数就称为判别函数。这些函数不是集群在特征空间形状的数学描述，而是描述某一位置矢量属于某个类别的情况，如属于某个类别的条件概率，一般不同的类别都有各自不同的判别函数。判别函数是直接用来对模式样本进行分类的准则函数，也称为判决函数或决策函数（discriminant function）。判别函数是表示界面的函数，如两类的分类问题，它们的边界线就是一个判别函数，见图7－1。

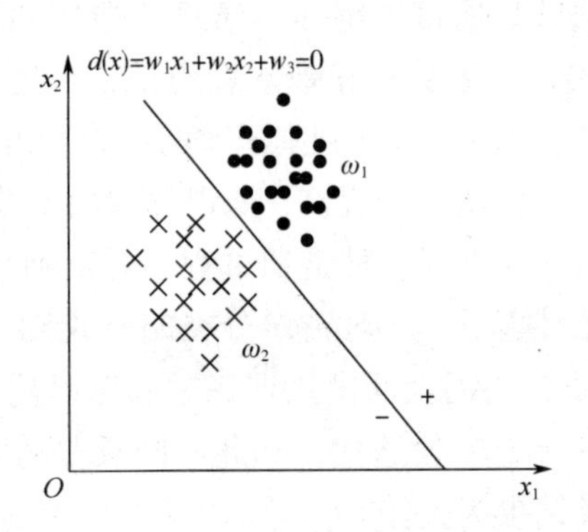

图7－1　两类问题的边界线即判别函数

（4）几何分类法

判别函数从几何性质上看，可以分为线性的和非线性的函数。线性的是一条直线，非线性的可以是曲线、折线等。线性判别函数建立起来比较简单，实际应用也较多；非线性判别函数建立起来比较复杂。在判别函数的形式确定后，就要确定判别函数的系数。只要被研究的模式是可分的，就能用给定的模式样本集来确定判别函数的系数。模式分类如可用任一个线性函数来划分，则这些模式就称为线性可分的，否则就是非线性可分的。一旦线性函数的系数被确定，这些函数就可用作模式分类的基础。

广义线性判别函数的出发点是，线性判别函数简单且容易实现，而非线性判别函数复杂且不容易实现，若能将非线性函数转换为线性判别函数，则有利于模式分类的实现。其基本思想是，设一个训练用的模式集为 $\{x\}$，在模式空间 x 中线性不可分，但在模式空间 x^* 中线性可分，其中 x^* 的各个分量是 x 的单值实函数，x^* 的维数 k 高于 x 的维数 n，即若取 $x^*=(f_1(x), f_2(x), \cdots, fk(x))$，$k>n$ 则分类界面在 x^* 中是线性的，在 x 中是非线性的，此时只要将模式 x 进行非线性变换，使之变换后得到维数更高的模式 x^*，就可以用线性判别函数来进行分类。

分段线性判别函数的出发点是，线性判别函数在进行分类决策时是最简单有效的，但在实际应用中，常常出现不能用线性判别函数直接分类的情况。广义判别函数通过增加维数来得到线性判别，但维数的大量增加会使在低维空间里原本行得通的方法在高维空间遇到困难，增加计算的复杂性。所以引入分段线性判别函数的判别过程，它比一般线性判别函数的错误率小，但又比非线性判别函数简单。

感知器算法的出发点是，一旦判别函数的形式确定下来，剩下的问题就是如何确定它的系数。在模式识别中，系数主要通过对已知样本的训练和学习来得到。感知器算法就是通过训练样本模式的迭代和学习，产生线性（或广义线性）可分的模式判别函数。其基本思想是，采用感知器算法，能通过对训练模式样本集的“学习”，得到判别函数的系数。由于采用的算法不需要对各类别中模式的统计性质做任何假设，所以称为确定性的方法。

感知器的训练算法实质上是一种赏罚过程：对正确分类的模式“赏”，实际上是“不罚”，即权向量不变；对错误分类的模式则“罚”，使 w（k）加上一个正比于 x_k 的分量；当用全部模式训练过一轮以后，只要有一个模式是判别错误的，就需要进行下一轮迭代；如此不断反复直到全部模式样本训练后都能得到正确的分类结果为止。

采用感知器算法的多类模式的分类，实际上是将感知器算法推广到多类模式。分类算法通过模式样本来确定判别函数的系数，但一个分类器的判断性能最终要用那些未用于训练的未知样本来检验。要使一个分类器设计完善，必须采用有代表性的训练数据，它能够合理反映模式数据的整体。那么，要获得一个判别性能好的线性分类器，究竟需要多少训练样本呢？客观上是越多越好，但实际上能收集到的样本数目会受到客观条件的限制，过多的训练样本在训练阶段会使计算机需要较长的运算时间。一般说来，合适的样本数目可按照相关公式进行估计。

势函数法属于一种确定性的非线性分类算法，其目的是用势函数的概念来确定判别函数和划分类别界面。基本思想是，假设要划分属于两种类别 w_1 和 w_2 的模式样本，这些样本可以看成是分布在 n 维模式空间中的点 x_k，把属于 w_1 的点比拟为某种能源点，在这个点上，电位达到峰值。随着与该点距离的增大，电位分布迅速减小，即把样本 X_k 附近空间 X 点上的电位分布看成是一个势函数 k（X，X_k）。对于属于 w_1 的样本集群，其附近空间会形成一个“高地”，这些样本点所处的位置就是“山头”。同理，用电位的几何分布来看待属于 w_2 的模式样本，在其附近空间就形成“凹地”。只要在两类电位分布之间选择到合适的等高线，就可以将之认为是模式分类的判别函数。

7.1.2.3 基于统计决策的概率分类法

本部分内容主要包括贝叶斯决策、贝叶斯分类器的错误率、概率密度函数的参数估计、概率密度函数的非参数估计和 K－近邻估计法。贝叶斯决策主要包括最小错误率贝叶斯决策、最小风险贝叶斯决策和正态分布模式的贝叶斯决策。

对观察样本进行分类是模式识别的目的之一。在分类过程中任何一种决策规则都有其相对应的错误率。当采取指定的决策规则来对类条件概率密度及先验概率均为已知的问题进行分类时，它的错误率就应是固定的。错误率反映了分类问题固有复杂性的程度，可以认为它是分类问题固有复杂性的一种量度。在分类器设计出来后，通常总是以错误率的大小来衡量其性能的优劣。特别是在对同一种问题设计出几种不同的分类方案时，通常总是以错误率大小作为比较方案好坏的标准。因此，在模式识别的理论和实践中，错误率是非常重要的参数。

概率密度函数的参数估计包括最大似然估计、贝叶斯估计与贝叶斯学习。概率密度函数的非参数估计主要包括非参数估计的基本方法、Parzen 窗法和 K－近邻估计法。

7.1.2.4 特征选择提取法

特征选择是模式识别中的一个关键问题。由于在很多实际问题中常常不容易找到那些最重要的特征，或受条件限制不能对它们进行测量，这就使特征选择和提取的任务复杂化，从而成为构造模式识别系统最困难的任务之一。特征选择和提取的基本任务是如何从许多特征中找出那些最有效的特征。从前面对分类器设计的讨论中我们可以看到，在样本数不是很多的情况下，如果用很多特征进行分类器设计，无论从计算的复杂程度还是分类器性能来看都是不适宜的。因此研究如何把高维特征空间，压缩到低维特征空间，以便有效地设计分类器，就成为一个重要的课题。任何识别过程的第一步，不论用计算机还是由人去识别，都要首先分析各种特征的有效性并选出最有代表性的特征，显然，特征选择和提取这一任务应在设计分类器之前进行。可以把特征分为三类：①物理的；②结构的；③数学的。人们通常利用物理和结构特征来识别对象，因为这样的特征容易被视觉、触觉以及被其他感觉器官所发现。但在使用计算机去构造识别系统时，应用这些特征有时比较复杂，因为一般说来用硬件去模拟人类感觉器官是很复杂的，而机器在抽取数学特征的能力方面又比人强得多。这种数学特征的例子有统计平均值、相关系数、协方差阵的本征值及本征向量等。

原始特征的数量可能很大，或者说样本是处于一个高维空间中，通过映射（或变换）的方法可以用低维空间来表示样本，这个过程就是特征提取。映射后的特征被称为二次特征，它们是原始特征的某种组合（通常是线性组合）。所谓特征提取，在广义上就是指一种变换。若 Y 是测量空间，X 是特征空间，则变换 A：$Y->X$ 就叫作特征提取器。

从一组特征中挑选出一些最有效的特征以达到降低特征空间维数的目的，这个过程叫作特征选择。有时特征提取和选择并不是截然分开的。例如，可以先将原始特征空间映射到维数较低的空间，在这个空间中再进行选择以进一步降低维数。也可以先经过选择去掉那些明显没有分类信息的特征，再进行映射以降低维数。对于“特征提取”“特征压缩”“特征选择”在具体问题下的含义，通过上下文是可以弄清楚的。

特征选择与提取的任务是求出一组对分类最有效的特征，因此我们需要一个定量的准则（或称判据）来衡量特征对分类的有效性。具体说来，把一个高维空间变换为低维空间的映射是很多的，哪种映射对分类最有利，需要一个比较标准。大家可能很自然地想到，既然我们的目的是设计分类器，那么用分类器的错误概率作为标准就行了，也就是说，使分类器错误概率最小的那组特征，就应当是一组最好的特征。从理论上说，这是完全正确的，但在实际应用中却有很大困难。即使在类条件分布密度已知的情况下，错误概率的计算也很复杂，何况实际问题中这一分布常常不知道，这使得直接用错误概率作为标准来分析特征的有效性比较困难。我们希望找出另一些更实用的标准来衡量各类间的可分性，这些标准即类别可分离性判据。

类别可分离性判据主要包括用于可分性判据的类内类间距离、基于概率分布的可分性判据、基于熵函数的可分性判据。

特征提取内容主要包括按欧氏距离度量的特征提取方法、按概率距离判据的特征提取方法、用散度准则函数的特征提取器、基于判别熵最小化的特征提取以及两维显示。

特征选择内容包括最优搜索算法、次优搜索法和可分性判据的递推计算法，以及特征选择的几种新方法，如模拟退火算法、Tabu 搜索算法和遗传算法。

7.1.3 句法模式识别

20 世纪 50 年代，诺姆·乔姆斯基（Noam Chemsky）提出形式语言理论，美籍华人付京荪提出句法模式识别。句法模式识别也称结构模式识别，是根据识别对象的结构特征，以形式语言理论为基础的一种模式识别方法。其出发点是识别对象的结构描述和自然语言存在一定的对应关系，即用一组“基元”及其组合和组合规则来表示模式结构，与用一组单词及其组合和文法来表示自然语言是相对应的：基元、子模式、模式分别对应于自然语言的单词、词组和句子，基元的组合规则对应于自然语言的文法。这样，就可以利用语言学中的文法分析方法对模式进行结构分析和分类。与模式识别的其他分支相比，句法模式识别的发展相对缓慢。

句法模式识别主要包括句法模式识别发展、形式语言的基本定义和文法分类、模式的描述方法（基元的确定、模式的链表示法、模式的树表示法）、文法推断（余码文法的推断、扩展树文法的推断等）、句法分析（参考链匹配法、填充树图法、CYK 分析法和厄利分析法等）、句法结构的自动机识别（有限态自动机与正则文法、下推自动机与上下文无关文法）等。

句法模式识别的模式描述方法主要有符号串、树和图。其模式判定是一种语言，用一个文法表示一个类，m 类就有 m 个文法，然后判定未知模式遵循哪一个文法。

如图 7－2 所示，要识别图中的物体，可以选用句法模式识别方法。

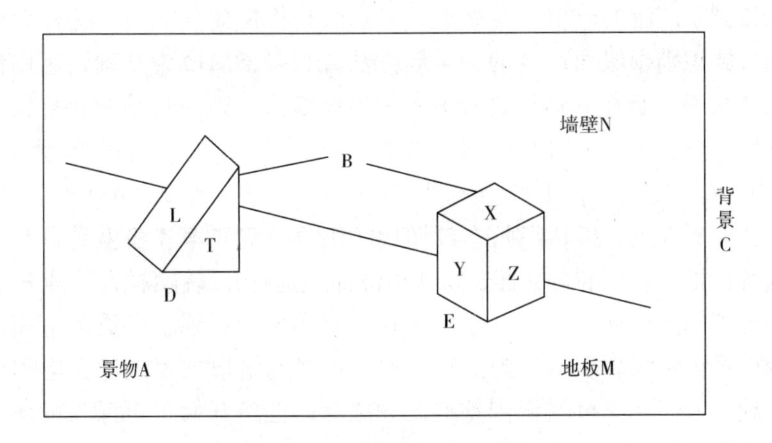

图 7－2　句法模式识别示例场景图

如图形结构复杂，首先应分解为简单的子图（背景、物体）。将上述场景图进行分解，构成一个多级树结构，如图 7－3 所示。

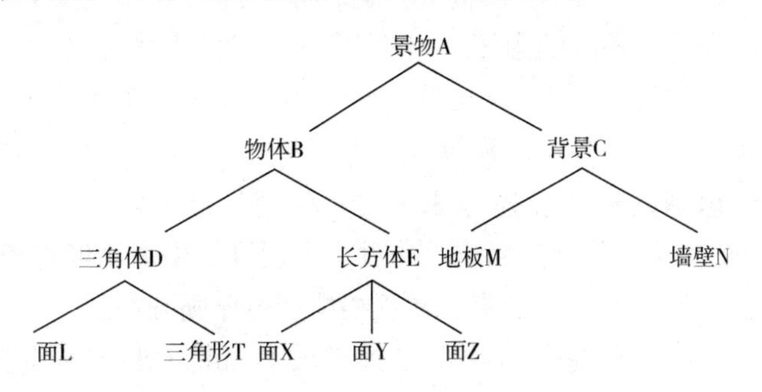

图 7－3　句法模式识别示例多级树结构图

在学习过程中，应确定基元与基元之间的关系，推断出生成景物的方法。判决过程中，提取基元，识别基元之间的连接关系，使用推断的文法规则做句法分析。若分析成立，则判断输入的景物属于相应的类型。

句法模式识别的理论基础是形式语言和自动机技术。其主要方法有自动机技术、CYK 剖析算法、Early 算法、转移图法。句法模式识别的主要优点有识别方便，可以从简单的基元开始，由简至繁；能反映模式的结构特征，能描述模式的性质；对图像畸变的抗干扰能力较强。句法模式识别的主要缺点是当存在干扰及噪声时，抽取特征基元困难，且易失误。

7.1.4 模糊模式识别

20 世纪 60 年代，扎德（Zadeh）提出了模糊集理论。目前，模糊模式识别理论得到了广泛的应用。模糊模式识别法是将模糊数学的一些概念和方法应用到模式识别领域而产生的一类新方法。它以隶属度为基础，运用模糊数学中的“关系”概念和运算进行分类。隶属度 μ 反映的是某一元素属于某集合的程度，取值在［0，1］区间。例如三个元素 a、b、c 对正方形的隶属度分别为 $\mu(a)=0.9$，$\mu(b)=0.5$，$\mu(c)=1.0$，那么，$\mu(a)>\mu(b)$ 说明 a 比 b 更像正方形，c 对正方形的隶属度为 1 说明其本身就是正方形。

与统计模式识别和句法模式识别两种理论相比，模糊模式识别法和神经网络模式识别法出现较晚，但已在模式识别领域中得到较广泛的应用，尤其是模糊模式识别法表现得更为活跃一些。神经网络模式识别法在应用中存在一些问题。人们在充分认识到这些问题之后，已经开始了更深入的研究，小样本学习理论和支持向量机已经成为新的研究热点。

模糊模式识别法的主要内容包括模糊数学的发展和在模式识别领域的应用、模糊集合（模糊集合定义、隶属函数的确定、模糊集合的运算、模糊集合与普通集合的相互转化）、模糊关系与模糊矩阵（含模糊关系定义、表示、建立三大性质和模糊矩阵的运算）、模糊模式分类的直接方法（隶属原则）和间接方法（择近原则）、模糊聚类分析法（基于模糊等价关系的聚类分析法、模糊相似关系直接用于分类、模糊 K－均值算法、模糊 ISODATA 算法）等。

模糊模式识别的模式描述方法主要是模糊集合 $A=\{(ma, a), (mb, b), \ldots (mn, n)\}$，其模式判定是一种集合运算。用隶属度将模糊集合划分为若干子集，m 类就有 m 个子集，然后根据择近原则分类。

模糊模式识别的理论基础主要是模糊数学，其主要方法有模糊统计法、二元对比排序法、推理法、模糊集运算规则、模糊矩阵。模糊模式识别的主要优点为，隶属度函数作为样本与模板间相似程度的度量，往往能反映整体的与主体的特征，故允许样本有相当程度的干扰与畸变。模糊模式识别的主要缺点是，准确合理的隶属度函数往往难以建立，故限制了它的应用。

7.1.5 神经网络模式识别

20 世纪 80 年代霍普菲尔德（Hopfield）提出神经元网络模型理论，以 Hopfield 网、BP 网为代表的神经网络模型导致人工神经元网络复活，并在模式识别和人工智能方面得到了较为广泛的应用。神经网络模式识别法是人工神经网络与模式识别相结合的产物。这种方法以人工神经元为基础，模拟人脑神经细胞的工作特点，对脑部工作机制的模拟更接近生理性，实现的是形象思维的模拟，与主要进行逻辑思维模拟的基于知识的逻辑推理相比有很大的不同。

神经网络模式识别以不同活跃度来表示输入节点集（神经元），其模式判定是一个非线性动态系统。通过对样本的学习建立起记忆，然后将未知模式判决为其最接近的记忆。神经网络模式识别的理论基础主要是神经生理学和心理学，其主要方法有 BP 模型、HOP 模型、高阶网。神经网络模式识别的主要优点是，可处理一些环境信息十分复杂、背景知识不清楚、推理规则不明确的问题，允许样本有较大的缺损、畸变。其主要缺点是，目前能识别的模式类还不够多。

7.1.5.1 神经网络模式识别简介

神经网络模式识别与之前的统计模式识别和句法模式识别有着很大不同。从深层意义上看，模式识别与人工智能研究的是如何用计算机实现人脑的一些功能。一方面，从功能出发可以将功能分解成子功能，直至设计出算法来实现这些子功能。这是自顶向下的分析方法，统计模式识别和句法模式识别是此思路的产物。另一方面，人脑无论功能多么复杂，都是由大量神经元组成的巨大神经网络。从神经元的基本功能出发，逐步从简单到复杂形成各种神经网络，研究它所能实现的功能，是自底向上的综合方法。神经网络模式识别是这个思路的产物。

人工神经网络的研究与计算机的研究几乎是同步发展的。1943 年，心理学家麦卡洛克和数学家皮特斯合作提出了形式神经元的数学模型，成为人工神经网络研究的开端。1949 年，心理学家赫博（Hebb）提出神经元之间突触联系强度可变的假设，并据此提出神经元的学习准则，为神经网络的学习算法奠定了基础。现代串行计算机的奠基人冯·诺伊曼（Von Neumann）在 20 世纪 50 年代注意到计算机与人脑结构的差异，对类似于神经网络的分布系统做了许多研究。50 年代末，罗森布拉特（Rosenblatt）提出了感知器模型，首次把神经网络的研究付诸工程实践，引起了许多科学家的兴趣。1969 年，人工智能创始人之一的明斯基和派珀特（Papert）出版了《感知器》一书，从数学上深入分析了感知器的原理，指出其局限性。1982年，霍普菲尔德提出了神经网络的一种数学模型，引入了能量函数的概念，研究了网络的动力学性质；紧接着又设计出用电子线路实现这一网络的方案，开拓了神经网络用于联想记忆和优化计算的新途径，大大促进了神经网络的研究。1986年，鲁姆哈特（Rumelhart）及乐昆（LeCun）等学者提出了多层感知器的反向传播算法，扫除了当初阻碍感知器模型继续发展的重要障碍。20世纪50年代以来，传统的基于符号处理的人工智能在解决工程问题时遇到了许多困难，尤其是在解决模式识别、学习等对人来说轻而易举的问题上显得非常困难。这促使人们进一步探索更接近人脑的计算模型，形成了对神经网络研究的热潮。现在神经网络的应用已渗透到多个领域，如智能控制、模式识别、信号处理、计算机视觉、优化计算、知识处理、生物医学工程等。本部分着重介绍神经网络模式识别的基本内容。

7.1.5.2 神经网络模式识别的典型做法

（1）多层前馈网络用于模式识别

在各种人工神经网络模型中，在模式识别中应用最多也最成功的是多层前馈网络，其中又以采用BP学习算法的多层感知器（习惯上也简称为BP网络）为代表。由于网络采用的是监督学习方式进行训练，因此只能用于监督模式识别问题。一般有以下两种应用方式。

第一，多输出型。网络的每一个输入节点对应样本的一个特征，而输出层节点数等于类别数，一个输出节点对应一个类。在训练阶段，如果输入训练样本的类别标号是i，则训练时的期望输出设第i个节点为1，其余输出节点均为0。在识别阶段，当一个未知类别的样本作用到输入端时，考查各输出节点的输出，并将这个样本的类别判定为与输出值最大的那个节点对应的类别。在某些情况下，如果输出最大的节点与其他节点输出的差距较小（小于某个域值），则可以做出拒绝决策。这是用多层感知器进行模式识别的最基本方式。

实际上，多输出型神经网络还可以有很多其他的形式。如网络可以有m个输出节点，用它们的某种编码来代表c个类别。上面这种方式只是其中的一个特例，有人把它称为“1－0”编码模式或者“c中取1”模式。

第二，单输出型。很多实验表明，在多输出方式中，由于网络要同时适应所有类别，势必需要更多的隐层节点；而且学习过程往往收敛较慢，此时可以采用多个多输入单输出形式的网络，让每个网络只完成识别分类，即判断样本是否属于某个类别。这样可以克服类别之间的耦合，经常可以得到更好的结果。

网络的每一个输入节点对应样本一个特征，而输出层节点只有一个。为每个类建立一个这样的网络（网络的隐层节点数可以不同)。对每一类进行分别训练，将属于这一类的样本的期望输出设为1，而把属于其他类的样本的期望输出设为0。在识别阶段，将未知类别的样本输入到每一个网络，如果某个网络的输出接近1（或大于某个域值，如0.5)，则判断该样本属于这一类；而如果有多个网络的输出均大于域值，则或者将类别判断为具有最大输出的那一类，或者做出拒绝。当所有网络的输出均小于域值时，也可采取类似的决策方法。

显然，在两种情况下，我们只需要一个单输出网络即可：将一类对应于输出1，另一类对应于输出0，识别时只要输出大于0.5，则决策为第一类，否则决策为第二类；或者也可以在两类之间设定一个域值，当输出在这个域值之间时做出拒绝决策。

(2）自组织网络用于模式识别

自组织神经网络可以较好地完成聚类的任务，其中每一个神经元节点对应一个聚类中心。与普通聚类算法不同的是，所得的聚类之间仍保持一定的关系，就是在自组织网络节点平面上相邻或相隔较近的节点对应的类别之间的相似性要比相隔较远的类别大。因此可以根据各个类别在节点平面上的相对位置进行类别的合并和类别之间关系的分析。

自组织特征映射最早的提出者科荷伦（Kohonen）的科研组就成功地利用这一原理进行了芬兰语语音识别。他们的做法是，将取自芬兰语各种基本语音的各个样本按一定顺序轮流输入到一个自组织网络中进行学习，经过足够次数的学习后，这些样本逐渐在网络节点中形成确定的映射关系，即每个样本都映射到各自固定的一个节点（在输入样本时，对应的节点为最佳匹配节点或具有最大输出)，而映射到同一节点的样本就可以看作一个聚类。学习完成后，发现不但同一聚类中的样本来自同一音素，而且相邻节点对应的聚类中的样本往往来自相同或相近发音的音素。这样，把各个聚类对应的发音标到相应的节点上，就得到了相应结果。在识别时，对于新的输入样本，将其识别为它映射到的节点所标的发音即可。这种做法实际上是在非监督学习的基础上进行监督模式识别。其最大的优点是，最终的各个相邻聚类之间是有相似关系的，即使识别时把样本映射到了一个错误的节点，它也倾向于被识别成同一个音素或者一个发音相近的音素，这就十分接近人的识别特性。如果聚类分析的目的只是将样本集分为较少的几个类，这种使用自组织映射网络的做法并没有明显的优势。为此，我们可以使用一种改进的方法进行自组织映射分析（简称“自组织分析”或“SOMA”)。其基本原理是，通过自组织学习过程将样本集映射到神经元平面上，将学习后一个样本映射到的节点称为这个样本的像，而样本称为这个节点的原像。在节点平面上统计各个节点的原像数目（称为像密度），得到像密度图（图中每个方格对应一个神经元节点，用灰度值代表像密度的相对大小）。根据自组织映射神经网络的性质和上面提到的节点间对应的样本之间的关系，可以按照密度图把样本集分类，将像密度较高且较集中的节点对应的样本识别为一类。研究表明，这种方法不但无须事先确定聚类数目（样本集中存在的聚类数目可以从密度图上确定），而且能够更好地适应不同的分布情况，是一种有效的聚类方法。当数据分布并不呈现明显的单峰形式时，传统方法通常仍继续完成分类，但这种分类已经不能反映样本集中的实际分布和相似性关系，而这种情况下用自组织分析方法则可从密度图上反映出样本集中无明显聚类的分布特性。当然，应用自组织映射网络的目的不同，需要对学习算法和网络结构做适当调整。

7.1.5.3 前馈神经网络与统计模式识别的关系

神经网络与传统的统计模式识别在很多方面是相联系的，这种联系不但在于它们都试图从样本数据出发完成模式识别问题，更重要的是它们在方法上具有一定的等价关系。例如，单层的感知器模型实际上就是一种线性分类器，多层感知器则可看作它的某种非线性推广和发展，其中，前馈型神经网络与统计模式识别的关系研究最多也是最有成果的。本部分对在这方面取得的一些有代表性的结论进行介绍。需要说明的是，神经网络与其他模式识别方法的关系是目前人们正在积极研究的一个领域，很多结论尚不十分成熟，本节的介绍也只能是初步的，目的在于使读者了解基本研究动向，引发有兴趣的读者进行深入研究。

(1) 隐层的特征提取作用

之所以要研究神经网络与统计模式识别的关系，一个重要的起因就是人们想借用数学上已经较成熟的统计模式识别的观点，来理解为什么神经网络在一些模式识别问题中能表现出好的性能。理解这一点不但对于了解神经网络的内在机理有重要作用，而且可以指导我们更好地使用神经网络。人们发现，多层前馈神经网络能较好地完成模式识别任务的一个重要原因是，神经网络能够实现一种特殊的非线性变换，把输入空间变换到隐层输出空间，使在这个空间中分类问题变得比较容易。这种变换把一种特殊的特征提取准则最大化，可以看作 Fisher 线性判别的一种非线性多维推广，也可以看作一种特殊的特征提取器。

Fisher 线性判别分析就是寻找一种线性变换，使变换后的 Fisher 准则函数 $J_F = |S_b| / |S_w|$ 最大（其中，S_b是类间散度矩阵，S_w是总类内散度矩阵），

并要求变换后的空间只有一维。特征提取的一般问题是，寻找一种变换，使变换后的某个准则函数最大。研究表明，线性的多层感知器等价于线性判别分析，在其隐层输出空间中实现 Fisher 准则函数 J_F 的最大化。另有研究表明，含有隐层非线性的网络有更好的特征提取能力，与线性判别分析相比，它可以使准则函数 $J_2 = tr\ (S_w{}^{-1}S_b)$ 更大，但是它并不能使前面定义的任一个特征提取准则函数最大化。输出节点为线性的非线性多层感知器，称作线性输出多层感知器。可以看出，一个采用均方误差最小训练目标的线性输出多层感知器可以看作是由两部分组成的：第一部分是除输出层以外的其他所有层，它们完成的是一种非线性特征提取的功能，将输入空间变换到隐层输出空间，使样本在这个空间具有最好的可分性；第二部分就是输出节点，它们完成线性分类决策。与传统方法中首先进行特征提取然后进行分类器设计的做法不同，在神经网络中这两个步骤是同时完成的。上述结论还可以推广到网络采用加权均方误差函数的情况。本结论有助于我们理解神经网络的内部机理，掌握神经网络方法与统计模式识别方法的联系，而且对于不同实际情况下如何更好地应用神经网络方法有一定指导意义。比如有文献指出，必要时我们可以首先用线性输出多层感知器对样本进行学习，在得到了最优的隐层表示后，再用某种更复杂的分类器替代原网络中的线性分类输出。

（2）神经网络与贝叶斯分类器

20 世纪 90 年代以来发表的一些理论分析和实验结果表明，很多情况下多层感知器的输出可以看作是对贝叶斯后验概率的估计。如果这个估计比较精确，则神经网络的输出值可以看作概率，它们的总和将为 1。比如可以证明，当网络输出采用“C 中取 1”的类别编码，并且采用最小均方误差作为训练目标时，多层感知器的输出就是对贝叶斯后验概率的估计。估计的精度受网络的复杂程度、训练样本数、训练样本反映真实分布的程度及类别先验概率等多种因素影响。得到这些结论不但有利于我们掌握神经网络与统计模式识别的内在联系，而且将网络输出看作类别后验概率，有利于实际应用中在神经网络之后采取其他的后续决策方法。当训练样本无穷多时，以使均方误差最小为目标训练的神经网络的输出在统计意义上是对样本后验概率的最小均方误差估计。但是，到目前为止，人们对网络输出在什么条件下能够逼近后验概率，尚不得而知，只是在一些特殊的情况下有一些结论。比如可以证明，对于同样的两类情况，如果样本服从 n 维空间的正态分布，对一个拥有至少 $2n$ 个隐层节点、隐层和输出层神经元均采用 sigmoid 函数的三层神经网络，它的输入输出关系在统计意义上是对第一类后验概率密度函数的估计；进一步，当样本数无穷大时，如果训练过程理想（即均方误差收敛到了其下确界），则网络的输入输出函数将趋近于第一类的后验概率密度函数。

7.1.5.4 神经网络模式识别总结

前面介绍了人工神经网络模式识别典型做法和前馈神经网络方法与统计模式识别的关系。需要说明的是，人工神经网络并不是一个十分严格的概念，而且，当感知器等基本模型最早提出时也并没有被冠以人工神经网络的名字。现在，人们倾向于把那些具有大量简单计算单元、单元之间具有广泛连接且连接强度或单元计算特性可根据输入输出数据调节的算法或结构模型称为人工神经网络。不同的单元计算特性（神经元类型）、单元间的连接方式（网络结构）和连接强度调节的规律（学习算法）形成了不同的人工神经网络模型。

产生于不同起源和针对不同目的的神经网络模型有很多种，其中，多层感知器、自组织映射和 Hopfield 网络是最有代表性的模型。前两者也是在模式识别应用中最典型的两种模型，后者更多地用于优化组合问题，比如模式识别中的特征选择问题。本部分内容是希望使读者对人工神经网络及其在模式识别中的应用有一个基本了解，更系统的内容可以参考相关专著文献。神经网络模式识别方法的一个重要特点就是它能够较有效地解决很多非线性问题，而且在很多工程应用中取得了成功。但另一方面，神经网络中有很多重要的问题尚没有从理论上得到解决，因此实际应用中仍有许多因素需要凭经验确定，比如如何选择网络节点数、初始权值和学习步长等，另外，局部极小点问题、过学习与欠学习问题等也是在很多神经网络方法中普遍存在的问题。有时会出现这样的情况，即同样一种神经网络方法，在一些应用中可能取得很好的结果，而在另外一些相似的应用中却可能完全失败。还有研究表明，虽然多层感知器网络理论上具有实现任意复杂分类的能力，但是对于一些识别中需要有可靠的拒绝的情况（比如身份确认），多层感知器似乎无法胜任工作。这些问题的存在，已经在很大程度上制约了人工神经网络理论和应用的发展。不过现在人们已经充分认识到这些问题，并开始进行更深入的研究。

7.2 自然语言处理

自然语言处理主要是指计算机对自然语言的理解和处理，其中包括机器翻译和语音识别（7.3 节将专门讲述）。

7.2.1 自然语言处理概况

自然语言处理（Natural Language Processing，NLP）是人工智能领域中的

一个重要方向，它研究人与计算机之间用自然语言进行有效通信的各种理论和方法。NLP 使得计算机以一种聪明而有用的方式分析、理解和从人类语言中获取意义。通过利用 NLP，开发者可以组织和构建知识来执行自动摘要、翻译、命名实体识别、关系提取、情感分析、语音识别和话题分割等任务。NLP 的最终目标是弥补人类交流（自然语言）和计算机（机器语言）之间的差距。

自然语言的理解与处理经过以下几个时期。

7.2.1.1 萌芽时期

自然语言处理研究可以追溯到 20 世纪 40 年代末和 50 年代初期。随着第一台计算机的问世，英国的唐纳德·布斯（Donald Booth）和美国的韦费（Weaver）就开始了机器翻译方面的研究。美国、苏联等国展开的俄、英互译研究工作开启了自然语言理解研究的早期阶段。在这一时期乔姆斯基（Chomsky）提出了形式语言和形式文法的概念，把自然语言和程序设计语言置于相同的层面，用统一的数学方法来解释和定义。乔姆斯基建立了转换生成文法，使语言学的研究进入了定量研究的阶段。乔姆基斯所建文法体系，至今仍是文法分析所依赖的文法体系，但还不能处理复杂的自然语言问题。20 世纪 50 年代单纯地使用规范的文法规则，加上当时计算机处理能力低下，导致机器翻译研究未获实质性进展。

7.2.1.2 以关键词匹配技术为主的时期

从 20 世纪 60 年代开始，已经产生一些自然语言理解系统，用来处理受限的自然语言子集，这些人机对话系统可以作为专家系统、办公自动化及信息检索等系统的自然语言人机接口，具有很大的实用价值。但这些系统大都没有真正意义上的文法分析，主要依靠关键词匹配技术来识别输入句子的意思。1968 年，美国 MIT 的拉斐尔（Raphael）完成的语义信息检索系统 SIR，能记住用户通过英语告诉它的事实，然后对这些事实进行演绎，回答用户提出的问题。美国 MIT 的魏参鲍姆（Weizenbaum）设计的 ELZA 系统，能模拟一位心理医生（机器）同一位患者（用户）的谈话。在这些系统中，事先存放了大量包含某些关键词的模式，每个模式都与一个或多个解释相对应。系统将当前输入的句子同这些模式逐个匹配，一旦匹配成功便立即得到了这个句子的解释，而不再考虑句子中那些非关键词成分对句子意思的影响。匹配成功与否只取决于语句模式中包含的关键词及其排列次序，非关键词不能影响系统的理解。所以，基于关键词匹配的理解系统并非真正的自然语言理解系统，它既不懂文法，又不懂语义，只是一种近似匹配技术。这种方法的最大优点是允许输入的句子不一定遵循规范的文法，甚至可以是文理不通的。

这种方法的主要缺点是技术不精确，而这往往会导致错误的分析。

7.2.1.3 以句法-语义分析技术为主的时期

20世纪70年代后，自然语言理解的研究在句法-语义分析技术方面取得了重要进展，出现了若干有影响的自然语言理解系统。例如，1972年美国BBN公司伍兹（Woods）负责设计的LUNAR，是第一个允许用户用普通英语同计算机对话的人机接口系统，用于协助地质学家查找、比较和评价阿波罗11飞船带回来的月球标本的化学分析数据；同年，威诺格拉德（T. Winograd）设计的SHEDLU系统，是一个在"积木世界"中进行英语对话的自然语言理解系统，把句法、推理、上下文和背景知识灵活地结合于一体，模拟一个能够操纵桌子上一些积木玩具的机器人手臂，用户通过人机对话方式命令机器人放置那些积木块，系统通过屏幕给出回答并显示现场的相应情景。

7.1.1.4 基于知识的自然语言理解发展时期

20世纪80年代后，自然语言理解研究借鉴了许多人工智能和专家系统中的思想，引入了知识的表示和推理机制，使自然语言处理系统不再局限于单纯的语言句法和词法的研究，提高了系统处理的正确性，从而出现了一批商品化的自然语言人机接口和机器翻译系统。例如，美国人工智能公司（AIC）生产出了英语人机接口intellect，美国弗雷公司生产出了Themis人机接口。在自然语言理解研究的基础上，机器翻译走出了低谷，出现了一些具有较高水平的机器翻译系统，如美国的META系统，美国乔治敦大学的机译系统SYSTRAN，欧共体在其基础上实现了英、法、德、西、意及葡等多语对译。

7.1.1.5 基于大规模语料库的自然语言理解发展时期

由于自然语言理解中知识的数量巨大，特别是由于它们高度的不确定性和模糊性，要想把处理自然语言所需的知识都用现有的知识表示方法明确表达出来是不可能的。为了处理大规模的真实文本，研究人员提出了语料库语言学（corpus linguistics）。语料库语言学认为，语言学知识的真正源泉来自生活中大规模的资料，我们的任务是使计算机能够自动或半自动地从大规模语料库中获取处理自然语言所需的各种知识。20世纪80年代，英国莱斯特（Leicester）大学莱赫（Lech）领导的UCREL研究小组，利用已带有词类标记的语料库，经过统计分析得出了一个反映任意两个相邻标记出现频率的"概率转移矩阵"。他们设计的CLAWS系统依据这种统计信息（而不是系统存储的知识）对LOB语料库中一百万词的语料进行词类的自动标注，准确率达96%。目前市场上已经出现了一些可以进行一定自然语言处理的商品软件，但要让机器像人类那样自如地运用自然语言，仍是一项长远而艰巨的任务。

7.2.2 语言学分析

语言虽然被表示成一连串文字符号或一串声音流，但其内部是一个层次化的结构，从语言的构成中就可以清楚地看出这种层次性。文字表达的句子的层次是“词素→词或词形→词组或句子”，而声音表达的句子的层次是“音素→音节→音词→音句”，其中每个层次都受到文法规则的制约。因此，语言的处理过程也应当是一个层次化的过程。许多现代语言学家把语言处理过程分为三个层次：词法分析、句法分析、语义分析。如果接收到的是语音流，那么在上述三个层次之前还应当加入一个语音分析层；对于更高层次的语言处理，在进行语义分析后，还应该进行语用分析。虽然这样划分的层次之间并非是完全隔离的，但这种层次化的划分更好地体现了语言本身的构成，并在一定程度上使得自然语言处理系统的模块化成为可能。

句法学给定了文本中哪一个部分的语法是正确的，语义学用来说明给定的文本有什么含义，语用学用来解释说明文本的目的是什么。这是三个不同等级的语言学分析，涉及 NLP 处理语言的不同方面。例如，音韵学研究语言中发音的系统化组织，词态学研究单词构成以及相互之间的关系。NLP 中理解语义分析的方法主要有四种：一是分布式，是利用机器学习和深度学习的大规模统计策略；二是框架式，句法不同，但是语义相同的句子在数据结构中被表示为程式化情景；三是理论式，基本思想是句子指代的真正的词结合句子的部分内容可以表达全部含义；四是交互式，涉及语用方法，在交互式学习环境中用户教计算机一步一步学习语言。我们可以使用 NLP 帮助完成自动语音、自动文本编写、智能语音助手等任务，从而可用更少的时间完成更多的工作。

7.2.2.1 词法分析

词法分析是指从句子中切分出单词，找出词汇的各个词素，从中获得单词的语言学信息并确定单词的词义。不同的语言对词法分析有不同的要求。例如，英语和汉语就有较大的差距。在英语等语言中，因为单词之间是以空格自然分开的，切分一个单词很容易，所以找出句子的各个词汇就很方便。但是，由于英语单词有词性数、时态派生及变形等方面的变化，要找出各个词素就复杂得多，需要对词尾或词头进行分析。例如，importable 可以是 im - port - able 或 import - able，这是因为 im、port、able 这三个都是词素。词法分析可以从词素中获得许多有用的语言学信息，这些信息对于句法分析是非常有用的。例如，英语中构成词尾的词素 s 通常表示名词复数或动词第三人称单数，ly 通常是副词的后缀，而 ed 通常是动词的过去或过去分词等。另一方面，一个词可以有许多的派生、变形。例如 work 可变化出 works、worked、working、worker、workable 等。如果将这些派生的、变形的词全放入词典，将会产生非常庞大的数据量，但实际上它们的词根只有一个。自然语言理解系统中的电子词典一般只放词根，并支持词素分析，这样可以大大压缩电子词典的规模。在汉语中，每个字就是一个词素，要找出各个词素是相当容易的，但要切分出各个词就非常困难，不仅需要构词的知识，还需要解决可能遇到的切分歧义问题。

7.2.2.2 句法分析

句法分析是指对句子或短语结构进行分析，以确定构成句子的各个词、短语之间的关系以及各自在句子中的作用等，并将这些关系用层次结构加以表达，并对句法结构进行规范化。在计算机科学中，形式语言是某个字母表上一些有限字串的集合，而形式文法是描述这个集合的一种方法。形式文法与自然语言中的文法相似。最常见的文法分类是乔姆斯基在 1950 年根据形式文法中所使用的规则集提出的。他定义了下列四种形式的文法：一是短语结构文法，又称 0 型文法；二是上下文有关文法，又称 1 型文法；三是上下文无关文法，又称 2 型文法；四是正则文法，又称 3 型文法。型号愈高，所受约束愈多，能表达的语言集就越小，也就是说，型号越高，描述能力就越弱。但由于上下文无关文法和正则文法能够高效率地实现，所以，它们成为四类文法中最重要的两种文法类型。

7.2.2.3 语义分析

进行句法分析后我们一般还不能理解所分析的句子，至少还需要进行语义分析。语义分析是把分析得到的句法成分与应用领域中的目标表示相关联。简单的做法就是依次使用独立的句法分析程序和语义解释程序，但这样做使得句法分析和语义分析相分离，在很多情况下无法决定句子的结构。为有效地实现语义分析，并能与句法分析紧密结合，提出了多种语义分析方法，如语义文法和格文法。

语义文法将文法知识和语义知识组合起来，以统一的方式定义为文法规则集。语义文法不仅可以排除无意义的句子，而且具有较高的效率，对语义没有影响的句法问题可以忽略。但是实际应用该文法时需要用到很多文法规则，因此一般适用于受到严格限制的领域。格文法找出动词和跟动词处在结构关系中的名词的语义关系，同时也涉及动词或动词短语与其他的各种名词短语之间的关系。也就是说，格文法的特点是允许以动词为中心构造分析结果。格文法是一种有效的语义分析方法，有助于删除句法分析的歧义性，并且易于使用。

7.2.2.4 语音分析

构成单词发音的最小独立单元是音素。对于一种语言，如英语，必须将声音的不同单元识别出来并分组。在分组时，应该确保语言中的所有单词都能被区分，两个不同的单词最好由不同的音素组成。语音分析是指根据音位规则，从语言流中区分出各个独立的音素，再根据音位形态规则找出各个音节及其对应的词素或词。

词语以声波传送。语音分析系统传送声波这种模拟信号，并从中抽取诸如能量、频率等特征。然后，将这些特征映射为称作音素的单个语音单元。最后将音素序列转换成单词序列。语音的产生是将单词映射为音素序列，然后传送给语音合成器，单词的声音通过说话者从语音合成器发出。

7.2.2.5 语用分析

语用分析研究的是语言所存在的外界环境对语言使用所产生的影响，是自然语言理解中更高层次的内容。

7.2.3 自然语言理解

自然语言具有多义性、上下文相关性、模糊性、非系统性和环境相关性等特征，所以至今关于自然语言理解（Natural Language Understanding，NLU）没有一致的定义。从微观角度上讲，自然语言理解是指从自然语言到机器内部的一个映射。从宏观角度上讲，自然语言理解是指机器能够执行人类所期望的某种语言功能，这些功能主要包括但不限于这几方面：一是回答问题。计算机能够正确地回答使用自然语言提问的问题；二是文摘生成。机器能产生所输入自然语言文本的摘要；三是释义。机器能用同种语言不同词语或句型来重复所输入的自然语言信息；四是翻译。机器能把一种自然语言翻译成另外一种语言。

自然语言理解研究在应用和理论两个方面都具有重大的意义。

自然语言理解和自然语言生成是 NLP 机制的核心流程之一。自然语言理解是要理解给定文本的含义，文本中每个单词的特性和结构需要被理解。在理解结构的基础之上 NLU 要理解自然语言中的歧义性。歧义主要包含：一是词法歧义性，同一个单词在不同的句子里面会有不同的含义；二是句法歧义性，语句被解析出来之后会有多种解析树结果；三是语义歧义性，同一个句子含有多重含义；四是回指歧义性，上文中提到的短语或者单词在之后的句子中含义不同。解决了这些歧义性之后就需要使用词汇和语法规则，理解每一个单词的含义。但是有些词有类似的含义，有的词有多重含义。

互联网上超过万亿数量的信息网页往往都是用自然语言描述的，如何理解这些信息，如何进行信息文本分类、检索和抽取，采用语言模型是解决这些问题的一个共同要素，其中，基于 n 元概率语言的模型能够获得数量惊人的相关语言信息，该模型在语言识别、拼写纠错、体裁分类和命名实体识别等很多任务中有良好的表现。

从根本上说，书写文本是由字符组成的，如英语中的字母、数字、标点和空格（以及从其他语言引入的外来字符）。因此，一个最简单的语言模型就是字符序列的概率分布。我们以 $P(c_{1:N})$ 来表示包含从 c_1 到 c_N 这 N 个字符的序列的概率。在一个网页集合中，P（“*the*”）$=0.027$，P（“*zgq*”）$=0.000\,000\,002$。长度为 n 的书写符号序列称为 n 元组。n 个字符序列上的概率分布就称为 n 元模型（注意，n 元模型中的构成序列的元素可以是单词、音节或者其他单元，而不仅仅指字符）。n 元模型可以定义为 $n-1$ 阶 Markov 链。我们知道在 Markov 链中字符 c_i 的概率只取决于它前面的字符，而与其他字符无关。所以在一个三元模型（二阶 Markov 链）中我们有 $P(c_i \mid c_{1:i-1}) = P(c_i \mid c_{i-2:i-1})$。在三元模型中，我们首先考虑链规则，然后运用 Markov 假设来定义字符序列的概率 $P(c_{1:N})$：

$$P(c_{1:N}) = \prod_{i=1}^{N} P(c_i \mid c_{1:i-1}) = \prod_{i=1}^{N} P(c_i \mid c_{i-2:i-1})$$

对于某个包含 100 个字符的语言的三元字符模型来说，$P(c_i \mid c_{i-2:i-1})$ 有 100 万项参数，这些参数的估计可以通过计数的方式对包含 1 000 万以上字符的文本集合进行精确统计而得到。我们把文本的集合称为语料库。利用 n 元模型可以进行语言识别：给定一段文本，确定它是用哪种自然语言写的。实现语言识别的一种方法就是首先建立每种候选语言的三元模型 $P(c_i \mid c_{i-2:i-1}, L\}$，这里变量 L 代表不同的语言。对于每种语言 L，可以通过统计该语言语料中的三元组来建立它的模型（每种语言大约需要 100 000 个字符规模的语料）。这样我们就得到了模型 P（Text | Language），但我们需要的是找出给定文本对应的最有可能的语言，所以运用 Bayes 公式和 Markov 假设来选择最有可能的语言：

$$I^* = \underset{i}{\mathrm{argmax}} P(l) \mid_{c1:N} = \mathrm{argmax} \mid P(l)P(C_{1:N} \mid l) = l\, \underset{i}{argmax} P(l) \prod P(c_i \mid c_{i-2:i-1}, l)$$

三元模型可以从语料中获得，但先验概率 $P(Z)$ 如何得到呢？我们可以对这些值进行估计。例如，如果随机挑选一个网页，我们知道它最有可能的语言是英语，而是马其顿语的概率还不到 1。对这些先验概率的估算的具体数值并不重要，因为通常来说，三元模型挑选的语言的概率比其他语言高若干个数量级。字符模型还可以完成拼写纠错、体裁分类、命名实体识别等任务。

n 元模型的主要问题在于训练语料只提供了真实概率分布的估计值。但我们希望语言模型能够很好地扩展到从未见过的文本。所以，我们要改进语言模型，使得在训练文本库中出现概率为零的序列会被赋予一个很小的非零概率值（其他数值会小幅度下降以使概率和仍为1）。这种调整低频计数的概率的过程叫作平滑。最简单的平滑方法是皮埃尔－西蒙·拉普拉斯（Pierre－Simon Laplace）在18世纪提出来的，他认为，由于缺乏更多的信息，如果一个随机布尔型变量X在目前已有的n个观察值中恒为false，那么P（X=true）的估计值应为1/（n＋2）。也就是说，他假定多进行两次试验，可能一个值为true，一个值为false。拉普拉斯平滑（也称为加1平滑）在正确的方向迈出了一步，但表现却相对较差。一个更好的方法是回退模型（backoff model），首先进行n元计数统计，如果某些序列的统计值很低（或为零），我们就回退到（$n-1$）元。线性插值平滑（linear interpolation smoothing）就是一种通过线性插值将三元模型、二元模型和一元模型组合起来的后退模型。注意当$i=1$时，表达式$P(c_i \mid c_{i-2:i-1})$就变成$P(c_1 \mid c_{-1:0})$，而在c_1前面是没有字符的。我们可以引进人工字符，例如，定义c_0为空字符或特殊的“文本起始”字符。我们也可以回退到低阶Markov模型，定义$c_{-1:0}$等同于空序列，这样，$P(c_1 \mid c_{-1:0}) = P(c_1)$。

n元模型很多，其评估可以用交叉验证的方法。可以将语料划分为训练语料和验证语料。先根据训练数据确定模型的参数值，然后使用验证语料对模型进行评估。评估指标是和具体任务相关的，例如，对语言识别任务可以使用正确度来衡量。此外，我们也可以使用和任务无关的语言质量模型计算验证语料在给定模型下的概率值，概率越高，语言模型越好。这种度量并不方便，因为大型语料库上计算出概率是个很小的值，因此计算中的浮点下溢是个问题。描述序列概率的另一种方法是使用复杂度（perplexity）来度量，其定义为$Perplexity(c_{1:N}) = P(c_{1:N})^{1/N}$，复杂度可以看成用序列长度进行规格化的概率的倒数，也可视为模型的分支系数的加权平均值。假设语言中有100个字符，模型声明它们具有平均可能性。那么，对于一个任意长度的序列，其复杂度为100。如果某些字符的可能性高于其他字符，而模型又能够反映这一点，那么这个模型的复杂度就会小于100。

这些语言模型拥有几百万种特征，所以特征的选择和对数据进行预处理减少噪声显得尤为重要。文本分类可采用朴素贝叶斯n元模型或者相关分类算法。分类也可以看成数据压缩问题。信息检索系统使用一种简单的基于词袋的语言模型，它在处理大规模文本语料时，召回率和准确率也有好的表现。在万维网语料上，链接分析算法能够提升性能。问题回答可以采取基于信息检索的方法来处理，因为问题在语料中有多个答案。如果语料中符合的答案较多，我们可以采取更加注重准确率而不是召回率的方法。信息抽取系统使用更复杂的模型，模板中包含了有限的语法和语义信息。系统可以采取有限状态自动机、HMMs或条件随机领域进行构建，并且从示例中进行学习。构建统计语言系统时，最好是设计一种能够充分利用可用数据的模型，即使该模型看起来很简单。

自然语言理解是AI最重要的子领域之一。不同于AI的其他领域，自然语言理解需要针对真实人类行为的经验性研究。形式语言理论以及短语结构文法（特别是上下文无关文法）在处理自然语言的某些方面是有用的工具。概率上下文无关文法（（PCFG > 的形式体系已被广泛应用。使用CYK算法这类图分析器（chart parser）分析上下文无关语言的句子，可以在O（n^3）的时间内处理，这需要文法规则采用乔姆斯基范式（Chomsky Normal Form）。树库（treebank）可以用于学习文法，也可以从未分析的句子语料库中学习得到文法，但这并不是很成功。词汇化PCFG（lexicalized PCFG）可以表达出一些单词之间更普遍的联系。对文法进行扩展（augment）以解决主语动词一致性和代词格这类问题也很方便。确定子句文法（Definite Clause Grammar，DCG）是一种扩展形式体系。DCG分析和语义解释（甚至生成）都可以通过逻辑推理完成。语义解释（Semantic interpretation也可以通过扩展文法来处理。歧义（ambiguity）是自然语言理解中一个十分重要的问题，大多数句子都有多种可能的解释，但通常只有一种是最贴切的。消歧依赖关于世界的知识、关于当前环境的知识以及关于语言的知识。机器翻译（machine translation）系统已经采用了一系列的技术进行实现：从完全的句法和语义分析到基于短语频率的统计技术。当前统计模型最受欢迎也做得最成功。语音识别（speech recognition）系统基本上也是基于统计原则的。尽管还不够完美，但仍然受到欢迎，也很有用。

总的来说，机器翻译和语音识别是自然语言技术中两个重大成功。这些模型表现良好的原因之一是有了语料库，而翻译和语音这两项任务都是人们每天经常进行的。相反，类似句子分析等任务就不那么成功，部分由于没有大规模语料库经过分析，部分由于分析本身并不那么有用。

7.2.4 自然语言生成

自然语言生成（Natural Language Generation，NLG）就是从结构化数据中以可读的方式自动生成文本的过程。自然语言生成的难点主要有三个：①文本规划，需要完成结构化数据中基础内容的规划；②语句规划，从结构化数据中组合语句，来表达信息流；③实现，生成语法通顺并能够被人们理解的表达文本。

自然语言生成是自然语言处理的一部分，是从知识库或逻辑形式等机器表述系统去生成自然语言。在将这种形式表述当作心理表述的模型时，心理语言学家会选用“语言产出”这个术语。自然语言生成系统可以说是一种将资料转换成自然语言表述的翻译器。NLG 出现已久，但是商业 NLG 技术直到最近才变得普及。自然语言生成可以视为自然语言理解的反向：自然语言理解系统需要明晰输入句的意义，从而产生机器表述语言；自然语言生成系统需要决定如何把概念转化成语言。

文本到文本生成（text - to - text generation）和数据到文本生成（data - to - text generation）都是自然语言生成的实例。在迄今为止最广泛引用的 NLG 方法调查中（Reiter & Dale，1997，2000），NLG 被描述为“人工智能和计算语言学的子领域”，它关注如何建立能够从非语言的信息中构建可理解的英语（或其他语言）文本的计算机系统。显然，这个定义比文本到文本生成更适合数据到文本的生成，实际上赖特（Reiter）和戴尔（Dale）专注于前者，因为这是当时研究的主流方向。

传统上，将输入数据转换为输出文本的 NLG 问题通过将其分解为多个子问题来解决。一般可以将这些问题分为六类：一是内容确定（content determination），决定在建文本中包含哪些信息；二是文本结构（text structuring），确定将在文本中显示的信息；三是句子聚合（sentence aggregation），决定在单个句子中呈现哪些信息；四是词汇化（lexicalisation），找到正确的单词和短语来表达信息；五是引用表达式生成（referring expression generation），选择单词和短语以识别域对象；六是语言实现（linguistic realisation），将所有单词和短语组合成格式良好的句子。

根据数据源的类型，NLG 可以分为三类：一是 Text to Text NLG，主要对输入的自然语言文本做进一步处理和加工，包含文本摘要（对输入文本进行精简提炼）、拼写检查（自动纠正输入文本的单词拼写错误）、语法纠错（自动纠正输入文本的句法错误）、机器翻译（将输入文本的语义以另一种语言表达）和文本重写（以另一种不同的形式表达输入文本相同的语义）等领域；二是 Data to Text NLG，主要根据输入的结构化数据生成易读易理解的自然语言文本，包含天气预报（根据天气预报数据生成概括性的用于播报的文本）、金融报告（自动生成季报/年报）、体育新闻（根据比分信息自动生成体育新闻）、人物简历（根据人物结构化数据生成简历）等领域的文本自动生成；三是 Vision to Text NLG，主要根据给定的一张图片或一段视频，生成可以准确描述图片或视频（其实是连续的图片序列）语义信息的自然语言文本。

近年来，随着 CNN（Convolutinal Neural Network）、RNN（Recurrent Neural

Network)、GAN（Generative Adversarial Network）等深度学习技术的应用，NLP（尤其是 NLG）领域取得了明显的进展。

NLG 是计算机的“编写语言”，它将结构化数据转换为文本，以人类语言表达，即能够根据一些关键信息及其在机器内部的表达形式，经过一个规划过程，自动生成一段高质量的自然语言文本。

通常开发运用 NLG 系统主要有两个目的：一是作为人们生活中的交际工具。这主要是从经济角度考虑的，借助生成系统在生产速度、纠错、多语言生成等方面的优势，利用语言知识和领域知识来生成文本、分析报告、帮助消息等；二是作为检验特定语言理论的一种技术手段。从这一角度来看，无论是在理论上还是在描述上，其工作过程都与研究自然语言本身有着紧密的联系，涉及语言理论诸多方面的内容。NLG 是理论语言学与计算语言学共同的研究课题，近年来国内 NLG 技术在内容规划、系统复用性、人机接口等方面发展尤为迅速，但在基本理论方面研究较少。

NLG 的体系结构包括内容规划（也称宏观规划）、句子规划（也称微观规划）和表层生成三个基本功能模块，在生成过程上系统根据应用目标和用户模式完成相应的语义表示、语法分析、话语结构实现来生成文本。多数 NLG 系统的体系结构随具体应用而有所不同，对于输出结果而言，多数 NLG 系统并不关心输出数据的格式、显示等细节问题，而只关心是否 ASCII 文本。对有特定数据格式和多语言要求的输出而言，此部分工作将交由文档表示系统（也称后处理器）来完成。

在自然语言生成和自然语言理解的关系方面，事实上，自然语言生成是自然语言处理的一部分，自然语言处理大体包括自然语言理解和自然语言生成两个部分。自然语言理解需要消除输入语句的歧义来产生机器表示语言，而自然语言生成的工作过程与自然语言理解相反，即它是从抽象的概念层次开始，决定如何用语言来表示这个抽象的概念，通过选择并执行一定的语义和语法规则生成文本。自然语言处理，即实现人机间自然语言通信，或者实现自然语言理解和自然语言生成是十分困难的。

自然语言处理的研究已经接近有 70 年的历史，而自然语言生成正是在自然语言处理的发展中逐渐清晰化的一部分，大概兴起于 20 世纪 70 年代早期，在 1983—1993 年的十年间，自然语言生成的研究取得了令人瞩目的成就。

目前语言生成侧重于研究在特定的语法理论框架内更加广泛深入地处理语言现象。在生成过程中对所要表达的信息进行语义和句法方面的聚合也是目前研究的重点之一。当前语言生成研究的方向主要是在语言表示形式、信息内容规划以及语言生成模型等方面。自然语言生成的研究将继续在诸多语言学科、计算机领域和其他学科的通力协作下获得新的成果。

自然语言生成的内容，自然语言生成的任务大致分成两个部分：①内容选择，即“应该表达什么”；②内容表示，也就是“怎样去表达”。但是随着自然语言生成的发展，我们还应该解决一个问题，那就是“为什么要用这种方式表达”，所以提出了更加标准的自然语言生成结构。它由三个部分构成：内容规划、句子规划和句子实现。目前实验性地来尝试完成自然语言标准生成结构的生成器有 ERMA 和 PAULINE，而大多数自然语言生成器在不同的安排下只包含这一结构中的某些阶段而已。

在自然语言生成的体系结构方面，首先考虑内容规划。内容规划的主要任务包括内容确定和结构构造两个方面。内容确定的功能是决定生成文本应该表示什么样的问题；而结构构造则负责完成对已经确定内容的结构描述，也就是用一定的结构把所要表达的内容组织起来，并且决定这些内容是怎样按照修辞手法互相联系起来的，以便更加符合阅读和理解的习惯。其次考虑句子规划。通常，内容规划并没有完全指定输出文本的内容和结构，句子规划的任务就是进一步明确定义规划文本的细节，具体包括选词、优化聚合、指代表达式生成等工作模块。

选词工作主要由选词模块负责，在应用中，特定信息必须根据上下文环境、交互目标和实际因素用词或者短语来表示。选择特定的词、语法结构以表示规划文本的信息意味着对规划文本进行消息映射。有时只用一种选词方法来表示信息或者信息片段，在多数系统中允许有多种选词方法。

优化聚合模块是为了消除句子间的冗余信息，增加可读性以及能根据子句构造更加复杂的句子。在句子规划中应用聚合技术，通常按照粒度区分有句子、词汇、语义、修辞和概念等聚合。聚合就是使用修改、联合短语以及其他语言结构等方法来将信息打包到较少的句子信息中。聚合依赖一些应用操作，这些操作的作用是检测将要表达的信息之间的联系。

指代表达式生成主要决定什么样的表达式、句子或词汇可以被用来指代特定的实体或对象。在实现选词和聚合之后，对指代表达式生成工作来说，接下来就要让句子的表达更具色彩，对已经描述的对象进行指代以增加文本的可读性。句子规划的输出是文本描述，但其仍然不是最终输出文本，仍有句法、词法等特征需要进一步处理。一般文本描述的层次结构仍应该对应于逻辑结构，需要经过文本实现系统实现逻辑结构向物理结构的映射，才能生成最终的文本。

也就是说，句子规划的基本任务包括确定句子边界，组织材料内部的每一句话，规划句子交叉引用和其他的回指情况，选择合适的词汇或段落来表达内容，确定时态、模式以及其他的句法参数。通过句子规划，理想化的输出应该是一个子句集列表，且每一个子句都应该有较为完善的句法规则。但事实上，自然语言是有很多歧义性和多义性的，各个对象之间存在大范围的交叉联系，使句子规划的任务艰巨，这点很多做过相关实验的学者都已经指出过。针对句子规划的许多子任务，要想一起很好地完成是很不容易的，所以有一种考虑是，单独或者只考虑其中几个子任务，这样的研究也是早就已经存在的。

句子实现主要包括语言实现和结构实现两个部分，具体地讲，就是将经过句子规划获得的文本描述映射至由文字、标点符号和结构注解信息组成的表层文本。生成算法首先按主、谓、宾的形式进行语法分析，并决定动词的时态和形态，再完成遍历输出。其中，结构实现完成结构注解信息至文本实际段落、章节等结构的映射，语言实现完成将短语描述映射到实际表层的句子或句子片段。

7.2.5 自然语言语法

此部分内容主要用来解决自然语言语法处理中的表示问题。其表示方法有两种：一是形式语法的表示方法，包括利用重写规则表示语法和用转移网络表示语法；二是句子语法结构的表示形式，即利用树来表示句子，可以消除线性结构中存在的语法结构上的歧义，这是自然语言处理的一个重要任务。自然语言语法分析是指运用自然语言的句法和其他知识来确定组成输入句子的各成分的功能，借以建立一种数据结构并用以获取输入句意义的技术，也称句法分析。在编译理论、模式识别、自然语言理解等研究领域中，都会用到句法分析相关的技术。

在自然语言学习过程中，每个人一定都学过语法，即句子可以用主语、谓语、宾语来表示。在自然语言的处理过程中，有许多应用场景都需要考虑句子的语法，因此研究语法解析变得非常重要。

语法解析有两个主要的问题：一是句子语法在计算机中的表达与存储方法，以及语料数据集；二是语法解析的算法。通常，语法可以用来辅助人们完成两件事情：一是作为判定一个句子构造得是否合适的重要依据，即一个句子是否合乎语法；二是依据语法来分析句子的结构，帮助人们理解句子内容，这一过程在人们学习外语时尤为明显和重要。对于计算机自然语言处理而言，利用认知依据建立计算模型是一种可行的途径。因而，让计算机能够利用语法来分析句子是进行自然语言处理的一个重要阶段。与人类使用语法相同，计算机利用语法来分析句子也可以有两个层次：一是识别一个句子是否合乎语法。通常把能完成该任务的计算机程序称为句子识别器；二是分析句子的内部结构，确定句子的语法成分，为进一步的句子分析和理解提供足够的基础。我们通常把能完成第二个任务的计算机程序称为句法分析器，显然，句法分析器比识别器具有更强的能力。

一个句法分析器可以实现以下两个方面的目标：一是确认输入句子是否可以由给定的语法来描述，即输入句子是否合乎给定的语法；二是识别句子各部分是如何依据语法规则组成合法句子，同时生成句法树的。

句法分析算法有两种，其分别基于重写规则和基于递归转移网络描述。在基于重写规则的语法描述下，能够利用符号串和图两种数据结构的算法，基于图的算法能够保留更多的中间分析结果，从而减少重复，因此效率更高。句法分析算法本身可以看成搜索过程，因而有深度搜索和广度搜索两种。从语法使用的方式来看，分为自底向上和自顶向下两种情况。

为了生成句子的语法树，我们可以定义以下一套上下文无关语法：N 表示一组非叶子节点的标注，如 $\{S, NP, VP, N\cdots\}$；Σ 表示一组叶子节点的标注，如 {boeing，is…}；R 表示一组规则，每条规则可以表示为 $X->Y_1Y_2\cdots Y_n$，$X\in N$，$Y_i\in(N\cup\Sigma)$；S 表示语法树开始的标注。

当给定一个句子时，我们便可以按照从左到右的顺序来解析语法。例如，句子 the man sleeps 就可以表示为（S（NP（DT the）（NN man））(VP sleeps))。这种上下文无关的语法可以很容易地推导出一个句子的语法结构，但是缺点是推导出的结构可能存在二义性。

由于语法的解析存在二义性，我们就需要找到一种方法从多种可能的语法树中找出最可能的一棵树。一种常见的方法是 PCFG（Probabilistic Context - Free Grammar）。当我们获得多棵语法树时，我们可以分别计算每棵语法树的概率 $p(t)$，出现概率最大的那棵语法树就是我们希望得到的结果，即 arg max $p(t)$。

词是语言的最基本的建筑材料。语言和语音处理的每个领域，从语音识别到机器翻译，再到 Web 上的信息检索，都要求具有丰富的词的知识。人类语言处理的心理语言模型和生成语言学模型也都是建立在词汇基础上的。

正则表达式是计算机科学标准化中的一项成就，它是一种用于描述文本搜索字符串的语言。在不同的 Web 搜索引擎中，存在着具有不同特征的正则表达式。除了这些实际的用处之外，正则表达式还是计算机科学和语言学的一种最重要的理论工具。

正则表达式是专用语言中用于描述字符串的简单类别公式。字符串是字符的序列，对于大多数基于文本的检索技术来说，字符串就是字母数字字符的任意序列。在基于文本的检索技术中，一个空白相当于一个字符，与其他字符一样同等对待。从形式上说，正则表达式是用来刻画字符串集合的一个代数表述。

正则表达式语言是模式匹配的有力工具，任何正则表达式都可以实现为一个有限状态子自动机。存储器是一种高级运算，它经常作为正则表达式的一部分，但不能实现为有限自动机。自动机把形式语言定义为隐含地被自动机接收的符号串的集合。自动机可以使用任何字符集合作为它的词汇，包括字母、单词甚至图形。确定的自动机的行为完全由它的状态来决定。非确定的自动机对于相同的当前状态和下一状态，有时必须在多条路径之间进行选择。任何一个不确定有限状态自动机都可以转换为一个确定有限状态自动机。不确定有限状态自动机在进程表中探索下一个状态的顺序决定了它的搜索策略。深度优先和后进先出策略相当于把进程表看作栈，宽度优先和先进先出优先策略相当于把进程表看成队列。任何正则表达式都可以被自动编译为不确定有限状态自动机，因此也就可以被编译为有限状态自动机。

自然语言处理中的形态学，主要涉及词的构成、有限状态转录机以及应用于模拟形态规则的一些共同使用的计算工具。形态剖析是发现词中所包含的连续语素的过程。尽管有限转录机和有限状态自动机在数学上十分相似，但是这两个模型却是在不同传统的基础上发展起来的。

句子由两个相对独立的层次来描述：一是成分结构层次，描述句子成分的结构关系；二是功能结构层次，描述句子主语、谓语、宾语等之间的关系。

NLP 分析技术分为三个层面：①词法分析。词法分析包括分词、词性标注、命名实体识别和词义消歧。分词和词性标注好理解。命名实体识别的任务是识别句子中的人名、地名和机构名称等命名实体。每一个命名实体都是由一个或多个词语构成的。词义消歧是要根据句子上下文语境来判断出每一个或某些词语的真实意思，②句法分析。句法分析是将输入句子从序列形式变成树状结构，从而可以捕捉到句子内部词语之间的搭配或者修饰关系，这是 NLP 中关键的一步。目前研究界存在两种主流的句法分析方法：短语结构句法体系，依存关系句法体系。其中，依存关系句法体系已经成为研究句法分析的热点。依存语法表示形式简洁，易于理解和标注，可以很容易地表示词语之间的语义关系，比如句子成分之间可以构成施事、受事、时间等关系。这种语义关系可以很方便地应用于语义分析和信息抽取等方面。依存关系还可以更高效地实现解码算法。句法分析得到的句法结构可以帮助上层的语义分析，以及一些应用，如机器翻译、问答、文本挖掘、信息检索等；③语义分析。语义分析的最终目的是理解句子表达的真实语义。但是用什么形式来表示语义一直没有得到很好地解决。语义角色标注是比较成熟的浅层语义分析技术。给定句子中的一个谓词，语义角色标注的任务就是从句子中标注出这个谓词的施事、受事、时间、地点等参数。语义角色标注一般都在句法分析的基础上完成，句法结构对于语义角色标注的性能至关重要。

7.2.6 NLP 算法

NLP 即自然语言处理，是指以计算机为工具，对书面内容或者口头内容进行各种各样处理和加工的技术，是研究人与人交际中以及人与计算机交际中的语言问题的一门学科，是人工智能的主要内容。自然语言处理是研究语言能力和语言应用的模型，可以建立计算机（算法）框架来实现这样的语言模型，并完善、评测，最终用于设计各种实用系统。自然语言处理的主要研究问题包括但不限于信息检索、机器翻译、文档分类、问答系统、信息过滤、自动文摘、信息抽取、文本挖掘、舆情分析、机器写作、语音识别。

目前 NLP 的方法基于深度学习，检查和使用数据中的模式来改善程序的理解能力。深度学习模型需要大量的标记数据来训练和识别内容的相关性，汇集这种大数据集是当前 NLP 的主要障碍之一。早期的 NLP 方法更多是基于规则的方法，在这种方法中，简单的机器学习算法被告知要在文本中查找哪些单词和短语，并在这些短语出现时给出特定的响应。但深度学习是一个更灵活直观的方法，在这个方法中，算法学会从许多例子中识别说话者的意图，就像孩子学习人类语言一样。

NLP 算法通常基于机器学习算法。NLP 可以依靠机器学习来自动学习这些规则，而不是手工编码大量的规则集，通过分析一系列的数据（如一个大的数据库、一本书、一堆句子的集合），做出一个静态的推论。一般来说，分析的数据越多，模型越精确。社交媒体分析是 NLP 应用的一个很好的例子。

NLP 遇到的困难主要是场景的困难、学习的困难和语料的困难。场景的困难是指语言的多样性、多变性、歧义性。学习的困难是指艰难的数学模型（如 hmm、crf、EM、深度学习等）。语料的困难是指语料的针对性和作用以及获取语料方面的困难。

语言是按照一定规律构成的句子或者字符串的有限或者无限的集合，描述语言的三种途径有穷举法、文法（产生式系统）描述、自动机。自然语言不是人为设计而是自然进化的。形式语言，如运算符号、化学分子式、编程语言等，主要研究内部结构模式这类语言的纯粹的语法领域，从语言学而来，作为一种理解自然语言的句法规律。在计算机科学中，形式语言通常作为定义编程和语法结构的基础。形式语言与自动机基础知识包括集合论和图论。

自动机的应用包括单词自动查错纠正、词性消歧。形式语言的缺陷主要是，对于像汉语、英语这样的大型自然语言系统，难以构造精确的文法，不符合人类学习语言的习惯，有些句子语法正确，但在语义上却不可能，形式语言无法排除这些句子。解决方向是，基于大量语料，采用统计学手段建立模型。

语言模型（重要）往往通过语料计算某个句子出现的概率（概率表示），常用的有 2 - 元模型，3 - 元模型。语言模型可以用来消除语音识别歧义，例如，给定拼音串 ta shi yan jiu suan fa de，可能的汉字串有：踏实烟酒算法的，他是研究酸法的，他是研究算法的。显然，最后一句才符合。

语言模型启示我们，可以开启自然语言处理的统计方法。统计方法的一般步骤为，首先收集大量语料，然后对语料进行统计分析，得出知识，最后针对场景建立算法模型，解释和应用结果。语言模型的缺陷主要是，语料来自不同的领域，而语言模型对文本类型、主题等十分敏感，这造成了语言模型的局限性。

NLP 结合了计算机科学、人工智能和计算语言学，涵盖了以人类理解的方式解释和生成人类语言的所有机制，包括语言过滤、情感分析、主题分类、位置检测等。

NLP 的模型和理论都来源于计算机科学，数学和语言学的工具，其中最重要的部分就是状态机、形式规则系统、逻辑以及概率论和其他机器学习工具。从熟知的计算范型出发，这样的模型本身就可以演变出为数不多的算法。其中最重要的算法就是状态空间搜索算法和动态规划算法。换句话说，状态机就是形式模型，形式模型应该包括状态、状态之间的转移以及输入表示等。这种基本模型的变体有确定的有限状态自动机、非确定的有限状态自动机和有限状态转录机，它们可以写到一个输出器中，除此之外还有加权自动机、马尔科夫模型和隐马尔科夫模型，它们都包含一个概率组成成分。

和这些过程模型紧密相关的模型就是陈述模型，在这些陈述模型中，最重要的有正则语法、正则关系、上下文无关语法、特征增益语法以及这些文法的相应概率文法变体。状态机和形式规则系统是用于处理音系学、形态学和句法学的主要工具。

与状态机和形式规则系统相关联的最典型的算法就是搜索代表有关输入的假设的状态空间。在自然语言处理中经常会使用的算法都是一些众所周知的图算法，例如，深度优先搜索算法和最佳优先搜索算法还有 A * 搜索算法等试探性算法的变体。动态规划范型对于很多这样的方法的计算可循环性至关重要，因为只有这样才能确保避免计算冗余。

对于获取语言知识起着重要作用的第三种模型就是逻辑，也即谓词演算，以及与特征结构、语义网络、概念依存等有关的形式方法。在传统上，这些逻辑表达方法是处理语义学、语用学和话语分析等方面知识的选择工具。

概率论是获取语言知识的技术中的最后一个部分，其他各种模型都可以使用概率的方法得到提高。概率论的一个重要应用就是解决歧义问题，几乎所有的语音处理问题和语言处理问题都可以这样表述“对于某个歧义的输入给出 N 个可能性，选择其中概率最高的一个”。概率论的另一个优点就是，它同时也是机器学习的模型。机器学习的研究目前主要集中在探索自动学习自动机、规则系统、搜索测试、分类等的各种表达。这样的系统可以使用大规模的语料库来进行训练，特别是当我们还没有很好的因果关系模型时，机器学习系统可以作为一种有效的模型技术。

人工智能算法大体上来说可以分为两类：基于统计的机器学习算法（Machine Learning）和深度学习算法（Deep Learning）。限于篇幅，不再详述。

7.2.7 常见的 NLP 库

- spaCy：该库可与深度学习框架（如 TensorFlow 或 PyTorch）一起运行，提供了大多数标准功能。spaCy 也能够很好地与所有主要的深度学习框架接口，并预装了一些非常好的和有用的语言模型。
- Stanford CoreNLP Python：该工具包提供了非常强大，准确和优化的技术，用于标记，解析和分析各种语言的文本。
- Gensim：可扩展的统计语义，分析纯文本文档的语义结构，检索语义相似的文档。
- Pattern：Python 编程语言的 Web 挖掘模块。它具有数据挖掘工具（谷歌，Twitter 和维基百科 API，网络爬虫，HTML DOM 解析器），自然语言处理（词性标注，n-gram 搜索，情感分析，WordNet），机器学习（矢量）空间模型，聚类，SVM），网络分析和可视化等功能。
- Natural Language Toolkit/NLTK：构建 Python 程序以使用人类语言数据的领先平台。它为 50 多种语料库和词汇资源（如 WordNet）提供了易于使用的界面，还提供了一套用于分类，标记化，词干化，标记，解析和语义推理的文本处理库。
- TextBlob：用于处理文本数据的 Python（2 和 3）库。它为常见的自然语言处理（NLP）任务提供了一致的 API，例如词性标注，名词短语提取，分析等。
- Polyglot：主要用于多语言应用程序。在同时处理各种语言的空间内，它提供了一些非常有趣的功能，例如语言检测和音译，这些功能在其他包中通常不那么明显。

7.3 机器翻译与语音识别

7.3.1 机器翻译

机器翻译（Machine Translation，MT），又称为自动翻译，是利用计算机将一种自然语言（源语言）转换为另一种自然语言（目标语言）的过程。机器翻译是人们最早设想的计算机应用领域之一，但这项技术的广泛应用是近十年的事。机器翻译是计算机语言学的一个分支，计算机语言学、人工智能和数理逻辑一起组成了机器学习这门交叉学科的子学科，具有重要的科学研究价值。

历史上有三种主要的机器翻译应用：一是粗糙翻译（rough translation），如在线服务免费提供的功能，能给出外语语句或文档中的“要点”，但包含一些错误；二是编辑前翻译（pre－edited translation），被一些企业用于制作多语言文档和销售材料。源文本是用受限语言编写的，所以可以比较容易地进行自动翻译，通常这些翻译的结果会经过人工编辑修正错误；三是源语言受限翻译（restricted－source translation），其工作过程是全自动的，但只适用于高度模式化的语言，如天气报告。

通常来讲由于需要对文本进行深层次理解，所以翻译非常困难。即使对于非常简单的文本——哪怕“文本”只包含一个词语——也是困难的。我们考虑一下出现在某个商店门上的单词“open”，它传达的意思是当时该商店可以接待顾客。现在再考虑一下，出现在某个新近才建好的商店外的横幅上的单词“open”，它意味着该商店现在开始日常运营。但是，即使晚上商店关门后没有拆除该横幅，看到它的人也不会被误导。这两个标志用了相同的词语却表达了不同的含义。

问题在于不同的语言对于世界的分类是不同的。因此，表示句子的含义对翻译而言比对单一语言理解更困难。对于一组语言，能够进行所有必要区分的表示语言被称为中间语言，翻译者（人或机器）通常需要去理解源文本所描述的实际情景而不仅仅是理解一个个独立的单词。为了得到正确的翻译结果，我们既要懂语言，还懂语境。

机器翻译的过程包括三个阶段：原文分析、原文译文转换和译文生成。根据不同的翻译目的和翻译需求，在某一具体的机器翻译系统中，可以将原文分析和原文译文转换结合，独立出译文生成，建立相关分析独立的生成系统。在这一翻译的过程中，机器翻译在进行原文分析时需要考虑文本结构特点，而在译语生成时则不需要考虑源语的结构特点。也可以结合原文译文转换与译文生成，把原文分析独立出来，建立独立分析相关生成系统。在这种情况下，原文分析不考虑译语的结构特点，而在译语生成时要考虑源语的结构特点。还可以让原文分析、原文译文转换与译文生成分别独立，建立独立分析独立生成系统。在这样的系统中，分析源语时不考虑译语的特点，生成译语时也不考虑源语的特点，通过原文译文转换解决源语译语之间的异同问题。

“理性主义”翻译方法主要基于规则的机器翻译。其基本思想是一种语言无限的句子可以由有限的规则推导出来。可以根据语言规则对文本进行分析，再借助计算机程序进行翻译。这是多数商用机器翻译系统采用的方法。直接翻译，是指把源语里面的句子和单词直接替换成相对应的目标语言，在必要时可以对单词或者句子的语序进行调整。结构转换翻译，相比较直接翻译来讲，结构转换翻译更多的是从句子的层面来处理源语和目标语言，译文的可读性和准确性更高。

“经验主义”方法主要有基于统计的机器翻译。其基本思想就是充分利用机器学习技术，通过对大量的平行语料进行统计分析翻译。另外，还有基于实例的机器翻译，基于深度学习的机器翻译等。

7.3.1.1 机器翻译系统

所有机器翻译系统都必须对源语言和目标语言建模，但不同系统使用的模型也不一样。一些系统尝试对源文本进行完整分析，得到中间语言知识表示，再根据这种表示生成目标语言的句子。这样做很困难，因为其中包含了三个未解决的问题：为所有事物构建完全的知识表示，将语言分析成该表示，以及根据该表示生成句子。

其他系统主要是基于转换模型（transfer model）的。这类系统有一个翻译规则（或实例数据库），一旦规则（或实例）获得匹配，就可直接翻译。转换可以发生在词法、句法以及语义层次上。图 7－4 列出了各种转换点。

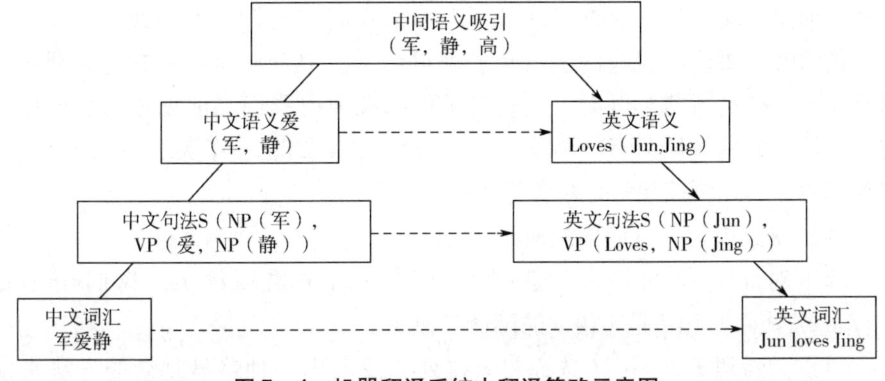

图 7－4 机器翻译系统中翻译策略示意图

我们从位于左面顶部的文本开始，基于中间语言的系统沿着实线前进，首先对中文进行句法分析形成句法形式，然后转换为语义表示和中间语言表示，再生成英文的语义、句法及词汇形式。基于转换的系统可以利用虚线作为捷径。不同的系统在不同的点进行转换，有些系统可以在多点进行转换。

7.3.1.2 统计机器翻译

翻译任务非常复杂，最成功的机器翻译系统是用大量文本语料库的统计信息来训练概率模型而建立起来的。这种方法并不需要一个复杂的中间语言概念本体，不需要手工建立源语言和目标语言的语法，也不需要人工标记的树库。它所需要的只是翻译实例数据，从这些翻译实例中可以学习得到翻译模型。例如，为了把一个英语句子（e）翻译成法语（f），我们选择使f^*值最大的字符串 $f^* = \text{argmax}\ P(f \mid e) = \text{argmax}\ P(e \mid f)\ P(f)$，其中，因子 $P(f)$是为目标语言法语所建的语言模型（language model），表示一个给定的句子有多大可能性在法语中出现。$P(e \mid f)$ 是翻译模型（translation model），表示一个英语句子有多大可能性是给定的法语句子的译文。类似地，$P(f \mid e)$是从英语到法语的翻误，我们应该直接使用 $P(f \mid e)$，还是应用贝叶斯公式使用 $P(e \mid f)\ P(f)$ 呢？最初的统计机器翻译工作使用了贝叶斯规则，部分是因为研究者已经有了很好的语言模型$P(f)$，想利用好它；部分是因为这个方法源自语音识别的背景，语音识别也是一个诊断问题。因此，我们将主要介绍这种方法。需要注意的是，最近统计机器翻译的工作中经常直接对 $P(f \mid e)$ 进行优化，使用更复杂的模型，考虑了很多从语言模型中提取的特征。语言模型 $P(f)$ 可以考虑图 7－4 右半部分的任意层，但最简单最常用的方法是从法语语料库中建立一个 n 元语法模型，这样处理只能捕获法语句子的部分、局部信息，但对于粗略的翻译也通常够用了。

翻译模型是从双语语料库中学习得到的，双语语料库是一个平行文本集合，由一个个英语/法语对组成。现在，如果我们有个无限大的语料库，那么翻译一个句子就只是一项查找任务了：如果我们在语料库中找到了该英语句子，我们就只要返回对应的法语句子就可以了。但资源是有限的，要翻译的句子大多数都是新的。然而，这些句子可以视为由我们之前见过的短语构造而成（即使有些短语只有一个单词）。也就是说，给定一个英语源句子 e，要找到它的翻译句可按照三个步骤进行：

（1）将英语句子分制成短语 e_1，e_2，…，e_n。

（2）对于每个短语 e_i，选择与其对应的法语短语 f_i，我们用标记 $P(f_i \mid e_i)$表示短语f_i是短语 e_i的翻译的概率。

（3）为短语f_1，…，f_n选择一个排列，我们用一种略显复杂的方法来描

述该排列，但采用一种简单的概率分布：对于每个f_i，我们选择一个扭曲度变量（distortion）d_i，表示f_i需对于f_{i-1}移动的单词数目，正数代表向右移动，负数代表向左移动，零表示f_i恰好在f_{i-1}之后。在定义了扭曲度变量d_i之后，我们可以定义扭曲度的概率分布$P(d_i)$，注意到句子的长度被限定为n，我们有$|d_i| \leqslant n$，从而完全概率分布$P(d_i)$只包含$2n+1$个元素，比全排列的数目$n!$要小得多。这就是我们采取了这种特别的方法来定义排列的原因。当然，这是一种相当弱的扭曲度模型。扭曲度并非在表达当我们把英语翻译成法语时形容词通常会改变位置出现在名词的后面这种事实，这类事实是由法语的语言模型$P(f)$来表示的。扭曲的概率完全独立于短语中的单词——它只依赖于整数值d_i。这种概率分布提供了排列变化的整体描述，例如，考虑$P(d=2)$与$P(d=0)$，表达的是扭曲度为2的可能性与扭曲度为0的可能性。

现在我们可以把所有这些放在一起工作了：我们可以定义$P(f, d|e)$，表示扭曲度为d的短语序列f是短语序列e翻译的概率。我们假设短语的翻译和扭曲度相互独立，因此可以得到下述表达式

$$P(f,d|e) = \prod_i P(f_i|e_i)P(d_i)$$

上式给出了一种根据候选译文f和扭曲度d计算$P(f, d|e)$概率方法。但我们不能通过枚举所有的句子来找到最佳的f和d，在语料库中，一个英语短语可能会对应上百个法语短语，因此会有100^5种五元短语组合翻译，同时每一种组合翻译还有5！种不同的排列方式。我们必须找到更好的解决方法。在寻找接近最大可能的翻译问题上，将带启发式的局部柱状搜索用于概率估计已经被证明是有效的。

现在就只剩下学习短语概率和扭曲度概率这两个问题了。我们仅给出工作过程的概略步骤：

第一，找到平行文本：首先，搜集双语平行语料库，例如，欧盟以11种语言发布的官方文件，联合国发布的多种语言版本的文件。双语语料也可从网上获得，一些网站也通过平行的URL发布平行的内容。领先水平的统计翻译系统是在数百万单词的平行文本以及数十亿单词的单语言文本的上进行训练。

第二，分割句子：翻译的单位是句子，因此我们必须把语料分割为句子。句号是很强的句子结尾的标志，但有时有些语言的语句中含有多个句号标志，其实只有最后一个句号表示句子结束（例如，英语中的点号表示句号，但是点号也用于其他含义，如称谓或小数或日期分割等）。可以根据句号附近单词及其词性特征训练一个模型来确定句号是否表示句子结束，现有模型的准确

率可达到98%。

第三，句子对齐：对于英语语料中的每个句子，找出法语料中与之对应的句子。通常，英语句子和法语句子是1:1对应的，但在有些时候也有变化：某种语言的一个句子可以被分割，从而形成2:1对应，或者两个句子的顺序相互交换，从而导致2:2对应。当仅考虑句子的长度时（即短句应该和短句对齐），对齐这些句子是可能的（1:1，1:2，2:2等），现有的维特比算法（viterbi algorithm）变种可以达到99%的准确度。如果使用两种语言的公共标志语，比如数字、日期、专有名词以及我们从双语词典中获得的无歧义的单词，可以实现更好的对齐效果。

第四，短语对齐：在一个句子中，短语的对齐过程与句子对齐的过程类似，但需要迭代改进。可以通过经验的累积来对齐。短语对齐的语料可以为我们提供短语级概率（在适当的平滑之后）。

第五，获取扭曲度：一旦我们有了对齐的短语，我们就可以确定扭曲度的概率了。针对每个距离 $d=0$，$+1$，± 2，…，简单计算其发生的频率，并应用平滑。

第六，利用EM（期望最大化）改善估计：使用期望最大化方法来提高对P（f | e）和P（d）值的估计。我们根据当前参数的值计算出最佳的对齐方式，然后在相关步骤中更新估计值，这个过程反复迭代直到收敛。

7.3.2 语音识别

语音识别就是对语音进行处理以得到语音的语义和说话人的信息。语音具有一定的复杂度，技术所涉及的领域包括信号处理、模式识别、概率论和信息论、发声机理和听觉机理、人工智能等。语音识别的任务大致被分为三类，分别是孤立词识别、关键词识别和连续语音识别。孤立词识别用来识别事先知道的单个的词。连续语音识别的任务则是识别任意的连续语音。关键词识别是指连续语音流中的关键词检测，尽管面向连续语音，但它并不识别全部文字，只是检测已知的若干关键词在何处出现。语音识别的方法主要是模式匹配法。

语音识别很困难，因为说话者所发出的声音可能是模糊不清的，并且常有很多噪声。例如，如果说得很快，短语“拿来蜜蜂”和“拿来，密封”几乎是相同的。这个简单的例子反映了造成语音难题的诸多因素，包括分割（segmentation）、协同发音、同音词（homophones）等。我们可以把语音识别看作一个最相似序列解释问题，给定一个观察序列 $e_{1:t}$，计算出一个最相似的状态变量串 $x_{1:t}$，状态变量是单词，观察值是声音。更准确地说，观察值是从声音信号中抽取的特征向量。通常，可以借助贝叶斯公式来计算最相似序列，这种方法由香农命名为噪声信道模型（noisy channel model）。模型中，原始消息通过一个噪声信道传到另一端，我们接收到的是受到干扰的消息。香农指出，无论信道中的噪声有多大，只要我们对原始消息进行编码时采用了足够冗余的方法，还原的消息就能做到错误足够小。信道噪声模型已经被应用于语音识别、机器翻译、拼写纠错以及其他任务中。

在定义声学模型和语言模型后，可以使用维特比算法解决最相似单词串问题。大多数语音识别系统都使用马尔科夫假设的语言模型（一种当前的状态 Word 只取决于之前的固定数目的 ***n*** 个状态）而 Word 为一个取值来自有限集合的随机变量，这使其成为隐马尔科夫模型（HMM）。因此，语音识别成为 HMM 方法学的一个简单应用，只要定义好声学和语言模型。下面简单介绍这些模型。

7.3.2.1　声学模型

声波在空气中传播撞击到麦克风的振膜时，膜前后震动就产生了电流。模拟信号到数字信号的转换器按照采样率确定的离散间隔测量电流的强度，而电流强度近似对应着声波的振幅。语音频率一般在 100 赫兹到 1 000 赫兹之间，典型的采样率为 8k 赫兹。（CD 和 mp3 文件的采样率是 44.1k 赫兹）。每次采样的测量精度取决于量化因子，典型的语音识别系统使用 8 到 12 比特（二进制位）。这意味着一套使用 8 比特量化和 8kHz 采样率的低端系统，每分钟语音就需要大约 0.5M 字节的存储空间。由于只需要判断所说的单词是什么，而不是如何精确地表示它们，因此没必要保存所有的信息，只要能区分开不同的话语声音就够了。语言学家定义了大约 100 种话语声音，或称为音节（phones），这些音节可以组合成已知的所有人类语言中的所有词汇。音节是与单个元音或者辅音字母相对应的发音，但也有例外。音素（phoneme）是对于使用某种特定语言的说话人具有独特意义的最小发音单位。需要注意的是，在某种语言中的同一个音素可能在另外一种语言中被当作两个音素。为了表示某种语言中所有的发音，需要一种能表示不同音素的方法，但无须区分声音中的非音素变化，如声音大小、快慢、男女声等。

尽管语音中的音频可能达到几千赫兹，但信号内容的变化却不会那么频繁，变化频率最多不超过 100 赫兹。因此，语音系统将时间切片上的信号特性概括为“帧”（fame）。一个长度为 10 毫秒的帧已经足够短了。帧之间可以重叠，这样可以保证不会漏掉出现在帧边界上的信号。每一帧都表示一个特征向量。典型语音识别系统的特征步骤主要有：首先使用傅里叶变换确定大约12个频率的声音总能量，然后计算Mel频率倒谱系数（melfrequency cepstral coefficient，MFCC），或者每一个频率的MFCC，同时计算每帧的总能量，这样得到13个特征。对于每个特征再计算出当前帧与前一帧的差别，以及这些差别的变化，这样一共得到39个特征。这些特征都是取连续值，使它们适合HMM模型的最简单方法，是将这些值离散化。（另一种可能的方法是拓展HMM模型，使其接受连续混合高斯模型。）这样实现了从原始音频信号转换成一系列观察值 e_t，接下来需要描述HMM中观察不到的状态，并且定义转移模型 $P(X_t \mid X_{t-1})$ 和感知模型 $P(E_t \mid X_t)$。转移模型可以被分解为两层：单词和音节。从底层开始使用音节模型（phone model）把一个音节描述为三种状态，即开始、中间和结束。注意，一般语音平均一个音节持续50～100毫秒，即5～10帧，在此过程中允许自循环的变化。将音节模型串起来形成一个单词的发音模型（pronunciation model）。针对方言变化可以考虑转移模型，除了方言变化外，单词还会有协同发音（coarticulation）变化，更复杂的音节模型会考虑到音节的上下文影响。

7.3.2.2 语言模型

对于一般目的的语音识别而言，语言模型可以是从书面句子的文本语料中学习得到的 n 元模型。但是，口语和书面语相比有不同的特点，因此最好能有一个口语的转录文本语料库。对于特定任务的语音识别而言，训练语料库也应该是与特定任务相关的，如要构建航班预定系统，可利用历史电话的转录文本记录。如果有和特定任务相关的词汇表也会有所帮助，如所有机场和可供服务的城市的清单，以及所有的航班号等。在语音用户界面的设计中，部分工作是要求用户的说话受限于一个候选集合，因此语音识别器可以用一个更紧凑的概率分布进行处理。例如，用户问“您想去哪个城市?”，利用高度约束的语言模型可以得到回答，而问“我可以怎么帮您?”则无法得到回答。

7.3.2.3 语音识别器

语音识别系统的质量依赖于它的各部分的质量，这些组成部分包括语言模型、单词发音模型、音节模型以及用于从声学信号中提取频谱（spectral）特征的信号处理算法。我们已经讨论过如何从书面文本语料中构造语言模型，而把关于信号处理的细节留给了其他教科书。现在还剩下发音和音节模型。发音模型的结构通常是手工构建的。现在对于英语和很多其他语言，已经有了很多大型语音词典，尽管它们的精确度良莠不齐。三状态音节模型的结构对于所有的音节都是一样的，故本部分主要考虑概率。与以往一样，我们将从语料库中获取概率，只不过这次用的是语音语料库。最常见的语料库是包括每个句子的语音信号和对应的单词文本。从这样的语料库中构建模型比构建文本的 n 元模型更困难，因为我们必须构建一个隐马尔科夫模型——每个单词的音节序列和每帧的音节状态都是隐含变量。在早期的语音识别中，通过耗费人力的声谱图人工标注提供隐含变量。近期的系统使用期望最大化方法自动提供缺少的数据。思路很简单：给定一个 HMM 和一个观测序列，我们可以使用平滑算法计算出每个时间步上每个状态的概率，并通过一个简单的扩展，得到相继时间步上的状态－状态对的概率。我们可以把这些概率看作不确定标记，根据这些不确定标记，我们能够估计出新的转移概率和感知概率，并重复 EM（期望最大化）过程。该方法能够保证在每次迭代中不断提高模型和数据之间的吻合度，并且通常会收敛到一个比最初的手工标注所提供的参数值好得多的结果。最准确的系统会为每一个说话者训练出不同的模型，因此也可以捕获方言之间、男声和女声之间等的各种变化。这种训练可能要求与说话者交互若干个小时，因此应用最广泛的系统并不会建立说话者特定的模型。系统的准确性取决于多种因素。首先，信号质量有影响：一个在隔音房中，方向对准固定嘴巴的高质量的麦克风的效果要比来自行驶中开着收音机的汽车、通过电话线传输的廉价麦克风的效果要好得多。其次，词汇表的规模也有影响：使用 11 个单词的词汇表（1～9 加上 “oh” 和 “zero”）识别数字串时，错误率低于 0.5%，如识别有 2 000 单词量的新闻故事时，错误率上升到了 10%，而对于一个包含 64 000 个单词的语料库，错误率则达到 20%。最后，具体任务也有影响：当系统试图去完成一个特定的任务，如预定航班时，就算单词错误率在 10% 甚至以上，通常也可以取得满意的效果。

7.4 视觉感知智能

视觉使人类得以感知和理解周边的世界，人的大脑皮层大约有 70% 的活动在处理视觉相关信息。视觉感知智能即通过电子化的方式来感知和理解影像，以达到甚至超越人类视觉智能的效果。从 1966 年学科建立（MIT：The Summer Vision Project）至今，尽管视觉感知智能在感知与认知智能方向仍有大量难以解决、尚待探索的问题，但得益于深度学习算法的成熟应用（2012 年，采用深度学习架构的 AlexNet 模型，以超越第二名 10 个百分点的成绩在 ImageNet 竞赛中夺冠），侧重于感知智能的图像分类技术在工业界逐步实现商用价值，助力金融、安防、互联网、手机、医疗、工业等领域智能升级。

与人类实时选择性处理视觉信息不同（如人在驾驶时不需在意公路边草地的纹理或形状，也不用知道每辆车的确切形状），计算机仍难以从实际需求出发自主选择性输入并计算影像信息，通常仍然需要人类对具体任务进行分解并使用与之匹配的计算方法，建立完整理想的智能视觉系统仍有很大挑战。另外，与可结合常识做猜想和推理进而辅助识别的人类智能系统相比，现阶段的视觉技术往往仅能利用影像表层信息，缺乏常识以及对事物功能、因果、动机等深层信息的认知把握。

日益丰富的影像内容为深度学习算法提供了大量的数据支撑。据思科公司评估，2021 年单月上传至全球网络的视频总时长将超过 500 万年，每秒将诞生 100 万分钟的网络视频内容，网络视频流量将占据全球所有网络用户流量的 81.44%。需要说明的是，现在的学习多为有监督学习（需要对数据进行充分标注），而且并非所有类型的影像数据都易得且易标注（如医疗影像数据需由专业医师标注病灶），业界领先的视觉公司一般会有数百人的标注团队（多为外包，但需专业培训和实时指导）。另一方面，深度学习的学习过程中的“训练”与应用部署后的“推断”均涉及大量并行计算，传统 CPU 算力不足，而 GPU、FPGA、ASIC（TPU、NPU 等 AI 专属架构芯片）等具有良好并行计算能力的芯片可提供数十倍乃至上百倍于 CPU 的性能，与云服务一起，大幅缩短计算过程（在过去，往往数周甚至数月才能跑出一次结果，然后调整模型架构，效率极低），而且易于短期调整多种模型架构，显著提升分类模型的进步速度。2010 年以后，CPU 内部晶体管数量的增长明显放缓，传统摩尔定律失效，而 GPU 类处理器依然保持着快速增长的势头（2016 年 GPU 的计算力为 10 个 TFLOP/S，2017 年达到了 120 个 TFLOP/S，TPU 则实现了惊人的 180 个 TFLOP/S），验证着 AI 时代的摩尔定律。

视觉感知智能是一类通过处理视觉传感数据推测和判断客观事物的智能系统。在工业、农业、交通、物流等多个领域，视觉感知智能是表达和理解作业环境、提升智能无人平台自主能力的核心技术之一。视觉感知智能以图像视频数据处理、多媒体分析、可视化、机器学习、智能决策等技术为基础，涵盖共性基础理论、新型器件、关键应用等多个技术方向。

7.4.1 图像处理

智能图像处理是指一类基于计算机的自适应与各种应用场合的图像处理和分析技术，本身是一个独立的理论和技术领域，但同时又是视觉感知智能中一项十分重要的技术支撑。

7.4.1.1 图像生成

图像传感器的作用是，采集视野中物体表面反射的光线并生成一幅二维图像。人眼可以使图像在视网膜上成像，视网膜包含视杆细胞和视锥细胞这两种类型的细胞。视杆细胞对波长范围很广的光比较敏感，数量在1亿左右。视锥细胞对颜色视觉很关键，数量在大概500万。其中视锥细胞主要有三类，每一类对不同的波长表现敏感。在摄像机中，图像在图像平面上成像。这个平面可以是涂有卤化银的胶卷，也可以是具有几百万感光像素的矩形网格，每个感光像素是一个CMOS（Complementary Metal - oxide Semiconductor）或CCD（Charge - Coupled Device）。传感器的输出即一段时间内到达传感器的光子产生的所有效应之和，这意味着图像传感器给出的是到达传感器的光线强度的加权平均。要看图像，必须保证从视野中大致相同点出发的光子要达到图像平面上的同一点。最简单的成像方法如针孔照相机，它有一个盒子，其前部有一个能透光的针孔，后部有一个图像平面。场景中的光子通过针孔进入镜头，如果针孔足够小，则在视野中相近的光子经过针孔后在图像平面上也会相邻。针孔照像机成像原理很容易理解，在此不再详述。这种针孔成像称为透视投影（Perspective Projection）。在透视投影的情况下，远距离的物体看上去比较小；另外，平行线会汇聚于视平线上的一点，这意味着在真实场景中的不同点将可能被映射到图像中的同一点。透视效应并不是在所有情况下都那么显著。举例来说，因为距离的原因，一只远处的猎豹身上的一个斑点看上去很小，但是两个紧挨着的斑点看上去却可能会拥有差不多的大小。这是因为相对于相机到斑点的距离来说，相机到两个斑点的距离差异很小，根据这个现象可以简化投影模型，从而生成缩放正投影（scaled orthographic projection）。模型的主要思想如下：假如物体上点的深度 Z 的变化范围为 $Z_0 \pm \triangle Z$并且$\triangle Z \ll Z_0$，则透视缩放因子f/Z 可以用一个常量 $s = f/Z_o$来近似表示。场景坐标（X，Y，Z）投影到图像平面坐标的投影公式为 $x = sX$ 和 $y = sY$。缩放正投影对于那些景深变化很小的场景是一个很好的近似。

7.4.1.2　图像预处理

图像分析中，图像质量的好坏直接影响识别算法的设计与效果的精度，因此在图像分析（特征提取、分割、匹配和识别等）前，需要进行预处理。图像预处理的主要目的是消除图像中无关的信息，恢复有用的真实信息，增强有关信息的可检测性，最大限度地简化数据，从而改进特征提取、图像分割、匹配和识别的可靠性。一般的预处理流程为：灰度化→几何变换→图像增强。

（1）灰度化

灰度化，在RGB模型中，如果 $R = G = B$，则表示一种灰度颜色，其中$R = G = B$的值叫灰度值，因此，灰度图像每个像素只需一个字节存放灰度值

（又称强度值、亮度值），灰度范围为0～255。一般有分量法、最大值法、平均值法和加权平均法这四种方法对彩色图像进行灰度化。

对彩色图像进行处理时，我们往往需要对三个通道依次进行处理，时间开销将会很大。因此，为了达到提高整个应用系统的处理速度的目的，需要减少所需处理的数据量。

①分量法。将彩色图像中三分量的亮度作为三个灰度图像的灰度值，可根据应用需要选取一种灰度图像。

$$f_1(i,j)=R(i,j) \quad f_2(i,j)=G(i,j) \quad f_3(i,j)=B(i,j)$$

式中，$f_k(i,j)$（$k=1,2,3$）为转换后的灰度图像在（i,j）处的灰度值。

彩色图的三分量灰度图包括R分量灰度图、G分量灰度图和B分量灰度图。

②最大值法。将彩色图像中三分量亮度的最大值作为灰度图的灰度值。

$$f(i,j)=\max(R(i,j),G(i,j),B(i,j))$$

③平均值法。将彩色图像中的三分量亮度求平均得到一个灰度值。

$$f(i,j)=(R(i,j)+G(i,j)+B(i,j))/3$$

④加权平均法。根据重要性及其他指标，将三个分量以不同的权值进行加权平均。由于人眼对绿色的敏感最高，对蓝色敏感最低，因此，按下式对RGB三分量进行加权平均能得到较合理的灰度图像。

$$f(i,j)=0.30R(i,j)+0.59G(i,j)+0.11B(i,j)$$

（2）几何变换

图像几何变换又称图像空间变换，通过平移、转置、镜像、旋转、缩放等几何变换对采集的图像进行处理，用于改正图像采集系统的系统误差和仪器位置（成像角度、透视关系乃至镜头自身原因）的随机误差。此外，还需要使用灰度插值算法，因为按照这种变换关系进行计算，输出图像的像素可能被映射到输入图像的非整数坐标上。

（3）图像增强

增强图像中的有用信息，可以是一个失真的过程。其目的是要改善图像的视觉效果，针对给定图像的应用场合，有目的地强调图像的整体或局部特性，将原来不清晰的图像变得清晰或强调某些感兴趣的特征，扩大图像中不同物体特征之间的差别，抑制不感兴趣的特征，使之改善图像质量，丰富信息量，加强图像判读和识别效果，满足某些特殊分析的需要。图像增强算法可分成两大类：空间域法和频率域法。

①空间域法。空间域法是一种直接图像增强算法，分为点运算算法和邻域去噪算法。点运算算法即灰度级校正、灰度变换（又叫对比度拉伸）和直方图修正等。邻域增强算法分为图像平滑和锐化两种。平滑常用算法有均值

滤波、中值滤波、空域滤波。锐化常用算法有梯度算子法、二阶导数算子法、高通滤波、掩模匹配法等。

②频率域法。频率域法是一种间接图像增强算法，常用的频域增强方法有低通滤波器和高通滤波器。低通滤波器有理想低通滤波器、巴特沃斯低通滤波器、高斯低通滤波器、指数滤波器等。高通滤波器有理想高通滤波器、巴特沃斯高通滤波器、高斯高通滤波器、指数滤波器。

7.4.2 物体识别

如何对图像中的物体进行合理的表示是物体识别过程中最为关键的部分，因为一旦选定某种表示方法（特征），图像中的物体将被映射到由该特征各个维度构成的特征空间中，成为该空间中的一个点，而所有的点在特征空间中的分布将直接影响到后续识别过程。物体在不同表示方式下所带来的后期识别难度是不一样的。同时，同样的表示方式对于不同的数据集是有偏向性的。这些问题的出现有多方面的原因，其中包括图像中物体自身的原因，如遮挡、类间差距较小、类内差距较大等；还有表示方法自身缺陷的原因，如颜色特征对于颜色相同的不同类物体无法分辨等。在物体识别研究中，最典型的物体表示方法可以归纳为基于外观的物体识别和基于结构的物体识别两类。

7.4.2.1 基于外观的物体识别

随着更多先进的特征描述符的出现和模式识别技术的发展，基于外观的物体识别成为近年来物体识别领域内应用尤其广泛的一种方法。基于外观的物体识别研究的是像中物体区域中像素值的某种特性。例如：在 RGB 色彩空间中，像素值落入某一区域表示图像中该点处的颜色特性；区域内像素值的变化趋势，表示该区域内的纹理特性；区域内像素值发生突变的位置，可以进一步处理成为该区域的边沿特性。根据这些特性，我们可以较为客观地进行物体表示。基于外观的物体识别可以分为基于全局外观的表示方法和基于局部外观的表示方法两种。

（1）基于全局外观的表示方法

基于全局外观的表示方法的主旨是，将物体所在的图像看作高维图像空间中的一点，对其做数学上的线性或非线性变换，投影到某些低维的特征子空间中，形成对物体的表示，这种方式的识别就表现为在所得特征空间中对样本点的聚类分析和决策分类。下面介绍一些典型的全局特征。

①颜色特征。颜色特征是一种在物体识别中广泛应用的全局特征。这些特征在不同的颜色空间中被定义。不同的颜色空间中建立的颜色特征都有不

同的应用。应用较广且接近人类视觉感知方式的颜色空间包括 RGB 等。在各种不同的颜色空间下，大量的颜色特征被建立。其中最常用的有颜色协方差矩阵（Color Covariance Matrix，CCM）、颜色直方图（Color Histogram，CH）、颜色矩（Color Moment，CM），颜色聚合矢量（Color Coherence Vector，CCV）等。在 MPEG 中还构建了诸如主色彩（Dominant Color，DC）、色彩结构（Color Structure，CS）等作为其中的色彩特征。虽然颜色特征易于表示，可以方便地从图像中提取出来，但大多数的颜色特征与高层语义之间并没有直接的联系，这使得只依靠颜色特征进行的物体识别无法取得很好的结果。而在提取特征时，对颜色特征的选取也依赖于物体所在区域内部的情况。例如，当物体所在区域内的颜色并非均匀变化的时，使用平均色彩来表示该目标区域显然是不合适的。

②纹理特征。纹理在日常生活用语中，是对表面的视觉感觉。在计算机视觉中，它是指在表面空间上重复出现的、能够通过视觉感觉到的模式。纹理特征（Texture）可以描述许多真实场景图像的内容，如天空、白云、树、墙面、布等，也使得其成为物体识别领域中一个重要的全局特征。物体的纹理比颜色特征具有更强的分辨力，不同的物体通常都具有不同的纹理特性。这也使得纹理特征与语义之间的联系更为紧密，可以提供更强的识别能力。在物体识别过程中常用的纹理特征包括：基于小波滤波和 Gabon 滤波的光谱特征，基于统计方法的 6 种 Tamura 纹理特征以及基于局部统计编码的局部二元模式（Local Binary Pattern，LBP）。

Tamura 特征包含粗糙度（coarseness）、对比度（contrast）、方向度（directionality）、线像度（line - likeness）、规整度（regularity）和粗略度（roughness）这 6 种对物体纹理的定义。Tamura 特征中前三种对于特征的表意更为重要，其余三种是由前三种描述衍生出的对纹理的描述，对于纹理表意的效力并没有很大的提高。MPEG - 7 使用了其中的规整度、方向度、粗糙度作为其纹理描述符。由于 Tamura 特征并没有在多分辨率下去考虑不同尺度下的纹理特性，所以限制了基于 Tamura 特征的分辨力。

Gabon 滤波和小波最初是专门为矩形区域设计的，而物体识别过程中所涉及的区域可能是任意形状的区域。为此，研究者们提出了内矩形法（Inner Rectangle，IR）、凸集投影法（Projection Onto Convex Sets，POCS）等方法来解决上述问题。这也使得 Gabon 特征和小波特征被广泛地使用在物体识别过程中。

局部二元模式是一个简单但非常有效的纹理运算符。它将各个像素与其附近的像素进行比较，并把结果保存为二进制数。由于其辨别力强大和计算简单，局部二元模式纹理算子已经在不同的场景下得到应用。LBP 最重要的特性是对诸如光照变化等造成的灰度变化的鲁棒性。它的另外一个重要特性是计算简单，这使得它可以对图像进行实时分析。

对于一个大规模物体识别系统，不仅有很多类内结构变化大的物体，同时也存在很多类间差距较小的物体，这导致在特征空间通过划分来识别具有较高的难度，而且现实图像中物体之间的遮挡会导致基于全局外观的表示失效，这些都是基于全局外观表示方法不可逾越的困难。

③形状特征。形状特征是人类视觉系统进行物体识别过程中对物体最为直观的一种认识。形状特征相较于前面所提到的两种低层特征具有更为精确的描述性与语义性。在计算机视觉系统中，物体的形状特征可以看作一种对静态图像中封闭区域（目标区域）的描述。根据对于目标区域不同的描述方法，可把物体的形状特征分为对区域边界进行描述的边界特征和对整体区域进行描述的区域特征两种。常用的方法包括链码（ChainCode）、差分码（Difference Code）、傅里叶描述符（Fourier Descriptor）、质心距离函数（Centroid Distance Function）、轮廓曲率（Contour Curvature）、区域表示函数（Area Representative Function）、形状矩阵（Shape Matrix）、边缘方向直方图（Edge Direction Hi sto gram）。其中最为直观的物体形状特征是形状矩阵描述的方法，通过将目标区域网格化，并对目标区域外接的一个矩形区域进行描述，以表示物体的形状特征。图像中物体的目标区域属于图像分割领域的重要研究内容。但在图像分割过程中所遇到的困难，使得所得到的封闭区域并不一定准确地表示了物体的轮廓。所以，区域特征相较于边界特征来说具有更强的鲁棒性。近年来，还有限元法、小波描述符等方法应用在形状的特征表示上。

（2）基于局部外观的表示方法

基于局部外观表示的物体识别的前提是：可以通过某种方法寻找同类物体在不同时间、不同分辨率、不同光照条件下具有局部不变性的特征点，并通过对特征点的匹配来完成物体的识别。为了寻找具有这种特殊属性的点，首先需要对图像进行合理的表示。但由于受到在不同光照条件、不同的视角下物体所呈现的自身状态以及所处的环境的影响，同一类物体在不同的图像中所成的像往往会差别很大。但即使在这种情况下，人类视觉系统依然能通过同类物体间的局部共性来完成对物体的识别。相似地，在计算机视觉中的局部特征就用来描述物体在不同条件下所成像中的局部共性。局部外观的表示方法是将图像中的物体看作由一组兴趣区域（Region of Interest，ROI）组成，而这些 ROI 可以通过检测图像中具有某种不变特性的兴趣点，再以兴趣点为中心取一定形状和大小的区域来获取；然后将这些 ROI 作为基元进行编码，编码的方式有很多，例如码书（Code Book）、词袋模型（Bag of Words）等。

最后进行物体识别。理想的局部特征应具有平移、缩放、旋转不变性，同时对光照变化、仿射及投影影响也应有很好的鲁棒性。下面我们将介绍一些典型的局部特征。

①SIFT 特征。传统的局部特征中的兴趣点检测算法通常是基于角点或边缘的提取来实现的，但所得到的兴趣点对环境变化的适应能力较差。1999 年英属哥伦比亚大学的大卫·洛（David Lowe）教授对当时大量的基于不变量技术的特征检测方法进行了总结，并基于尺度空间理论提出了一种对图像缩放、旋转甚至仿射变换保持不变性的图像局部特征描述算子——不变特征变换（Scale Invariant Feature Transform，SIFT），在 2004 年完善 SIFT 算法的实质就是建立尺度空间，在尺度空间中寻找关键点（特征点）并对特征点进行描述。关键点是一些在原始图像中较为突出的点，这些点不会因光照的改变而消失，也不会因为视角的变化而发生变化。在物体识别过程中，对于出现在两幅图像中的相同景物，可以试图找到某种方法，分别提取两张图像中的稳定点，并可以利用这些点通过某种方式进行匹配。而这种匹配所体现出的相似性可以用作对物体的识别。在 SIFT 中，稳定点就是在构建的尺度空间中检测出的具有方向信息的局部极值点，用以描述稳定点的方法就是 SIFT 描述符。SIFT 主要由差分高斯特征点检测器（Difference of Gaussian – Point Detector，DoG）和特征描述符 SIFT key 两部分组成。DoG 主要负责建立尺度空间并在尺度空间中寻求尺度空间的局部极值点作为图像的特征点。SIFT key 主要负责利用特征点一定大小邻域内的像素点求取梯度直方图（Histogram of Gradient，HoG）。

②SURF 特征。由于 SIFT 在物体识别中表现优秀，所以涌现出一大批以 SIFT 理论中尺度空间概念为基础寻找局部极值点作为兴趣点的局部外观表示方法。快速鲁棒特征（Speed – up Robust Feature，SURT）就是其中最为突出的一种算法。在 SURF 中，主要对特征点检测器和特征点描述符进行修改，试图寻找一种可以使运算速度更快且具有更强鲁棒性的特征。SURF 运算速度的提升主要体现在特征点检测方面，SURF 中使用了积分图像与箱型滤波（Box Filter，BF）的卷积来近似表达原图像与高斯核的卷积，这使得 SURF 可以并行计算尺度空间中各层，大大减小了 SIFT 中生成尺度空间时的计算所需要花费的时间。此外，SURF 使用的是基于黑塞矩阵（Hessian Matrix）的检测方法，相较于 SIFT 中使用的 DoG 也具有更快的运算速度。

③词袋（Bag of Words，BOW）模型。BOW 模型最初是信息检索领域常用的文档表示方法。在信息检索中，BOW 模型假定对于一个文档，忽略它的单

词顺序和语法、句法等要素，将其仅仅看作若干个词汇的集合，文档中每个单词的出现都是独立的，不依赖于其他单词是否出现。根据这种特性，研究者们将 BOW 模型应用于图像表示中。为了表示一幅图像，我们可以将图像看作文档，即若干个“视觉词汇”的集合，同样地，视觉词汇相互之间没有顺序。由于图像中的词汇不像文本文档中的那样是现成的，我们需要首先从图像中提取出相互独立的视觉词汇，这通常需要经过特征检测、特征表示、单词本（Code Book）生成三个步骤。通过观察会发现，同一类目标的不同实例之间虽然存在差异，但我们仍然可以找到它们之间的一些共同的地方。比如说人脸，虽然不同人的脸差别比较大，但眼睛、嘴、鼻子等一些比较细小的部位，却观察不到太大差别，我们可以把这些不同实例之间共同的部位提取出来，作为识别这一类目标的视觉词汇。

通常情况下，BOW 模型在图像表示中的应用主要是指通过使用局部特征提取算法获取图像中具有局部不变性的特征点，并对这些特征点进行描述，同时以这些特征点作为视觉单词来构建单词本，最终把单词本中的单词唯一地表示一副图像。

基于局部外观的表示方法，通过对物体的“分解”刻画了图像中物体间的局部共性，从而提高了其对物体的表示能力，同时也可以应付一些遮挡问题。但由于它并没有从根本上、从语义上体现物体的多层次的结构特性，所以并不能显式地反映出物体的本质。

7.4.2.2 关于结构的物体识别（以人体结构为例）

如果想知道某个人具体在做什么时，我们需要知道他的手、脚、身体、头在图像中的具体位置。但是这些身体部位一般比较小，它们的颜色和纹理在图像中的变化比较大，所以用移动窗口的方法很难检测。一般来说，前臂以及胫骨可能只有两或三像素宽。然而身体部位一般不是独立出现的，而是依赖于与它们相连部分的，所以我们可以先检测容易检测的部分，然后通过它们去寻找难于检测的部分。

推断出身体在图像中的布局很难，因为身体的布局往往揭示人正在做的动作。可以使用变形模板（deformable template）的模型来分辨哪种分布是可接受的：肘部可以弯曲但头部永远不可能与脚部相连。一个简单的人体可变形模板将前臂与上臂连接在一起，将上臂又与躯干连接在一起，等等。

还有一些更精细的模型可以发现一些规律。例如，左臂与右臂的颜色和纹理一般是一样的，左脚与右脚也一样。然而这些精细的模型实现起来更加复杂。

下面以人体几何结构寻找四肢为例。现在假设我们已经知道人身体部位的外观（如已知一个人的衣服颜色和纹理）。我们可以将人体看成一个有多个矩形部分的树形结构（左右的大小臂、左右的大小腿、躯干、头部以及头部上的头发）。我们假设左前臂的位置和方向（姿势）与除左大臂以外的身体部分都是相互独立的，而左大臂仅仅与躯干的姿势相关，将这一假设延伸到右臂、腿部以及头部和头发，所形成的模型我们称之为“硬纸板人”模型。这一模型组成一个由躯干为树根的树，我们可以使用树形贝叶斯网络的方法在图像中来匹配这一模型。

接下来评估这一外形。图像矩形必须与其对应的部分相似。这里可能会有部分的近似，假设有一个函数 ϕ_i 于对矩形的近似值打分。而对于一系列相关的部分，另一个函数 ψ 可用于对整体相连的矩形与躯体相似的程度进行打分。树内各部分之间保持独立，每一部分都只有一个父节点。如果矩形匹配很好的话，所有的得分都应该很高，可以将其看成是对数可能性（log probability）的问题。因为关系模型是一棵树，所以动态编程可以找到最佳匹配。直接搜索连续的空间是不明智的，因此可以将图像中的矩形空间离散化。离散化具有固定大小的矩形（对于不同身体部分，其矩形大小不同）的位置和方向。由于踝关节及膝关节不同，需要考虑 1 个矩形以及与其 180 度翻转矩形的关系。可以将这些矩形想象成一系列不同位置及方向的图像矩形栈，每部分有一个栈。我们需要在每个栈里找出最优的矩形。这个过程可能会很慢，因为有很多的矩形候选，对于这个模型，如果有 M 个图像矩形，选择正确的躯干可能需要 O（M^6）。然而，对于适当的 ψ，我们有许多加速的算法，事实证明这一模型是十分实用的，这一模型即图画结构模型。

我们将描述一个人外观的模型称为外观模型（appearance model）。如果一定要知道图像中人的具体外观，可以从一个简单的外观模型开始，检测出其身体姿势，再估计其外观。在视频中，有同一人的许多帧图像，可以一步步丰富其外观信息。

视频中的人体跟踪是一个很重要的实际问题。如果能精确定位视频图像中的手臂、腿部、躯干及头部，将可以建立更好的游戏接口或者监视系统。滤波方法在这一问题上没有特别好的效果，因为人可以有很快的加速度或者移动很快。这意味着在 30Hz 的视频中，第 i 帧检测出来的人体姿态与第 $i+1$ 帧的人体姿态并没有太大的关联。当前，最实用的方法是基于人体外观在视频中的不变性。假如我们可以为视频中的个体建立一个外观模型，那么就可以在图画结构模型中使用这种信息去检测每个帧中的个体，将不同时间上的这些位置连起来就形成跟踪。

建立一个好的外观模型有多种方法。我们将视频看成一个包含我们想要跟踪的人的大图像栈。利用这个栈，可以建立外观模型。我们可以在每帧内检测身体部位，使用的事实是这一部位有近似平行的边缘。这种检测可能不是特别可靠，但我们要检测的各个部位是很特殊的，它们至少在大部分帧中出现一次，这可以通过对检测器的响应进行聚类来实现。最好是从躯干开始，因为躯干面积比较大，所以其检测结果往往比较可靠。假设已经得到一个躯干外观模型，则腿部位应该与躯干相邻等。这一推断确实可以得到一个外观模型，不过在某些检测器产生许多错误检测结果的固定背景中，得到的外观模型可能是不可靠的。一种可供选择的方法是对视频中各图像分别进行结构检测和外观检测，然后再看外观模型是否可以很好地适用很多帧。另一种更实用的方法是将一个固定身体姿态的检测器应用到所有帧。一个好的身体姿态是容易进行可靠检测的姿态，而且人出现这个姿态的概率很高，哪怕只出现短短几帧（侧身行走是个很好的选择）。我们将检测子调整为低错误检测率，所以当它响应时意味着发现了一个真正的人，因为已经定位了他的躯干、手臂、脚部以及头部。为了获得外观模型，我们扫描图像以找到一个侧面的走路姿势。检测器不需要特别准确，但应该少生成错误接受检测（与错误拒绝相反），从检测器的响应，我们可以快速读出身体片段的像素和身体片段之外的像素。这使得建立每个身体部分的外观判别模型是可能的，这些模型组合在一起成为被跟踪人体的一个画面模型。最后，我们在每一帧里检测这个模型，从而实现可靠的跟踪。

7.4.3 三维重建

基于视觉的三维重建，指的是通过摄像机获取场景物体的数据图像，并对此图像进行分析处理，再结合计算机视觉知识推导出现实环境中物体的三维信息。

7.4.3.1 运动视差

当观看运动物体或运动的人观看不动的物体时，在不同的角度，会聚角不同，双眼视差也不同，从而产生方位和深度的变化感。这是一种知觉深度的暗示，称为单眼移动视差。

当摄像机相对于三维场景运动时，会造成明显的图像运动光流，它包含许多关于场景结构的有用信息。为了理解这一问题，我们建立一个方程来描述光流与观察者移动速度 T 及景深之间的关系。光流场的两个分量为

$$v_x(x,y)=\frac{-T_x+xT_z}{Z(x,y)}\quad v_y(x,y)=\frac{-T_x+xT_z}{Z(x,y)}$$

式中，$Z(x, y)$ 是对应于图像中 (x, y) 点的真实场景中点在 z 轴上的坐标。

光流的两个分量 v_x（x，y）和 v_y（x，y）在点 $x = T_x/T_z$ 以及 $y = T_y/T_z$ 处都等于零。这一点被称为光流场的扩展焦点（focus of expansion）。假设我们改变 $x-y$ 平面的原点位置，使它处于扩展焦点上，光流表达式将变成一种很简单的形式。令（x'，y'）为新坐标，定义为 $x' = x - T_x/T_z$，$y' = y - T_y/T_z$。那么

$$v_x(x,y) = \frac{x'T_z}{Z(x','y)} \quad v_y(x',y') = \frac{y'T_z}{Z(x',y')}$$

这里有一个比例问题，如果摄像机以两倍速度运动，而场景中的物体数量也变为原来的两倍并且离摄像机的距离为原来的两倍远，那么光流是一样的。尽管如此，我们还是能从中得到一些有用的信息。

首先，假设有只苍蝇正想落在墙上，那么它需要知道在当前速度下经过多长时间能够接触到墙，这个时间由 Z/T_z 给出。注意，虽然瞬时光流场不能提供距离 Z 和速度分量 T_z，但它能够提供二者的比值，因此可用来控制降落的过程。许多动物实验表明，它们确实使用了这种方法。

其次，分别考虑位于不同景深 Z_1、Z_2 的两点。尽管可能并不知道两者的值，但是通过对光流比取倒数，我们可以计算出其深度比 Z_1/Z_2，由此可以得到运动视差，从而理解从车辆或者火车上看远处物体移动慢而近处物体移动快的原理。

7.4.3.2 双目立体视觉

双目立体视觉（Binocular Stereo Vision）是机器视觉的一种重要形式，它是基于视差原理，利用成像设备从不同的位置获取被测物体的两幅图像，通过计算图像对应点间的位置偏差，来获取物体三维几何信息的方法。双目立体视觉结合两只眼睛获得的图像并观察它们之间的差别，以获得明显的深度感，建立特征间的对应关系，将同一空间物理点在不同图像中的映像点对应起来，这样获取到的图像，我们称作视差（Disparity）图像。

双目立体视觉三维测量原理为，两台摄像机在同一时刻观看时空物体的同一特征点 P，分别在“左眼”和“右眼”上获取了点 P 的图像。将两台摄像机的图像定在同一平面上，则特征点 P 的图像坐标的 Y 坐标一定是相同的，由此可以计算出特征点 P 在摄像机坐标系下的三维坐标。因此，左摄像机像面上的任意一点只要能在右摄像机像面上找到对应的匹配点，就完全可以确定该点的三维坐标。这种方法是点对点的运算，像平面上所有点只要存在相应的匹配点，就可以参与上述运算，从而获取对应的三维坐标。双目立体视觉数学模型是建立在最简单的平视双目立体视觉三维测量原理基础上的，具体推导过程从略。考虑一般情况，只要我们通过计算机标定技术获得左右计算机内参数/焦距 f_r，以及 f_1 和空间点在左右摄像机中的图像坐标，就能够重

构出被测点的三维空间坐标。双目立体视觉测量方法具有效率高、精度合适、系统结构简单、成本低等优点，非常适合于制造现场的在线、非接触产品检测和质量控制。对运动物体（包括动物和人体形体）测量时，由于图像获取是在瞬间完成的，因此立体视觉方法是一种更有效的测量方法。双目立体视觉系统是计算机视觉的关键技术之一，获取空间三维场景的距离信息也是计算机视觉研究中最基础的内容。

7.4.3.3　多视图

双目立体视觉与光流法得到的形状可以视作利用多视图恢复深度信息的两个实例。在计算机视觉中，除了通过差动动作或者使用两个摄像机外，人们研究了从多个视图甚至成百上千的摄像机中恢复信息的技术。从算法上来说，有三个子问题需要解决：一是关联问题，即在不同图像中找出三维世界中的相同特征点在这些图像中的投影；二是相对方向的问题，即确定不同摄像机的坐标系之间的变换（旋转和平移）；三是景深估计的问题，即对于至少在两个视图中都存在图像平面投影的点如何确定其深度。

计算机视觉在关联问题鲁棒匹配、相对方向问题及景深问题数值稳定算法方面比较成功。假如待检测物体已知，则可以确定除距离以外更多的信息，因为其在图像中的表现完全决定于其本身当前的姿势，即位置以及相对于观察者的方向。有许多应用可以作为例证。例如，在一个工业操纵作业中，机械手只有知道物体的姿态，才能够把它拿起来。在刚体的情况下，不论是三维还是二维，这个问题都有一个既简单又清楚明确的基于校准方法（alignment method）的解决方案。我们现在展开讨论这种方法。

假设物体是用 M 个特征或不同的三维空间点 m_1，m_2，…，m_m 来表示的，并且它们都在自然坐标系中进行测量，那么这些点经过一个位置的三维旋转 R 的影响，再平移一个未知量 t，最后投影到图像平面上得到特征点 p_1，p_2，…，p_N。一般来说，$N \neq M$，因为有些模型点可能被遮住了，而且特征检测算子会漏掉一些特征（或者由于噪声的原因会检测出错误的特征）。对于一个三维模型点 m_i 以及对应的图像点 p_i，我们可以表示为

$$p_i = \pi \ (R\, m_i + t) \ = Q \ (m_i)$$

式中，R 是旋转矩阵；t 是平移量；π 表示透视投影或者它的一种近似，如缩放正投影；净结果就是一个变换 Q，将模型点 m 与图像点 p 对准，虽然最初并不知道 Q 是什么，但是却知道（对于刚体来说）Q 对所有的模型点一定是相同的。

已知三个模型点的三维坐标与它们的二维投影，就可以求解 Q。直观上，人们可以写出将 p_i 和 m_i 坐标联系起来的方程。在这些方程中，未知量对应于旋转矩阵 R 和平移向量 t 的参数。如果有足够的方程，就应该能够求解 Q。

结论为：给定模型中不共线的三点 m_1、m_2 和 m_3，以及它们在图像平面上的缩放正投影 p_1、p_2 和 p_3，则恰好存在两个从三维模型坐标到二维图像坐标的变换。这两个变换通过在图像附近的反射而相关。如果能在图像中辨识三个特征对应的模型特征，就能够计算 Q，即物体的姿态。

用数学语言对位置和方向进行描述如下：在以针孔为原点，光轴为 Z 轴的坐标系中，场景中点 P 的位置可以用由三个数值表示的坐标（X，Y，Z）刻画。可以得到该点在图像上的透视投影坐标（x，y）。这样就确定了一条从针孔发出通过 p 点的射线，这两点之间的距离是未知的。名词“方向”有两重含义：一是物体作为一个整体的方向。这可以用物体坐标系相对于照相机坐标系的三维旋转量来描述。二是在 P 点处物体表面的方向。这可以用物体表面单位法向量 $\boldsymbol{n}$ 来描述——它是指明与物体表面垂直方向的向量。通常我们用变量 slant（倾角）和 tilt（斜角）来表示表面力一向。倾角是 Z 轴和 n 之间的角度。斜角是 X 轴和 $\boldsymbol{n}$ 在图像平面上的投影之间角度。

当照相机相对于物体运动时，物体的距离和方向都在改变，只有物体的形状是不变的。如果该物体是个立方体，那么无论怎么运动它还是立方体。若干世纪以来，几何学家曾想方设法对形状进行形式化描述，其基本的概念是在某些变换群下，如旋转和平移的组合下，保持不变的属性即为形状。其困难在于，需要找到一种对全部形状的表示方法，它应该足够通用，可以适用于真实世界中形形色色的物体，而不只是诸如圆柱体、圆锥体和球体之类的简单形式，同时又易于从视觉输入中发现。对表面的局部形状刻画问题的理解，则要深入得多。本质上，可以从曲率的角度来完成：当在表面向不同方向运动时，表面法向量变化情况的表示。对于平面来说，根本不存在任何变化。对于圆柱体来说，在平行于轴线的方向上没有变化，而在垂直于轴线的方向上，法向量将以反比于圆柱体半径的速率旋转，等等。这些都是被称为微分几何学的学科所研究的课题。

物体的形状与一些操纵任务（例如确定物体可以被抓住的部位）有关，不过最重要的用途是物体识别，其中几何形状与色彩、纹理一起提供了最有效的提示信息，使我们能够辨识物体并对图像内容按已知类别进行分类等。

7.4.4 视觉应用

如果视觉系统可以分析视频并理解人类的行为，我们就可以收集并利用人类在公开场合的行为以便设计更好的建筑或者公共设施，建造更精确、更安全、更少打扰的安全监控系统，或开发人体接口来增强与人们行为的交互，或开发逃犯追踪系统，等等。

有些问题比较容易理解。假如视频帧中人的图像比较小，但背景比较稳定，则人体可以简单地用当前帧与背景做差分，如果差分值比较大，则背景差分认为这一点为前景点，将不同帧上的前景点连接起来就完成了跟踪。有些组织的行为如芭蕾、体操、太极拳等有特殊的行为表现。当处于简单的背景中时，这些行为都比较容易检测。背景差分检测出运动区域，然后可以建立 HoG 特征（根据区域的流量而不是方向）输入给一个分类器，可以根据不同的人体检测器来检测一些固定模式的动作。

问题越一般、越开放，则问题的解决越复杂。视觉系统最大的问题还在于如何将观察到的人及附近的对象与运动人的目标和意图联系起来。一方面，缺乏对于人类行为的定义。行为就像颜色一样，人们可能认为自己知道很多行为但就是列不出一个详细的清单来。而且很多行为又是可以结合在一起的，例如，你可以在 ATM 取钱时喝牛奶，但我们却不知道什么动作在结合、怎么结合、多少动作结合。另一方面，要了解哪一方面的特征对应于正在发生的动作，就像一个人在 ATM 附近时就会认为他在 ATM 取钱一样。还有，依赖于训练集的一般性的结果或许并不一定完全可信。例如，我们并不能简单地认为一个在大数据集下表现良好的行人检测器就是安全的，因为数据集可能本身并不是安全的，可能遗漏了一些稀有的现象（如骑自行车的人）。我们都不希望我们的自动驾驶员撞上正在做出某些并不常见动作的行人。

7.4.4.1 用于文字和图片检索

许多网站都提供图片集供浏览者访问。我们如何找到我们感兴趣的图片呢？一般输入查询单词，如“自行车竞赛”，则网页立刻会返回一系列标题与之相关的或者包含关键词的图片。在这里，图片返回的结果与文字返回结果类似：其实都是基于文字而不是基于图片的搜索。

问题是关键字经常不完整。如何给一幅图片（可能已经包含一些关键词）添加一些适当的关键词是一项很有意义的研究。假设已经获得了一些正确标注关键词的图片，希望给一些测试图片添加标签。这一问题也被称为自动注解，最精确的方法是最近邻方法。首先在特征空间中从已训练图片中找到与测试图片最相似的图片，然后收集它们的标签。这个问题的另一种版本是给图片中特定区域添加相应标签，此时并不知道某一标签对应于训练数据中的哪一部分最好，我们可以使用期望最大化的方法来猜测一种标签与图像区域之间的联系，然后再据此建立一个更好的图像区域分解。

7.4.4.2 用于多视图重建

双目立体视觉的工作原理是对每个点建立四个条件约束及三个未知的维度。四个条件约束是指每个视图中的（x，y）值，未知维度是指场景中点的（x，y，z）轴的值。这些粗糙的参数表明，存在使得多数点对无法匹配的几何约束。许多图像中点的位置是模糊不清的。如果知道最初的点集来自已知物体，则可以建立一个物体模型作为已知信息。假如这一模型包含一系列的3D点集或者一系列的图片，而且能够建立点的对应关系，则可以确定产生源图像中点的摄像头的参数，就可以利用它来评估初始假设（这些点来自一个对象模型）。首先使用这些点来确定摄像头参数，然后将模型点投影到相机并确定附近是否还有图像点。

这项技术目前研究得比较透彻，可用于处理非正交的视图，或处理一些仅在某些视图中出现的点，或者处理未知的摄像头参数如焦距，或者利用搜索点的对应关系的不同来进行复杂搜索，或者用于基于大数量点及视图的重建。假设点在图像中的位置已知，并且具有一些精确度，且观察方向是合理的，则我们得到高精度的摄像及点的信息。技术的应用主要包括：

第一，模型建立。例如，可能需要从视频序列中建立一个物体的模型或者用计算机图形学及虚拟现实方法建立一个精确的三维模型。这类模型现在可以通过一系列的图片来建立。

第二，移动比较。为了将计算机图形学的元素加入真实视频中，需要知道摄像头相对真实场景的移动，以便正确地添加元素。

第三，路径重建：移动机器人需要知道它们到过哪儿。如果它们在一个具有刚性的空间中移动，则重建及保存摄像头信息是获取路径的一种方法。

7.4.4.3 用于视觉控制移动

视觉的一个主要应用是为操纵物体（如拾起、抓住、转动等等）和避障导航提供信息。这对于动物视觉系统来说是最基本不过的。在许多情况下，如果视觉系统从可获得的光线场中抽取的仅仅是动物指导其行为所需的信息，那么这个视觉系统是最小限度的。很可能，现代视觉系统是从早期原始生物体进化而来的，这些生物体利用身体一端的感光点指引自己朝向（或离开）光源的方向。例如，苍蝇使用一个非常简单的光流检测系统来降落到墙上。

在高速公路上行驶的自动驾驶汽车具有视觉系统，那么驾驶员面对的任务有哪些呢？

一是横向控制，确保车辆安全地保持在它的车道内，或者在需要时平稳地换道；二是纵向控制，确保和前面车辆之间有一个安全的车距；三是障碍物避让，监视相邻车道的车辆，并准备好当它们中的某一辆决定换道时应做出避让动作。司机要解决的问题在于生成合适的转向、加速和制动行动，以最好地完成这些任务。

对于横向控制，需要保持对汽车与车道的相对位置和方向的表示。可以用边缘检测算法寻找与车道标志段对应的边缘，然后用光滑曲线拟合这些边缘部分。这些曲线的参数携带有关于汽车的横向位置、相对于车道前进的方向以及车道曲率等信息，这些信息加上关于汽车的动态信息，就是驾驶控制系统所需的全部信息。如果我们有关于道路的地图细节，那么视觉系统就可以帮助我们确定位置，并观察不在地图里的障碍物。

对于纵向控制，需要知道与前方车辆的距离。这可以用双目立体视觉或光流来完成。利用这些技术，视觉控制的汽车现在能够在高速公路上长时间行驶。

机器人在环境中对自身进行定位这个具体的问题现在已有很好的解决方案。美国有一个小组开发了基于两个前视摄像头的系统，跟踪三维特征点，并用来重建机器人相对于环境的位置。实际上，它有两个立体摄像头系统，一个向前看，一个向后看——在机器人经过无特征点（如白墙等）区域时鲁棒性更好。

使用视觉位置变化估计，存在漂移问题（problem of drift），即随着时间的增加存在累计位置误差。解决方案是使用路标（landmark）来提供绝对位置修正：当一个机器人经过路标时，它可以适当调整它的位置估计。

通过驾驶的例子说明：对于某个特定任务，并不需要从一幅图像中找到理论上能够恢复的所有信息。人们不需要得到每辆车的确切形状，视觉应该只计算完成任务需要的特定的信息即可。

本章习题

（1）简述模式识别的基本过程。

（2）简述对 NLP 的理解。

（3）简述机器翻译的过程。

（4）简述图像预处理的流程和意义。

（5）简述聚类过程的基本步骤。

（6）足够的先验经验对于监督分类是必需的吗?

（7）谈谈自然语言语法处理中的表示问题。

（8）绘制机器翻译系统中翻译策略示意图，并通过所画的图解释机器翻译系统中的翻译策略。

(9) 谈谈对语音分析的认识。

(10) 为什么机器人会踢球？试分析机器人踢球应该具备哪几项能力？

(11) 未来人工智能开启自我感知之后怎么办？

8 行动

本章学习目的与要点

行动智能作为人工智能的重要组成部分，其发展情况备受关注。行动智能的概念已经涉及社会的各行各业，并且产生了深远的影响。本章以智能机器人为例，阐述了行动智能的概念，从智能机器人的硬件组成、软件架构体系、运动控制等方面介绍了智能机器人的发展状况以及发展趋势。本章还以防暴机器人为例对移动机器人的软硬件组成进行了详细描述，让大家对机器人的软硬件在移动机器人功能实现中所起作用有更直观的了解。希望本章的内容能给大家学习行动智能带来帮助。

本章从机器人硬件、软件及机器人运动三个角度对行动智能的实现进行详细描述，使读者能够深刻理解行动智能。通过本章的学习，希望读者了解机器人硬件的组成以及各部件的功能；了解机器人感知分类，并且掌握视觉感知、听觉感知、触觉感知的实现方法和原理；了解机器人软件编程语言和软件框架的发展现状，掌握一种移动机器人分层架构，理解各分层的功能；掌握移动机器人在实现行动智能中的运动问题及其解决方法，其中包括机器人运动学分析和运动建模方法、机器人定位方法、机器人运动过程中的路径规划问题及其相关算法。

8.1 机器人的硬件

机器人的行动智能是指机器人对于设定任务目标，在自身结构条件约束下，能够自主有序做出相应动作的行为。在该定义下，机器人的硬件结构与软件体系结构、算法是体现机器人行动智能重要的环节（王握文，2001）。

8.1.1 机器人的典型硬件

8.1.1.1 机器人的硬件核心

机器人的硬件核心有四个等价名称，如微控制器，微处理器，处理器或者计算器等，通常是一块集成芯片，包括存储器、协处理器及相应的外设接口等。芯片就如同人的大脑，若机器人无此硬件核心，自然就称不上机器人了。

运行速度是衡量微控制器性能的一个重要技术指标（通常以GHz作为单位）。运行速度越高，意味着处理数据的能力越强，而相应的存储容量的大小决定硬件核心所能实现功能的多少及其复杂程度。存储空间越大，存放程序代码越多，从而可实现更多、更复杂的功能。

编程语言是机器人硬件核心能够接受的语言类型，从低级到高级可以分为：机器语言，即由0、1组成的机器硬件可以识别的语言；低级语言，即汇编语言；中级语言，如C语言；高级语言，如C ++、JAVA、Python等。在机器人程序的实际运行中，编译器能够把源程序翻译成机器语言，而解释器能够把高级编程语言逐行转译。当前绝大多数硬件生产商生产的微控制器都装有内置的编译器和解释器，所以绝大多数微控制器都支持C、JAVA等语言。

8.1.1.2 传感器

（1）传感器的定义

传感器是一种能够感受规定的被测量并按照一定规律转换成可用输出信号的器件或装置。

（2）传感器的组成

典型的传感器结构如图8－1所示，包含敏感元件、转换元件、基本转换电路及辅助电源。其中，敏感元件是直接感受被测量，并输出与被测量成确定关系的某一物理量的元件。转换元件以敏感元件的输出作为其输入，并把输入转换成电路参量，实现信号形式的转换。基本转换电路将电路参量进行转换、放大等，输出相应的电压、电流。

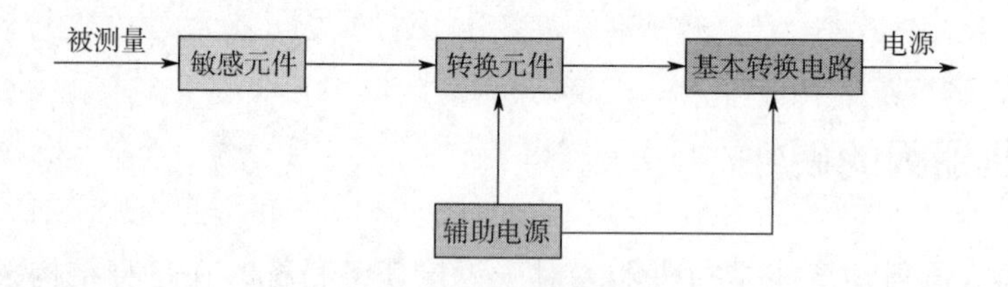

图8－1　传感器的组成

（3）传感器的分类

传感器是机器人和现实世界沟通的桥梁。传感器有许多分类方法，但常用的分类方法有两种：一种是按被测物理量进行分类；另一种是按传感器的工作原理进行分类。按被测物理量分类，常见的传感器包括温度传感器、湿度传感器、压力传感器、位移传感器、流量传感器、液位传感器、力传感器、加速度传感器、转矩传感器等。按工作原理分类，传感器包括电学式传感器、磁学式传感器、光电式传感器、电势型传感器、电荷传感器、半导体传感器、谐振式传感器、电化学式传感器等。

8.1.1.3 驱动器

驱动器就是驱动机器人运动的部件（黄晞等，2005）。其中最常用的是电机，此外还有液压、气动等驱动方式，但是由于控制方式相对复杂且价格昂贵，所以应用领域并不如电机广泛。

无论是机器人自身的移动，还是机械臂关节的运动，其核心均是控制电机的转动，即控制电机的转数、角速度、角加速度。通过控制电机即可进一步控制机器人移动的距离和方向、机械手臂的弯曲程度或者移动的距离等。所以，精确进行电机控制是解决机器人运动的核心。

直流电机是最普通的电机，直流电机最大的问题是无法精确控制电机转速及电机的位置。通过在直流电机上安装编码器可实现反馈控制，构成伺服电机，伺服电机可精确控制速度和位置精度，可以将电压信号转化为转矩和转速以驱动控制对象，但其控制方式较直流电机复杂。

硬件核心、传感器、执行器是机器人的核心结构，三部分通过协同工作，实现既定的工作任务。下面以机械手臂为例阐述机器人硬件的结构及其工作原理。

8.1.2 机械手

8.1.2.1 机械手的概念

机械手是一种能模仿人手和臂的某些动作功能，用以按固定程序抓取、搬运物件或操作工具的自动操作装置。

8.1.2.2 机械手的构成

机械手由传感器、驱动机构和控制系统三大部分组成。手部是用来抓持工件（或工具）的部件，所以，手部装载众多上述传感器，能够识别物件的形状、尺寸、重量、材料等，并根据其特征和作业要求而有多种结构形式，如夹持型、托持型和吸附型等。驱动机构，能够使手部完成各种转动（摆动）、移动或复合运动来实现规定的动作，改变被抓持物件的位置和姿势。运动机构的升降、伸缩、旋转等独立运动方式，称为机械手的自由度。为了抓取空间中任意位置和方位的物体，需有 6 个自由度。自由度是机械手设计的关键参数。自由度越多，机械手的灵活性越大，通用性越广，其结构也越复杂。一般专用机械手有 2 ~ 3 个自由度。控制系统通过对机械手每个自由度的电机的控制，来完成特定动作。同时接收传感器反馈的信息，形成稳定的闭环控制。控制系统的核心通常是由单片机或 DSP 等微控制芯片构成的，通过对其编程实现所要功能（如图 8－2 所示）。

图 8－2　机械手

8.1.2.3　机械手的分类

机械手按驱动方式可分为液压式、气动式、电动式、机械式机械手，按适用范围可分为专用机械手和通用机械手两种，按运动轨迹控制方式可分为点位控制和连续轨迹控制机械手等。而从机械手的控制方式来看，可以分为三种：第一种是无须人工操作的通用机械手。它是一种独立的不附属于某一主机的装置，可以根据任务的需要编制程序，以完成各项规定的操作。其除具备普通机械的性能之外，还具备通用机械、记忆智能。第二种是远程操作机械手。这类机械手源于军事工业，操作人员通过操作机远程操作机器人完成特定的作业，后来发展到用无线电信号远程操作机器人进行探测月球工作。工业中采用的锻造操作机也属于这一范畴。第三种是用专用机械手。这类机械手主要附属于自动机床或自动线上，用以解决机床上下料和工件输送。这种机械手在国外称为 Mechanical Hand。这类机械手通常为多台联动，协同工作，并有统一的主机进行控制、协调，由于其工作任务是固定的，因此也是专用的。目前，国内外关于机械手的研究主要聚焦在通用机械手方面，此类机械手构成机器人行动智能研究的一个子域。

8.1.2.4　机械手的应用

与人手相比，机械手的灵活性有所欠缺，但它具有能够不断重复工作和劳动、不知疲劳、不怕危险、抓举重物等特点，因此机械手的研究受到许多部门的重视，并得到了越来越广泛的应用。例如，机床加工时工件的装卸，尤其是在自动化车床、组合机床上，机械手的使用较为普遍，机械手广泛应用于装配作业中，并且在电子工业中用其装配以及印制电路板，在机械行业中用其组装零部件；机械手更适合在艰苦、单调、重复、易疲劳的工作环境中稳定工作；尤其在危险的场合下，机械手可以取代人类工作，如军用品的装卸、危险品及有害物质的搬运等；机械手还可用于宇宙及海洋的开发及生物医学方面的研究和实验等。

8.2 机器人的感知

机器人对环境的感知智能，即移动机器人能够根据自身所携带的传感器对所处周围环境进行环境信息的获取，提取环境中有效的特征信息并加以处理和理解，最终通过建立所在环境的模型来表达所在的环境信息。目前主流的机器人传感器包括视觉传感器出、听觉传感器、触觉传感器等。

8.2.1 视觉感知

8.2.1.1 机器视觉的概念

机器视觉系统是指通过机器视觉产品（即图像摄取装置，主要分为CMOS和CCD两种）将被摄取目标转换成图像信号，传送给专用的图像处理系统，根据像素分布和亮度、颜色等信息，转变成数字化信号；图像系统对这些信号进行各种运算来抽取目标的特征，进而根据判别的结果来控制现场设备的动作。

8.2.1.2 视觉系统的构成

典型的机器视觉系统包括光源、光学系统、相机、图像采集/处理卡、图像处理软件五个部分。

（1）光源

光源是影响机器视觉输入的重要因素之一，因为它直接影响输入数据的质量和至少30%的应用效果。由于没有通用的机器视觉照明设备，所以针对每个特定的应用实例，要选择相应的照明装置，以达到最佳效果。

由光源构成的照明系统按其照射方法可分为背向照明、前向照明、结构光和频闪光照明等。其中，背向照明是指将被测物放在光源和相机之间，它的优点是能获得高对比度的图像；前向照明是指光源和相机位于被测物的同侧，这种方式便于安装；结构光照明是指将光栅或线光源等投射到被测物上，根据它们产生的畸变，解调出被测物的三维信息；频闪光照明是指将高频率的光脉冲照射到物体上，要求相机的扫描速度与光源的频闪速度同步。

（2）光学系统

对于机器视觉系统来说，图像是唯一的信息来源，而图像的质量是由光学系统的恰当选择来决定的。通常，图像质量差引起的误差不能用软件纠正。机器视觉技术把光学部件和成像电子器件结合在一起，并通过计算机控制系统来分辨、测量、分类和探测正在通过自动处理的部件。光学系统的主要参数与图像传感器的光敏面的格式有关，一般包括光圈、视场、焦距、F数等。

（3）相机

相机实际上是一个光电转换装置，即将图像传感器所接收到的光学图像，转化为计算机所能处理的电信号。光电转换器件是构成相机的核心器件。目前，典型的光电转换器件为真空摄像管、CCD、CMOS图像传感器等。

（4）图像采集/处理卡

图像采集卡主要完成对模拟信号的数字化过程。视频信号首先经低通滤波器滤波，转换为在时间上连续的模拟信号；其次，应用系统对图像分辨率的要求，得用采样/保持电路对边疆的视频信号在时间上进行间隔采样，把视频信号转换为离散的模拟信号；最后，由A/D转换器转变为数字信号输出。而图像采集/处理卡在具有模数转换功能的同时，还具有对视频图像分析、处理的功能，并同时可对相机进行有效的控制。

（5）图像处理软件

机器视觉系统中，视觉信息的处理技术主要依赖图像处理方法，它包括图像增强、数据编码和传输、平滑、边缘锐化、分割、特征抽取、图像识别与理解等内容。经过这些处理后，输出图像的质量得到相当程度的改善，既改善了图像的视觉效果，又便于计算机对图像进行分析、处理和识别。

8.2.1.3　机器视觉的典型过程

上述为机器人视觉系统的构成。尽管机器视觉应用各异，但从其工作原理上看，大都包括以下几个典型过程：

（1）图像采集

光学系统采集图像信息，将其转换成模拟信号并存入计算机存储器。

（2）图像处理

处理器通过特定的算法提高对特定目标检测有重要影响的图像要素。

（3）特性提取

处理器识别并量化图像的关键特性，如印刷电路板上洞的位置或者连接器上引脚的个数，然后将这些数据传送到控制程序。

（4）判决和控制

处理器的控制程序根据收到的数据做出结论。图像的获取实际上是将被测物体的可视化图像和内在特征转换成能被计算机处理的数据，它直接影响到系统的稳定性及可靠性。一般利用光源、光学系统、相机、图像处理单元（或图像捕获卡）获取被测物体的图像。

8.2.2 听觉感知

听觉系统是一种机器人与外界环境进行交互的自然、方便、有效的方式。由于声音信号的衍射性能，听觉具有全向性，在视野被遮蔽的情况下依然可以有效地工作。听觉感知的关键在于语音识别，语音识别技术就是让机器通过识别和理解过程把语音信号转变为相应的文本或命令的技术。语音识别技术主要包括特征提取技术、模式匹配准则及模型训练技术三个方面。

8.2.2.1 语音识别的基本原理

语音识别系统是建立在一定的硬件平台和操作系统之上的一套应用软件系统。

语音识别分为两步：第一步是根据识别系统的类型选择能够满足要求的一种识别方法，采用语音分析方法分析出这种识别方法所要求的语音特征参数；这些参数作为标准模式存储起来，形成模板，这一过程称为学习或训练。第二步是识别或测试，即根据实际需要选择语音特征参数，这些特征参数的时间序列构成测试模板，将其与已存在的参考模板逐一进行比较，进行测度估计，最后经由专家知识库判决，最佳匹配的参考模板即为识别结果。

8.2.2.2 语音识别步骤

（1）预处理和特征提取

语音信号的预处理和特征提取是语音信号的分析阶段。语音信号的分析是语音信号处理的前提和基础，只有分析出可以表示语音信号本质特征的参数，才能利用这些参数进行高效的语音识别处理，而语音信号分析的准确性和精确性对语音识别率的提高起着至关重要的作用。

（2）模板匹配

模板匹配是语音识别的核心，它针对语音信号的特点选择和建立合适的语音信号的数字识别模型和算法。输入的语音信号进行预处理和特征提取以后形成训练模板，通过模板匹配将训练模板与标准模板进行匹配，计算两者之间的失真测度，以判别两者之间的相似程度。

（3）模板库

模板库是声学参数模板，它是从不同讲话者的多次重复的讲话中提取语音特征参数，并进行长时间的训练而聚类得到的标准模板，以作为识别标准。专家知识库用来存储各种语言学知识，如汉语声调变调规则、音长分布规则、同音字判别规则、构词规则、语法规则、语义规则等。

（4）判决

对于输入的语音信号经过计算而得的测度，根据若干准则及专家知识库，判决选出的可能结果中最接近的结果，即判决模板库中某一标准语句的语音特征与输入语音信号的语音特征的相似度高低，并由识别系统输出，这就是判决过程。

8.2.3 触觉感知

机器人触觉感知技术对于机器人的智能化应用有着极为重要的意义，随着机器人工作环境的日趋复杂化，机器人在压触觉感知方面的性能要求也越来越高。触觉包括接触觉、压觉、滑觉、力觉四种。

8.2.3.1 触觉的工作原理

机器人触觉传感技术是实现智能机器人的关键技术之一，触觉传感器是机器人与环境直接作用的必要媒介，使智能机器人具有接触觉、滑动觉、热觉等感知功能（于宙宙，2017）。

8.2.3.2 触觉传感器的种类

在机器人感知能力的技术研究中，触觉类传感器极其重要。触觉类传感器研究有广义和狭义之分。广义的触觉包括触觉、压觉、力觉、滑觉、冷热觉等。狭义的触觉包括机械手与对象接触面上的力感觉。从功能的角度分类，触觉传感器大致可分为接触觉传感器、力－力矩觉传感器、压觉传感器和滑觉传感器等。

接触觉传感器是用以判断机器人是否接触到外界物体或测量被接触物体特征的传感器。力－力矩觉传感器是用于测量机器人自身或与外界相互作用而产生的力或力矩的传感器，通常装在机器人各关节处。压觉传感器是测量接触外界物体时所受压力和压力分布的传感器，有助于机器人对接触对象的几何形状和硬度的识别。滑觉传感器是用于判断和测量机器人抓握或搬运物体时物体所产生的滑移的传感器。

8.2.3.3 机器触觉的应用

（1）触觉传感器在工业制造中的应用

工业机器人在工业制造中应用普遍，能推动社会快速发展，提高人们的生活质量。一些著名的汽车比如特斯拉、宝马等流水生产线上几乎全是工业机器人，工业机器人参与从毛坯到零件、再从零件到汽车成品的全过程，并完成汽车的装饰、喷漆等后续工作。国内大型企业富士康引进大量工业机器人取代工人，极大地提高了生产效率。其中，力-力矩传感器的运用起决定性作用，安装在机器人和其操作的平台之间，这样两者间的所有力都能被机器人和平台感知和监控。

（2）触觉传感器在可穿戴电子产品中的应用

如今，市场上出现了功能齐全的便携式智能电子产品，流行用于手镯、眼镜和鞋子等随身饰品。科技领域比较热门的是穿戴式触觉传感器的研究，仿效人与外界环境的触觉功能，其中，对力信号、热信号和湿信号的探测是研究的核心内容。

8.3 机器人的软件结构体系

经过多年的发展，机器人不再仅仅应用于传统的工业领域，其应用领域已经扩展到医疗服务、教育娱乐、勘探勘测、生物工程、救灾救援等新领域，并得到了快速发展（谭民等，2013）。

机器人的软件系统是机器人正常运行所需要程序的统称，它决定了机器人执行任何操作、操作控制的便利性和机器人本体所具有的功能。

在当今机器人不断发展的情况下，人类分配给机器人的任务种类以及任务量不断增多，机器人的工作环境也变得越来越复杂，已经从静态、封闭式环境逐渐发展为动态、开放式环境，这也对机器人的自主性有了越来越高的要求（戈斌斌，2015）。例如，由于月球上的环境（光照、温度和湿度）是不断变化的，并且这些变化是无法预测的，所以我国的玉兔号探月车在月球上执行侦测任务时，要判断自身环境，并且调节自身状况，完成任务（Zheng et al.，2014）。美国的军用机器人 BIGDOG 在战场上执行任务时，其任务包括对外界环境进行感知，对自己进行路径规划和导航，进行目标识别、目标追踪和目标打击，等等（Lewis et al.，1996）。也就是说，玉兔号探月车和 BIGDOG 要有相应的软件系统，对机器人所处环境进行判断，合理的执行机器人所要执行的任务，避免机器人各个任务之间的冲突。

机器人是软件系统和硬件系统结合的复杂信息系统。随着工艺技术的发展，机器人硬件系统趋于模块化和简单化，而且逐渐趋于定型，因此机器人的各个任务之间的调节主要取决于机器人的控制软件，在机器人不断趋于智能化和任务多样化的今天，机器人的软件系统也正在朝着复杂化和高性能化的方向发展，机器人控制软件系统在机器人系统中的地位也变得更加重要。

8.3.1 机器人软件系统

机器人的软件系统可以分为系统软件和应用软件。机器人的系统软件是机器人在出厂前由机器人的制造单位提供的。它是控制和协调机器人，支持机器人应用软件开发和运行的系统，是无须用户干预的各种程序的集合，主要任务是调度、监控和维护机器人系统，负责管理机器人系统中独立的硬件，使得它们可以协调工作。应用软件是由用户根据自己需求编写的，它负责机器人能够按要求完成某些特定的功能任务。

按照机器人系统软件的功能不同可以把机器人软件分为五级，机器人具有不同的软件级别是区分机器人先进性的重要标志。

机器人系统软件分级如下：

系统的第一级是实时监控软件。它是所有机器人必备的一级软件，其主要任务是把机器人期望的关节运动转化为各个关节上的驱动力和驱动力矩，并且会监督这一环节的完成。这一级的软件大多是由汇编语言编写的，对于这一级软件的实时性有很高的要求，监控整个运动的核心就在这一级上。

系统的第二级软件是点位运动控制软件。这一级只能控制点到点的运动，当运动要求比较复杂时，这一级软件的编写也就变得十分复杂，编出的程序也只能按顺序执行。

系统的第三级软件是运动的控制软件。这一级的主要任务是进行运动和轨迹规划，它保证任务的执行过程在比较优化的基础上进行，指令较全，同时它可支持多设备的协调工作，对具有这一级系统软件的机器人来说，编写它的应用程序比较简单。

系统的第四级是结构化可编程支持级。这一级的系统软件实际上是一个编译系统，它可以使对机器人的编程脱离机器人本体，进行离线的调试与仿真。

目前具备系统的第五级的机器人还不是很多。在这一级给机器人编程是以任务为单位指定的，不必进行具体的运动描述，这是软件的高级层次，主要依靠人工智能的手段来实现。该层系统软件可以实现环境的区别、任务描述、任务划分等功能。

8.3.2 机器人编程语言

机器人编程语言，是通过符号来描述机器人动作的方法。通过使用机器人语言，操作者对动作进行描述，进而完成各种操作意图。按照语言智能程度的高低，计算机语言可分为三类：执行级、协调级和决策级。其中，执行级语言用命令来描述机器人的动作，又称为动作级语言；协调级语言着眼于对象物的状态变化的程序，又称为结构化编程语言；决策级语言又称为目标级语言，只给出工作的目的，自动生成可实现的程序，与自然语言非常相近，而且使用方便，但决策级语言未进入实用阶段。

从1970年前后最早出现的WAVE机械式编程语言（Wang et al.，2014）发展到基于Agent的智能化机器人软件开发框架，经过多年的发展，机器人控制软件的开发语言已经有两百余种。

1973年，斯坦福大学的人工智能实验室开发了世界上第一种机器人语言——WAVE语言。在早期，像工厂里机械臂这种完成单一工作动作的工业机器人的兴起推动了机器人软件和编程语言的发展。WAVE语言注重机器人的硬件控制，把机器人的关节坐标信息转化为机器人关节角度，并且能够预测关节惯性和载重负荷。WAVE语言注重机器人完成单一工作动作时机器人硬件的位置描述和控制，但忽略了机器人系统任务级调度与协同问题。

随着机器人技术的发展，机器人的任务逐渐往多样化、复杂化方向发展，也不再只是完成单一复式的动作。机器人是一个软硬件有机结合的信息处理系统，所以机器人处理信息的能力不仅依托于机器人硬件的发展，更需要机器人软件和机器人编程语言的支撑。例如，RoCE语言，注重移动型机器人各功能部件的协同运动，从运动学的角度规划机器人各部件的动作顺序，以任务目标为牵引设计机器人行为控制策略（Lundy et al.，1997）。RoCE具有完备的并行支持，包括多进程并行、任务调度策略、资源共享管理等。这个时期的机器人控制软件的开发语言存在的缺点是没有对环境变化影响机器人执行任务的问题提出有效解决方法，没有给出机器人所处工作环境的数学描述模型，这使得机器人无法在复杂多变的环境中顺利完成工作。

随着运输机器人的发展，对机器人的活动范围、运动速度和在复杂环境下的自主判断能力提出了更高的要求。所以，机器人在完成运输任务过程中所涉及的路径规划、路径优化算法以及躲避障碍等问题成为机器人研究领域的热点话题（Dstergaard et al.，2006）。所以在此阶段的机器人软件编程语言需要提供对机器人运动问题中的路径规划、算法设计的编程方法的支持，提供基于目标位置牵引的推理工具支持和基于外部事件触发的异常处理机制。FAPL（Format and Protocol Language）（Nash，1987）机器人函数式语言提供了很多编程支持，如角色分级、高阶函数和模式匹配、事件处理等。面向对象机器人编程语言Smalltalk（Goldberg et al.，1983）增加了内置的抽象数据类型，将机器人实体、位置数据、传感数据、环境状态信息等抽象为抽象数据类型。

此外，常见的机器人编程语言还有 VAL、SIGLA、IML、AL、Python 等编程语言。

VAL 语言可以在在线和离线两种状态下编程，适用于多种计算机控制的机器人；能够迅速地计算出不同坐标系下复杂运动的连续轨迹，能连续生成机器人的控制信号，可以与操作者交互地在线修改程序和生成程序；VAL 语言包含一些子程序库，通过调用各种不同的子程序可很快组合成复杂操作控制；能与外部存储器进行快速数据传输以保存程序和数据。

SIGLA 语言是一种仅用于直角坐标式 SIGMA 装配型机器人运动控制时的编程语言，是 20 世纪 70 年代后期由意大利 Olivetti 公司研制的一种简单的非文本语言。

IML 语言也是一种着眼于末端执行器的动作级语言，由日本九州大学开发而成。IML 语言的特点是编程简单，能人机对话，适合于现场操作，许多复杂动作可由简单的指令来实现，易被操作者掌握。

AL 语言是在 WAVE 语言的基础上开发出来的，也是一种动作级编程语言，但兼有对象级编程语言的某些特征，可应用于装配作业。它的结构及特点类似于 PASCAL 语言，可以编译成机器语言在实时控制机上运行，具有实时编译语言的结构和特征，如可以同步操作、条件操作等。AL 语言设计的原始目的是用于具有传感器信息反馈的多台机器人或机械手的并行或协调控制编程。

Python 语言是一种面向对象的解释型计算机设计语言，在设计上坚持了清晰划一的风格，这使得它成为一门易读易维护并且被大量用户所欢迎的用途广泛的语言。Python 是一种通用语言，其在各领域的应用角色几乎是没有限制的。无论是从网站、游戏开发、机器人或是一些高科技的航天飞机控制都可以看到 Python 代码的出现。Python 具有支持人工智能、自动化处理和机器学习的库，这使得 Python 在智能机器人的软件开发过程中具有十分广泛的应用。

8.3.3 机器人软件系统和框架

随着计算机、微电子、信息技术的快速发展，机器人的智能化程度要求越来越高。机器人智能化程度在很大程度上都是由机器人软件决定的。越是功能复杂、智能化程度高的机器人，其软件架构越是复杂，开发起来也就越困难。典型的机器人软件包括驱动程序、平台和算法层组件，而具备用户交互形式的应用包含用户界面层。

一个好的软件框架要具有良好的可靠性、安全性、可定制化和可拓展性等，同时还要方便技术人员编写机器人软件，缩短机器人的开发周期。

机器人软件架构是典型的控制回路的层次集，包含了高端计算平台上的高级任务规划、运动控制回路以及最终的现场可编程门阵列（FPGA）其中，还有循环控制路径规划、机器人轨迹、障碍避让和许多其他任务。这些控制回路可在不同的计算节点（包括台式机、实时操作系统以及没有操作系统的定制处理器）上以不同的速率运行。

8.3.3.1 常见的机器人软件框架

当前比较常见的机器人软件框架和系统如下：

（1）ARMARX

ARMARX（Vahrenkamp et al.，2015）是由卡尔斯鲁尼理工学院的 H2T 实验室开发的机器人开发环境。ARMARX 旨在为开发定制的机器人框架提供基础设施，该框架允许实现分布式机器人软件组件。为此，ARMARX 框架（见图 8－3）包括支持多种编程语言的分布式通信功能，如 Python、C++ 、Cype 或 Java。进一步的启动和错误处理、状态实现机制、接口定义和机器人程序结构化开发的概念都可用。除此核心功能外，ARMARX 还为高级机器人控制提供了可定制的构建块，可用于构建机器人软件体系结构的通用主干。ARMARX 提供标准接口和几个核心组件的现成实现，这些组件是建立分布式机器人软件框架所必需的。ARMARX 架构（见图 8－3）包括三个层次：一是提供通信方法和部署概念等核心机制的中间件层；二是由标准化组件构成的机器人框架层；三是机器人应用软件实现的应用层。

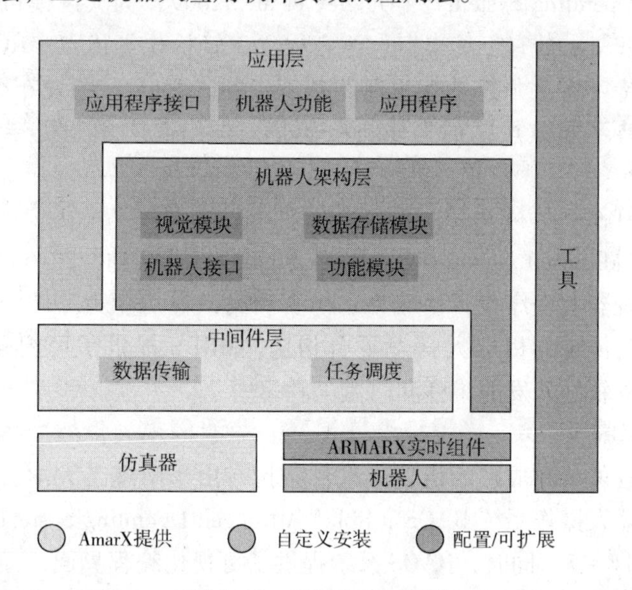

图 8－3 ARMARX 架构

（2）OROCOS

OROCOS 的目的是要开发一种通用的免费的模块化架构，以用于机器人控制。OROCOS 由四个 C++ 库（见图 8－4）组成：实时工具集，运动学与动力学组件，贝叶斯过滤库及 OROCOS 组件库。

时实工具集（RTT）不仅是一个应用程序，还提供基础机能来支持使用 C++ 来构建机器人应用。

运动学与动力学组件（KDL）是一个 C++ 函数库，提供了实时的动力学约束计算。

贝叶斯过滤库（BFL）提供了一种特别的应用，可以做递归信息处理及基于贝叶斯规则的算法评估，如卡尔曼滤波、粒子滤波算法等。

OROCOS 组件库（OCL）提供一些现成的控制模块，如硬件接口模块，控制模块及模块的管理功能组件。

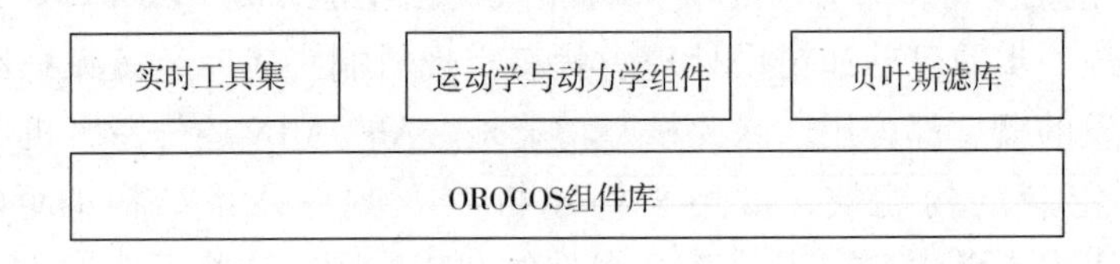

图 8－4　OROCOS 核心组件

（3）ROS

（Robot Operating System）（Quigley et al.，2009）为大规模机器人集成研究设计开源框架，具有工具丰富、语言中立、轻量化等优点。ROS 提供了良好的通信支持功能，尤其是其实现的基于主题（Topic）的发布/订阅通信机制，很好地将不同节点间的逻辑进行解耦，被广泛应用到机器人的实际开发中。

（4）MRDS

MRDS（Microsoft Robotics Developer Studio）（张衍迪，2016）是由微软公司发布的集机器人程序设计、编译、仿真和测试等功能为一体的机器人软件开发平台。与传统的机器人开发平台相比，MRDS 提供了可视化编程语言，降低了机器人软件开发的难度和门槛。

（5）BAOS

国内比较著名和成熟的机器人软件架构有由华南理工大学自主设计和研发的通用机器人操作系统 BAOS（Robot Advanced Operating System）（梁富云，2017），见图 8－5。同时，BAOS 系统提供了可视化编程界面，简化机器人软件开发。

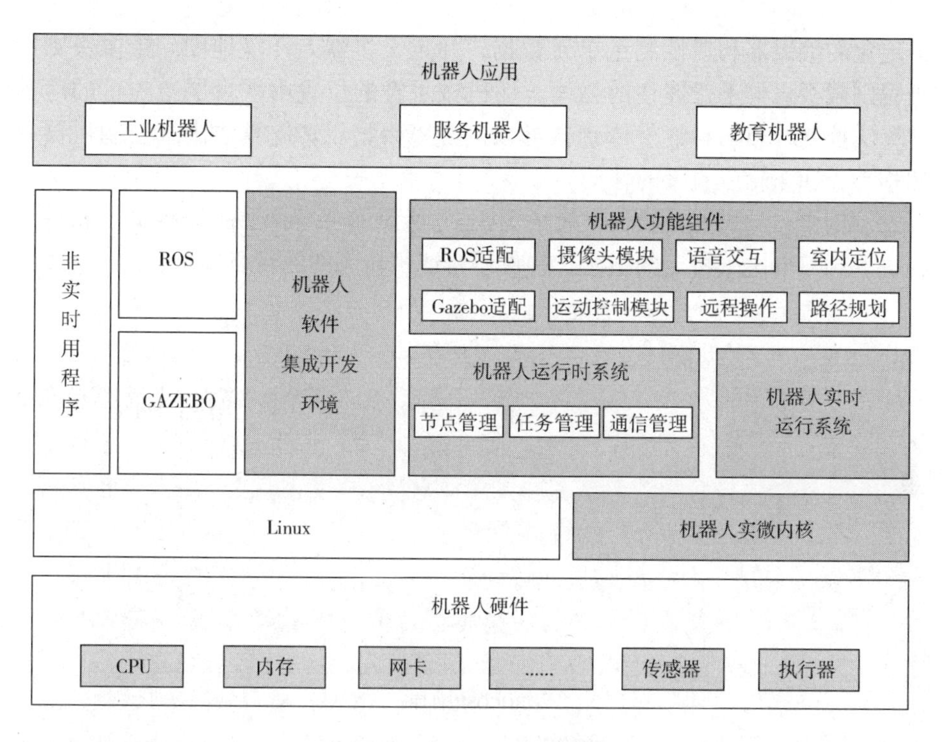

图 8-5 BAOS 系统架构

8.3.3.2 一种移动机器人软件架构

图 8-6 中的机器人是带有机械手臂的自主移动机器人，它能够执行路径规划、障碍避让和地图绘制等任务。机器人的板载传感器包括编码器、惯性测量单元、摄像头和多个声纳及红外传感器。传感器融合可以用来整合针对

图 8-6 移动机器人

本地化的编码器和惯性测量单元数据，并定义机器人环境地图。摄像头则用于识别载板机械手臂握住的物体，而机械手臂的位置由平台层上执行的运动学算法控制，声纳和红外传感器可以避开障碍物。转向算法用来控制机器人的移动，即车轮或履带的移动。

示例中移动机器人软件架构由图 8－7 所示的三至四层系统构成。软件中的每一层只取决于特定的系统、硬件平台或机器人的终极目标。

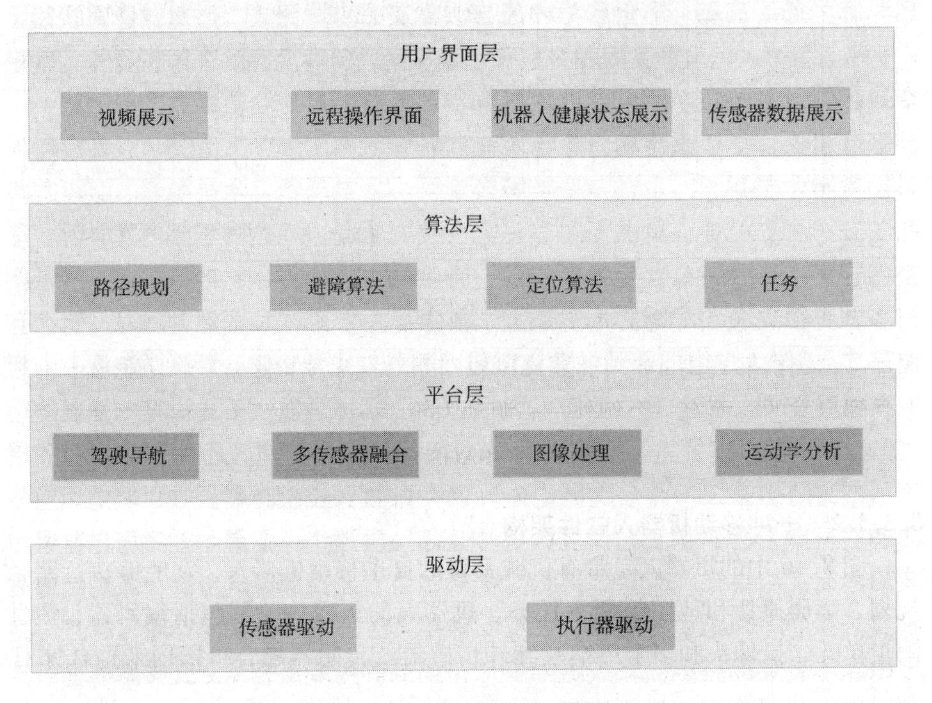

图 8－7　机器人软件架构

其中：

驱动层就是处理操控机器人所需的底层驱动函数。这一层的组件取决于系统中的传感器和执行器，以及运行着驱动软件的硬件。这一层的模块采集位置、速度、力量等工程单位中激励器的设定值，生成底层信号来创建相应的触发。该层的模块还能采集原始传感器数据，并将传感器值传输至其他架构层。

平台层中的软件程序对机器人的硬件参数进行了配置。平台层要不断地和驱动层与算法层进行数据的双向交换。

算法层里包括移动机器人在工作情况下需要的所有算法，即路径规划、避障、机器人定位等算法。算法层可以采集机器人系统中的数据信息，如速度、视频等信息，并且将这些信息作为算法的输入，然后输出计算结果对机器人进行控制。

用户界面层中的应用程序不需要完全独立，能够帮助操作员和机器人系统进行信息交互，或者在PC主机上显示相关信息。

在设计机器人软件架构时，技术人员应该先对机器人的功能有详细了解，并且对机器人架构所需要的部件进行详细规划。一个定义明确的架构有助于开发人员将软件划分成明确的界面层次并轻松地并行处理项目。此外，将代码划分成具有明确的输入和输出功能模块有助于在今后项目中复用代码组件。

8.4 机器人的运动

在机器人运动方面，主要讨论移动机器人，从机器人的名称我们就可以知道，移动机器人是需要运动结构的，它能够使机器人在其所在的环境里进行无约束的运动。但是运动会分很多种不同的途径，因此机器人运动方法的选择是移动机器人设计的一个重要的方面。大部分移动机器人都是从生物学上受到启发的，而有一个例外——源动力轮，它在平面上有极高的效率。

在大自然中，不同的生物可以穿越各类环境。因此，科研人员期望去模拟它们，选择相应的运动方式。但是，由于各种原因，在这方面复制自然界是极其困难的。受众多因素的影响，一般的移动机器人在运动时，要么使用轮式的机构，要么使用数目不多的有关的腿结构。这两种结构现在应用得比较多一些。根据机器人的移动方式来分有以下几种机器人：轮式移动机器人、步行移动机器人、蛇形移动机器人、履带式移动机器人、爬行机器人等。在此我们主要对腿式移动机器人和轮式移动机器人进行简要的介绍。

8.4.1 腿式移动机器人

与轮式移动机器人相比，腿式移动机器人运动要求的自由度更高，所以对机械的复杂度要求更大。腿式移动机器人与地面之间是通过点接触的，其主要的优点是可以通过各种凹凸不平的地段。腿给机器人带来便利的同时也给机器人带来了很大的难题。腿式运动最主要的缺点与动力和复杂的机械结构有关。腿，可能包含多个自由度，并且还要承受机器人的主要重量。腿的自由度越高，可以给予机器人的方向就越多，机器人就能实现高的机动性。在这里我们主要对四足机器人进行简要的介绍。

四足机器人在站立不动时是稳定的，但是走起路来就具有挑战性了。BigDog（见图8-8）是由美国国防部高级研究计划局资助，波士顿动力公司开发的一款腿式机器人。其目标是建造具有比现有轮式和履带式车辆更好的无人步行车辆。

机载系统为 BigDog 提供动力、驱动、传感、控制和通信。该动力源是一个水冷二冲程内燃机。发动机驱动液压泵，液压泵通过过滤器、歧管、蓄能器和其他管道系统将高压液压油输送到机器人的腿部执行器。执行器通过两级航空伺服阀来调节低摩擦液压缸。每个执行器都有作用于关节位置的位置传感器和力传感器。每条腿有 4 个液压执行器为关节提供动力，因此有 5 个被动自由度。BigDog 身体上还安装了热交换器冷却液压油，以及散热器冷却发动机，以使其持续运转（Raibert et al.，2008）。

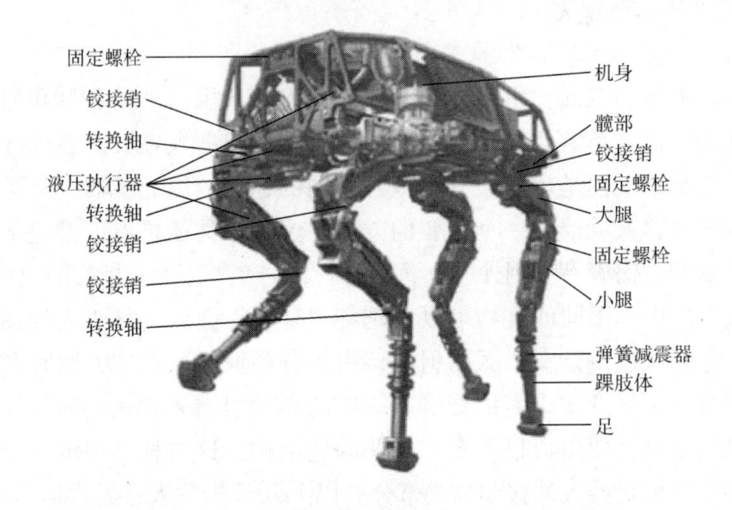

图 8-8　BigDog

为了达到人类行走的移动速度，BigDog 以动态平衡的小跑步态行走。它利用横向速度和加速度的估计值来进行平衡，该估计值由腿在站立过程中与惯性传感器结合时所感知的行为来确定。

BigDog 的控制系统通过运动学原理和地面反作用力，制定出基本的相应指令，并合理分配腿间的载荷以优化其承载能力。两腿之间的垂直载荷尽可能保持相等，腿蹬地可使臀部得到一个反作用力，从而减少关节扭矩和制动器的作用。

四足机器人在运动过程中既要保证能够快速行进，还要控制重心的位置，保持机身的相对平稳。BigDog 在运动控制方面的核心问题就是控制机体的平衡，建立机体与地形之间静态或动态的平衡系统。机器人的站立、行走、小跑以及各种运动状态间的相互转换，都必须保持平衡。

机体支撑倒立摆运动、重心颠簸起伏、机体重心自扰动、肢体往复加减速运动构成了四足机器人的基本运动特性。机体运动特性的复杂是造成四足机器人控制难度大的主要原因。BigDog 的运动控制取决于其特殊的机体构造。控制系统同时对四条腿上的 16 个液压执行器进行控制，多自由度耦合联动使肢体动作千变万化，形成了机器人的各种动作姿势，这也是四足机器人对地形适应能力强的根本原因。但是，多冗余度变换复杂，增大了控制的难度。从运动状态上来看，即使在光滑的水平路面上，BigDog 也不存在任何理论意义上的匀速直线运动，所有质点都为空间不规则曲线运动。以常见的对角步态为例：机身在两条支撑腿的支撑下从倒立摆的一端被撑过倒立摆的最高点，在倒立摆的另一端停止。机身重心经历一次圆弧运动，而水平方向的位移才是机身实际有效位移。机身重心始终颠簸起伏，呈波浪曲线状，如图 8 - 9 所示。

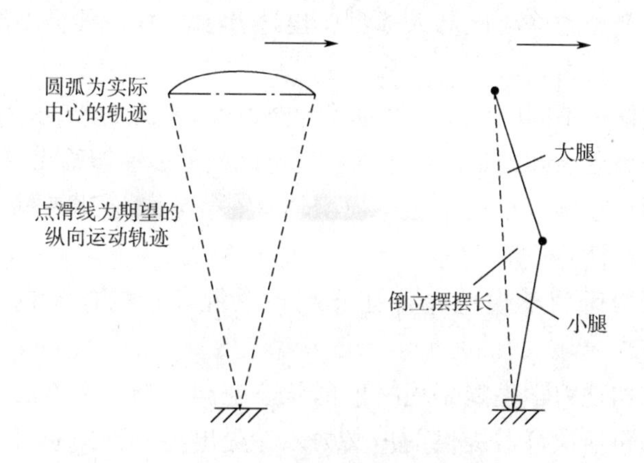

图 8 - 9　腿部移动示意图

机体重心的情况相对于机体结构更加复杂，除颠簸起伏之外，机体上各段刚体在机器人运动的同时，还存在着明显的相对运动。机体的重心位置是不断变化的，使得对重心的测量非常困难，造成了机器人重心自扰动问题。该问题也是腿类移动机器人区别于其他移动机器人的显著特性之一。

8.4.2　轮式移动机器人

轮式移动机器人（Wheeled Mobile Robot，WMR）越来越多地出现在工业和服务机器人领域，特别是需要在相当光滑的地面和表面上具有灵活的运动能力时。在实际应用中，可以找到多种机动配置形式（轮数和类型、位置和驱动、单车身或多车身结构）。单体机器人最常见的是差动驱动和同步驱动（两者在运动学上都相当于独轮车），三轮车或类似汽车的驱动，以及全方位转向。

对于轮式移动机器人而言，不同的轮子类型会导致移动机器人有不同的性能。因此，轮子种类的选择对于移动机器人非常重要。轮子的类型主要分为四种：标准轮、小脚轮、瑞典轮、球形轮。标准轮和小脚轮有一个旋转主轴，所以有相当高的方向性，不管往哪个方向运动都要首先对主轴进行控制。瑞典轮和球形轮相对于传统的标准轮约束性少一些，瑞典轮的功能和标准轮是一样的，但是它在另一方向产生低的阻力。球形轮是一种真正性质的全向轮，经常被设计成可以沿着任何方向主动受力而旋转的形态。

8.4.2.1　轮式移动机器人的运动学分析

轮式移动机器人是一种以运动的约束为特征的不可积分的机械系统，运动学是该系统的基本研究内容之一。本小节通过几个轮式移动机器人运动学的推导，演示轮式移动机器人系统运动学分析的方法和步骤。这些方法和步骤适用于特定类型的移动机器人原型，也适合于具有多种类型车轮的一般机器人。

以下通过四种不同的状态空间模型对 WMR 运动学进行简单描述。

首先，姿势运动模型是最简单的状态空间模型，能够给出 WMR 的全局描述。结果表明，在这五个类中，该模型均具有特定的通用结构，可用于理解机器人的可操作性。

其次，结构运动学模型允许在非完整系统理论的框架内分析 WMR 的行为。

再次，结构动力学模型是更一般的状态空间模型。它给出了系统动力学的完整描述，包括执行器提供的广义力，并提出了一种判断机动化是否足以充分利用运动学移动性的标准，解决了机动化配置的问题。

最后，姿态动力学模型是与构型动力学模型等价的反馈模型，对分析其可约性、可控性和稳定性具有重要意义。

轮式移动机器人是一种能够自主运动的轮式车辆（不需要人类驾驶员），因为它的运动装备包含装载计算机驱动的电机。假设所研究的移动机器人由不可变形车轮的刚体框架组成，并且在水平面上运动。机器人在平面上的位置描述如图 8 - 10 所示（Campion et al., 1993）。任意的标准正交惯性基为 $\{0, \overrightarrow{I_1} \overrightarrow{I_2}\}$，固定在运动平面上。$P$ 为框架上的任意参考点。附加到框架上的任意基础为 $\{\overrightarrow{x_1}, \overrightarrow{\mathrm{I}_2}\}$。通过 3 个变量 x、y、θ 完全指定机器人的位置。

x、y 是惯性基准中参考点 p 的坐标，即

$$\overrightarrow{OP} = x\overrightarrow{I_1} + y\overrightarrow{I_2}$$

θ 是基础 $\{\overrightarrow{x_1}, \overrightarrow{x_2}\}$ 相对惯性基础 $\{\overrightarrow{I_1}, \overrightarrow{I_2}\}$ 的取向。

我们定义三维向量 ξ 描述机器人的姿态：

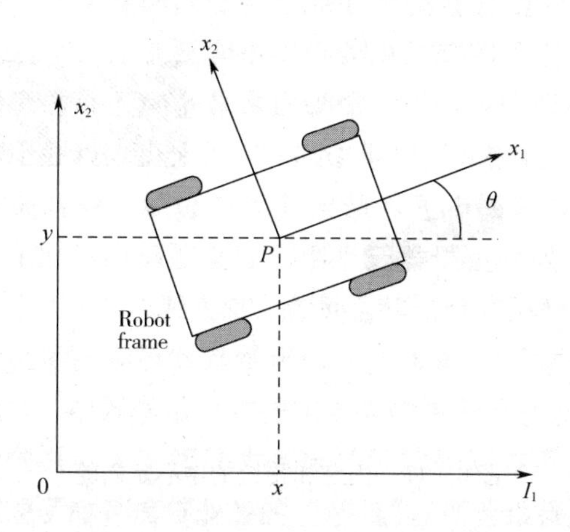

图 8－10　平面位置

$$\xi \triangleq \begin{pmatrix} x \\ y \\ \theta \end{pmatrix} \tag{1}$$

我们还定义了以下正交旋转矩阵：

$$R(\theta) \triangleq \begin{pmatrix} \cos\theta & \sin\theta & 0 \\ -\sin\theta & \cos\theta & 0 \\ 0 & 0 & 1 \end{pmatrix} \tag{2}$$

假设，在运动过程中，每个车轮的平面保持垂直，车轮围绕其（水平）轴旋转，其相对于框架的方向可以固定或改变。区分了两类基本的理想化车轮：传统车轮和瑞典车轮。在每一种情况下，假设车轮与地面之间的接触减少到平面上的一个点。

对于传统的车轮，车轮与地面的接触应满足纯滚动不滑移的条件。这意味着接触点的速度等于零。

对于瑞典车轮，车轮与地面接触点的速度在运动过程中只有一个分量是零。速度的零分量的方向是一个先验任意的，但它与车轮的方向是固定的。车轮与地面的接触点速度的一个分量应该沿着运动方向等于零。

现在明确地给出传统轮和瑞典轮的约束表达式。

固定轮：车轮中心记为 A，为框架的一个固定点（见图 8－11）。在基础的位置 $\{\vec{x}_1, \vec{x}_2\}$ 中 A 的位置是用极坐标 $PA = l$ 和角 α 来表征的。平面的方向的轮对 PA 由恒定角 β 表示。轮子的旋转角度（水平）周围轴 $\varphi(t)$ 来标示和车轮的半径 r 来标示。

轮子的位置是以 4 个常数 α、β、l、r 确定的，其运动是由一个时变角 φ

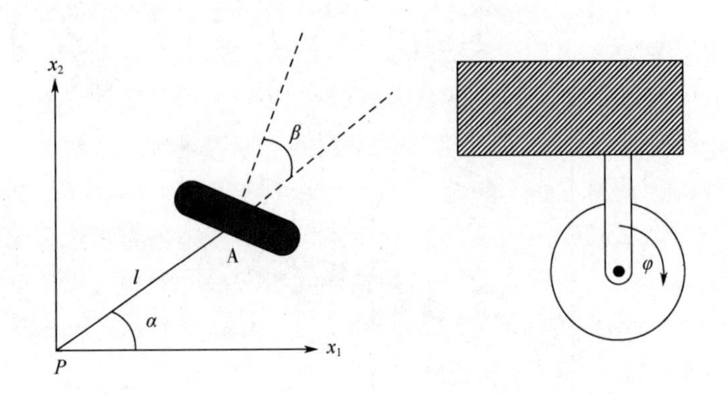

图 8－11　固定和传统的中心定向轮

(t) 表示的。有了这个描述，接触点速度的分量很容易计算，我们可以推导出以下两个约束条件：

沿轮平面：

$$[-\sin(\alpha+\beta)\cos(\alpha+\beta)l\cos\beta]R(\Theta)\xi+r\varphi=0 \quad (3)$$

与车轮平面正交：

$$[\cos(\alpha+\beta)\sin(\alpha+\beta)l\sin\beta]R(\theta)\xi \quad (4)$$

中心可定向轮：中心可定向轮使得轮平面相对于框架的运动是围绕穿过轮中心的垂直轴的旋转（图 8－10）。描述与固定轮相同，不同之处在于角度 β（t）不是恒定的，而是随时间变化的。轮的位置由 3 个常数 l、α、β 表示，其相对于框架的运动是由 2 个时变角 β（t）和 φ（t）表示的。约束具有与上面相同的形式：

$$[-\sin(\alpha+\beta)\cos(\alpha+\beta)l\cos\beta]R(\theta)\xi+r\varphi=0(5) \quad (5)$$

$$[\cos(\alpha+\beta)\sin(\alpha+\beta)l\sin\beta]R(\theta)\xi=0(6) \quad (6)$$

偏心可定向轮（脚轮）：偏心可向轮是相对于框架可定向的轮子，但轮平面的旋转是围绕不通过轮中心的垂直轴旋转（见图 8－12）。在这种情况下，车轮配置的描述需要更多参数。现在将车轮的中心标记为 B，并且通过具有恒定长度 d 的刚性杆 AB 连接到框架，该刚性杆 AB 可以在点 A 处围绕固定的竖直轴旋转。该点 A 本身是框架的固定点及其位置由 2 个极坐标 l 和 α 指定。轮子的平面沿 AB 对齐。

轮子的位置是由 4 个常数参数 α、β、r、d 描述的，并且其运动由 2 个时变角 β（t）和 φ（t）表示。使用这些符号，约束具有以下形式：

$$[-\sin(\alpha+\beta)]\cos(\alpha+\beta)l\cos\beta]R(\theta)\xi+r\varphi=0 \quad (7)$$

$$[\cos(\alpha+\beta)\sin(\alpha+\beta)d+l\sin\beta]R(\theta)\xi+d\beta=0 \quad (8)$$

瑞典轮子：对于传统的固定车轮，车轮相对于框架的位置由 3 个恒定参

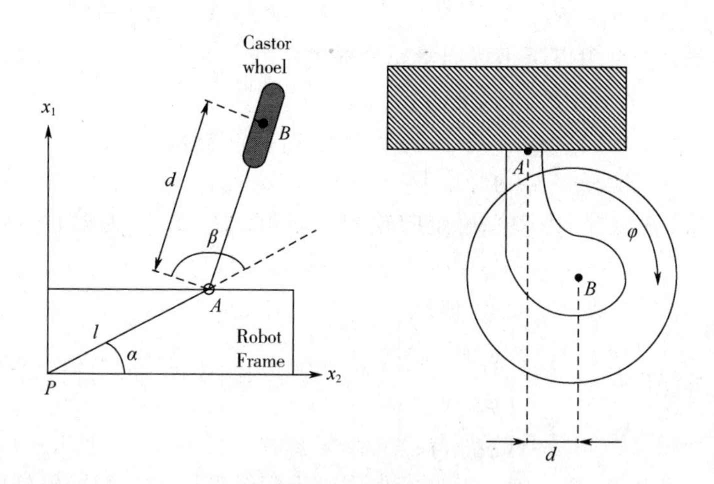

图 8－12 传统的偏心可定向轮

数 α、β、l 描述。需要一个额外的参数来表征相对于车轮的方向由角度 γ（见图 8－13）。运动约束表示为

$$[-\sin(\alpha+\beta+\gamma)]\cos(\alpha+\beta+\gamma)l\cos(\beta+\gamma)]R(\theta)\xi + r\cos\gamma\varphi = 0 \quad (9)$$

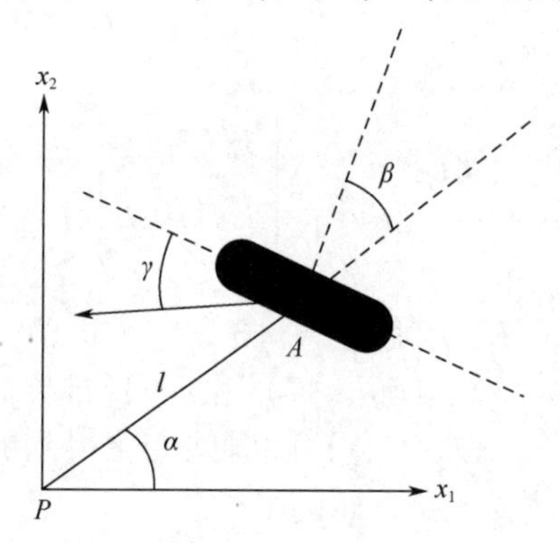

图 8－13 瑞典轮子

8.4.2.2 轮式移动机器人的约束

给定一个具有多个轮子的机器人，现在可以计算机器人底盘的运动约束。关键的思想是各轮子对机器人的运动加上约束，所以只不过根据机器人的轮子的配置，将所有轮子的全部约束适当地组合起来。

我们现在考虑一个通用的移动机器人，它具有上述 4 个类别的 N 个轮子。我们使用以下 4 个下标来标识与这 4 个类相关的量：f 表示传统固定轮，c 表示传统的中心可定向轮，oc 表示传统的偏心可定向轮，sw 表示瑞典轮。每种

类型的轮数记为 N_f、N_c、N_{oc}、N_{sw}、其中 $N_f+N_c+N_{oc}+N_{sw}=N$。

机器人的构型由以下坐标向量充分描述。

姿态坐标：$\xi(t) \triangleq \begin{pmatrix} x(t) \\ y(t) \\ \theta(t) \end{pmatrix}$ 为平面上的位置坐标。

角坐标：$\beta_c(t)$ 为中心可定向轮的方向角，$\beta_{oc}(t)$ 为偏心可定向轮的方向角。

旋转坐标：$\phi(t) \triangleq \begin{pmatrix} \varphi_f(t) \\ \varphi_c(t) \\ \varphi_{oc}(t) \\ \varphi_{sw}(t) \end{pmatrix}$ 为轮子绕着水平轴转动的旋转角度。

其中，集合 ξ，β_c，β_{oc}，ϕ 在续集中称为配置坐标集。配置坐标的总数是明确的 $N_f+2N_c+2N_{oc}+N_{sw}+3$。

利用这些符号，约束条件可以写成一般矩阵形式：

$$J_1(\beta_c,\beta_{oc})R(\theta)\xi + J_2\varphi = 0 \tag{10}$$

$$C_1(\beta_c,\beta_{oc})R(\theta)\xi + C_2\beta_{oc} = 0 \tag{11}$$

使用以下定义：

$$J_1(\beta_c,\beta_{oc}) \triangleq \begin{pmatrix} J_{1f} \\ J_{1c}(\beta_c) \\ J_{1oc}(\beta_{oc}) \\ J_{1sw} \end{pmatrix}$$

式中 J_{1f}、K_{1c}、J_{1oc}、J_{1sw} 分别是 $N_f\times3$、$N_c\times3$、$N_{oc}\times3$、$N_{sw}\times3$ 的矩阵，其形式容易由约束条件（3）、（5）、（7）和（9）推导而来；J_{1f}和 J_{1sw} 为常数，而 J_{1c}和 J_{1oc}是通过 $\beta_c(t)$ 和 $\beta_{oc}(t)$ 随时间变化得到的；J_2 是一个常数（$N\times N$）矩阵，它的对角线元素是车轮的半径。

$$C_1(\beta_c,\beta_{oc}) \triangleq \begin{pmatrix} C_{1f} \\ C_{1c}(\beta_c) \\ C_{1oc}(\beta_{oc}) \end{pmatrix}, C_2 \triangleq \begin{pmatrix} 0 \\ 0 \\ C_{2oc} \end{pmatrix}$$

式中，C_{1f}、C_{1c}、C_{1oc}三个矩阵分别为（$N_f\times3$）、（$N_c\times3$）、（$N_{oc}\times3$）维的，由约束条件（4）、（6）和（8）推出。C_{1f}是常数，而 C_{1c} 和 C_{1oc}是随时间变化得到的。C_{2oc}是对角矩阵，其对角线元素等于偏心可定向的车轮的直径 d。

8.5 移动机器人的定位

车辆的准确定位是移动机器人应用中的一个基本问题。车辆的定位离不开传感器和相关的系统、方法和技术，这些可以让移动机器人知道其所在环境的位置。但是，由于缺乏普遍接受的测试标准和程序，很难比较不同方法的优劣。到目前为止，这个问题还没有真正好的解决方案。定位方法大致可以分为两类：相对位置测量和绝对位置测量。我们通常将两种方法结合起来，并进一步分为下文所示的七类。

8.5.1 测程法

测程法是使用最广泛的移动机器人定位导航方法；它提供了良好的短期准确性，价格低廉，并允许很高的采样率。然而，测程法会不可避免地导致误差的无限积累。具体来说，方向误差会导致较大的侧向位置误差，而侧向位置误差会随着机器人行走的距离成比例增加。尽管存在这些局限性，大多数研究人员还是认为里程测量是机器人导航系统的重要组成部分，如果能够提高里程测量的精度，导航任务将会简化。

测程是基于简单的方程式，当车轮旋转可以准确地转换成相对于地板的线性位移时，该方程成立。然而，由于车轮打滑以及其他一些更微妙的原因，车轮旋转可能不会成比例地转化成直线运动。由此产生的误差可分为两类：系统误差和非系统误差。系统误差是由于机器人的运动缺陷而产生的误差，如车轮直径不相等或轴距不确定等。非系统误差是由于地板与车轮的相互作用而产生的误差，如车轮滑移或碰撞以及裂缝。通常，当移动机器人系统安装了里程/地标混合导航系统时，地标必须放置在环境中的密度是根据经验确定的，并且是基于最坏情况下的系统误差。当出现一个或多个大的非系统错误时，这样的系统很可能会失败。

8.5.2 惯性导航

惯性导航分别使用陀螺仪和加速度计来测量转速和加速度。测量被集成一次（或两次，对于加速度计）以产生位置。惯性导航系统具有自包含的优点，即不需要外部参考。然而，惯性传感器的数据会随着时间的推移而漂移，这是因为需要对速率数据进行积分才能得到位置；任何小的常数误差在积分后都不受限制地增大。因此，惯性传感器大多不适合长时间精确定位。

8.5.3 磁罗盘

车辆航向的导航参数（x、y 和 θ）对累计航迹推算误差有巨大的影响。因此，提供绝对航向测量的传感器对于解决自主平台的导航需求是极其重要的。磁罗盘就是这样一个传感器。然而，任何磁罗盘都有一个缺点，地球磁场经常在电力线或钢结构附近发生扭曲，这使得直接使用地磁传感器在室内应用变得困难。

根据与地球磁场有关的各种物理效应，有不同的传感器系统：机械磁罗盘、磁通门罗盘、霍尔罗盘、磁阻式指南针、磁弹性罗盘。

最适合移动机器人应用的罗盘是磁通门罗盘。磁通门罗盘保持水平姿态时，测量地球磁场的水平分量，具有功耗低、无运动部件、耐冲击和振动、启动速度快、成本较低等明显优点。如果车辆预计在不平坦的地形上行驶，传感器线圈应安装在万向节上并进行机械阻尼，以防止地磁场垂直分量引入的严重误差。

8.5.4 活跃的灯塔

有源信标导航系统是船舶和飞机以及商用移动机器人系统上最常见的导航辅助设备，可以可靠地检测有源信标，并以最少的处理提供准确的定位信息。这种方法允许高采样率并产生高可靠性，但是它也导致安装和维护的高成本。精确定位需要精确安装信标，有两种不同类型的主动信标系统：三边测量和三角测量。

8.5.5 全球定位系统

全球定位系统（GPS）是一项革命性的户外导航技术。GPS 是由美国国防部联合开发的一个服务项目。该系统包括 24 个卫星（包括 3 个备用），用于传输编码射频信号。地面接收器使用先进的三边测量方法，通过测量卫星射频信号的传播时间来计算其位置，其中包括有关卫星瞬时位置的信息。从理论上讲，知道了从地面接收器到三颗卫星的确切距离就可以计算接收器的纬度、经度和高度。

美国政府故意在时间和卫星位置上犯小错误，以防止敌对国家使用 GPS 支持精确武器。这种故意将定位精度降低到 100 米（328 英尺）左右的最坏情况称为选择性可用性（SA）。自“沙漠风暴”行动结束以来，选择性供应一直持续（只有少数例外）。在 1990 年 8 月至 1991 年 7 月的战争期间，为了提高盟军地面部队使用的商用手持 GPS 接收器的准确性，该系统被关闭。在 1992 年 10 月，南非空军在进行测试时也曾短暂关闭了一段时间。

通过使用一种称为差分 GPS（DGPS）的方法，基本上可以消除 SA 的影响。该概念是基于一个前提，即在第二个 GPS 接收器与第一个 GPS 接收器接近时相当近的距离（在 10 公里和 6.2 英里内），参考卫星是相同的。如果第二个接收器被固定在一个精确测量的位置，它的计算结果可以与已知的位置进行比较，从而生成一个复合的误差向量，该误差向量代表了当前地区的普遍情况。然后，这种差分校正可以传递给第一个接收器，以消除不需要的影响，有效地减少商业系统的位置误差。

许多商用 GPS 接收器都有不同的功能。这一点，加上一些地方无线电台向服务的用户提供差别校正，使 DGPS 在许多应用中成为可能。典型的 DGPS 精度约为 4 ~6 米（13 ~20 英尺），随着移动接收机与固定参考站之间距离的减小，DGPS 的性能得到了改善。

8.5.6 地标导航

地标是机器人可以从其感官输入中识别的明显特征。地标可以是几何形状（如矩形、直线、圆形），它们可能包含额外的信息（如条形码形式）。一般来说，地标有一个固定的和已知的位置，相对于这个位置，机器人可以定位自己。地标经过精心挑选，易于识别。例如，必须有足够的对比度相对于背景。在机器人使用地标进行导航之前，必须知道地标的特征并将其存储在机器人的内存中。定位的主要任务是可靠地识别地标，计算机器人的位置。

为了简化地标获取问题，通常假设当前机器人的位置和方向是近似已知的，因此机器人只需要在有限的区域内寻找地标。因此，良好的里程测量精度是路标检测成功的先决条件。

有些方法介于地标和基于地图的定位之间。它们使用传感器来感知环境，然后提取不同的结构，作为未来导航的地标。

在本节中的讨论涉及两种类型的地标：人造和自然地标。重要的是要记住，自然地标在高度结构化的环境中最有效，如走廊、制造地板或医院。实际上，人们可能会争辩说，自然地标还是人造的时候效果最好（在高度结构化的环境中也是如此）。出于这个原因，将这样定义自然地标和人造地标：自然地标是已经在环境中并且具有机器人导航以外的功能的那些对象或特征；人造地标是专门设计的物体或标记，需要放置在环境中，其唯一目的是实现机器人导航。

8.5.7 模型匹配

基于地图的定位（也称为地图匹配）是机器人使用其传感器来创建其本地环境地图的技术。该本地地图将与先前存储在存储器中的全局地图进行比较。如果找到匹配，则机器人可以计算其在环境中的实际位置和方向。预先存储的地图可以是环境的 CAD 模型，或者可以根据先前的传感器数据构建。基于地图定位的有利的，因为它使用典型室内环境的自然发生的结构来导出位置信息而不修改环境。此外，随着一些算法的开发，基于地图的定位允许机器人学习新的环境并通过探索提高定位精度。基于地图定位的其缺点是对传感器图的准确性的严格要求，并且要求存在足够的固定且易于区分的特征以用于匹配。由于当前具有挑战性的要求，基于地图的定位中的大部分工作仅限于实验室设置和相对简单的环境。

8.6 移动机器人的路径规划

移动机器人的路径规划可以看作运动规划的一个特例。路径指的是位姿空间中机器人位姿的一个特定的序列，不考虑机器人位姿的时间因素。轨迹与何时到达路径中的每个部分有关，强调时间性。机器人运动规划就是对轨迹的规划（Laumond et al.，1998）。

无论移动机器人的路径规划属于哪种类别，采用什么规划算法，基本上都要遵循以下步骤：

步骤一，搭建环境模型：把机器人所在的现实世界进行抽象，然后建立相关的环境模型。

步骤二，搜索合理路径：在模型的空间中寻找合理路径的搜索算法。

移动机器人的运动规划问题可以形式化地描述为如下的推理机（LaValle，2004）：

$$< C,\ x_{init},\ x_{goal},\ U,\ f,\ x_{obst} >$$

其中，C 是搜索空间；$x_{init} \in C$ 是初始位置（姿态、状态等）；$x_{goal} \in C$ 是目标区域，即目标位置（姿态、状态等）的集合；对于每一个状态 $x \in C$，$U(x)$ 是在状态 x 所有备选控制输入集合；状态转换方程 f 定义了状态对控制输入的响应。通常，如果时间是离散的，可以用函数 f: $C \times U \rightarrow C$ 表示；如果时间是连续的，状态转换方程可以定义成一个偏微分方程 $dx/dt = f(x, u)$；$x_{obst} \subseteq C$ 是由一些不可通行的非法状态组成的集合，即 C－空间中的障碍集合。

为了定义规划问题的解决方案，考虑一组行为控制序列 $u_1, u_2, \cdots, u_k$，由此序列导出一个状态序列：

$$x_1 = x_{init}$$

$$x_i = f(x_{i-1,u_{i1}})(i = 1,2,\cdots,k)$$

如果 $x_{k+1} \in x_{goal}$，并且 $\{x_1, x_2, \cdots, x_{k+1}\} \cap x_{obst} = \varnothing$，那么称序列 u_1，u_2，…，u_k 为规划问题的一个解决方案。机器人运动规划的目的就是找到一组满足一定准则的行为控制序列。

移动机器人的路径规划是指确定从起点到目标点的无碰撞路径，优化诸如距离、时间或能量的性能标准，距离是最常采用的标准。基于环境信息的可用性，有两类路径规划算法，即离线和在线。在预先知道关于静止障碍物和移动障碍物轨迹的完整信息的环境中，机器人的离线路径规划也被称为全局路径规划。当事先无法获得有关环境的完整信息时，移动机器人会在传感器通过环境时获取信息，这称为在线或本地路径规划。本质上，在线路径规划开始处于离线状态，但在发现障碍物情景中的新变化时切换到在线模式。

8.6.1 离线路径规划算法

关于离线环境中的路径规划的示例可参见核电站维护期间操作的服务机器人。下面对离线规划算法进行经典方法和进化方法的简单介绍。

8.6.1.1 经典方法

制定和解决路径规划问题的一个基本方法是配置空间（C 空间）方法（Lozano - Perez 和 Wesley）（Brooks et al.，1982）。这种方法的核心思想是将机器人表示为单点。因此，移动机器人路径规划问题的 C 空间被简化为二维问题。当机器人的关注范围缩小到某一点时，每个障碍物都会被机器人放大以进行补偿。使用 C 空间作为基本概念，有许多经典的路径规划方法，如路线图方法、单元分解方法等。在路线图方法中，可以构建连接起始点和目标点的无冲突路径网络。比较常见的路线图方法有可见性图和 Voronoi 图。

可见性图（Lozano - Perez and Wesley）通过连接起点和目标点之间的多边形障碍物的两个顶点来绘制，然后从可见性图获取最短路径。该方法在稀疏环境中是有效的，因为道路的数量取决于多边形障碍物及其边缘的数量（Colm et al.，2015）。

细胞分解方法（Lozano - Perez）计算移动机器人的 C 空间，将得到的空间分解为单元格，然后在自由空间单元图中搜索路径。网格方法是一种流行的细胞分解方法，其中网格用于生成环境地图。其主要困难是如何找到网格的大小，网格越小，环境的表示就越准确。然而，使用较小的网格将导致存储空间和搜索范围呈指数上升。

8.6.1.2 进化方法

虽然经典方法有效，但在确定可行的无碰撞路径时需要更多时间。此外，经典方法倾向于锁定局部最优解，这可能远远低于全局最优解。存在多个障碍物时，移动机器人的路径规划将变得非常困难。当环境是动态的时候，路径规划问题变得更加复杂。这些缺点使得经典方法在复杂环境中无能为力。因此，进化方法采用了遗传算法（GA），粒子群优化（PSO）等。类似地，蚁群优化（ACO）和模拟退火（SA）也被用于快速解决路径规划问题。

GA 是一种基于自然遗传和选择机制的优化工具。使用遗传算法进行路径规划的第一步是随机生成包含替代路径的种群。来自美国国家航空航天局的多齐尔（Dozier G）等人提出了一种混合规划器，它利用基于可见性的修复方法和进化技术。具有二进制串的GA在计算上是昂贵的，因为在每次功能评估之前，染色体被转化为表型。肖静等人提出了一种用于路径规划的进化规划器。该规划器具有相对简单的基因型结构，其可以表示有效路径，但是需要复杂的解码器和适应度函数来获得最佳路径。而且在转换为二进制模式时可能会失去准确性。

此外，杉原昇一（Sugihara）、史密斯（Smith）和戈拉多（Gallardo）等人使用由二进制串组成的固定长度路径。固定长度路径为环境提供快速解决方案几乎没有障碍，但需要数小时才能为复杂环境制订解决方案。为了在复杂环境中达到目标，需要可变长度的染色体。涂建平和杨西蒙提出了可变长度二进制编码GA，其中，基因表示随后的运动方向和距离。这种算法的主要局限在于它们指向一些无效的结果，例如可能根本无法到达目标点的路径。Wu X提出了一种基于遗传的路径规划算法，其中生成包括干扰障碍物的群体（也是无效路径）（Goldberg，2000。之后，有人对这种无效路径序列进行罚函数评估。这增加了计算负荷，导致执行时间更长。

PSO是路径规划中另一种使用非常广泛的进化算法。它是一种进化计算技术，受到鸟类或鱼类的社会行为的启发。与GA相比，PSO的优势在于更容易实现，并且需要调整的参数更少。Qin YQ等人提出了一个使用基于图的方法和PSO找出最短路径的算法。他们使用基于图的方法在静态环境中获得无碰撞路径，然后PSO与变异算子一起到达最短路径。

Zhang QR和Gu GC使用可变路径长度，其取决于多边形障碍物的顶点数量。使用二元PSO和遗传样变异算子来优化路径。纳斯罗勒（Nasrollahy）和贾瓦迪（Javadi）提出了一个基于PSO的动态环境规划器，其生成包含无效路径的群体，然后对它们进行惩罚函数评估。戈德堡等人提出了一个使用多目标PSO和遗传样变异算子的模型。多目标是距离障碍物最短且危险的路径，变异算子用于修复无效路径（Dozier et al.，1997）。

在路径规划中用于较小百分比的其他优化算法是蚁群优化（ACO）和模拟退火（SA）算法。ACO受到蚂蚁觅食行为的启发，寻找最短的食物来源途径。Guan－zheng等人提出了一种基于改进Dijkstra算法和ACO的最优路径规划方法。改进的Dijkstra算法由标准Dijkstra算法和去除不必要的路径节点算法组成，以获得次优路径。ACO用于从次优路径获得全局最优路径。加西亚（Garcia）等人提出了简单的ACO－距离记忆（SACO－dm）算法，用于静态和移动障碍物之间的全局路径规划。在SACO－dm中，最佳路径受到机器人和目标节点之间的当前距离以及记住被访问节点的蚂蚁的存储能力的影响。结果表明，与 SACO 相比这种算法实现了最佳路径，且计算时间更短（Xiao et al.，1997）。

8.6.2 在线路径规划算法

近些年，在线路径规划受到研究人员的更多关注，因为自主移动机器人必须能够在动态环境中运行。路径规划在在线环境中的应用包括行星探测、矿业、侦察机器人等。传统上遵循在线路径规划方法，如势场方法和碰撞锥方法。如今，进化方法越来越多地与经典方法一起使用。

8.6.2.1 经典方法

卡提卜（Khatib）的工作具有开创性，他们提出了人工势场（APF）方法，这种方法在移动机器人技术中很受欢迎。通过这种方法，C 空间中的点机器人在 APF 的影响下移动，其中假设障碍物产生排斥力并且假设目标产生吸引力（Sugihara et al.，1997）。机器人根据这些力的结果进行移动。这种方法以其数学优雅和简单而著称，因为其路径计算得很少。然而，该算法的缺点在于，当取消相等大小的吸引力和排斥力时，机器人可能变得停滞或陷入困境。解决这个问题的一个解决方案是补充有影响力的算法。

路径规划问题也可以通过矢量场直方图方法来解决。该方法在每个瞬间生成极坐标直方图来表示机器人周围障碍物的极性密度。机器人的转向方向基于最小极性密度和与目标的接近度来选择。在给定环境中，必须定期为每个瞬间重新生成极坐标直方图，因此该方法适用于具有稀疏移动障碍的环境。

另一种常用的在线方法是基于碰撞锥概念（Chakravarthy & Ghose）（Tu et al.，2003）如果机器人相对于特定障碍物的相对速度落在碰撞锥体外部，则可以避免机器人的碰撞。菲奥里尼（Fiorini）和希勒（Shiller）提出了一种速度障碍物方法，它与碰撞锥方法相似，包括选择回避机动以避免在速度空间中静止和移动障碍物。他们使用基本的启发式策略来确定目标的优先级，如避免碰撞，实现目标或使用首选拓扑来完成轨迹规划（Hu et al.，2007）。

避免障碍的另一种在线方法是动态窗口方法。动态窗口包含考虑机器人加速能力的可行线性和角速度，其根据车辆动力学优化下一瞬间的速度以避免障碍物。

8.6.2.2 进化方法

虽然经典方法是有效的，但计算时间对于任何在线路径规划算法的成功至关重要。采用经典方法的不足之处在于，由于环境信息不完整，很难在快速计算时间内实现最佳结果高。此外，由于路径规划问题的难度高，经典方法通常与诸如 GA、PSO 等的进化方法相结合以克服它们的缺点。

Vadakkepat 等人提出使用 GA 推导出最佳势场函数的进化 APF（EAPF）算法。当机器人被困时，引入了一个名为 escape－force 的独立算法来从陷阱中恢复（Qin et al.，2005）。Luh 和 Liu 提出潜在野外免疫网络，使用速度障碍方法来识别障碍物即将发生的碰撞。潜在的野外方法与生物学启发的免疫网络相结合，用于避免最迫切的障碍。使用 GA 计算免疫网络的总体响应，提出自适应虚拟目标算法将机器人引导出陷阱。

Min HQ 等人提出采用碰撞锥方法和 PSO 进行在线路径规划的数学模型（Zhang et al.，2008）。为了减少计算负担，他们忽略了运动模型中障碍物速度的瞬时变化。因此，他们的算法适用于具有慢速障碍的稀疏环境。此外，PSO 与二进制编码遗传算子的组合被用作优化工具而不考虑动态约束。然而，最近的研究表明，实际编码的进化算法比二进制编码执行得更好。

Hu C 等人提出了一种基于 PSO 和流函数的算法。源自流体动力学的流函数用于引导自主机器人避开障碍物。然而，他们的模型也没有考虑障碍物速度的瞬时变化。Park 和 Kim 提出一种基于势场方法的 PSO 算法。用粒子的适应度值对势场进行数学建模。PSO 粒子被设计成按照牛顿动力学运动。Lu 和 Gong 提出一种在未知环境中使用 PSO 技术的在线路径规划算法（Nasrollahy et al.,2009）。他们的算法完全基于环境的距离信息，没有任何以接近障碍物速度为特征的数学模型。Hong Z 等人提出一个使用经典 APF 的模型，该模型考虑了由称为量子 PSO 的 PSO 变体获得的速度势场的动态模型。受微观粒子（量子力学）运动性质的启发，量子粒子群通过波函数而不是位置和速度来更新粒子的状态。

Mei H 等人提出一种混合算法，它将 APF 和 ACO 结合起来用于动态环境。ACO 用于规划全局路径，APF 用于引导机器人进行本地路径规划。Lv N 和 Feng Z 提出了数值势场来模拟环境并应用 ACO 来寻找最优路径。Mei H 还讨论了陷阱恢复解决方案。ACO 的主要问题是难以获得快速解决收敛方案，Lee JW 等人通过调整 ACO 的控制参数，使用势场方法提出改进的 ACO 以获得快速解决收敛方案。改进的 ACO 利用改变的信息素（蚂蚁分泌的物质）来更新位置矢量。

8.7 应用案例

排爆机器人是当今反恐、军事领域的重要装备之一，在应对恐怖突发事件时，表现出了安全、稳定、灵敏等优异性能，广泛装备在军队、公安和消防等部门。在爆炸危险环境中，机器人的应用日益广泛，针对不同的状况和任务，往往需要在现场选择组装不同的侦查和操作模块，操作复杂的软硬件组装往往会错过最佳的处理时机，针对此情况，机器人需要对所选择的组装模块具有自动识别能力，同时机器人软件系统对不同的硬件模块组合方式应具有自重构能力，即机器人软件系统能够根据机器人临场硬件模块不同的构成方式自行重构相应的软件系统，使得机器人具备完成不同临场任务的能力。本节将对具有可重构能力的排爆机器人进行软硬件架构的分析研究。

排爆机器人临场可重构特性要求对机器人的硬件组件进行分类模块化设计，每个类别的多个模块应具有统一的硬件组合方式以及相同的物理通信接口。当操作人员根据危险环境以及需要完成的任务情况对排爆机器人进行现场组装后，机器人的相应功能和能力也就发生了改变，这种情况下就要求机器人的软件系统能够根据相应的硬件重构结果来进行新的组织通信，也就是软件自重构。这种软硬件的机制要求每个硬件模块对应一个相应的软件模块，而软硬件模块的重构性，要求模块之间不能存在耦合性，否则重构的实现将变得十分困难。此外，可重构性的另一个要求是模块之间能够进行交互，不同的模块在解耦情况下如何进行交互通信是可重构排爆机器人面临的另一个重大问题，而机器人操作系统 ROS 能够恰当地解决上述问题。

机器人操作系统 ROS（Robot Operating System）是在 Willow Garage 公司支持下与其他 20 多家研究机构联合研发的开源机器人操作系统，它是一种得到广泛应用的机器人操作与控制系统软件框架。该框架使用了面向服务（SOA）的软件技术，通过网络节点协议将节点间的数据通信解耦。ROS 提供了一系列的程序库和工具用于帮助软件开发者开发机器人应用软件。它提供类似操作系统所能提供的功能，包含硬件抽象描述、底层驱动程序管理、公用功能的执行、程序间的消息传递、程序发行包管理等，它也提供一些工具程序和数据库用于获取、建立、编写和运行多机整合程序。

8.7.1 ROS 系统架构

ROS 的核心功能是创建一个连接所有进程的网络，网络中的任何节点都可以访问此网络，通过该网络与其他节点进行交互，获取其他节点的信息，并将自身数据发布到网络上。可重构排爆机器人的软件架构正是以这种机制为基础实现的，节点、主题、服务、消息是 ROS 计算图集中的四个基本概念。

8.7.1.1 节点

节点是主要的计算执行进程，可以和机器人硬件模块对应，也可以和机器人的功能行为对应，如定位、路径规划、地图生成、视觉识别等。每个节点都可以通过主题或者服务方式与其他节点进行通信。利用 ROS 提供的可视化工具，可以实时获取机器人系统的运行状态，便于分析机器人的当前自身状态。

8.7.1.2 主题

节点之间的通信可以通过主题进行组织，主题本质上是 ROS 网络对消息进行路由和管理的数据总线。每个主题都有唯一的“名称”加以索引，节点可以将消息发布到主题上，也可以从主题上订阅消息，这样就保证了消息的发布者和订阅者可以相互通信，而不需要知道彼此的存在。在发布和订阅主题时，节点能够以多对多的方式进行交互。

8.7.1.3 服务

当某个节点需要从另一个节点发出请求或者应答时，可以通过服务实现，服务允许和某个节点直接进行通信。服务的名称必须是唯一的。当服务节点提供服务时，客户节点可以通过客户端编程与提供服务的节点进行通信。

8.7.1.4 消息

消息是节点间通信的数据信息，节点之间通过消息完成通信。传感器的数据、算法的结果都可以定义为消息。ROS 平台目前已经包含了超过 400 种的数据消息，同时也允许用户自定义各种消息。

8.7.2 排爆机器人硬件组成

如图 8－14 所示，临场可重构排爆机器人采用四轮双摆履带底盘结构，四轮的驱动采用左前右后斜对方式布置直流伺服电机（1.1KW），同侧轮通过履带传动保持运动同步，运动方向则采用两个侧轮差速控制。使用直流电机（0.25KW）控制双摆臂的下降与提升，当双摆臂放下后，机器人本体提升，由摆臂轮接替运动，摆臂轮通过履带与主动轮连接获取驱动力。在通常路面情况下行走时，由四个主轮驱动，在需要过沟或者爬楼梯的情况下，机器人摆臂将被放下，驱动机器人行走，机器人实际的行走方式根据现场道路情况进行自重构。电机驱动器自带计数码盘，实现速度反馈。该机器人最大速度可达 4.8Km/h，可爬 38 度楼梯，越障高度为 0.46m，跨沟壑宽度为 0.53 米。

机械臂系统由四自由度机械臂、五自由度机械臂、六自由度机械臂组成，可根据临场应用情况进行适配组装。

机械手系统由张合机械手、旋转机械手、武器机械手组成，可根据临场情况进行适配组装。张合机械手可使用的末端工具包括剪刀、剪线器、尖嘴钳，旋转机械手包括锯片、钻头、开孔器、螺丝披头，武器机械手包括各种

图 8 – 14 排爆机器人

枪支。

传感器系统层次分类组织结构如图 8 – 15 所示，包括排爆传感器（各类气体传感器、火焰传感器、金属探测传感器）、导航传感器类、视觉传感器类、环境传感器类以及其他类别传感器。各种传感器采用统一的硬件接口形式，除视觉传感器采用 USB 接口直接连接到中央控制系统（机载计算机），其他类别的传感器分别连接在对应的 Arduino 嵌入式控制器上。

排爆机器人的硬件控制系统如图 8 – 16 所示，其由远程监控器、机载计算机、嵌入式控制器（Arduino）、各类传感器、驱动器构成。系统除四轮双摆机构及电源模块以外，其他所有模块都可以根据危险现场的情况进行模块化组装。机载计算机采用酷睿 N3510 四核处理器，主频达 2.4GHz，系统配有 8G 内存、128G 固态硬盘、Wifi 网络和五个 USB 接口，可满足对排爆机器人的运算控制性能要求。机载计算机采用有源 USB 扩展器（1to8），可扩展为 40 个 USB 接口，为排爆机器人的临场可重构提供接口硬件基础，满足机器人硬件的可扩展性。嵌入式控制器采用 Arduino 2560，具有 64 个数字 IO 接口，16 个模拟输入接口，用于连接气体类传感器；而 Arduino Pro Micro，具有 20 个数字 IO 接口，12 个模拟输入接口，7 个 PWM 接口，可实现对其他类别的传感器、执行器进行数据采集和控制。Arduino 嵌入式控制器使用 USB 转串口模块和机载计算机连接，完成通信功能。单目、双目摄像机采用 USB 直连方式完成和机载计算机的连接。

采用上述排爆机器人硬件控制方式，操作人员可以根据现场情况以及所要完成的任务对机器人实现两个层次的重构：一是机载计算机通过 USB 转串口模块连接 Arduino 控制器，实现某一类别传感器或者执行器模块的重构；二是对某个 Arduino 控制器选择需要的传感器进行重构。

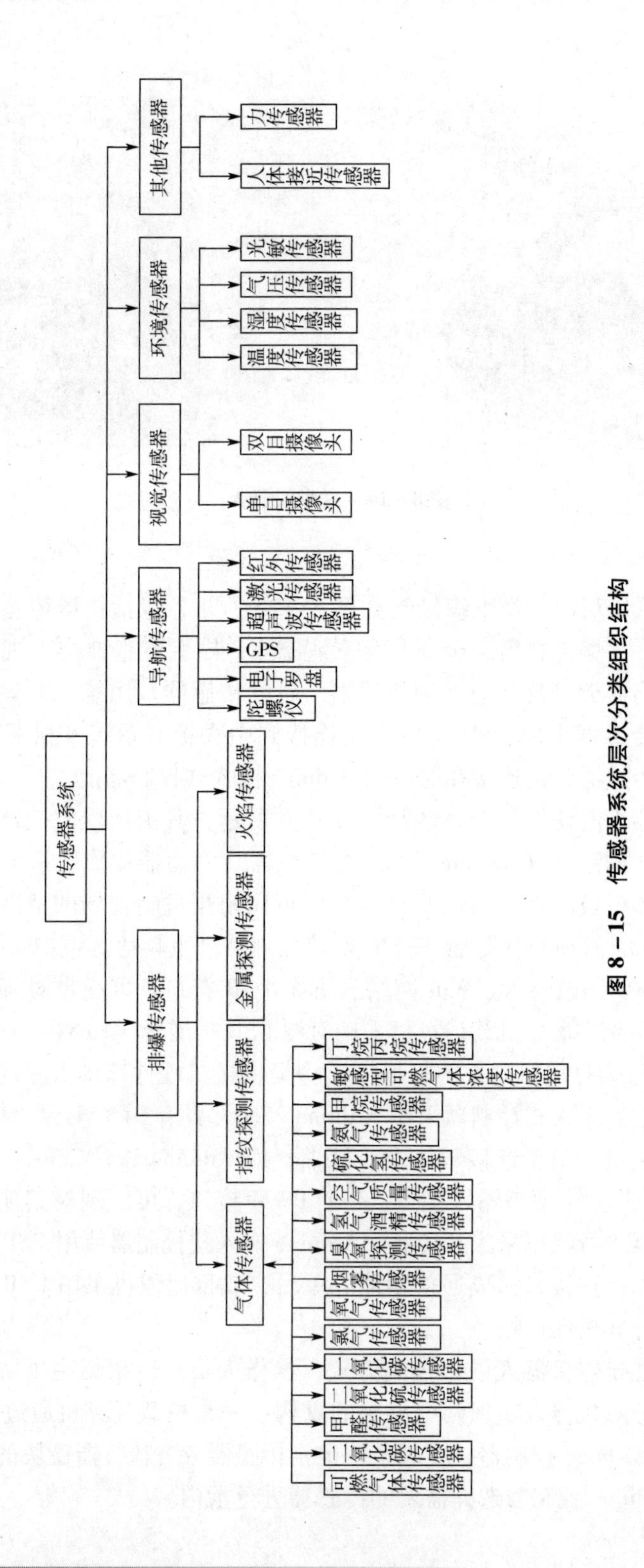

图 8-15　传感器系统层次分类组织结构

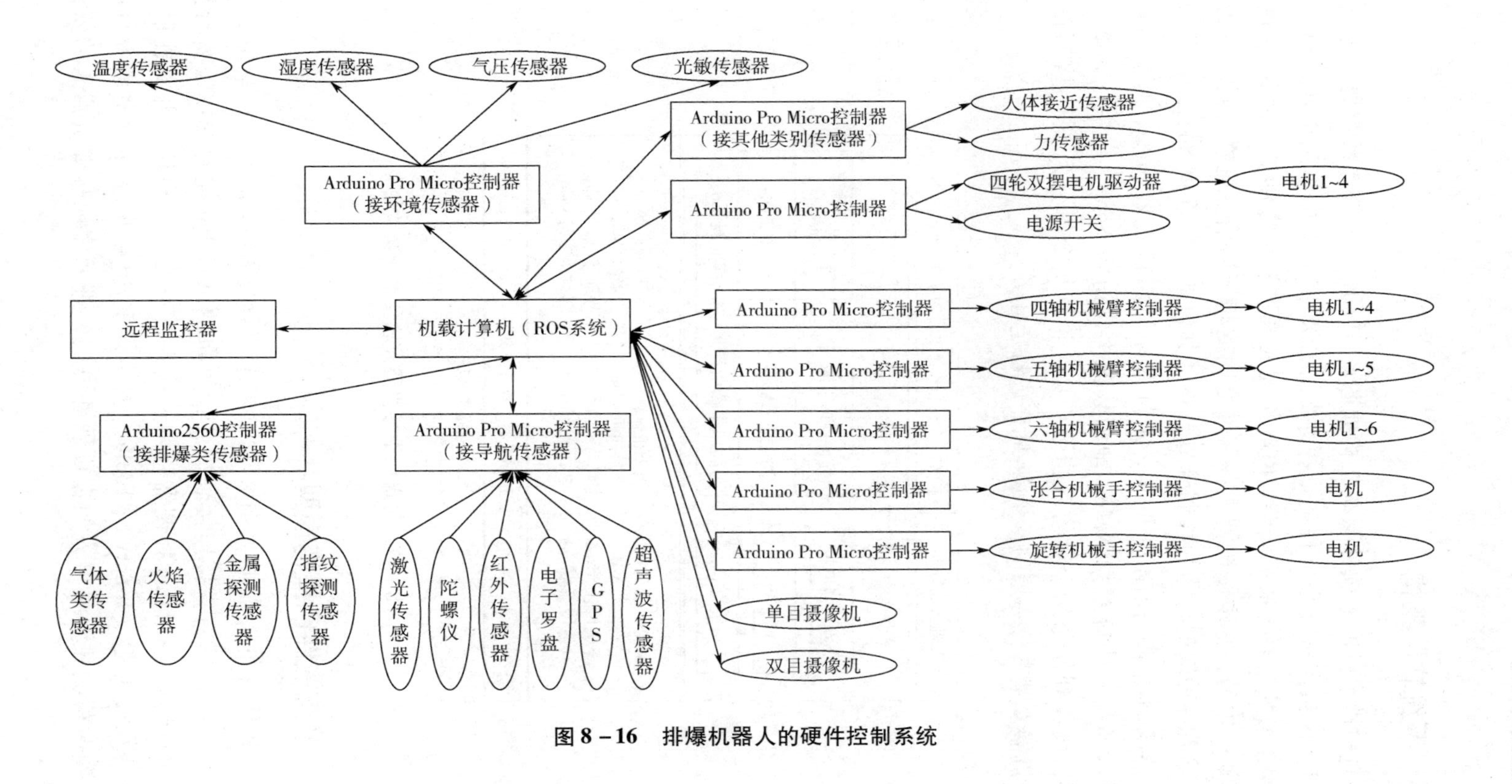

图 8-16　排爆机器人的硬件控制系统

8.7.3 系统软件架构

可重构排爆机器人软件系统架构如图 8 - 17 所示，软件系统划分为五个层次。Linux 操作系统是软件的支撑系统，ROS 机器人操作系统就是建立在 Linux 操作系统之上的系统框架。ROS 机器人操作系统提供了各种 Node 通信的网络访问模型，实现了机器人各部件之间的相互通信。机器人基本行为层包含机器人各种基础行为的控制计算节点，其包括：自重构 Node，各类传感器/执行器基本检测/控制 Node 集、定位 Node、路径规划 Node、导航 Node、视觉识别 Node、轨迹规划 Node、地图数据构建访问 Node。自主行为 Node，在机器人接收到任务指令（宏观指令）后，根据指令拆分为若干基础行为，并组织机器人基本行为层的各个 Node 完成特定任务。

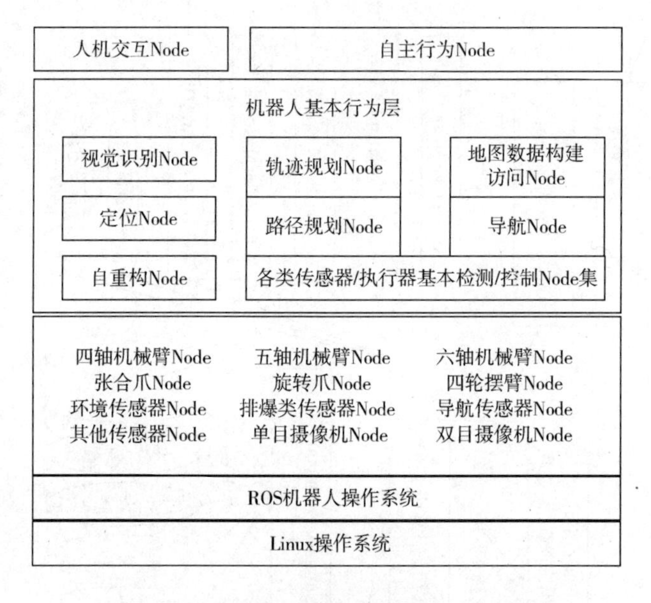

图 8 - 17　可重构排爆机器人软件系统架构

8.7.4 系统软件自重构模型

系统软件自重构模型如图 8 - 18 所示。在系统架构中，围绕 ROS 机器人操作系统，针对直接连接到机载计算机的 Arduino 控制器或设备分别构建 Node 节点。Arduino 控制器检测连接到自身的在役模块，并将在役模块发布到在役主题（InService Topic）上，自重构 Node 从在役主题上订阅消息，实时检测排爆机器人的在役硬件模块，进而完成排爆机器人的软件自重构。

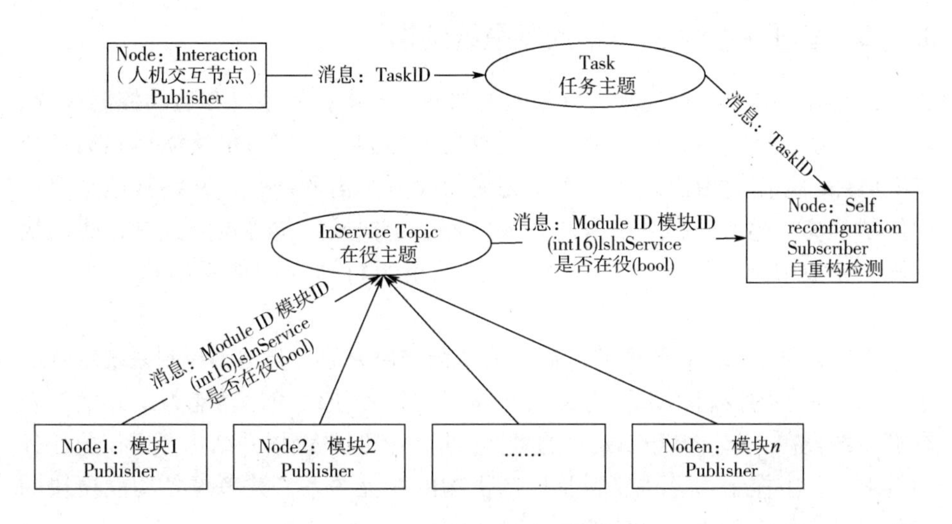

图 8－18　系统软件自重构模型

软件系统为每一个硬件模块构建软件 Node，在硬件重构后，每个软件 Node 发布 Msg_ InService 在役消息到 InService 在役主题，用于表明该硬件模块是否在役；人机交互节点根据用户的输入生成任务标识（TaskID），并以消息形式发送到任务主题（Task Topic）；自重构结点（SelfReconfiguration）从任务主题和在役主题订阅消息，获取在役模块列表和当前任务。由于在役模块对于某个任务可能存在冗余性或者在役模块存在多个组合，形成一个图结构，所以需要对图结构进行搜索，来判断任务是否可达，即是否可完成，如图 8－19 所示。搜索算法可采用广度优先搜索、深度优先搜索或者 A^* 算法实现。

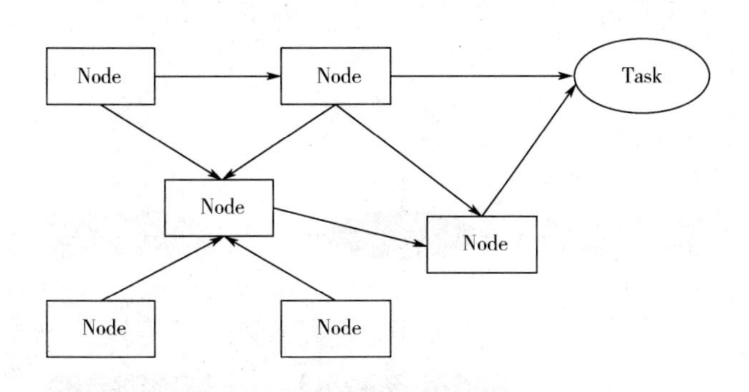

图 8－19　在役节点图结构

8.7.5 基于Agent的运动控制系统结构

机器人的体系结构通常可分为两大部分：自主控制系统和运动控制系统。自主控制系统确立动态决策模型，完成自主控制，处理系统反馈得到的各个离散事件，并据此做出决策，产生完成使命所必需的任务，并将其递交至运动控制系统，运动控制系统由此完成定速、定向及定位等位姿控制，驱动执行机构完成响应。因此，基于Agent技术组织机器人的体系结构是非常合适的。

目前，基于Agent技术的机器人体系结构研究通常与运动控制系统结合起来。一个完善的控制体系结构必须能够兼顾任务使命和运动能力，并使二者有机地结合在一起。基于Agent的机器人运动控制系统体系结构考虑作业任务的需求、自主控制、运动控制及控制机构的相互关系，并考虑各功能模块的划分，以实现信息数据的交互。

基于Agent技术构造机器人运动控制系统体系结构，对于Agent的划分和实现均是从自主控制和运动控制两个方面综合考虑的。自主控制系统根据任务需求定义机器人的若干高级行为，如避障、跟踪和搜索等；运动控制系统根据执行机构的配置和特点，对上述高级行为的共性进行分解，定义若干行为元。自主控制系统负责顶层高级行为的规划和决策，运动控制系统负责底层行动的具体实现，两者协调工作，共同实现机器人的高级作业任务。从数据流的角度来看，整个控制体系中任何子系统之间、子模块之间的相互作用都是一种信息的交互。把自主控制系统和运动控制系统之间的相互联系和作用当作信息交互处理，由黑板系统对数据流进行管理。

运动控制系统体系结构由执行Agent、行动Agent、反射行动Agent和黑板系统构成，如图8-20所示。

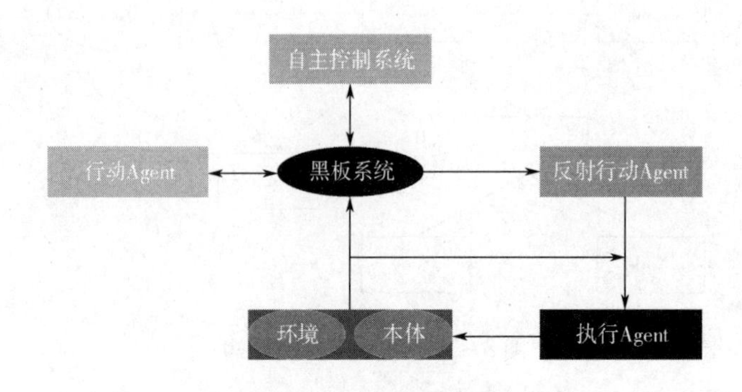

图8-20 运动控制系统结构

首先，黑板系统与系统中的各个 Agent 进行通信，对控制系统的运动信息、环境信息、载体状态信息、人机交互信息和各 Agent 的状态特征信息进行处理和存储，对信息流进行管理。同时，黑板系统通过一定的通讯信制和接口协议对系统中各 Agent 的工作进行协调和同步。

其次，行动 Agent 将机器人的行为分为“前进”“停止”“转向”三个基本行为单位，对应于每个行为单位有一个相应的 Agent 负责实现完成行为所要求的指令输出。

再次，反射行动 Agent 对系统故障和突发事件进行容错及紧急处理，可以说它是运动控制系统的“行为”备份。由于此类事件往往需要系统的快速反应，所以反射行动 Agent 直接与执行 Agent 进行通信，其指令不经过黑板系统中转。

最后，执行 Agent 与黑板系统和反射行动 Agent 组进行通信，它负责处理行动 Agent 和反射行动 Agent 的输出指令，此外还要接收从人机交互接口直接下达的执行器指令。

机器人的 Agent 技术使控制系统的开发更具灵活性和开放性。黑板系统实现了对信息的集散式处理和管理；同时在时空域上对 Agent 群进行同步协调，解决了各个 Agent 与环境交互的异步问题。

本章习题

（1）根据 8.1 所学的机器人硬件知识，试阐述设计一个具有视觉的机器人需要哪些硬件。

（2）机器人具有哪几种感知?

（3）什么是机器人系统软件?什么是机器人应用软件?

（4）从描述操作指令的角度看，机器人编程语言分为哪几类?

（5）轮式机器人和足式机器人的各自特点是什么?分别适用于哪些场合?

（6）移动机器人定位方法如何分类?

（7）图 8 - 21 所示为底盘为三轮型的机器人，包括两个驱动轮和一个导向轮。已知，前面两个轮子分别为左驱动轮和右驱动轮，这两个轮子固定不可转向；后面一个轮子为从动轮，起支撑作用。机器人靠两个驱动轮的差速实现机器人的直线运动、左右转弯和原地零半径转动。求此轮式机器人的运动模型。

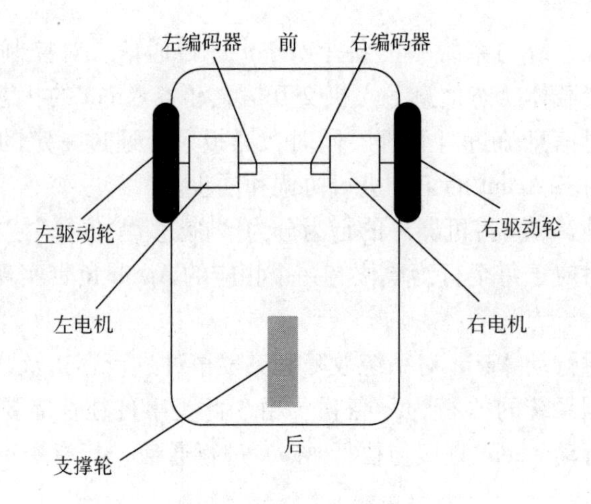

图 8-21　机器人底盘结构

9 人工智能的应用

本章学习目的与要点

人工智能的应用体现了人工智能的价值。本章旨在对人工智能的应用领域和应用实例进行具体阐述。通过本章的学习，要求对人工智能的具体应用领域有较为全面的了解，把握人工智能在具体领域的应用现状，了解人工智能应用的具体场景和适用方法。通过对人工智能具体应用实例的学习和认识，学会人工智能具体应用的条件、方法和步骤以及有效性验证。

9.1 人工智能应用现状

我国人工智能与其他新兴行业比较而言，其发展和突破更加全面。近年来，我国很多产业实现了突破，但优势仅仅表现在某一领域或产业链的某一环节，而人工智能的发展则体现在各个方面。从国家战略看，2016 年国家发改委等部门联合发布《“互联网 +” 人工智能三年行动实施方案》，确定在 2018 年前建立人工智能基础工业标准化的目标；2017 年，国务院印发《新一代人工智能发展规划》，提出六个方面的重点任务和一系列保障措施，规划到 2020 年实现人工智能总体技术和应用与世界先进水平同步，人工智能核心产业规模超过 1 500 亿元，带动相关产业规模超过 1 万亿元，到 2030 年，中国人工智能理论、技术与应用总体达到世界领先水平。

人工智能应用带动产业是指人工智能技术与其他传统产业相结合，在传统产业基础上打造的新一代的智能产业。例如，人工智能与汽车相结合，形成智能驾驶汽车产业；人工智能技术与制造业相结合，形成智能制造产业；人工智能技术与传统的家电家居行业结合，形成智能家居产业等。人工智能应用带动产业更多体现了人工智能的带动性。

从应用产业发展看，近年来我国人工智能产业规模年增速近 40%，到 2016 年年末达到约 100 亿的规模。不仅如此，我国人工智能产业体系初具雏形，北京、上海、深圳、成都等城市人工智能产业聚集已经形成。除了领先的百度、阿里巴巴和腾讯外，中小企业和创业企业大量增长，在不同的人工智能细分应用领域创新产品和服务模式。例如，在机器视觉识别领域已有自主品牌 100 多家，代理商 300 多家，专业机器视觉系统集成商 100 多家。2017 年，中国人工智能整体产业规模超过 4 000 亿元。其中人工智能核心产业规模达到 708.5 亿元，人工智能应用带动产业规模超过 3 200 亿元。预计 2020 年，中国人工智能整体产业规模将超过 1 万亿元，其中人工智能核心产业规模将超1 600亿元，由人工智能应用带动相关产业规模接近 9 000 亿元。

人工智能应用主要包括对人工智能相关技术开发的各种软硬件产品的应用。软件产品包括语音识别、图像识别等软件和云平台。硬件产品包括机器人的智能控制模块、智能无人设备和无人/辅助驾驶汽车的硬件实现方案，属于人工智能核心产业。机器人由工业机器人、特种机器人等构成，是人工智能技术的重要载体之一。工业机器人可以大幅度提高生产效率和产品质量，有着巨大市场需求。特种机器人是除工业机器人之外的、用于非制造业并服务于人类的各种机器人的总称，包括服务机器人、水下机器人、娱乐机器人、军用机器人、农业机器人、机器人化机器等。其中，服务机器人包括扫地机器人和人形机器人等，在家政、陪护、养老等行业拥有巨大应用前景。

人工智能技术通过其软硬件产品在传统产业和社会建设中的应用，成为新一轮产业变革核心驱动力，广泛地应用于制造、农业、物流、金融、商务、家居等重点行业和领域，成为经济发展新引擎。另外，人工智能将在教育、医疗、养老、环境保护、城市运行、司法服务等领域广泛应用，全面提升人民生活品质。其中，智能驾驶处于全球各大车企巨头争相布局阶段，每一次技术进步都吸引着各界的极大关注，百度、谷歌等互联网企业的跨界竞争更加速了智能无人车的商业化进程。另一方面，目前无人机市场已经快速启动，其自动跟踪、智能避障特点彰显了智能化无人机性能上的较大提升。

9.2 人工智能的应用领域

我国是地球上人口最多、移动通信用户最多、手机应用下载和在线用户最多、制造业规模最大的国家，这些因素共同支撑中国成为全球最大的人工智能应用市场，我国近年来人工智能高速发展也是以率先实现商业应用为引领的。从国内外视野来看，对人工智能投入巨大且掌握领先技术的大多数往往是互联网公司。人工智能作为未来的一种通用技术，与企业经营、产品销售、娱乐游戏相结合，能够产生巨大的社会和经济效益，并最终改变我们的生产生活。“人工智能最终也需要嫁接于特定的产品和业态上，从人工智能国际战略可以看出，很多国家在人工智能具体应用上有所侧重，我国需要慎重选择人工智能发展的重点领域和方向，在新一轮的国际分工格局中发挥自己的特色和优势，避免被锁定在低端环节。

中共中央总书记习近平强调，“人工智能是新一轮科技革命和产业变革的重要驱动力量，加快发展新一代人工智能是事关我国能否抓住新一轮科技革命和产业变革机遇的战略问题。要深刻认识加快发展新一代人工智能的重大意义，加强领导，做好规划，明确任务，夯实基础，促进其同经济社会发展深度融合，推动我国新一代人工智能健康发展。”人工智能具有溢出带动性很强的“头雁”效应，在移动互联网、大数据、超级计算、传感网、脑科学等新理论新技术的驱动下，人工智能加速发展，呈现出深度学习、跨界融合、人机协同、群智开放、自主操控等新特征，正在对经济发展、社会进步、国际政治经济格局等方面产生重大而深远的影响。我国经济已由高速增长阶段转向高质量发展阶段，正处在转变发展方式、优化经济结构、转换增长动力的攻关期，迫切需要新一代人工智能等重大创新添薪续力。要围绕建设现代化经济体系，以供给侧结构性改革为主线，把握数字化、网络化、智能化融合发展契机，在质量变革、效率变革、动力变革中发挥人工智能作用，提高全要素生产率。要培育具有重大引领带动作用的人工智能企业和产业，构建数据驱动、人机协同、跨界融合、共创分享的智能经济形态。要发挥人工智能在产业升级、产品开发、服务创新等方面的技术优势，促进人工智能同第一、二、三产业深度融合，以人工智能技术推动各产业变革，在中高端消费、创新引领、绿色低碳、共享经济、现代供应链、人力资本服务等领域培育新增长点、形成新动能。要推动智能化信息基础设施建设，提升传统基础设施智能化水平，形成适应智能经济、智能社会需要的基础设施体系。

需要注意的是，人工智能的发展和大规模应用可能会对人类社会的运行规则和法规制度产生冲击，发达国家已经认识到这个问题并做出积极应对。而国内在这方面开展的相关研究较少，经济学、社会学、哲学、心理学等学者可以从人文与社会科学层面进一步加强对人工智能的研究。

目前，人工智能的主要应用领域包括工业和农业、教育、金融、军事、交通运输、医疗保健、危险安全、家居服务、娱乐、图书馆、人类增强等领域。

9.2.1 工业和农业领域

一般情况下，工业机器人主要用于将人类从繁重且结构化的劳动中解放出来。例如，装配线车间机械手能够程式化地执行装配、放置、处理等任务。经测算，使用机器人往往比使用人工更加划算。卡内基·梅隆大学的项目研究证实，机器人在剥离大型轮船涂料时，能够比人快50倍，并且环境影响更小。另外，自主采矿机器人原型在地下矿井中运送矿石时，能够比人更快、更精确。机器人还可以用于生成高精确度废矿和排污系统的地图。尽管这些机器人系统很多还处于原型阶段，但机器人接管目前由人类完成的大量半机械工作只是一个时间问题。在农业领域，很多劳动如收割、开采或挖土等已经可以由机器人或智能机器替代。例如，德国已经可以使用智能机器采摘葡萄。如今，农业机器人已经能完成播种、种植、耕作、采摘、收割、除草、分选以及包装等工作，物料管理、播种和森林管理、土壤管理、牧业管理和动物管理等工作机器人也能实现。可以说，农用机器人已成为农民种养殖最好的帮手。例如，采用人工智能深度学习算法，生物学家戴维·休斯和作物流行病学家马塞尔·萨拉斯将关于植物叶子的5万多张照片导入计算机，并将相应的深度学习算法应用于他们开发的手机应用 Plant Village，在明亮的光线条件及合乎标准的背景下拍摄出植物的照片，手机应用 Plant Village 就会将照片与数据库的照片进行对比，可以检测出14种作物的26种疾病，其识别作物疾病的准确率高达99.35%。同时也要看到，人工智能在农业领域所面临的挑战比其他任何行业都要大。现阶段看到的一些人工智能成功应用的例子大都是在特定地理环境中或特定种植养殖模式下。当外界环境变换后，如何挑战算法和模型是这些人工智能公司面临的挑战，这需要行业间以及农学家之间更多的协作。

9.2.2 教育领域

人工智能在教育领域的应用，尽管不能改变教育过程的实质，但可以改变教育过程原有的组织序列，影响教育者解决教育教学问题的思路，从而引发教学模式的变革和教学及学习效果的提升。

目前，专家系统在教育领域中的应用最为广泛。专家系统是目前人工智能中最活跃、最有成效的一个研究领域，它是一种具有特定领域内大量专门知识与经验从而能够解决该领域中复杂问题的程序系统。专家系统与教育相结合的主要形式就是智能教学系统（Intelligent Tutoring System，ITS）。除此之外，人工智能在教育中的应用还包括智能代理技术（Intelligent Agent）、智能化考试系统（Intelligent Examination System）、虚拟现实技术（Virtual Reality）等方面。

智能教学系统是指通过利用互联网计算机人工模拟技术，将优秀的教育教学专家的教学资源和教研成果（专家系统）经科学分析、智能判断和整合，形成可以提供即时、有效、全面且有针对性教学的系统。该系统涉及人工智能、计算机科学、认知科学、教育学、心理学和行为科学等多种科学领域，具有综合性和适应性。它的主要作用是借助人工智能技术，让计算机扮演教师的角色，实施个性化教学，向不同需求、不同特征的学习者传授知识并提供指导。智能教学系统由专家模块（知识库）、学生模块、教学模块和智能接口4部分构成。运用智能教学系统，可以实现发现式学习、探究式学习和协作式学习等多种教与学的方式，提高教师的教学效率，也有助于学生个性化学习及探究、创新能力的培养。

智能代理技术又称智能体，它是一种包括知识域库、数据库、解释推理器以及各个Agent之间通信的软件实体，具有高度智能性和自主学习性。它能够基于知识库的训练，通过感知、学习、推理以及行动模仿人类的行为。同时，它可以根据用户的自定义准则，主动地通过智能化代理服务器为用户搜集需要的信息，然后利用代理通信协议把加工过的信息按时推送给用户，并能推测出用户的意图，自主制订、调整和执行工作计划。智能代理技术包含许多如答疑、作业发布、考试、交互等子系统，这些子系统各自都有用来存储信息的数据库。通过智能技术，这些子系统的数据库可以相互链接，实现信息资源的共享。智能技术通过分析这些信息，可以发现学习者的兴趣爱好、交互日志等个性化特征，并根据这些特征“量身定做”，制订出适合学习者的学习方案，有助于教师及时掌握学习者学习过程中的动态信息。智能代理技术包括教学策略代理群、教学管理代理群、教学代理群、教师代理群、学生代理群、学生模型数据库及数据库接口、教师模型数据库及数据库接口、教学评价代理群等八个代理模块。这些代理模块能有效解决教育教学中存在的一些欠缺和问题，在教与学的过程中均能发挥强大的作用。智能代理具有个性化和智能化特征，它可以以教学者、管理者、学习者、监控者、评价者、引导者、导航者和协助者等身份出现，协助学习者完成学习。智能代理技术在教育教学中的应用，在一定意义上为教育教学提供了质量保障和技术支持。

智能化考试系统是作为计算机辅助教学的重要应用，是一种运用人工智能技术来提高教学自动测评效率和效果的在线智能考试软件。智能组卷是智能化考试系统的重要特色，它将专家系统引入试题组卷，用符号表示知识，把问题概念表示成符号集合，通过进行符号操作，判定学生应答的正确程度，并给予适当反馈；同时，智能化考试系统可以进行计算机自适应测试（CAT），即在具有一定规模的精选试题组成的题库支持下，按照一定的规则并根据被试者的反应选取试题，直到满足停止条件为止；此外，智能化考试系统还能进行基于因特网的远程考试与评价及主观题、技能性非客观题的自动化测评等。智能化考试系统主要通过学生模块、教师模块及管理员模块实现其智能组卷、题库管理、在线考试、网上练习、阅卷、成绩查询及统计分析等一体化功能。

智能化考试系统为教育教学的实施提供了有效的教学检验手段，实现了智能考试与阅卷，扩大了语义相似度的应用范围，降低了教育的成本，减轻了教师阅卷的负担，方便学生快速掌握自己的学习情况，提高了教学和学习效率，对促进教育社会化和现代化有着十分重要的现实意义。

虚拟现实技术是由多媒体技术与仿真技术相结合而生成的技术，可以令人感到身处可交互式的人工虚拟世界。它综合了计算机图形学、图像处理与模式识别、智能技术、传感技术、语音处理与音响技术、网络技术等多门科学，将计算机处理的数字化信息转变为人所能感受的具有各种表现形式的多维信息。虚拟现实技术在教学中的运用，可以为学生营造一种自主学习的交互环境，从而实现了对知识的主动建构。虚拟技术在教学上的应用模式有三种：一是虚拟课堂，即以学生或教师为虚拟对象的所谓“虚拟大学”；二是虚拟实验室，其以设备为虚拟对象，即应用计算机建立能客观反映现实世界规律的虚拟仪器用于虚拟实验，可以部分地替代在现实世界难以进行的实验，学生和教师可在计算机上进行虚拟实验和虚拟预测分析；三是虚拟校园，其运用虚拟现实技术展现一个教学、教务、校园生活的三维可视化的完整的虚拟校园体系，能让人感受到全方位的教学以及校园文化。虚拟现实技术以真实、互动、情节化的特点体现了其独特的魅力，它使学生形成一种通过自身与信息环境的交互来获得知识和技能的新型学习方式。虚拟现实技术运用于教育领域是教育技术发展的一个飞跃，它对于教学质量和教育效果的提高起到了重要的促进作用。

人工智能运用于教育领域，它改变了现代教育的形式和效果，加速了教育现代化进程。可以预见，未来人工智能技术在教育领域的应用研究将不断深入，国内外人工智能专家和教育专家都将更加关注人工智能技术在教育领域的应用和推广。尽管我国教育实现“智能化”的目标还任重道远，但可以看到，教育环境和教育技术手段的智能化正成为一种趋势。

9.2.3 金融领域

多年来，我国银行业一直高度关注互联网技术发展，密切跟踪金融技术的变化趋势，不断研究并将其应用于合适的业务场景，大胆推动人工智能技术的试点运用。面对金融技术发展的智能化趋势，我国商业银行以人工智能技术和大数据应用作为突破口，进一步加大了对区块链、人脸识别、物联网以及 VR 等技术的研究力度。在持续提升研发能力的同时，注重其在银行业的实际应用效能。人工智能技术不仅应用于银行业的获客和营销等前端业务，也影响并驱动着传统金融后台的管理变革。在监管、模式、系统等方面，人工智能技术都在重塑传统金融服务。

生物识别技术在商业银行领域的应用，主要借助于计算机以及生物传感器，运用生物识别技术，可以增强支付验证工作以及监控工作的安全性。其在金融领域的应用，一般体现在人脸识别、虹膜识别以及指纹识别中。这三种识别主要是提取验证人员相关部位图像，之后再与数据库中的图像模式实施对比分析，实现验证效果。借助 ATM 或者是网点摄像头，可对客户实施分类识别，及时发现优质客户，做好精准营销工作。虹膜识别实质上是对人眼虹膜进行识别，具有复杂度高以及安全性强的特征，可以用在金融领域安全控制与身份验证中，尤其是应用于金库以及数据中心。指纹识别需要借助指纹提取，然后在与数据库指纹进行对比的基础上开展工作，大多数用在手机银行以及支付宝指纹验证上。如汇丰银行的生物识别技术可以通过语音和人脸识别技术验证消费者身份。

智能客服技术可以通过应用语音识别以及语义分析技术，对银行客户来话进行针对性的模糊识别或者语义解析，从而智能化判断相关需求并提供快速直达的银行服务，构建自动问答机器人，积极开展远程客户服务，实施业务咨询以及办理工作，起到减轻工作人员工作压力以及降低运营成本等作用。这种互动自助服务体验，既能够帮助银行开展客户行为关联性分析并参照结果有效推荐，也能够按照各渠道的客户行为或者账户行为，分析出存在的潜在风险并及时进行处理。智能客户服务主要面向客户营销，已经广泛应用于金融前台，为客户提供个人识别、信用评价和虚拟助理等金融服务。与此同时，银行网点可以运用交互型机器人完成大堂经理工作，强化客户语音交流以及业务咨询管理，提升银行服务工作的科技感，从根本上提升客户体验。智能客户服务将大量的客户数据引入聊天程序之中，通过自然语言与客户进行面对面的交流和互动，成为客户金融咨询交易的好帮手。例如，富国银行的聊天机器人项目 Facebook Messenger 可以帮助客户重置交易密码。美国银行的智能虚拟助手埃莉卡可以帮助客户查询信用评分、分析消费习惯、提供还款建议和理财指导。苏格兰皇家银行的虚拟对话机器人可以帮助客户分析和获取最适合的房屋贷款。

智能投资顾问一般是指从理财客户基本指标（如年龄以及经济实力等）出发，借助机器学习算法或者是资产组合优化构建数据模型，然后在网络平台以上为客户提供优质化理财服务。实质上，该项智能服务与电商个性产品服务具有相似之处，这种投资顾问可信度更强，具有非常高的客观性，容易使客户信赖。未来机器学习和算法模型的引入，将使其投资决策支持系统更为优化，通过提供智能化分析以及多元化的投资建议，达到分析结果驱动银行产品创新的目的。此外，在历史数据日益增大与算法模型更加完善的新形势下，智能投资顾问会逐渐向着个性化方向发展。在开展智能营销时，结合客户画像以及地理位置、时间等相关因素，对客户和产品进行自动匹配，形成最适合客户的产品推荐，实现智能化的精准营销，并参照客户响应情况，进一步更新客户画像，从而提高营销活动的成功率。智能投资顾问主要面向资本运营，是基于算法的在线投资顾问和客户资产管理服务，实际应用一般分三大类：一是应用于销售前端的大类资产配置顾问。比如，美国的智能投资顾问标杆 Wealthfront 以低门槛、低费率、全智能的优势，仅用 5 年时间，资产规模就达到 70 亿美元，并且还继续保持加速增长态势；二是应用于投资分析阶段的投研顾问。比如，美国智能投研先行者 Kensho 公司利用大数据和机器学习，将数据、信息、决策进行智能整合，并实现数据之间的智能化关联，从而提高投资者工作效率和投资能力；三是应用于战略、交易和分析的智能量化交易。Equ Bot LLC、ETF Managers Group 共同推出了全球第一款应用人工智能系统、深度学习的 ETF，自 2017 年 10 月 18 日启动以来，这支选股“阿尔法狗”管理的基金提供了 0.83% 的报酬率，而同期标准普尔 500 指数仅上涨 0.48%，纳斯达克综合指数涨幅为 -0.42%。

智能金融监管是人工智能应用于金融领域的一个重要方面，主要面向金融交易，及时识别金融异常交易和风险主体，预测和检验市场的流动性、国内生产总值（GDP）、失业率、房价等可能影响金融稳定的社会因素，帮助金融监管部门建立金融大数据，防范系统性风险，促进金融市场健康发展。例如，澳大利亚证券投资委员会、新加坡金融管理局和美国证券交易委员会通过人工智能从证据文件中识别利益相关者，分析交易轨迹、行为特征等相关信息，从而及时识别可疑交易，更加快速准确地打击犯罪活动。

机器学习在互联网金融理财方面的应用，主要体现在其复杂数据处理能力和分析判断能力可以更好地进行运算、分析和处理，以及提供最佳理财方案。互联网金融面对的都是纯数据领域，机器学习的数据分析可以提供投资方案、投资风险管控，为在线理财客服提供参考，为资产管理服务提供依据。另外，神经网络可以应用在互联网金融风险预警中。神经网络是模仿动物神经网络行为的一种算法科学，具有优异的自学习能力和联想能力等。与基于逻辑分析的传统人工智能不同，其大量的参数与复杂的模型克服了基于逻辑符号的人工智能的局限。神经网络可以帮助互联网金融企业进行身份分析、认知计算、异常交易、舆情分析、风险评估，对客户风险、投资风险、安全风险、系统风险进行预判，从而采取更准确及时的行动。与人工决策相比，它的工作效率更高，稳定性更强，不会受外界以及个人情感偏好的影响，可以为我们提供决策参考。

美国银行业人工智能应用的经验可以借鉴，美国银行业已在多个业务领域试点并成功推广人工智能技术的应用，并已从中受益，人工智能的推广与应用对美国银行业的经营管理产生了广泛和深远的影响。下面给出几家银行的应用实例。

摩根大通在 2015 年开发出一款采用机器学习相关技术的预测性推荐信息系统——新机遇引擎（Emerging Opportunities Engine），用于辨别应该发行或出售股票的客户。2016 年，摩根大通专门设立人工智能技术中心，主要研究大数据、投资顾问机器人以及云基础设施，借此发现新的收入来源，从而降低费用和风险。目前摩根大通已开发出一款名为 X - Connect 的程序，通过检索 email 帮助业务人员找到与潜在客户具有密切关系的同事，从而提高业务机会。摩根大通已投入 95 亿美元与相关金融技术企业进行合作，研发人工智能技术，提升当前数字以及移动金融服务质量，并将于不久的未来向机构客户提供相关云支持技术，使得企业客户能够自助获取财报、研报或者金融产品这些常规信息和服务，从而解放销售和客服部门的人力资源，并在未来的资产管理和小微金融业务中构建能够实现智能化交易的平台。

富国银行研发智能投资顾问和智能客服技术来提升金融服务便利性，推出一款基于 Facebook Messenger 移动平台的聊天机器人，借助人工智能技术，在聊天机器人中设置虚拟助手，为客户提供个人账户信息以及重置密码等服务。该银行还计划推出 Intuitive Investor 智能投顾服务平台，服务于该行 2000 年后出生的存量客户群。该平台使得银行客户既可享受到人工智能技术带来的便利性，也能获得富国银行强大和全面的线下人工专业理财顾问服务，力图将智能投顾平台与内部复杂的 IT 系统实现融合对接。该银行还成立了一家研究人工智能前沿技术的子公司，大力开发人工智能技术和应用推广，力求通过在线功能为客户提供更具个性化的金融服务，提升客户服务体验。

美国银行应用人工智能技术结合理财业务，提升用户体验。其智能理财虚拟助手 Erica 通过实时分析与认知消息，为超过 4 500 多万用户提供个人理财指导。Erica 旨在成为其客户可信任的理财咨询师，不仅可以与客户通过语音和文字进行交流互动，还能分析检测客户消费习惯，如果发现客户消费过度，就会向客户提前发出警告，提醒客户并提供改善客户信用评级或省钱的理财建议。同时，Erica 可 24 小时在线为客户处理交易转账，并在客户遇到操作问题时提供咨询和帮助。

花旗银行引入大数据分析加强反欺诈能力，积极构建全球性科技金融公司网络，并在全球建立六个创新实验室。此外，在创业投资组合中，尤其关注电子商务以及网络安全领域。花旗银行通过花旗风险投资对全球知名的数据科学企业 Feedzai 进行战略投资，引入大数据分析，以持续快速对各种渠道海量数据的评估分析，及时确定欺诈或可疑行为，然后迅速提醒客户。花旗银行因此提高了查找、防范商业欺诈的能力和效率，其中包括在线和理财业务。这项服务还可帮助第三方支付提供商以及零售商监控和保护与自身业务相关的金融消费行为。

纽约梅隆银行应用人工智能提升业务处理效率。该银行采用机器人相关程序，尤其是利用具有人工智能技术特征的机器人处理程序提高运作效率，消减成本。例如，通过网页机器人以及互联网机器人程序提升业务处理的自动化水平，通过资金转移机器人程序及时纠正美元资金转移业务中出现的格式和数据错误。这些机器人程序比人工处理更快速准确，从而缩短了资金流动时间。纽约梅隆银行实施人工智能战略，意在让机器人代替人完成所有烦琐、单一的工作，从而使员工更加专注于高价值的业务以及客户，同时为客户提供更满意的服务，在降低服务成本的同时进一步提升用户体验。

从上述五家美国大型银行人工智能应用状况可以看出，银行规模越大，其人工智能应用往往更为强健。获取机器学习以及人工智能领域人才十分困难，诸如 Facebook、谷歌等以创新闻名的 IT 业界巨头，由于人均利润比其他企业高很多，所以能给顶尖科技人才更好的薪资待遇，但在银行业即便如摩根大通这样的大型商业银行，在未来十年的高端人才争夺战中也很难与高科技巨头抗衡。此外，聊天机器人或者对话界面正成为人工智能应用的趋势，不久的将来，聊天机器人将成为对消费者影响最大的技术创新。不过，大型银行制定人工智能应用战略的目的更多地是为增强现实，而非替代人工服务，未来最有可能实现的是将替代战略与增强战略相结合。

人工智能在我国银行领域要想充分发挥作用，首先要重视对人工智能应用的规划，构建集中统一的智慧中枢系统，为业务人员开展各类金融业务提供智能化的方案或决策。从人工智能相关技术来说，打造银行智慧大脑是应对金融领域人工智能时代要求的最佳路径，即以金融大数据平台为基础，进一步打造训练样本集，以打造智能分析平台为契机，丰富各类感知以及认知技术工具、算法模型和专家模型的研究储备，结合接触点、金融产品开发和内部流程改造等的创新应用，构建统一、完整的金融智慧服务体系，推动精准营销、风险管理、产品设计以及智能决策等领域的创新。其次，要推进人工智能与银行业务融合。人工智能在银行业中的应用可以是全方位的，可以为银行提供更为精确的个人和企业客户画像，可以融合银行产品和服务，为客户提供更专业的服务和体验感受，可以改善预测并提高业务运营效率。

近年来，我国金融业也积极与国际接轨，逐步探索应用人工智能技术。例如，阿里巴巴公司旗下的蚂蚁金服和阿里云尝试运用人工智能技术服务金融机构。阿里云发布了 ET 金融大脑，帮助合作伙伴在风险控制、营销和客服方面提高效率。腾讯优图实验室是腾讯公司内部的人工智能团队，专注于在图像处理、模式识别、机器学习、数据挖掘等领域开展技术研发和业务落地。百度公司依靠以大数据和人工智能为基础的风险控制体系，加上图像识别等人工智能技术，实现了教育信贷业务的“秒批”。商业银行人工智能可以应用于线上机器人模式，如浦发银行人工智能理财顾问“财智机器人”，利用大数据分析、人工智能、移动互联等金融技术，根据客户的风险承受能力，对银行理财、基金、贵金属等多种产品进行组合推荐和交易，为客户提供人性化、智能化的专业咨询服务。商业银行人工智能也可以应用于实体机器人模式，如交通银行智能客服实体机器人“娇娇”，能够基于智能语音、智能图像、智能语义、生物特征识别等全方位人工智能技术进行人机交流，分担部分大堂经理工作，如引导客户、介绍各种银行业务等。目前，“娇娇”已成功在上海、江苏等近 30 个省市的营业网点正式“上岗”。智能技术的运用，使银行客服的服务变得更简单、高效。

一般来说，人工智能技术主要由认知、预测、决策技术及集成解决方案组成，其中数据、算法模型、计算能力三个要素尤为关键，也是我国商业银行推广人工智能应用面临的主要挑战。其主要原因在于：一是数据和算法模型高端人才比较短缺；二是大数据资源准备时间长、应用成本高。目前我国银行人工智能应用尚处于初期，有限的小样本学习使得过度拟合情况较为严重，充分的大数据资源是提升分析精度和准度的前提，也成为我国银行人工智能应用深入发展的主要制约因素之一。大数据的收集、处理以及管理等耗费的时间长、应用成本高，同时一些银行对人工智能技术了解不够，导致部分银行对人工智能应用前景信心不足，这是当前我国银行人工智能应用及金融大数据产业普遍面临发展困境的主要原因所在；三是数据供应市场发展滞后，导致人工智能无法得到完整的不同维度的相关数据信息，如社会信用、社交网络、消费偏好、理财偏好等；四是存在人工智能应用风险，难以有效防范人工智能的终端产品包括多类技术和部件，而且深度学习的训练数据以及学习过程存在一定程度的不可预见性，可能引起账户差错甚至引发金融市场波动。潜在的不可预见性以及可能产生的声誉风险，阻碍了相关人工智能产品在商业银行的进一步应用和推广；五是人工智能专用设备成本较高，深度学习更加复杂的算法需更高的数据运算速度，这是发展银行人工智能技术的关键。由于满足大规模高速并行运算要求的 GPU（Graphics Processing Unit，图形处理器）、FPGA（Field - Programmable Gate Array，现场可编程阵列）等相关专用设备以及模式识别和数据采集所需的各类电子传感器的耗能水平和价格成本均较高，决定了人工智能相关技术解决方案在我国银行业短期内仍难以大规模应用和商业化。

9.2.4 军事领域

人工智能在军事领域的应用主要表现在武器装备智能化和无人机自主路径规划以及智能化作战干预等方面。

在信息化军事装备改革的过程中，最重要的成果便是对技术的敏感性进行了强化，对人与武器之间的关系进行了更加科学的协同论证，并充分认识到了技术对于提高装备水平的重要性。军队武器装备是人工智能技术最为全面的体现，通过研究国内外人工智能技术在军事领域的应用，可以加强智能化武器的研发进度。以陆战坦克为例，随着国际形势的变化，以及武器装备的更新换代，依靠陆军的近距离搏杀已经成为历史，远距离精确打击成为当前战争的主题。为此，在坦克研制问题上结合人工智能这一核心技术，利用红外感知、图像识别等人工智能技术，可以大幅提高新型陆战坦克的目标搜索、锁定、跟踪能力。在俄罗斯举办的坦克大赛中，凭借士兵高超的技术以及现代化的人工智能装备，我国坦克连续多年取得了优异成绩，令世界各国瞩目。当前，随着人工智能技术研究不断深入，还可压缩指挥官在观察、判断、决策、行动等方面的时间，通过多方联合作战指挥实现对目标的控制，从而获取战争的控制权。

在无人机自主路径规划的军事智能化方面，智能军事指挥是系统作战体系的中枢神经，也是取得胜利的关键部分，更是人工智能在军事领域应用的代表。它能够消除人性弱点带来的困扰，提高指挥决策的正确性。大量无人机装备将人从战争中解放出来，现代无人机利用数据综合处理设备融合智能操控计算机相关数据，能够自主规划任务路径，其中包括在执行任务过程中自动调整自身高度、速度、入侵角度等各种参数。这大大减轻了操作人员的负担，有效提高了任务执行效率。

在智能化作战干预方面，人工智能技术可以有效解决个人决策失误可能带来严重后果的问题。在指挥过程中，相关人员将所有战场数据与指挥命令输入计算机，计算机智能识别软件将对各种参数进行模拟推演，并及时告知指挥官相关决策的正确性，同时对一些错误决策直接干预，禁止某些错误指令的下达，从而避免战场态势恶化。

人工智能在军事上的应用还表现在后勤规划（logistics planning）上。在1991年的波斯湾危机中，美军配备了一个动态分析和重规划工具DART，用于自动的后勤规划和运输调度。这项工作涉及的车辆、货物和人的总数达到5万且必须考虑起点、目的地、路径，并解决所有参数之间的冲突。AI规划技术使得一个规划可以在几小时内产生，而用旧方法将需要花费几个星期。DARPA（美国国防高级研究项目局）称此单项应用就足以回报DARPA在AI方面30年的投资。

机器人技术（Robotics）也被军事领域应用，如已经售出了超过200万个家庭使用的Roomba机器人真空吸尘器的iRobot公司，将更多的适合崎岖地面的PackBot机器人部署到伊拉克和阿富汗，用于运送危险物资、清除炸弹、识别狙击手的位置。

人工智能在军事中的应用，改变了以往的作战方式和策略，成为掌握战场主动权的重要"武器"。

9.2.5 交通领域

近年来，随着机动车数量快速增长，交通拥挤、交通管理、事故救援等问题已成为城市发展中的重要难题。智慧交通成为智慧城市的重要构成部分，交通智能化成为重点突破的对象。

9.2.5.1 自动驾驶汽车

现在许多人开车时会接打电话，有的甚至要写文件。据统计每年都有超过一百万的人死于车祸。自动驾驶汽车或机器人汽车则提供了新的解决思路和方案，它们有希望让驾驶变得更安全，把人类从汽车驾驶中解放出来。

自动驾驶汽车又称无人驾驶汽车，它是一种通过计算机系统来实现无人驾驶的智能汽车。自动驾驶汽车主要依靠智能路径规划技术、计算机视觉以及全球定位系统等技术的协同合作，使计算机可以在没有人类操作下，自主安全地驾驶机动车辆。自动驾驶车辆可以分为两类：半自动驾驶和完全自动驾驶。半自动驾驶汽车需要人来进行操控，但同时具备一些自动功能，如自动停车、紧急制动和车道保持等。完全自动驾驶汽车可以完全自主地完成各类自动功能而不需要人类的操作，它可以在一定程度上避免人为错误和不明智的判断。近年来，随着人工智能技术的高速发展，自动驾驶汽车呈现出接近实用化的趋势。谷歌公司以及百度公司均在无人驾驶汽车领域处于领先水平。

无人驾驶汽车的发展水平，在美国国防高级研究计划局（DARPA）组织的“大挑战”机器无人车大赛中，不断表现出来。无人车竞赛每年举办一次，如果哪个参赛组的机器人车辆能够最先走完长达175英里（约282千米）的崎岖道路，并且所花的时间不超过10小时，那它将获得DARPA提供的200万美元奖金。参赛的机器人车辆必须自主决定如何避开路途上自然的和人为设置的障碍，而这些障碍直到比赛开始前才会公布。“大挑战”竞赛的目的是推动可军用的自主式地面车辆的技术创新。2005年，斯坦福大学的STANLEY小车7小时内完成了这项任务，获得200万美元奖金和美国自然历史博物馆中的一个席位。STANLEY在大众汽车途锐的外部装备了相机、雷达、激光测距仪来感应环境，并装有车载软件来指挥导航、制动和加速。卡内基梅隆大学的Boss无人车则在2007年赢得了DARPA城市挑战杯。Boss安全驾驶通过附近有空军基地的街道，遵守交通规则，并会避让行人和其他车辆。

无人驾驶技术的应用领域广泛，如巴士、出租车、快递车辆以及工业车辆等。此外，无人驾驶汽车技术还可以解决老年人和残疾人出行困难的问题。无人驾驶汽车不仅能够减少道路交通拥堵，而且其行驶模式也更加节能高效，能够减少及对空气的污染。此外，无人驾驶汽车具有紧急制动和自主避障的功能，可以在一定程度上排除人为错误和不明智的判断，从而可以极大地降低道路交通事故发生的隐患。

9.2.5.2 智能交通机器人

智能交通机器人是指运用于道路路口交通指挥的智能机器人，它运用人工智能技术来实时监控交通路口的交通状况，获取路口的交通信息，然后根据算法与辅助决策来进行道路交通指挥。它可以与路口交通信号灯系统实施对接联网匹配，通过对周围交通情况的分析来控制信号灯。机器人可以通过手臂指挥、灯光提示、语音警示、安全宣传等功能，有效提醒行人遵守交通法规，增强行人交通安全意识，降低交通警察的工作量。此外，机器人可以通过图像识别技术来监测行人、非机动车交通违法行为，并让行人和机动车及时意识到自己的交通违法行为，增强其交通安全意识。

智能交通监控系统是通过智能计算机，以互联网为媒介链接道路上的摄像头，并通过图像检测和图像识别技术来分析各区域内道路交通情况，使得交通管理人员能够直接掌握道路车流量、道路堵塞以及道路交通信号灯等状况，并对信号灯配时进行智能化的调整，或者通过其他方式来疏导交通，从而实现智能化的交通管理与调节，最终达到缓解交通堵塞的目的。此外，智能交通监控系统还应用于停车场、高速路口收费站、路口车辆抓拍等较为简单的监控设施。随着人工智能技术的完善，智能监控系统可以更好地配合交通管理，最终达到智慧交通的效果。

智能出行是当下的民生话题，如何最舒适、最便利、最高效地达到出行目的是每个人的期望。近年来，随着移动地图数据实时性与精确性的大大提高，智能化的地图也逐渐走进了人们的视野，给人们的出行体验带来翻天覆地的变化。例如，各类地图服务产品提供智能路线规划、智能导航（驾车、步行、骑行）、出行信息提示以及实时路况显示等服务，极大地方便了人们的出行。此外，一些地图服务平台也开始积极地向公共服务领域渗透，与城市的交通部门和公共交通运营商合作来获取公共交通数据（道路车流量、实时公交等），通过大数据分析在地图上显示道路交通状况，给用户提供更加完善的道路信息，并提供更加合理的出行决策。同时也可以为城市公共交通运力的投放提供技术支持，从而帮助缓解城市的交通压力。智能出行已是大势所趋，随着人工智能技术的迅速发展和城市交通管理的不断优化，智慧城市的建设将会越来越完善，人类的出行将变得更加安全、智能、舒心。

9.2.5.3 机器人运输

机器人运输包括许多方面，从将物体递送到通过其他方式难以接近的地点的自主直升机，到运送那些自己没有能力控制轮椅的人的自动轮椅，再到将集装箱从船上搬运到装货码头的卡车上的自主跨装起重机，都属于运输机器人。这些运输机器人的表现超过了熟练的人类驾驶员。室内运输机器人，或称为“听差”的一个重要实例是可搬运立体多层货架的移动底盘机器人，这种机器人已经被用于在大型仓储或物流中运送物品到指定位置，或者在医院中运送食物和其他物品到指定位置。这些机器人的成功操作还需要很多环境上的改造，最常见的改造是加装一些定位辅助设备，诸如地板里的感应线圈、活动的信号灯、条形码标签等。机器人学习中一个开放式的挑战是设计能够利用自然信息，而不是人造设备的机器人来导航，特别是在无法获得GPS信号的深海等环境中。

9.2.5.4 自主规划与调度

自主规划与调度（autonomous planning and scheduling）在远离地球几百万公里的太空，NASA（美国航空航天局）的远程Agent程序成为第一个船载自主规划程序，用于控制航天器的操作调度。远程Agent程序根据地面指定的高级目标生成规划，监控规划的执行——检测、诊断，并在发生问题时进行恢复。后续的MAPGEN程序为NASA的火星探索者进行日常规划，MEXAR2为ESA（欧洲航天局）2008年的火星快车任务进行包括后勤和科学规划在内的任务规划。

9.2.6 医疗健康领域

随着我国人口老龄化程度的加深，慢性病、癌症发病率逐年上升，卫生资源配置不足、分布不均的困境越发突显，人工智能作为一门综合性极强的交叉学科，可在医疗领域内得到越来越多的应用，并将成为影响医疗行业发展的重要科技手段。目前，人工智能在医疗健康领域的初步应用主要集中在辅助影像和病理诊断、辅助护理、辅助随访、基层医生助手、医院智能管理及辅助健康管理等方面。

辅助影像和病理诊断医学影像及病理切片作为结构化数据，是人工智能应用的绝佳场所。2015 年起举办的 CAMELYON16 挑战赛，比较人工智能和病理医生在检测乳腺癌患者淋巴结转移病理切片中转移灶的潜力，结果显示人工智能在诊断模拟中的表现优于病理医师。目前，人工智能辅助影像和病理诊断在国内发展迅速，2006 年我国首家独立临床病理诊断专业机构——上海复旦临床病理诊断中心成立，启用数字病理远程会诊平台，让患者免于来回奔波。2015 年沸腾医疗有限公司以“E 诊断医学影像服务平台”为核心，通过“E 诊断”医学影像技术专业输出及专业精准的远程医学影像诊疗合作，实现了远程医学影像信息交互的目标。

在辅助护理方面，我国应用人工智能产生护理诊断，人工智能建议的诊断与护士建议的诊断一致百分比高达 87%。在国外，人工智能已普遍运用于人们的日常生活护理中，日本研究机构 Riken 开发的机器人 Robear，能将病人从床上抬起，帮助行动不便的病人行走、站立等；应用人工智能开发的机器人能为老年及瘫痪患者提供喂饭、日常照护等服务。澳大利亚养老院用机器人做护工，通过给机器人输入程序，使其可以与老年人一对一交流，消减老年人的苦闷。人工智能在护理领域的应用，极大减轻了护理人员负担，为患者提供了温暖且有力的服务，是应对老龄化社会的有力帮助。

在辅助随访方面，人工智能也可以发挥重要作用。随访是医院常规工作的重要组成部分，然而目前的卫生人力无法满足所有患者的随访需求。人工智能的发展打破了长期随访在时间和空间上的限制。2017 年，海宁市中心医院首次应用人工智能随访助手，采用声纹预测思维算法，语言识别准确率高达 97.5%。2018 年，上海交通大学医学院附属仁济医院东院日间手术病房正式上线人工智能随访助手，随访助手可以根据问题模板模拟医生进行电话随访，主要询问患者出院后是否发生呕吐、疼痛、发热、伤口渗血感染等不良情况。随访助手的上线不仅大大提高了随访效率，还确保了随访信息采集的全覆盖及准确性。同时，随访助手可以根据不同的手术种类，制订个性化随访计划，通过终端自动拨打患者电话，模拟人声与患者进行术后随访沟通，并有效采集患者回答的信息。随访结束后，医务人员能清楚地了解每位患者的术后情况。

人工智能可以成为基层医生助手。基层医院服务能力难以满足日益增多的群众需求，人工智能通过学习海量的专家经验和医学知识，建立深度神经网络，并在临床中不断完善，协助基层医生给群众提供高质量的服务。2017年，科大讯飞和清华大学联合研发的“智医助理”，以超过合格线96分的成绩成为全球第一个通过国家执业医师资格考试综合笔试测评的人工智能机器人，可以辅助基层医生提升诊疗质量和效率。国内外在对一些复杂器官如大脑、眼睛和心脏动手术时，机器人被越来越广泛地用于协助外科医生放置器械。由于具有高度的准确性，机器人在某些类型的髋关节置换手术中已经成为不可或缺的工具。研究证明，机器人设备能够减少在结肠镜检查时造成损伤的危险。研究人员已经开始开发为老年人或残疾人服务的机器人助手，诸如智能机器人步行器或能够提醒人服药的智能玩具。研究人员还在研究一种机器人设备，帮助人们做一些运动以恢复健康。

医院智能管理是人工智能技术在医院应用的另一个重要方面，能提高医院为患者提供正确治疗方案的精准性，减少患者的不必要支出，并且能合理地为患者安排治疗计划。澳门仁伯爵综合医院应用人工智能技术，在电子处方系统内设置安全警示，确保用药规范，防止滥用抗生素等药物。美国IBM公司应用机器学习方法，自动读取患者电子病历相关信息，得出辅助诊断信息，实现医疗辅助诊断。

在辅助健康管理方面，人工智能可以应用于健康管理，通过对健康数据实时采集、分析和处理，评估疾病风险，给出个性化、精准化的基本管理方案和后续治疗方案，能有效降低疾病发病率和患病率，从而解决传统健康管理技术在信息的获取、处理和应用上相对落后的问题。健康管理机构可以通过手机APP或智能可穿戴设备，检测用户的血压、血糖、心率等指标，进行慢性病管理。国外Welltok公司利用“CaféWell健康优化平台”，管理用户健康，包括压力管理、营养控制以及糖尿病护理等，并在用户保持健康生活习惯时给予奖励。同时，为用户提供更灵活、全方位的健康促进方案，内容包括阶段性临床护理、长期保持最佳健康状态等多个方面。

目前，人工智能+健康医疗正在起步阶段，仍有许多亟需解决的问题和挑战。

第一，监管缺失。目前，国内尚未出台相关法律法规对人工智能进行监管，而关于人工智能的基础医疗大数据也没有完善的法律条文来规范，对数据的隐私保护、责任规范、安全性等没有明确的法律指示。人工智能在医疗健康领域应用的质量标准、准入体系、评估体系尚是空白，无法对人工智能数据和算法进行有效验证和评价，不利于监管，阻碍了人工智能产品在医疗健康领域的应用和发展。

第二，数据质量问题。医疗数据的质量对提升人工智能在医疗健康领域应用的准确性有着至关重要的作用，尽管我国医院的数据庞大，但大部分是非结构化数据，不能发挥出“大数据”挖掘的价值。疾病的复杂性，决定了数据维度、特性各不相同，质量参差不齐，如将数据细分到每种疾病，可利用的样本量很少。同时，人工智能的深度学习需要使用大规模规范化数据进行训练，细微的数据误差会对人工智能发展产生负面影响。我国当前医院与医院、院内科系互不相连，没有统一标准的临床结构化病历报告，医生手写病历不规范，临床用药、检查等细节缺失，患者离开医院后失访率较高等各种原因，造成医疗数据错漏、质量低下。

第三，伦理问题。人工智能产品做出的医疗决策是通过机器学习大量的医疗数据模拟医生做出的，大规模医疗数据在使用过程中会有泄露的风险，对个人隐私造成影响。决策是基于算法，而算法在分析数据过程中也会获得类似于人类偏见的思想，导致出现算法歧视的不良后果。算法歧视将带来一系列伦理问题，是人工智能不可回避的挑战。

第四，医保支付问题。人工智能应用于医疗健康领域，最核心的问题是谁来买单，因此医保覆盖是一个绕不开的话题。如果由患者自费，那么市场就会缩小，人工智能产业无法向前发展，也很难证明人工智能在医疗领域的有效价值。目前，公立医院医保报销压力较大，将人工智能产品纳入医保，医保报销的资金压力将会激增。同时，互联网医疗由于具有特殊的属性，还面临异地结算的难题。

第五，人才匮乏问题。目前，既懂医疗又懂人工智能技术的复合型、战略型人才极其短缺，其中，10 年以上资深人才尤为缺乏。同时，医务人员对人工智能的接纳度不足，部分医务人员甚至对人工智能抱有抵触心理。人工智能技术的使用需要对医务人员进行专业化规范培训，在此背景下，建立完善的人才培养和人才引进机制是重中之重。

9.2.7 危险安全领域

机器人可以帮助人们清理核废料，在切尔诺贝利和三哩岛都有它们的身影。在世界贸易中心倒塌之后，机器人也被派上了用场，它们可以进入那些对人类和救援人员来说属于过于危险的建筑物。一些国家已经使用机器人来运输军火和卸除炸弹的引信，这是一项极其危险的工作。目前许多研究项目正在开发用于在陆上或海上清除雷场的原型机器人。大多数现有的用于这些任务的机器人都是远程操作的，即由人在远处安全的地方通过遥控器来操作它们。能够使这种机器人具备自主操作能力是很重要的下一步研发工作。

机器人能够到达以前没人到过的地方，包括火星的表面。机器人手臂帮助宇航员配置和回收人造卫星，以及建造国际空间站。机器人还能协助进行海底探测，它们经常被用于获取沉船的地图。还有的机器人可以绘制废弃煤矿地图，可以利用测距传感器获取三维矿井的模型。1996 年，某研究小组将一个有腿机器人放进了一个活火山的火山口里，来获取气候研究的重要数据。被称为雄蜂（drone）的无人驾驶飞行器被用于军事行动。机器人正在成为危险区域收集信息的非常有效的工具。

人工智能的发展和应用给信息安全领域带来了希望和挑战。一方面，人工智能在信息安全领域的应用能够显著提升安全防护能力；另一方面，人工智能自身也存在着数据安全、对抗欺骗、隐私保护、数据爆炸、动态环境适应和数据的可靠性等方面的安全问题。与此同时，人工智能技术、平台等也存在安全风险，会严重影响人工智能在各个应用领域的健康发展。人工智能在网络安全中的应用主要包括以下几个方面：

第一，在恶意 URL 识别方面，可以利用人工智能分析技术，针对银行的钓鱼网站以及包含病毒、恶意软件的网页链接等恶意 URL 链接，来自动化分析 URL 及网页内容；同时，面对已确认的恶意 URL，通过关联分析，溯源黑产，进一步挖掘恶意 URL 链接。

第二，在网络安全监控与态势感知方面，可以利用人工智能技术，对受攻击情况、攻击来源以及易受到攻击服务进行建模分析，实现攻击的主动发现、精准检测和自适应防护，最终实时监控网络设备和安全设备的状态。其具有应用领域主要包括僵尸网络主控 C&C 端主动发现、入侵攻击精准检测、自适应攻击防护等。借助人工智能技术，能够提前发现超过 30% 的攻击手段并进行主动防御，同时能够提升攻击检测精准度。

第三，在物联网卡监控应用方面，可以利用人工智能实现物联网卡监控，针对物联网卡在发放、售卖、使用过程中出现的滥用、DDoS 攻击、发布违规信息等问题，利用位置数据、日志数据、账单数据等进行管理风险、业务风险、内容风险分析，对涉嫌违规物联网卡进行分级管控，对物联网卡安全进行指标预警等。

第四，在灰黑产行为识别应用方面，可以利用人工智能分析技术，从用户的业务日志、上网日志、计费信息等多个渠道对用户数据进行分析，达到准确找出“黑卡用户”并对其进行封杀的目的，从而解决“黑卡用户”将赠送用户的流量或奖励放在淘宝等平台中予以售卖的问题。

第五，在业务风险防控方面，通过结合大数据实时计算与深度学习技术，进行风险事前预警、事中拦截、风控数据的事后溯源与黑产团伙分析，从而做到风险事件的全链路管控。人工智能技术的引入可实现业务风险的自动化识别，减少企业的损失，从而避免互联网业务中的各类业务风险，如登录注册环节的扫号拖库撞库、垃圾注册、短信轰炸、账号盗用等。

第六，在通信信息诈骗治理方面，可以使用人工智能技术对各类诈骗场景及号码行为分析，研究形成针对多种诈骗场景的分析模型，进而挖掘识别疑似诈骗事件。

第七，在垃圾短信治理方面，可以使用人工智能文本分析等技术，自动识别广告推广类、色情类等文本信息，以解决现有文本类垃圾变形多、更新快、扩散广的问题，还采用文本机器学习和自动化识别技术缩短识别垃圾短信的耗时。

第八，在骚扰诈骗电话识别方面，可以应用人工智能基于语音自动分析骚扰诈骗电话，使用相似音频模糊识别技术，对疑似骚扰诈骗通话进行自动化分析，拦截骚扰诈骗电话。将语音自动识别技术应用到骚扰诈骗电话中，能够提升骚扰诈骗电话识别及拦截能力，间接减少用户的经济损失。

人工智能已经成为国际竞争的新焦点、经济发展的新引擎。随着万物互联、云计算等技术的发展，人工智能应用数据规模、计算能力将爆发式增长，人工智能也会对社会各方面深度介入并改变甚至颠覆人类现存的生产工作和交往方式，世界也将走向人工智能时代。在人工智能快速发展的同时，应该清醒地认识到人工智能的首要问题是安全问题，人工智能发展的安全性将给社会带来极大挑战。人工智能技术在造福人类的同时，也可能加大技术对社会的危害性，基于人工智能的安全对抗也会是长久的过程。因此，产业各方应对人工智能安全性有统一的认识，以法律和伦理为界，加强在人工智能技术研究与开发领域的合作，建设安全管控能力，确保人工智能是安全、可信赖的，共同应对智能机器人在信息安全、伦理道德以及社会等层面带来的安全挑战。

9.2.8 家居服务领域

将人工智能技术与家居生活深度融合将产生巨大经济效益和社会价值。据统计，住房已经是全球最大的财富载体，全世界的房地产总价是 271 万亿美元。城市居民平均每天在室内空间停留的时间超过 90%，人们的工作与生活质量与居室空间密切相关，家居产品和服务领域拥有广阔市场和大量创新机会。全球范围内，人工智能在家居领域主要有五大典型应用。

9.2.8.1 人工智能技术打造智能家电

通过人工智能技术丰富家用电器的功能，使家电智能化，并为各种音乐类智能辅助设备提供智能服务和类型的人工智能应用模式，是目前最为智能家居市场所广泛接受的。美国亚马逊的 Echo 音箱及其内配置的 Alexa 虚拟家居助手、Sectorqube 公司的 MAID Oven 智能厨房助手，以及 Sonos 公司的智能流媒体音箱均在 2017 年国际消费电子展（CES 2017）上备受好评。韩国 LG 公司的 PJ9360 度悬浮蓝牙音箱可支持无线充电；三星公司的智能冰箱 Family Hub 内嵌 Tizen 智能系统，整合了诸如音乐播放器、内置拍照监控、日历查看等功能，实现了家电产品物联网化。国内的小米、苏宁、美的等企业都进军智能家电产业，积极布局智能空调、智能冰箱等产品，其中美的冰箱携手阿里巴巴 Yun OS 系统推出的“650 升双屏新款概念互联网冰箱”使用了英特尔实感技术（Intel Real Sense）和英特尔 Haswell 高性能处理器，通过图像识别技术记录食材种类和用户日常饮食数据，集合大数据云计算、深度学习技术，分析用户的饮食习惯，并通过对家庭饮食结构营养分析，结合时令、体质特征等多种维度，给出全面营养的健康膳食建议，这也是英特尔软硬件技术应用于智能家电的首个产品。

9.2.8.2 人工智能技术助力家居智能控制平台

通过开发完整的智能家居控制系统或控制器，使居住者能够智能控制室内的门、窗和各种家用电子设备，此类型的人工智能应用模式是大型互联网科技公司在智能家居领域角力的主赛场。从全球看，谷歌于 2014 年收购智能家居控制平台 Nest，苹果公司开发的 Home Kit 智能家居平台后来居上，借助 Home Kit，用户可以使用 iOS 设备控制家里所有兼容苹果 Home Kit 的配件，这些配件包括灯、锁、恒温器、智能插头等，最新发布的 Home Kit 已经可以兼容部分房屋建筑厂商的产品和服务。国内相继出现了海尔 U－home、京东微联、华为 Hilink、阿里智能、小米米家等家居智能控制平台，其中我国创业企业物联传感（Wulian）携手华为在 2017 年最新推出的 Wulian 智能家居控制平台，实现家居设备联动管理和手势控制，检测和反馈 PM2.5、二氧化碳和噪声强度，具备语音播报、城市天气预报等功能。

9.2.8.3 人工智能技术助推绿色家居

主要通过智能传感器、监测技术和云端数据库等来智能调节家中的水、电和煤气等资源的开关，并控制居室外花园的水资源和土壤资源使用情况，达到居室能源绿色高效利用和低碳节能环保的目的。美国初创科技公司

Ecobee 和 Rachio 的产品分别可以用来智能监控家居用电情况和草坪洒水情况，为用户减少电能和水资源浪费。我国小米公司也在尝试生产绿色家居智能产品，已经推出可以通过湿度和温度控制空调温度和开关状态以节约电能的智能温湿计。

9.2.8.4 人工智能技术助力家庭安全和监测

应用人工智能传感器技术，可以保障用户自身和家庭的安全，并能对用户自身健康、幼儿和宠物进行监测，此类型的人工智能应用模式数量最多且融资情况相对较好。家庭安全方面，美国 Vivint 公司推出了包括视频监控、远程访问、电子门锁、恶劣天气预警等在内的全套家庭安全解决方案，并通过将太阳能电池板整合进太阳能家庭管理系统来提升能源使用效率；美国 Canary 公司和 August Home 公司分别推出智能安防摄像头和智能安保系列产品。家庭成员监测方面，美国 Snoo 公司开发的智能婴儿摇篮通过模拟母体子宫内的低频嗡嗡声哄宝宝入睡；Lully 公司和 Petcube 公司则专门研发用于宠物或婴儿的智能传感监测设备，以方便用户通过智能手机随时查看婴儿和宠物的动态。这两家公司已分别推出智能睡眠监测仪和智能宠物监测仪。

9.2.8.5 人工智能应用于家居机器人

人工智能在家居机器人中的成熟形态包括陪护、保洁、对话聊天等场景，部分企业也开始尝试生产功能更丰富的智能家居机器人。例如，美国初创公司 Mayfield Robotics 研发的家居机器人 Kuri 能通过表情、眨眼、转动头部及声音回应主人，实现家居陪护、聊天的功能。韩国 LG 公司推出多功能机器人管家 Hub Robot，使用人体造型设计，采用亚马逊 Alexa 技术，能与用户屋内其他 LG 设备连接。我国小米公司开发的扫地机器人能够自主探知障碍物和室内地形，实现对室内的自动化清洁。百度于 2017 年推出的智能对话机器人百度小鱼，搭载了百度对话式人工智能操作系统 Duer OS，可通过自然语言对话实现播放音乐、播报新闻、搜索图片、查找信息、设闹钟、叫外卖、闲聊、唤醒、语音留言等功能，小鱼机器人还可以通过 Duer OS 的云端大脑对其功能进行不断学习和优化。

另外，服务业是机器人学的一个很有前途的应用领域。服务机器人能帮助个人完成日常的任务。现在市场上可买到的家庭服务机器人包括自主的真空吸尘器、割草机和高尔夫球球童。世界上最著名的移动机器人即个人服务机器人——真空吸尘器机器人 Roomba。它能够自动操作，不需要人的帮助就能完成任务。还有在公共场所运行的一些服务型机器人，诸如已经被开发出来在商场、商品交易会或博物馆充当导游的机器人信息站。服务任务需要与人交互，并能够稳定应付不可预测和动态的环境。

应用智能语音识别技术，可以提供客服对话服务，语音识别应用于多个领域。例如，在交通订票领域，当一名旅行者给美国联合航空公司（United Airlines）打电话预订机票时，一个语音识别和对话管理系统可以引导整个交谈过程。

9.2.9 娱乐领域

机器人已经开始征服娱乐业和玩具工业。例如，机器人足球比赛——一种非常类似于人类足球赛的竞技比赛已经开始举办，其参赛者全部是自主移动机器人。机器人足球比赛为人工智能提供了非常好的研究机会，其面向机器人应用提出了一系列原型问题。一年一度的机器人足球比赛吸引了大量的人工智能研究者，并为机器人学领域带来了许多活力。娱乐机器人以供人观赏、娱乐为目的，具有机器人的外部特征，可以像人，像某种动物，像童话或科幻小说中的人物等。机器人可以行走或完成动作，可以有语言能力，会唱歌，有一定的感知能力，这类机器人有唱歌机器人、足球机器人、玩具机器人、舞蹈机器人等。

娱乐机器人的基本技术主要是超级人工智能技术、超绚声光技术、可视通话技术、定制效果技术等，其赋予机器人独特个性，使机器人通过语音、声光、动作及触碰反应等与人交互；超绚声光技术采用多层 LED 灯及声音系统，呈现超绚的声光效果；可视通话技术通过机器人的大屏幕、麦克风及扬声器，实现异地可视通话；定制效果技术可根据用户的不同需求，为机器人增加不同的应用效果。

娱乐领域大量的创作过程都是基于定义的规则和技巧，因此可以通过机器学习算法掌握。人工智能系统可以自动进行剧情识别、场景选择、脚本等各种创作过程所需的地面工作。对内容结构和基于对象的分析，使得人工智能开始成为协助实际内容开发的重要途径。通过对屏幕上角色的行为、走动、谈话和所有可能的面部表情的细节性的学习，人工智能系统可以创建虚拟表演。人工智能在内容创作领域仍然在不断努力，并且在许多领域可以使生产过程受益。

9.2.10 图书情报领域

人工智能成为国外图书馆转型发展中不可忽视的新型驱动力。人工智能在图书馆的自动化管理、信息分类索引、图书馆安保等方面发挥着重要作用。

9.2.10.1 图书馆自动存取系统在馆藏库存中的应用

在过去的 20 多年中，大量文献资料的馆藏库存流通已经实现自动化、智能化、集约化文献储存目标，许多国外图书馆将先进的机器人堆叠书库管理系统技术、无线射频识别 RFID（Radio Frequency Identification）技术加以应用，改变传统开架书库模式与密集书库模式，并逐渐形成一个新的高密度储存模式——图书馆自动存取系统（Automated Storage and Retrieval System，ASRS）。该系统采用大型密闭仓库的框架阵列模式，把图书资料存放在框架阵列中各种规格的不锈钢金属箱中，以可编程机器人迅速完成资料箱的提取或回放，强大的射频识别技术（RFID）支持对不依赖于物品的固定位置进行检索，高度空间节约、高效存贮模式、高度人力节约及高质量的文献保存环境，奠定了图书馆自动存取系统在高密度储存空间领域的特殊地位，并在国外图书馆界获得了广泛的应用。美国加州州立大学北岭校区内的 Oviatt 图书馆是世界上第一个使用 ASRS 的图书馆。该系统耗资超过 200 万美元，每年处理超过 15 000 个请求，整个过程取决于两个并行系统——书库目录系统（InnovativeInc）和 ASRS 软件的同步运行，从接受请求到提取书籍需要 15 分钟。该系统具有很强的抗震性能，在 1994 年加州北岭地震中，所有书库中的书籍完好无损。同时，该系统运行成本低廉，每册只需要 0.84 美元，而一般开架图书的存储和维护成本为 4.26 美元。美国有 28 家图书馆使用 ASRS，此外，大英图书馆、加拿大英属哥伦比亚大学图书馆、澳大利亚悉尼科技大学图书馆、澳大利亚麦考瑞大学图书馆、日本明治大学图书馆等其他国家的图书馆也使用了 ASRS。

9.2.10.2 机器人书架扫描系统在开放式书架中的应用

除了密闭空间馆藏存取自动化外，在图书馆库存管理领域中，随着机器人和 RFID 扫描技术的大力发展，最重要的过程之一书架扫描也成为人工智能和机器人的研究领域。图书馆利用移动基座机器人和专门设计的手臂来携带 RFID 阅读器，将激光测绘技术和机器人技术用于高精度的书架追踪扫描中，为人工智能时代图书馆提高服务质量做出了有益的尝试。机器人书架扫描系统（autonomous robotic shelf scanning system，Au Ro SS）是由新加坡国家图书馆与新加坡科技研究局合作研发的机器人。Au Ro SS 机器人夜间在图书馆内进行自我导航，扫描 RFID 标签以生成缺失和不按顺序放置书籍的报告。机器人使用携带的 macro - mini 小型机器人手臂操纵器，运用超声波传感器将 RFID 天线定位到书本扫描的最佳距离，通过检测货架表面测量本身定位误差，并将这些数据输入到移动导航单元以预测方向变化，规划路径的参考方式，使轮式机器人通过图书馆书栈的复杂迷宫，同时始终与货架保持临界距离。这项技术目前已在新加坡数个图书馆内试用，机器人扫描所有书籍并进行数据分析之后创建一份报告，说明需要人工处理的所有遗漏或错位的书籍，报告准确率高达99%，并可在一小时内完成扫描两万本书，对于馆藏丰富的大型图书馆提供了一个不断提升用户使用满意度的可行办法。

9.2.10.3 人工智能在图书馆信息分类索引中的应用

信息技术的飞速发展对图书馆工作提出更多要求，信息数字化和通信系统颠覆了许多原来的观念，使用户能即时获得馆藏资源成为新一代图书馆信息分类索引的目标，人工智能的发展使得将来更多的工作是对所需信息的搜寻而不是对图书的需求。例如，威尔士第一所正规的大学——阿伯里斯特威斯大学，2015年成立了一个项目组，利用人工智能和机器人技术开展开发新型有用的人工智能机器人 Hugh 的研究。项目组由机器人、AI、数学、设计、艺术和物理等不同学科的学生共同组成。项目组首先以用户体验为中心，致力于开发和整合 Hugh 理解语音和沟通的能力，采用自然语言语音识别方式了解用户所说的话并返回正确的信息。在此基础上通过使用 Hugh 身上携带的所有传感器、摄像头和实时数据，由软件团队负责开发和改进导航算法，以便能够在避开障碍物的情况下在图书馆周围移动。项目组还利用人机交互分析功能，分析人（用户）和 Hugh 之间的交互，确保交互简单，易于理解，并且使信息能清晰简明地显示出来。Hugh 是一个能说话会走动的人工智能图书馆目录，可即时查询80万本图书馆藏流通的状况，利用大学在线图书馆搜索设施 PRIMO 的信息和依靠 RFID 技术来定位书籍功能，帮助用户了解更多的图书位置细节，迅速锁定图书位置并引导学生去相关的书架，是第一批能够在图书馆环境中完成特定任务的“人工智能机器人”。

9.2.10.4 人工智能在图书馆安保方面的应用

近年来，英国伯明翰大学与安全公司 G4S 合作开发的名为“Bob”的安保机器人是第一个进行此能力测试的机器人，其基于机器人操作系统（ROS），所有部署的系统均基于 Metra Labs SCITOS A5，具有长时间运行（一次充电运行12小时）和自动充电的功能。它将多种服务功能组合在一个单一系统中，通过在动态室内环境中进行为期数周的连续自主操作，征集、追踪、了解机器人对动态室内环境运行情况，并以此为据进行各种形式的学习来改进系统性能。它通过对运行情况的结构和动态的对比学习，总结最佳实践模型，从而改进性能和实现更大自主性的良性循环，推动运行质量的持续优化。机器人监控图书馆室内环境，并在观察到禁止或异常事件时发出警报。移动机器人创建常规环境下的三维结构、物体和人的模型，随着时间的推移模拟它们的变化，并使用这些模型来检测异常情况和模式。它可以检测人类何时以不寻常的方式在环境中移动，建立桌上物体排列模型以检查桌面是否保持整洁，并检查消防通道是否打开。

9.2.10.5 自动虚拟参考的人工智能应用

图书馆各种服务种类剧增，用户要求图书馆服务时间延长，AI 助手可以很好地帮助延长图书馆的运营时间，以便提供 7 × 24 额外服务。它通过基于内容的信息检索，指导图书馆网站的使用，提供相关的图书馆网页和外部网络链接、文件或 OPAC 记录，可以帮助用户更有效地浏览图书馆内容，或者充当虚拟教师，执行基本任务，例如在线续借图书，订购馆际互借，或在数据库或 OPAC 中搜索材料。同时，聊天机器人与用户的互动记录也可以存储在顾客的账户上，为未来的交互提供机器学习资料（由顾客选择以确保隐私）。通过这种方式，人工智能技术可以为个人用户提供更多的相关性、连续性和个性化的服务。在加拿大新斯科舍省，圣文森特山大学使用两个聊天机器人 Sarah 和 Suzy Sitepal 来回答关于写作和研究的常见问题，说明图书馆资源和服务，传播有关图书馆的活动。美国康涅狄格州韦斯特波特的一个公共图书馆，有两个名为“文森特”和“南希”的全自动步行说话机器人，向图书馆用户教授计算机编程技能，这是第一次在美国使用“复杂的人形机器人”，它们还可以帮助读者找到书籍或迎接参观图书馆的团队。芝加哥公共图书馆与谷歌合作，向读者提供 500 台“Finch”机器人，用于提供编程或机器人方面的培训。

人工智能在情报领域中的垃圾信息过滤（spam fighting）中发挥了积极作用。每天，学习算法将上十亿条信息分类为垃圾信息，为接收者节省了删除时间，如果不用算法分类，对于许多人而言，垃圾信息将占所有信息的 80% 或 90%。垃圾信息制造者不断地更新他们的策略，程序使用静态的过滤方法很难跟得上这种变化，而学习算法无疑是效果最好的。

9.2.11 人类增强

机器人技术的一个最终应用领域是人类增强。研究人员已经开发出有腿步行机器，能够用来载人，非常像轮椅。目前一些研究正专注于努力开发这样的设备：它们能够通过附加的外部骨架提供额外的力，使人行走或移动手臂更容易。如果这样的设备永久地附在人身上，那么它们可以被认为是人工机器人肢体，将来也许可以作为假肢。

远程操作机器人，或代替人出席远程会议，是另一种形式的人类增强。远程操作是指在机器人设备的帮助下，通过很远的距离执行任务。主从模式是一种流行的机器人远程操作形式，指一个机器人操纵器对远处人类操纵员的运动进行仿真模拟，该操纵器的控制信息来源于人类操纵员身上的可测量的触觉接口。另外，水下交通工具通常是远程操作的，这种工具可以下潜到会对人类构成威胁的深度而仍然能被人类操作员控制引导。所有这些系统增强了人类与环境交互的能力。一些项目甚至能对人进行一定程度的复制。日本的几家公司已经有了商业用途的人形机。

人类增强也表现在博弈（game playing）中。IBM 公司的计算机深蓝成为第一个在象棋比赛中击败世界冠军的计算机程序，它在一次公开比赛中战胜了加里·卡斯帕罗夫。《每周新闻》杂志把这次比赛描述为“人脑最后的抵抗”。IBM 的股票继而升值 180 亿美元。人类冠军研究了卡斯帕罗夫的失败之后在后来的几年里可以和深蓝下成几次平局，但最近的人机比赛中计算机都令人心服口服地赢得了比赛，这种博弈在一定程度上表明人工智能在人脑特定思维方面的能力得到增强。

机器翻译是人工智能增强人类跨界沟通能力的一个方面。例如，一个计算机程序可以自动将阿拉伯文翻译成英语，这个程序使用了统计模型，这个模型来自阿拉伯语到英语的翻译实例和两万亿个单词的英语文本实例。这个研究团队的计算机科学家没有人说阿拉伯语，但他们理解统计学和机器学习算法。

这些只不过是今天存在的人工智能系统的几个实例。它们既不是魔幻也不是科幻，而是科学、工程和数学，本书正是对这些科学、工程和数学进行介绍。

9.3 人工智能的应用实例

要想确切地回答今日人工智能能做什么是很困难的，因为它在如此多的领域有如此多的应用。这里我们举几个应用实例，通过具体实例来进一步说明人工智能的相关概念和原理及其应用价值。

9.3.1 手写数字识别实例

手写数字识别实例是一个机器学习实例，涉及寻找能够学习识别手写体数字的算法，可从中得出预测性能的一点知识。识别手写数字对于许多应用来说都很重要，例如通过邮政编码自动分拣邮件、自动阅读支票或纳税报表以及计算机输入手写数据。这个领域发展很迅速，有的有更好的学习算法，有的有更好的训练集。美国国家科学和技术研究所（NIST）建立了一个含有 6 万带标注数字的数据库，每一个数字图像有 $20 \times 20 = 400$ 个像素，该图库已经成为测试新学习算法的标准测试平台。

有很多算法可以实现手写数字的识别，其中 3 - 最近邻（3 - nearest -

neighbor）分类器或许是最简单的一个，它有不需训练时间的优点。然而，作为一个基于记忆的算法，它必须存储所有图像，其运行时间效率低下。它的测试误差率达到了2.4%。

第二个算法是设计一个单隐藏层神经网络（single - hidden - layer neural network）。该算法包含400个输入单元（每像素一个）和10个输出单元（每类一个）。交叉验证发现，大约300个隐藏单元具有最好性能。如果层次之间全连接的话，总数有123 300个权重。这个网络误差率为1.6%。

第三个算法是使用专业神经网络系列LeNet，它可以利用问题的结构优点，输入由二维数组组成的像素点，图像位置的细微误差可忽略不计。每个网络有32×32个输入单元，20×20像素居中散射到输入单元，如此使得每个输入单元对应像素的一个局部邻域。输入层之后跟三个隐藏层，每一个隐藏层由$n \times n$数组的几个平面组成。其中n逐层减少，以便网络向下抽样输入，并将一个平面中所有单元限制为相同的权重，以便平面起到特征侦测器的作用。输出层有10个单元。研究者们试验了该体系结构的多个版本，其中，具有代表性的结构中，隐藏层分别包含768、192和30个单元。通过对实际输入做仿射变换——迁移、轻微旋转和伸缩图像，使训练集扩大。不过变换要比较小，否则6将会变换成9。LeNet获得的最好误差率是0.9%。

第四个算法是提升神经网络（boosted neural network），它综合了LeNt体系结构的三个拷贝，其中第一个神经网络会发生50%的错误，第二个神经网络在第一个神经网络提供的混合模式上训练，第三个神经网络在前两个神经网络有不一致结论的模式上训练。在测试期间，三个神经网络进行投票，用多数原则确定结果。测试误差率是0.7%。

第五个算法是带25 000个支持向量的支持向量机（SVM），算出，即算法，它获得了1.1%的误差率。这个结果是显著的，因为对于开发者而言，如同简单最近邻途径一样，SVM技术不需要思索或重复试验，它的性能就能接近LeNet，而LeNet却开发了数年。确实，支持向量机不利用问题结构，如果像素点以一种排列顺序提供，它的性能也同样好。

第六个算法是虚拟支持向量机（virtual SVM）算法，即从一个正常SVM开始，逐步改进，其改进技术利用了问题结构。这种途径不再做所有像素点对的乘积，而是专注于由附近像素点对形成的核。它也通过样例变换扩大了训练集，如同LeNt所做的一样，到目前为止，有关虚拟SVM误差率的最好记录是0.56%。

第七个算法是形状匹配（shape matching），它是一种计算机视觉技术，用于校准两个不同对象图像的对应关系。其思路是首先为两个图像中的每一个选择点集，然后为第一个图像中的每个点，计算与它相对应的第二个图像中的点。通过该校准可计算两个图像的变换。变换给出了两个图像之间的距离度量。距离度量比仅仅计数不同像素点的数目更得到认可，似乎使用这种距离度量的 3 - 最近邻算法具有非常好的表现。在 6 万个数字选出 2 万进行训练，利用 Canny 边侦测器从每个图像中抽出 100 个样本点，形状匹配分类器获得了 0.63% 的测试误差率。

人类在这个问题上的错误率大约是 0.2% ，不过人类没有经过如同机器学习算法那样的广泛测试。在来自美国邮政服务的相似数字数据集上，人类的误差率是 2.5% 。

9.3.2 住宅价格评估实例

房地产评估是一个根据类似住房的销售价格等数据来预测一个给定房屋的市场价值的问题，这个问题既可以使用专家系统来解决，也可以使用神经网络来解决。当然，如果选择应用神经网络来解决，我们就无法知道对一个特定房屋的评估是如何获得的，因为神经网络对用户来说本质上是一个黑盒，因而很难从中提取规则。另一方面，一个正确的预测往往比知道如何预测更为重要。

作为一个机器学习的实例，需要指出，获取、清洗和表示数据至少如同算法工程一样重要。小规模数据集通常是二维的，但在机器学习实际应用中，数据集通常是庞大的、多维的、杂乱的，不会像二维数据一样以（x，y）值的形式预先形成一个数据集合，再传递给分析者。分析者需要走出去，搜集正确数据。为了完成一个任务，大多数工程问题都必须知道应该取得什么样的数据，需要选择数据的哪一个较小部分，以及执行哪种机器学习方法来处理这部分数据比较合适。在现实世界典型样例中，经过对多个学习算法在词义分类方面性能的比较研究，发现机器学习研究者主要将精力花在算法方向，即试图发明一种新算法，使其在包含百万词标准训练集上的性能要优于以前出版的算法。但是，研究表明，在数据集方面其实有更多的改进空间，也就是说，不去发明新算法，更需要做的是搜集一千万个词作为训练数据。即使最差的算法在这一千万个词集上训练后，其性能也好过经过一百万训练集的最好算法。研究表明，随着数据的增加，性能持续上升，算法间性能差异在缩小。

现在考虑评估待售住宅的真实价值，其中一个简单算法版本是从住宅的大小到询价做线性回归，然而该简单模型有很多局限性。它用来度量的数据是错误的，因为我们要的是住宅售价而不是询价。为了完成该任务，我们需要实际售价数据。这并不意味着我们要抛弃询价数据，我们可以将其作为一个输入属性。除了住宅的大小，我们需要更多数据：房间、卧房和盥洗室的数目；房龄；有关地段和邻居的信息。但是如何定义邻居？用邮政编码吗？显然邮政编码包含一个较大的区域。那么用学校街区怎么样？学校街区名称是一个属性，还是平均测试分数？为了确定应包含什么属性，我们需要处理那些被忽略的数据，不同地区有不同记录数据的习惯，单个案例总是忽略某些数据。如果我们需要的数据不可用，也许我们可以建立一个社区网站，鼓励人们共享和修正数据。决定使用什么数据和怎样使用它们的过程与选择学习算法（线性回归、决策树或其他学习形式）一样同等重要。

一般来说，当人们不得不为一个问题挑选一个或一组方法时，没有一种途径能保证总是选出最佳方法，但存在某些大致指南。当存在许多离散属性，且你认为其中有很多不合适时，决策树是一个好的选择。当你有很多数据可用，但没有预先知识时，当你不愿意过多考虑如何挑选正确属性的问题时（只要不少于 20 个左右），非参数化方法是一个好的选择。然而非参数化方法通常需要精心设计一个更富表达力的函数。假设数据集不是太庞大，人们往往认为最好的选择是支持向量机。

在这个问题中，输入（房屋位置、居住面积、卧室数量、浴室数量、土地尺寸、供热系统类型等）是良好定义的，而且甚至是标准化过的，不同的房产代理可以共享这些房屋市场信息。输出也是良好定义的，因为我们知道所要预测的目标是什么。更重要的是，我们有很多样本可以用来训练神经网络。这些样本就是最近售出的房屋及其售出价格的特征。训练样本的选择是准确预测的关键，训练集应该覆盖输入的整个取值范围。因此，在房地产评估的训练集中，我们应该涵盖大房子和小房子，昂贵的房子和便宜的房子，带车库和不带车库的房子，等等。而且，训练集应该足够大。那么，如何确定训练集的大小才是“足够大”的呢？

神经网络的泛化能力主要取决于三个因素：训练集的大小、网络的架构和问题的复杂度。一旦网络的架构确定了以后，泛化能力取决于是否有充足的训练集。合适的训练样本数量可以使用 Widrow 的拇指规则来估计。拇指规则指出，为了得到一个较好的泛化能力，我们需要满足以下条件：

$$N = n_w / e$$

式中，N 为训练样本数量；n_w 是网络中突触权重的数量；e 是测试允许的网络误差。

因此，假如我们允许10%的误差，我们需要的训练样本的数量大约是网络中突触权重数量的10倍。

在解决房地产评估等预测问题时，我们往往需要结合不同类型的输入特征。有一些特征（如房屋条件和位置）可以取1（最没吸引力）到10（最具有吸引力）之间的任意值。另一些特征（如居住面积、土地尺寸和销售价格）则可以根据实际的物理特性来度量，如平方米和美元等以及一些特征代表数量（卧室数量、浴室数量等）和分类（供热系统类型）。

当所有输入和输出取值都在0～1时，神经网络的性能表现得很好。因此，所有的数据在用来训练神经网络之前必须进行归一化。那么，如何归一化数据?

数据可以分为三种主要的类型：连续数据、离散数据和分类数据。对于不同类型的数据，我们通常采用不同的技术来进行归一化。连续数据取值介于预先设定的最小值和最大值之间，小于最小值的值被映射到最小值，大于最大值的值被映射到最大值，这样可以很容易地映射（归一化）到0和1之间，如下面的归一化算式则适合大多数应用：

规范值 =（实际值 - 最小值）/（最大值 - 最小值）

卧室数量和浴室数量等离散数据也有最大值和最小值。离散数据的归一化很简单，只要我们给每一个可能的取值在0～1上分配一个相等的区间即可。这样，神经网络可以将每一个特征（如卧室数量）当作一个单独的输入来处理了。例如，假如4个卧室或更多取值为1的话，那么卧室数量为3，对应的输入值则为0.75。这种方法适应于拥有离散特征的大多数应用，如果离散特征的可能具有特别多种取值，离散特征应该当作连续特征来处理。

性别和婚姻状态等分类数据可以用1/N编码来进行归一化。这种方法意味着将每一个分类值当作一个单独的输入来处理。例如，婚姻状态可以为单身、离异、已婚或丧偶。它将会被表示成4个输入，每一个输入取值为0或1。因此，一个已婚的人士将会表示成一个输入向量［0010］。

现在，我们来构建一个用于房地产评估的前馈神经网络。我们以某地区最近售出的房屋特征作为训练样本建立一个简单模型。在这个模型中，我们主要考虑10个因素：位置等级、装修等级、卧室数量、浴室数量、建筑面积、楼层总数、本房所在层数、是否有电梯、是否有车库以及供热类型。在这个模型中，包含10个神经元的输入层将归一化后的输入值传输给隐含层。每一个特征都作为一个单独的输入来处理。隐含层包含2个神经元，输出层则只有一个神经元。隐含层和输出层的神经元都应用了S形激活函数。房地产评估的神经网络用来确定房屋的价值，因此网络的输出可以使用人民币为度量来解释。

如何解释神经网络的输出？

在我们的例子中，神经网络的输出表示为0～1上的连续值。因此，为了解释输出我们可以简单地将归一化连续数据的过程倒转。例如，假设在训练集中，销售价格取值在1万元和10万元之间，输出值可以这样建立：将1万元映射到0，将10万元映射到1。假如神经网络的输出为0.375，那么该房屋对应的实际估值则为：0.375×（10－1）＋1＝4.375（万元）。如何验证结果？

为了验证结果，我们必须使用神经网络尚未测试过的样本集。在训练神经网络之前，所有的可用数据被随机地分到一个训练集和一个测试集中。训练阶段完成以后，网络的泛化能力将由测试集中的样本来测试。神经网络是不透明的，因此我们看不到网络是如何得到结果的。但是我们仍然需要把握网络输入和其产生的结果之间的关系。尽管当前从神经网络中提取规则的研究最终会带来充足的成果，然而神经元的非线性特性将会给产生简单和可理解的规则造成障碍。幸运的是，理解特定输入对于网络输出的重要性，我们并不需要规则提取。我们可以使用一种称为灵敏度分析（sensitivity analysis）的简单技术。灵敏度分析可以确定模型输出对于特定输入的敏感程度。这种技术可以用来理解不透明模型的内部关系，因此也适用于神经网络。灵敏度分析依次将每一个输入设定为最小值和最大值，然后分别测量网络输出。有些输入的改变对网络输出的影响很小，即网络对这些输入不敏感。另一些输入的改变对网络输出的影响更大，即网络对这些变量敏感。网络输出的变化量代表网络对相应输入的敏感程度。在很多情况下，灵敏度分析的效果和从训练过的神经网络中提取规则一样。

9.3.3 即将倒闭银行识别实例

2008年，一系列银行的倒闭引发了金融危机。按照历史标准，这场危机是20世纪30年代大萧条以来最严重的。危机的直接原因是美国房地产泡沫的破灭。反过来，这引起证券价值和房地产定价陷入低谷，损害了世界各地的金融机构。银行破产和信用缺乏降低了投资者的信心，因此，股市暴跌。2009年，全球经济收缩1.1%，而在发达国家收缩达3.4%。中央银行和政府进行规模空前的干预后，全球经济开始复苏。然而，如果在银行面临偿债能力和资金流危机之前我们能够识别出潜在问题，各大银行连锁倒闭的风险将会显著降低。导致银行倒闭的原因有很多，包括高风险、利率波动、管理不善、不合适的会计标准和非存款机构的竞争加剧等。危机发生以来，银行监管机构已越来越关注降低存款保险负债规模。甚至有人建议，最好的监管政策是在银行资本不足之前关闭银行。因此，尽早识别潜在的濒临破产的银行，对于避免另一场巨大的金融危机是至关重要的。在过去30年中，很多工具被开发出来以识别有问题的银行。早期的模型大多依赖于统计技术，而大多数现代技术则基于模糊逻辑和神经网络。大多数模型使用二元分类，即破产银行和非破产银行。然而，在现实世界中，银行是按照破产可能性排序的。监管机构需要的是一个早期预警系统，能够“标记”潜在的破产银行。一旦这样的银行被识别，就可以针对每一个银行的特定需求制订不同的预案，从而避免重大的银行失败。在这个案例研究中，我们使用聚类分析来“标记”潜在的破产银行。

什么是聚类分析？聚类分析是一种探索性数据分析技术，它将不同的对象划分为组（称为聚类），从而使同一聚类内的两个对象之间的相关度最大化，不同聚类的两个对象之间的相关度最小化。在聚类中，没有预先定义的类——对象仅仅是基于它们之间的相似度而组织到一起。因此，聚类也常常被称为无监督分类。独立变量和非独立变量之间没有区别，当发现聚类时需要用户来解释它们的含义。使用什么方法来做聚类分析呢？我们可以找出三种主要的聚类分析的方法。它们分别基于统计学、模糊逻辑和神经网络。在这个案例研究中，我们将使用一个自组织的神经网络，用银行的经济数据来将银行聚类。这些数据可以从联邦存款保险公司（FDIC）的人工报表中获得。FDIC是由美国国会创建的独立机构。它负责担保存款、检查和监督金融机构以及管理接管。为了评估一个银行的整体经济状态，监管机构会使用CAMELS（资本充足率、资产、管理、盈利、流动性和市场风险敏感性）评级系统。CAMELS评级已经应用到美国的8 500家银行。该系统还被美国政府在2008年的资本化方案中用来选择银行。

本案例选择了100家银行，并从上一年的FDIC人工报表中获取了这些银行的经济数据。基于CAMELS，我们采用以下五个评级：

第一，NITA：收入总额除以资产净额。NITA代表资产收益率。濒临破产的银行NITA非常低，甚至出现负值。

第二，NLLAA：净贷款损失除以调整后资产。调整后资产的计算方法是总资产减去总贷款。面临破产的银行，通常比健康的银行有更高的NLLAA值。

第三，NPLTA：不良贷款总额除以总资产。不良贷款包括已超过期限90天的贷款和非应计贷款。濒临破产的银行，通常比健康银行有更高的NPLTA值。

第四，NLLTL：净贷款损失除以贷款总额。濒临破产的银行有更高的贷款损失，因为他们往往向高风险的借款人发放贷款。因此，濒临破产的银行，通常比健康的银行有更高的NLLTL值。

第五，NLLPLLNI：净贷款损失和贷款损失准备金之和除以收益总额。NLLPLLNI值越高，银行的业绩越差。

初步调查的统计数据显示，多家银行可能会遇到一些财政困难。聚类应该能够帮助我们找出有类似问题的银行集群。本案例采用了一个自组织神经网络（SOM），这个神经网络的Kohonen层是一个25个神经元的5×5的神经元阵列。注意，Kohonen层的神经元组织为六边形的模式。输入数据被归一化到0和1之间。网络以0.1的学习速率训练了1万次迭代。训练完成以后SOM形成了一个语义映射，相似的输入向量映射后距离很近，不相似的输入向量映射后距离很远。换句话说，相似的输入向量趋向于映射到Kohonen层中相同或者相邻的神经元。这个SOM特性可以使用一个权重距离矩阵（又称为U－矩阵）来可视化。在U－矩阵中，六边形代表Kohonen层中的神经元。相邻神经元之间区域的颜色表示它们之间的距离——颜色越深，距离越大。SOM样本覆盖情况揭示了Kohonen层中的每一个神经元所吸引的输入向量数目。通常，SOM识别出的聚类数目比Kohonen层的神经元数目要少，因此被相邻神经元吸引的多个输入向量实际上可能属于同一个聚类。神经元之间区域的颜色越浅，则距离越小。因此，我们有理由相信浅色区域的神经元形成了一个单独的聚类。表9－1显示了聚类的结果。

聚类到底表示什么含义？解释每一个聚类的含义通常是一个困难的任务。分类问题中的类数目是预先确定的，而在基于SOM的聚类中，聚类的数目是未知的，而且给每一个聚类赋予一个类标签或解释，往往需要一些先验知识和领域知识。最开始，我们需要一个对比不同聚类的方法。我们知道，一个聚类的中心揭示了该聚类与其他聚类不同的特征。因此，确定一个聚类的平均成员，应该能够使我们揭示整个聚类的含义。表9－1包含了本案例中用到的CAMELS评级的平均值、中位值和标准差（SD）。利用这些值，领域专家可以识别出具有相同行为模式或者面临类似问题的银行。下面我们通过识别出具有负资产回报的问题银行来开始我们的分析。从表9－1中我们可以发现E、F和G三个聚类的NITA值为负。例如，聚类E中银行的平均净亏损是其总资产的6%。另一方面，健康的银行往往拥有正向的总资产。因此，聚类A中的银行NITA值很高，可以被认为是健康的银行。按照NLLAA评级，聚类D拥有最高的平均值，其次是聚类E。注意，虽然聚类E中的银行是问题银行，但是他们的NLLAA值比聚类D至少要低12倍（平均3.63%，对比44.48%）。这可以看作一个明确的指示，那就是聚类D中的银行面临严重的贷款问题（虽然他们的资产当前为正值）。聚类A、B和C的NLLAA值为负值，对于健康的银行来说这是很常见的。聚类B的NPLTA值比较高，其次是聚类E、F和G中的问题银行。这可能表明聚类B中的银行正面临贷款回收的问题。实际上，处于这种状况的银行比聚类E、F和G中的银行更加糟糕。最后，聚类H中的两个银行的NLLTL值和NLLPLLNI值最高，其后是问题银行。高的NLIPLLNI值意味着高的贷款损失，我们可以发现聚类H中的银行倾向于给高风险的客户提供贷款。高的贷款风险也使得这些银行的状况不佳，这点可以从高的NLLPLLNI值中得到反映。聚类分析的一个重要方面是识别离群点，即那些不属于任何大的聚类的对象。如表9－1所示，有3个银行可以看作孤立的聚类—聚类B、聚类F和聚类G。这些银行就是离群点，它们都有自己唯一的财务状况。传统的聚类算法，例如K－means聚类，不能很好地处理离群点，SOM却可以轻易地识别。

如何确定需要多少个聚类呢？在一个多维数据集中，很难确定聚类的数目。实际上，当一个聚类算法产生一个大的聚类时，离群点便会被吸收到这些聚类中。这样不仅会产生较差的聚类结果，而且更糟糕的是，无法识别唯一的对象，导致拥有高NLLPLLNI值的问题银行容易被“健康”聚类吸收。

如何测试SOM的性能？为了测试包括SOM在内的神经网络，我们需要一个测试集。从FDIC的人工报表中，我们可以得到一份问题银行的报表，而且可以收集到一个合适的金融陈述数据。银行破产的一些研究指出，一般的银行破产能在买回日期之前6～12个月被检测出，有些情况下可以提前到银行破产之前4年。虽然偿付能力和流动资产是在接近买回日期时最重要的预测因素，但资产质量、收入和管理方法在破产事件接近的时候同样显得尤为重要。为了测试SOM的性能，我们选择了破产的10家银行，并且收集了这些银行破产前一年的金融陈述数据。表9－2显示了CAMELS评分的平均值，中位值和标准差（SD）。现在我们可以使用10个输入向量来查看SOM的响应。

跟预期结果一样，在5×5的SOM中，6个输入向量被神经元5吸引，有2个输入向量被神经元10所吸引，有1个输入向量被神经元20所吸引，还有两个输入向量被神经元24所吸引，破产银行被正确地聚类。最后，有一点需要引起我们的注意。虽然SOM是一个很强大的聚类工具，每一个聚类的确切含义却不总是很清晰的，通常我们需要一个领域专家来解释聚类结果。同时，SOM只是神经网络的一种，任何神经网络的性能都取决于用于训练网络数据的好坏。在本案例中，只使用了5个财务变量，不过我们可能需要包含银行状况的额外信息的更多变量（工业界的研究者通常基于CAMELS评级系统使用29个以上的财务变量）。

表 9-1　5X5 的 SOM 聚类结果

聚类	规模	神经元编号	聚类的财务数据表														
			NITA			NLLAA			NPLTA			NLLTL			NLLPLLNI		
			均值	中位数	标准差	均值	中位数	标准差	均值	中位数	标准差	均值	中位数	标准差	均值	中位数	标准差
A	4	1,6	0.036 9	0.036 9	0.004 3	-0.179 3	-0.134 0	0.251 6	0.012 5	0.010 0	0.005 5	0.005 0	0.005 7	0.003 6	0.283 9	0.283 9	0.016 4
B	1	2	0.012 1	0.012 1	0	-0.495 4	-0.495 4	0	0.032 3	0.032 3	0	0.000 6	0.000 6	0	1.152 2	1.152 2	0
C	75	3,7,8,9 等	0.010 1	0.009 4	0.009 7	-0.089 9	-0.070 1	0.164 6	0.015 3	0.014 4	0.010 2	0.014 3	0.012 1	0.009 3	0.839 9	0.697 3	0.725 2
D	3	4	0.006 6	0.004 1	0.064	0.444 8	0.452 8	0.067 2	0.019 0	0.018 5	0.005 8	0.013 3	0.0145	0.006 8	0.189 4	0.167 6	0.161 7
E	13	5.151 5	-0.000 6	-0.001 0	0.004 4	0.036 3	0.035 7	0.025 7	0.020 5	0.016 6	0.014 4	0.038 8	0.037 6	0.010 8	8.096 5	7.178 6	3.920 0
F	1	20	-0.009 2	-0.009 2	0	0.008 9	0.008 9	0	0.021 5	0.021 5	0	0.005 5	0.005 5	0	9.409 1	9.409 1	0
G	1	24	-0.006 0	-0.006 0	0	0.019 9	0.019 9	0	0.019 8	0.019 8	0	0.066 2	0.006 2	0	0.361 2	0.361 2	0
H	2	25	0.001 4	0.0015	0.001 9	0.022 5	0.022 5	0.004 8	0.061 4	0.016 4	0.002 9	0.074 0	0.074 0	0.005 2	10.978 5	10.978 5	1.272 0

表 9-2　破产银行的财务状况

NITA			NLLAA			NPLTA			NLLTL			NLLPLLNT		
均值	中位数	标准差	均值	中位数	标准差	均值	中位数	标准差	均值	中位数	标准差	均值	中位数	标准差
-0.0625	-0.0616	0.0085	0.0642	0.061	0.0234	0.0261	0.0273	0.0065	0.0341	0.0039	0.0092	7.3467	6.9541	3.8461

9.3.4 旅行商问题解决实例

遗传算法适用于许多优化问题。优化本质上是寻找一个问题的更好解决方案。这意味着问题往往有一个以上的解决方案，而且不同方案的质量不是相等的。遗传算法生成一系列相互竞争的候选方案，然后让这些方案在自然选择过程中进化，较差的方案趋于灭绝，而较好的方案得以生存并繁殖。通过不断重复这一过程，遗传算法会生成一个最优的方案。

旅行商问题是指，想要开发一个智能系统来产生最佳的旅行路线。我打算自驾游，要求游览完西欧和中欧的所有主要城市，然后回家。遗传算法可以解决这个问题吗？这个问题就是著名的旅行商问题（TSP）。给定固定数目的城市 N 和每对城市间的旅行费用（或者距离），我们需要找出游览每个城市刚好一次且最终返回出发点的最便宜的方案（或者最短路径）。虽然旅行商问题最早在18世纪就已经为人们所知，但是直到20世纪40年晚期到20世纪50年代早期，这个问题才被正式地研究，而且被证明是一个典型的NP难问题。这类问题使用组合搜索技术很难解决。TSP问题的搜索空间包括 N 个城市的所有可能的组合，因此搜索空间的大小是 N（城市数目 N 的连乘）。因为城市数目可能会很大，一次检测一条路径的方法不具有伸缩性。TSP可以自然地用来表示很多交通和逻辑应用，如校车路线安排、居家人士的快递、仓库码垛机调度、邮政车路线规划以及很多其他的应用。TSP的一个经典例子是电路板钻孔机器的调度。在这个例子中，孔洞代表城市，旅行费用是将钻头从一个孔洞移动到另一个孔洞所耗费的时间。随着时间的推移，TSP问题的规模也在显著扩大，从最开始的49个城市的方案发展到1 512个城市的问题。研究人员使用不同的技术来解决TSP问题。这些技术包括模拟退火、离散线性规划、神经网络、分支定界算法、马尔科夫链和遗传算法。遗传算法特别适合解决TSP问题，因为它能快速地将搜索指向搜索空间的最佳区域。那么如何用遗传算法解决TSP问题呢?

首先，我们需要决定如何表示一条旅行商路线。最自然的路线表示方法是路径表示法。每一个城市被赋予一个字母或者数字名称，经过这些城市的路线表示为一条染色体，然后使用适当的遗传操作来创建新的路线。

假设我们有编号从1－9的9个城市。在一条染色体中，整数的顺序代表对应的城市被旅行商访问的顺序。例如，下面这条染色体 165328497 代表的是一条路线，表示旅行商从城市1开始，依次访问6、5等所有其他的城市一次，最后从城市7返回到出发点城市1。

TSP问题中如何执行交叉运算？传统形式的交叉运算不能直接应用于TSP

问题中。对两个双亲做简单地部分交换将会产生包含重复和遗漏的非法路线，即有的城市可能会被访问两次，有的可能一次都没有访问到。例如，交换以下两条双亲染色体的一部分：

双亲 1：1653 | 28497

双亲 2：3761 | 94825

将会产生两条路线：

孩子 1：1653 | 94825

孩子 2：3761 | 28497

其中的一条路线中，城市 5 被访问两次而城市 7 没有被访问，另一条路线中，城市 7 被访问两次而城市 5 没有被访问。显然，只带一个交叉点的交叉运算并不适用于 TSP 问题。为了克服这个问题，一些包含两个交叉点的交叉运算被提出，如部分映射交叉运算和顺序交叉运算。然而，这些运算大部分都是从一个亲代中选择部分路线的同时，保留从另一个双亲选择的城市的顺序，从而创建新的后代。仍然以刚才的两个双亲为例，首先，在表示两个双亲染色体的字符串中随机选择两个交叉点（用符号“|”标记）。两个交叉点之间的染色体内容定义了互换子段：

双亲 1：165 | 3284 | 97

双亲 2：376 | 1948 | 25

通过交换两个亲代的互换子段，我们便创建出了两个后代染色体：

孩子 1：* * * | 1948 | * *

孩子 2：* * * | 3284 | * *

其中星号代表的是尚未确定的城市。其次，每一个亲代中的原始城市在后代中都保持其原有的顺序，然后删除另一个亲代中的互换子段。例如，城市 1、9、4 和 8，出现在第二个亲代的互换子段中，在第一个亲代中它们被删除。剩余的城市则被放置到后代中，并保持其原有顺序。最终的结果是，一个后代表示的路线由它的两个亲代各自部分决定。

TSP 问题中如何执行变异运算？变异运算一共有两种类型：互换和反转。这两种变异运算的执行原理是，互换运算从染色体中随机选择两个城市，然后简单地交换两个城市的位置。反转运算在染色体字符串中随机选择两个点，然后将这两个点之间的城市的顺序变为逆序。如互换操作将染色体 165328497 变为 168325497，反转操作将 165328497 变为 165482397。

TSP 问题中如何定义适应性函数？为 TSP 问题创建遗传运算并不是一件

容易的工作，但是定义适应函数却是很直接的——我们需要做的仅仅是估计路线的总长度。每一个单独的染色体的适应性由路线长度的倒数决定。换句话说，路线的长度越短，相应染色体的适应能力越强。一旦适应函数和遗传运算定义完成，就可以开始实现和运行遗传算法。作为例子，我们考虑在 1×1单位面积下的 20 个城市的 TSP 问题。我们选择染色体群体的大小和需要运行的遗传代数。开始时我们可能会选择相对较小的群体和少量的遗传代数来检验得到的解决方案。通过查看由 20 个染色体运行 100 代（变异率按照 0.001）之后产生的最佳路线可知，这条路线并不是最优路线，显然还可以得到改进。让我们增大群体中染色体的数量到 100 并再次运行遗传算法。运行结果显示，路线的总长度下降了 20%，这是非常显著的改进。那么如何确定遗传算法已经真正找到了最优路线了呢?

事实上，我们无法确定遗传算法何时能够找到最优路线。只有在不同的染色体群体大小上使用不同的交叉率和变异率，通过进一步尝试运行遗传算法，才能获得答案。例如，我们将变异率提高到 0.01，运行结果显示，虽然总距离有少量的下降，但是旅行商路线却和之前类似。现在我们可能会尝试增大染色体群体的大小，然后重新运行遗传算法。然而，我们却几乎不可能获得一个明显更好的方案。经过几次运行以后，我们完全可以确定所获得的路线是一条好的路线。

本章习题

（1）人工智能的应用领域都有哪些?

（2）请举出人工智能应用到具体场景的一个实例。

参考文献

[1] Wooldridge M. An introduction tomultiagent systems [M]. State of Michigan: John Wiley & Sons, 2009.

[2] Wooldridge M, Jennings N R. Intelligent agents: Theory andpractice [J]. The knowledge engineering review, 1995, 10 (2): 115-152.

[3] Russell S J, Norvig P. Artificial intelligence: a modern approach [M]. Malaysia: Pearson Education Limited, 2016.

[4] Franklin S, Graesser A. Is it an Agent, or just a Program? A Taxonomy for Autonomous Agents [C] //International Workshop on Agents Theories, Architectures, and Languages. Springer, 1997.

[5] Bellifemine F, Poggi A, Rimassa G. Developing multi-agent systems with a FIPA-compliant agent framework [J]. Software Practice&Experience, 2015, 31 (2): 103-128.

[6] Chow Y, Hayesroth F A, Jacobstein N A, et al. Automatic retrieval of changed files by a network software agent [C] // United States Patent and Trademark Office. 2000.

[7] StuartJ. Russell, Peter Norvig. 人工智能：一种现代的方法（第3版）[M]. 殷建平，等译. 北京：清华大学出版社，2013.

[8] Castelfranchi C. Guarantees for Autonomy in Cognitive Agent Architecture [C] // Intelligent Agents, ECAI-94 Workshop on Agent Theories, Architectures, and Languages, Amsterdam, The Netherlands, August 8-9, 1994, Proceedings.

[9] Mr Genesereth, Sp Ketchpel. Software agents [J]. Communication of the ACM-Special issue on Intelligent, Agent 1994, 37 (7): 48-53.

[10] White J E. Telescript Technology: The Foundation for the Electronic Marketplace. White paper [C] //Marketplace", General Magic White Paper. 2010.

[11] Galliers J R. A theoretical framework fo computer models of cooperative dialogue, acknowledging multi-agent conflict [J]. Open University, 1989.

[12] Jennings N R, Sycara K, Wooldridge M. A Roadmap of Agent Research and Development [J]. Autonomous Agents and Multi-Agent Systems,

1998，1（1）：7－38.

［13］陈建中，刘大有，唐海鹰．智能 Agent 建模的一种模板结构［J］．计算机研究与发展，1999，36（10）：1164－1168.

［14］Wooldridge M，Jennings N R. Intelligent agents：Theory andpractice［J］. The knowledge engineering review，1995，10（2）：115－152.

［15］Shaw M，et al. Software Architecture－Perspectives on and Emerging Disciplined［M］．Prentice Hall International Inc.，1998.

［16］蒋云良，徐从富．智能 Agent 与多 Agent 系统的研究［J］．计算机应用研究，2003（04）：31－34.

［17］K. Boudaoud. Intrusion Detection：a new approach using a multi－agent system［D］. Sophia Antipolis，2001.

［18］吴雄英，胡国清，黄玉程，等．自主移动机器人体系结构状况与发展研究［J］．机器人，2005，23（3）：21－24.

［19］普尔，麦克活思．人工智能：计算 Agent 基础［M］．北京：机械工业出版社，2014.

［20］朱一凡，梅珊，陈超，王维平．自治主体建模在海军战术仿真中的应用［J］．系统仿真学报，2008（20）：5446－5450－5454.

［21］罗杰，段建民．基于协进化机制的 Multi－agent 分布式智能控制体系［J］．计算机工程．2009（19）：34－37.

［22］Honing，Lesser. A survey of multi－agent organizational paradigms［J］. The Knowledge Engineering Review. 2005，19（4）：281－316.

［23］黎建兴，毛新军，束尧．软件 Agent 的一种面向对象设计模型［J］．软件学报，2007（03）：582－591.

［24］李美丽．基于混合系统理论的风光互补 MAS 能量管理系统［D］．中南大学，2014.

［25］胡明明．基于离散事件的钢卷加工中心混合流水生产线仿真平台设计与开发［D］．上海交通大学，2012.

［26］廖强，周凯，张伯鹏．基于现场总线的多 Agent 作业车间动态调度问题的研究［J］．中国机械工程，2000（07）：45－47＋5.

［27］缪治，邓辉宇．多 Agent 系统的合作与通信的实现［J］．电脑知识与技术，2009，5（11）：2859－2861.

［28］张晓辉．基于 Agent 复杂系统选例的建模与仿真研究［D］．鞍山：辽宁科技大学，2018.

［29］NicholasR. Jennings，Michael J. Wooldinge，Agent Technology－

Foundation, Application and Markets, Springer, 1997.

[30] Forrest S. Genetic algorithms: principles of natural selection applied tocomputation [J]. Science, 1993, 261 (5123): 872 – 878.

[31] 周苹．应急救援物资配送车辆路径选择问题的研究 [D]．哈尔滨：哈尔滨工业大学，2010.

[32] 刘英．遗传算法中适应度函数的研究 [J]．兰州：兰州工业高等专科学校学报，2006 (03): 1 – 4.

[33] 许志伟．遗传算法的改进及其在车架优化设计中的应用 [D]．合肥：合肥工业大学，2006.

[34] 赵宜鹏，孟磊，彭承靖．遗传算法原理与发展方向综述 [J]．黑龙江科技信息，2010 (13): 79 – 80.

[35] 田莹，苑玮琦．遗传算法在图像处理中的应用 [J]．中国图象图形学报，2007 (03): 389 – 396.

[36] 贾兆红，倪志伟，赵鹏．改进型遗传算法及其在数据挖掘中的应用 [J]．计算机应用，2002 (09): 31 – 33.

[37] GossS, Aron S, Deneubourg J L, et al. Self – organized shortcuts in the Argentine ant [J]. Naturwissenschaften, 1989, 76 (12): 579 – 581.

[38] Deneubourg J L, Aron S, Goss S, et al. The self – organizing exploratory pattern of the argentine ant [J]. Journal of insect behavior, 1990, 3 (2): 159 – 168.

[39] 刘彦鹏．蚁群优化算法的理论研究及其应用 [D]．杭州：浙江大学，2007.

[40] Colorni A, Dorigo M, Maniezzo V. Distributed optimization by ant colonies [C] //Proceedings of the first European conference on artificial life, 1991, 142: 134 – 142.

[41] Dorigo M, Di Caro G. Ant colony optimization: a new meta – heuristic [C] //Proceedings of the 1999 congress on evolutionary computation – CEC99 (Cat. No. 99TH8406). IEEE, 1999, 2: 1470 – 1477.

[42] 钟伟才，薛明志，刘静，焦李成．多 Agent 遗传算法用于超高维函数优化 [J]．自然科学进展，2003, 13 (10): 115 – 120.

[43] 贺建立．多 Agent 系统的开发 [D]．合肥：安徽大学，2004.

[44] 颜跃进，李舟军．多 agent 系统体系结构 [J]．计算机科学，2001, 28 (5): 77 – 80.

[45] MWooldrideg, NR Jennings. Agents Theories, Architectures and

languages; a Survey [C]. In: Wooldridge and Jennings, Intelligents, Berlin: Springer – Verlag, 1995.

[46] Parunak VD. Manu – facturing Experience with the Contract Net [A]. Distributed Artificial Inteligence [C]. Pitman, 1987. 285 – 310.

[47] Bratman ME, David J, Israel. Intentions, Plans and Practical Reason [M]. Cambridge: Havard University Press, 1987.

[48] 王握文. 世界机器人发展历程 [J]. 国防科技, 2001 (1): 70 – 75.

[49] 黄晞, 严闪. 移动机器人硬件驱动方案的设计 [J]. 福建电脑, 2005 (10): 142 – 143.

[50] 于宙宙. 机器人手指光纤式压触觉传感器研究 [D]. 济南: 山东大学, 2017.

[51] 谭民, 王硕. 机器人技术研究进展 [J]. 自动化学报, 2013, 39 (7): 963 – 972.

[52] 戈斌斌. 基于多 Agent 系统的自主机器人控制软件开发框架 [D]. 长沙: 国防科学技术大学, 2015.

[53] Zheng X, Liu Q, Wu Y, et al. Motion monitoring and analysis of Chang' E – 3 rover based on same – beam VLBI differential phase delay [J]. Science China Physics Mechanics & Astronomy, 2014, 44.

[54] Lewis F L, Yegildirek A, Liu K. Multilayer neural – net robot controller with guaranteed tracking performance. [J]. IEEE Transactions on Neural Networks, 1996, 7 (2): 388 – 99.

[55] Wang YY, Deng G S, Tian M A, et al. Robot Path Planning Based on Wave Collision Algorithm [J]. Journal of North University of China, 2014.

[56] Lundy G M, Bekas A J. Wireless Communications for A Multiple Robot System [J]. MILCOM 97 Proceedings, 1997, 3: 1293 – 1297.

[57] Dstergaard E H, Kassow K, Beck R, et al. Design of the ATRON lattice – based self – reconfigurable robot [J]. Autonomous Robots, 2006, 21 (2): 165 – 183.

[58] Nash SC. Format and protocollanguage (FAPL) [J]. Computer Networks & Isdn Systems, 1987, 14 (1): 61 – 77.

[59] GoldbergA, Robson D. Smalltalk – 80: The language and its implementation [J]. Smalltalk – 80: The language and its implementation – Research Gate, 1983.

[60] Vahrenkamp N, Wachter M, Krohnert M, et al. The robot software framework armarx [J]. it – Information Technology, 2015, 57 (2): 99 – 111.

[61] Quigley M, Conley K, Gerkey B P, et al. ROS: an open – source Robot

Operating System [C] // ICRA Workshop an Open Source Source Software. 2009.

[62] 张衍迪. 基于发布订阅的机器人通信中间件设计与实现 [D]. 广州：华南理工大学，2016.

[63] 梁富云. 基于组件的机器人软件框架研究与应用 [D]. 广州：华南理工大学，2017.

[64] BigDog – theMostAdvancedRough – terrainRoboton Earth [EB/OL]. [2011 – 03 – 10]. http：// www. bostondynamics. com/robotbigdog. html.

[65] Raibert M, Blankespoor K, Nelson G, et al. BigDog, the Rough – Terrain Quadruped Robot [C] // 2008：10822 – 10825.

[66] Campion G, Bastin G, D'Andrea – Novel B. Structural Properties and Classification of Kinematic and Dynamic Models of Wheeled Mobile Robots [J]. Centre automatique et systèmes, 1993.

[67] Y. Tirumala Babu1, V. Sai Deepika Reddy2. RFID – Based Mobile Robot Positioning – Sensors and Techniques [J]. International Journal of Engineering Trends & Technology, 2011, 2 (3).

[68] Laumond J P, Sekhavat S, Lamiraux F. Guidelines in nonholonomic motion planning for mobile robots [J]. Robot Motion Planning & Control, 1998, 229：1 – 53.

[69] LaValle S M. Planning Algorithms [M]. University of Illinois, 2004.

[70] Brooks R A, Lozano – Perez T. A subdivision algorithm in configuration space forfindpath with rotation [J]. Systems Man & Cybernetics IEEE Transactions on, 1982, SMC – 15 (2)：224 – 233.

[71] Colm Ó'Dúnlaing, Yap C K. A "retraction" method for planning the motion of a disc [J]. Journal of Algorithms, 2015, 6 (1)：104 – 111.

[72] Goldberg D E. Genetic algorithms in search, optimization and machine learning. Addison – Wesley, Delhi, India. 2000.

[73] Goldberg D E. Genetic Algorithms in Search, Optimization and Machine Learning. Addison – Wesley, Boston, MA [J]. 1989.

[74] Dozier G V, Esterline A C, Homaifar A, et al. Hybrid evolutionary path planning via visibility – based repair. [C] // IEEE International Conference on Evolutionary Computation. 1997.

[75] Xiao J, Michalewicz Z, Zhang L, et al. Adaptive evolutionary planner/navigator for mobile robots [J]. IEEE Transactions on Evolutionary Computation, 1997, 1 (1)：0 – 28.

[76] Sugihara K, Smith J. Genetic algorithms for adaptive motion planning of an autonomous mobile robot [C] // Computational Intelligence in Robotics and Automation, 1997. CIRA'97. Proceedings. IEEE, 1997.

[77] Tu J, Yang S X. Genetic algorithm based path planning for a mobile robot [C] // IEEE International Conference on Robotics & Automation. 2003.

[78] Hu C, Wu X, Liang Q, et al. Autonomous Robot Path Planning Based on Swarm Intelligence and Stream Functions. [C] // Evolvable Systems: from Biology to Hardware, International Conference, Ices, Wuhan, China, September. DBLP, 2007.

[79] Qin Y Q, Sun D B, Li N, et al. Path planning for mobile robot using the particle swarm optimization with mutation operator [C] // International Conference on Machine Learning & Cybernetics. IEEE, 2005.

[80] Zhang Q R, Gu G C. Path Planning Based on Improved Binary Particle Swarm Optimization Algorithm [P]. Robotics, Automation and Mechatronics, 2008 IEEE Conference on, 2008.

[81] Nasrollahy A Z, Javadi H H S. [IEEE 2009 Third UKSim European Symposium on Computer Modeling and Simulation – Athens, Greece (2009. 11. 25 – 2009. 11. 27)] 2009 Third UKSim European Symposium on Computer Modeling and Simulation – Using Particle Swarm Optimization for Robot Path Planning in Dynamic Environments with Moving Obstacles and Target [J]. 2009: 60 –65.

[82] Zhang Y, Gong D W, Zhang J H. Robot path planning in uncertain environment using multi – objective particle swarm optimization [J]. Neurocomputing, 2013, 103 (2): 172 –185.

[83] GuanzhengTan, HuanHe, Sloman Aaron. Global optimal path planning for mobile robot based on improved Dijkstra algorithm and ant system algorithm [J]. Journal of Central SouthUniversity of Technology, 2006, 13 (1).

[84] Garcia M A P, Montiel O, Castillo O, et al. Path planning for autonomous mobile robot navigation with ant colony optimization and fuzzy cost function evaluation [J]. Applied Soft Computing, 2009, 9 (3): 1102 –1110.

[85] Khatib O. Real – Time Obstacle Avoidance System for Manipulators and Mobile Robots [J]. International Journal of Robotics Research, 1986, 5 (1): 90 – 98.

[86] Borenstein J, Koren Y. The vector field histogram – fast obstacle avoidance for mobile robots [J]. IEEE Transactions on Robotics and Automation, 1991, 7 (3): 278 –288.